现代数学基础

16

实变函数论与泛函分析

上册·第二版修订本

■ 夏道行　吴卓人　严绍宗　舒五昌　编著

高等教育出版社·北京

本书第一版在1979年出版。第二版是在编者经过两次教学实践的基础上，结合一些兄弟院校使用初版教学提出的意见进行的。本书第二版仍分上、下两册出版，上册为实变函数，下册为泛函分析。第二版对原书具体内容处理的技术方面进行了较全面的细致修订。在内容上，Lebesgue 测度的讨论更完整系统了；测度论中增补了几个重要定理，作为测度论中基本内容介绍就完整了；上册各章习题量增加一倍以上。第二版修订本修订了第二版的排版错误，增加了部分习题解答。

本书可作理科数学专业，计算数学专业学生和研究生的教材或参考书。

本书经理科数学教材编审委员会委托陈杰、王振鹏先生审查，同意作为高等学校教材出版。

图书在版编目（CIP）数据

实变函数论与泛函分析．上册／夏道行等编著．—2版（修订本）．—北京：高等教育出版社，2010.1（2023.2重印）

ISBN 978-7-04-027431-8

Ⅰ．实…　Ⅱ．夏…　Ⅲ．①实变函数论②泛函分析　Ⅳ．O17

中国版本图书馆CIP数据核字（2009）第139280号

策划编辑　王丽萍　　责任编辑　张耀明　　封面设计　张　楠　　责任绘图　宗小梅
版式设计　范晓红　　责任校对　王效珍　　责任印制　刘思涵

出版发行	高等教育出版社	咨询电话	400-810-0598
社　　址	北京市西城区德外大街4号	网　　址	http://www.hep.edu.cn
邮政编码	100120		http://www.hep.com.cn
		网上订购	http://www.landraco.com
印　　刷	北京汇林印务有限公司		http://www.landraco.com.cn
开　　本	787×1092　1/16	版　　次	1978年8月第1版
印　　张	20.5		2010年1月第2版
字　　数	370 000	印　　次	2023年2月第9次印刷
购书热线	010-58581118	定　　价	58.00元

物 料 号　27431-B0

修订说明

本书第一版是在 1979 年出版的, 至今已有三十年了。在 1985 年出第二版时, 内容上又增加了。这些年来, 泛函分析这门学科又有了许多发展。但作为大学数学专业学生的教材, 由于学时有限, 在本科期间只能讲述其中的一部分。此次修订时对教材内容上并无改变, 仅对一些印刷上的失误作了改正。另外本书中有许多习题, 这次对这些习题中一部分补写了解答。上册对全连续函数之前的习题, 下册到第五章第四节之前的习题作了解答。由于习题数量甚多, 大体上也只有对一半习题作了解答。供作参考。

舒五昌

第二版序

本版保持了初版的思想体系和基本结构, 从局部来看作了一定程度的修改。在编写初版时, 我们对本书编写的思想体系和基本结构给予了较多的考虑。但由于某些内容过去就很少有作为基础课讲授的教学经验, 另一方面也由于当时编写时间比较仓促, 因此从具体内容处理的技术方面来看, 确有必要进行一次较全面的、细致的修订。本次修订, 是在作者对初版进行了两次教学实践和兄弟院校使用初版后提出意见的基础上进行的。

对于所作的变动, 值得在此提出的有: 1. 对于一般最常用的 Lebesgue 测度, 它作为一般测度的典型地位比初版更加加强了, 建立 Lebesgue 测度过程的叙述系统了 (与一般测度相同的证明省略, 以免重复), 性质的讨论更加完整了, 这有利于初学者对它的理解, 也有利于讲授者在教学上的选择。2. 在测度论中增加了有限可加非负集函数成为可列可加的充要条件, 可列可加集函数的 Hahn 分解以及 Radon-Nikodym 定理等。这样, 作为测度论中基本内容的介绍就完整了。3. 为了便于初学者对内容的消化, 各章节的习题增加了一倍左右。泛函分析各章内容的变动相对来说要少一点。

正如上面所说, 我们这次修订得到了不少专家、教师、读者的关心和支持, 他们是中国科学技术大学、吉林大学、南京大学、华东师范大学、河北大学、山西大学、西安交通大学、重庆大学等校有关同志, 我们在此一并表示衷心的感谢。

作　者

1981.7.5

第一版序

本书是根据 1977 年 9 月高等学校理科数学教材编写会议所通过的 “实变函数论与泛函分析” 课程教材编写大纲编写的。分上、下两册。

上册是实变函数, 主要是测度论和积分论 (特别是 Lebesgue 测度和 Lebesgue 积分理论)。这是数学分析课程中微积分理论的进一步深入。同时, 这一部分内容也为进一步学习分析数学中一些专门理论, 如函数论、泛函分析、概率论、微分方程、群上调和分析等提供必要的测度和积分论基础。上册分三章。第一章介绍近代数学的基础 —— 集与映照等有关的概念, 同时也介绍学习实变函数论必须的直线上点集的概念和知识。(由于下册一开始就介绍一般度量空间, 因此在上册我们就没有介绍 n 维欧几里得空间中的点集。) 为了和数学分析衔接得更好一些, 把本书中用到的数学分析中的极限论的一部分概括地写在 §5 中。第二章介绍测度论。由于一般测度理论已经成为概率论、泛函分析、群上调和分析等方面经常用到的基础理论, 对数学专业的学生来说, 它也许已经成为必须的基础知识。而且就实质来说, 它并不比勒贝格测度论增加很多本质上的新困难, 因此, 在本书中做了一个尝试: 不是先介绍勒贝格测度, 而是一开始就介绍一般的测度, 以勒贝格测度为典型的例子。虽然如此, 在使用本书时, 如果认为没有必要讲授一般测度, 也可以在讲授时做一些改变, 例如把本书中建立测度的整个过程仅局限于勒贝格测度, 对一般测度的情况尽量少提及。第三章主要内容是介绍可测函数和积分理论。此外还介绍了单调函数、有界变差函数的一些重要性质, 其中有关于单调函数几乎处处有有限导数的定理, 这个定理本身是重要的, 但是它的证明方法, 不管是本书上用的 Riesz 引理或别的书上用 Vitali 引理、Sierpinski 引理等, 在别的数学分支中这套方法引用较少, 已经不如过去那样显出有多大重要性, 而这个定理的证明又比较复杂, 所以, 如果教学时间较少, 可以不必讲授这个定理的证明。

下册是泛函分析。泛函分析是现代数学中一个较新的重要分支。它综合地运用分析的、代数的和几何的观点、方法研究分析数学中的许多问题。本世纪中叶, 由于运用泛函分析这个工具, 引起了偏微分方程论、概率论、群上调和分析的重大发展。泛函分析的概念和方法已经渗透到现代纯粹及应用数学、理论物理学、现代力学和现代工程理论的许多分支 —— 除前面所列举的三个分支外, 还有如计算数学、函数论、大范围微分几何、现代控制论、量子场论和统计物理等方面。本书中只能介绍泛函分析的一些基本概念和方法。第四章为度量空间, 主要是介绍一些基本概念。其中 §8 的不动点原理是微分方程理论和计算数学中常用的一个方法。在 §10 中简单地介绍了拓扑空间和线性拓扑空间某些概念。这部分, 初学时可以放过不读。第五章 §1—§5 是介绍赋范线性空间中线性泛函和线性算子的几个基本概念和基本定理。§6 介绍全连续算子的谱分解, 以及近年来有关不变子空间理论的一些新成果, 这一节可以放到第六章之后去学, 如果时间较少也可以不学。第六章的 §1—§3 介绍 Hilbert 空间中最基本的投影定理、直交展开等。数学专业的每个学生都应该掌握这一部分内容。第六章的 §4—§10, 研究 Hilbert 空间中算子谱分解, 内容比较深入一些, 它是为进一步学习微分方程论、概率论、泛函分析等方面专门理论提供基础的。第七章介绍了近三十年发展起来的广义函数, 这过去在基础课教学中较少提及。我们觉得这部分内容不但有较广泛的应用, 而且学了这部分内容后对数学分析课程中所学理论的进一步发展能有所了解, 可以加深对数学分析的领会。

总之, 泛函分析这部分内容比过去国内一些大学 (包括我校) 在基础课教学中所曾讲授过的内容增加较多, 这是为了适应我国科学技术现代化的需要。考虑到当前的实际情况, 可能在基础课中学习泛函分析的时数不一定很多, 使用本书时可以挑其中的部分内容进行讲授。我们觉得这些内容可以分成四组。第一组是最基本的内容: 第四章 §1—§5, §7, §8 的大部分, 第五章 §1 以及第六章 §1—§3 (可在十多学时中讲完), 如果教学时间少, 可以只学这一组。第二组是对于计算数学专业比较需要的: 为第五章 §2 的大部分, §4 中有关共鸣定理的部分 (可采用其中的证法二, 而不学逆算子定理) 和 §5 有关预解算子和谱半径的部分。这部分大约十学时, 对于为进一步学习微分方程、积分方程理论的学生来说还需要第四章 §9 和第五章 §6 的大部分。第三组是满足进一步学习概率论随机过程理论所需要的: 第六章 §4—§7 的大部分, 对于进一步学习微分方程来说, 除上述内容外, 还要进一步学习 §9, 第四组是为了微分方程理论和广义随机过程理论需要, 可学第七章。除去第一组是公共基础外, 其余三组基本上是独立的 (只有个别的概念或定理用到别组的内容时, 可在讲授时补充说明或证明)。对于学习泛函分析的学生来说, 学完上、下册可以算作具有最必要的基础。

本书中印有小字的部分, 初学者可以略过。

本书约有三分之一取材于我们过去写的 “实变函数论与泛函分析概要” 一书。其余取材散见各书及论文。对编写本书影响较大的有陈建功著 “实函数论”, P. Halmos 著 “测度论”, И. М. Гельфанд 和 Г. Е. Шилов 著 “广义函数论”, F. Riesz 和 B. sz.-Nagy 著 “泛函分析”, 那汤松著 “实变函数论” 等书。

在完成本书时, 我们感谢参加审查本书初稿的吉林大学, 南京大学, 上海师大, 河北大学, 杭州大学的同志。他们曾经对本书提出过许多宝贵的意见。特别是吉林大学江泽坚教授自始至终对本书的编写工作十分关心和支持, 提出大量的重要的、有启发性的意见, 使本书生色不少。我们在此表示衷心感谢。我们还要对曾参加编写本书有关工作的我校数学研究所和数学系部分教师、研究生一并致谢。

由于我们水平的限制, 加以时间较紧, 又由于 “四人帮” 的破坏, 十年来无法进行本门课程的教学实践, 因而经验较少, 本书一定存在不少缺点。殷切地期望同志们、读者们随时给予批评和指教。

编 者

1978 年 国庆节于复旦大学

上册目录

第一章　集和直线上的点集 1

§1.1　集和集的运算 1

1. 集的概念 (1)　2. 集的运算 (2)　3. 上限集与下限集 (4)　4. 函数与集 (7)　5. 集的特征函数 (9)　习题 1.1 (10)

§1.2　映照与势 12

1. 映照 (12)　2. 映照的延拓 (13)　3. 一一对应 (14)　4. 对等 (15)　5. 势 (18)　6. 有限集和无限集 (19)　7. 可列集及连续点集的势 (21)　8. 势的补充 (27)　习题 1.2 (29)

§1.3　等价关系、序和 Zorn 引理 30

1. 等价关系 (30)　2. 商集 (31)　3. 顺序关系 (31)　4. Zorn (佐恩) 引理 (33)

§1.4　直线上的点集 34

1. 实数直线和区间 (34)　2. 开集 (35)　3. 极限点 (37)　4. 闭集 (39)　5. 完全集 (42)　6. 稠密和疏朗 (44)　习题 1.4 (45)

§1.5　实数理论和极限论 47

1. 实数理论 (47)　2. 关于实数列的极限理论 (53)　习题 1.5 (62)

第二章　测度 63

§2.0　引言 63

§2.1　集类 69

1. 环与代数 (69)　2. σ-环与 σ-代数 (72)　3. 单调类 (73)　4. $S(E)$ 结构的

概略描述 (75) 习题 2.1 (76)

§2.2 环上的测度 77

1. 测度的基本性质 (77) 2. 环 $\boldsymbol{R}_0$ 上的测度 m (82) 3. 环 $\boldsymbol{R}_0$ 上的 g 测度 (86) 4. 有限可加性和可列可加性 (86) 习题 2.2 (89)

§2.3 测度的延拓 90

1. 外测度 (90) 2. μ^*-可测集 (93) 3. $\boldsymbol{R}^*$ 与 $\boldsymbol{S}(\boldsymbol{R})$ (98) 4. 延拓的唯一性 (102) 习题 2.3 (103)

§2.4 Lebesgue 测度、Lebesgue-Stieltjes 测度 104

1. 外测度$m^*(g^*)$ (105) 2. Lebesgue 和 Lebesgue-Stieltjes 测度 (105) 3. Borel (博雷尔) 集与 Lebesgue 可测集 (106) 4. Lebesgue 测度的平移、反射不变性 (110) 5. Lebesgue 不可测集 (111) 6. n 维实空间中的 Lebesgue 测度 (113) 习题 2.4 (114)

第三章 可测函数与积分 116

§3.1 可测函数及其基本性质 116

1. 可测函数 (117) 2. 可测函数的性质 (118) 3. 可测函数列的极限 (122) 4. 允许取 $\pm\infty$ 值的可测函数 (123) 5. Borel 可测函数 (125) 习题 3.1 (127)

§3.2 可测函数列的收敛性与 Lebesgue 可测函数的结构 128

1. 测度空间和 "几乎处处" (128) 2. 依测度收敛 (130) 3. 完全测度空间上的可测函数列的收敛 (139) 4. Lebesgue 可测函数的构造 (140) 习题 3.2 (143)

§3.3 积分及其性质 145

1. 在测度有限的集上有界可测函数的积分 (145) 2. 在测度 σ-有限集上 (有限的) 可测函数的积分 (154) 3. Lebesgue-Stieltjes (勒贝格 – 斯蒂尔切斯) 积分 (165) 4. 积分的变数变换 (169) 习题 3.3 (172)

§3.4 积分的极限定理 173

1. 控制收敛定理 (173) 2. Levi 引理和 Fatou 引理 (178) 3. 极限定理的注 (181) 4. 复函数的积分与极限定理的应用 (185) 习题 3.4 (189)

§3.5 重积分和累次积分 190

1. 乘积空间 (190) 2. 截口 (192) 3. 乘积测度 (193) 4. Fubini (富必尼) 定理 (198) 5. 乘积测度的完全性 (204) 6. 平面上 Lebesgue-Stieltjes 测度和积分 (206) 习题 3.5 (206)

§3.6 单调函数与有界变差函数 208

1. 单调函数 (208) 2. 单调增加的跳跃函数 (210) 3. 导数、单调函数的导数 (213) 4. 有界变差函数 (225) 习题 3.6 (236)

§3.7 不定积分与全连续函数 238
1. 不定积分的求导 (238) 2. 全连续函数 (242) 3. Newton-Leibniz 公式 (245) 4. Lebesgue 分解 (245) 习题 3.7 (246)
§3.8 广义测度和积分 247
1. 引言 (247) 2. 广义测度 (248) 3. 关于广义测度的积分 (253) 4. $R-N$ 导数 (256) 5. Lebesgue 分解 (264) 6. 测度唯一性 (266) 7. 测度与积分后记 (269) 习题 3.8 (269)

参考文献 271

习题答案 272

索引 307

附：下册目录

第四章　度量空间

§4.1　度量空间的基本概念
§4.2　线性空间上的范数
§4.3　空间 L^p
§4.4　度量空间中的点集
§4.5　连续映照
§4.6　稠密性
§4.7　完备性
§4.8　不动点定理
§4.9　致密集
§4.10　拓扑空间和拓扑线性空间

第五章　有界线性算子

§5.1　有界线性算子
§5.2　线性连续泛函的表示及延拓
§5.3　共轭空间与共轭算子
§5.4　逆算子定理和共鸣定理
§5.5　线性算子的正则集和谱，不变子空间
§5.6　关于全连续算子的谱分析

第六章　Hilbert 空间的几何学与算子

§6.1　基本概念
§6.2　投影定理
§6.3　内积空间中的直交系
§6.4　共轭空间和共轭算子
§6.5　投影算子
§6.6　双线性 Hermite 泛函与自共轭算子
§6.7　谱系、谱测度和谱积分
§6.8　酉算子的谱分解
§6.9　自共轭算子的谱分解
§6.10　正常算子的谱分解
§6.11　算子的扩张与膨胀

第七章　广义函数

§7.1　基本函数与广义函数
§7.2　广义函数的性质与运算
§7.3　广义函数的 Fourier 变换

第一章 集和直线上的点集

§1.1 集和集的运算

1. 集的概念 在现代数学中, 集的概念已被普遍地采用. 通常把具有某种特定性质的具体的或抽象的对象的全体称做**集合**, 或简称为**集**, 其中的每个对象称为该集的**元素**.

例如, 在代数学中, 群、环、域等都是某种集, 这种集的各个元素之间具有一定的代数关系; 在几何学中, 直线、曲线、曲面等都可以看作是由点所组成的点集; 数学分析中的实数集、连续函数集、某函数的定义域等都是常用的集.

集是数学的一个基础概念. 集论[①] 是研究集的一般性质的, 属于数学基础的一个分支. 关于集和元素的严谨的定义属于集论的研究范围, 这里不予涉及.

以后我们常用大写字母 $A, B, X, Y, \cdots$ 表示集, 而用小写字母 $a, b, x, y, \cdots$ 表示元素.

对于一个集 A 来说, 某一对象 x 或者是集 A 的元素 —— 这时, 我们说 x **属于** A, 记为 $x \in A$; 或者 x 不是集 A 的元素 —— 即 x 不属于 A, 记为 $x \overline{\in} A$; 二者必居其一.

当集 A 是具有某性质 P 的元素全体时, 我们往往用下面的形式来表示 A:

$$A = \{x | x \text{ 具有性质 } P\}.$$

---

① 集论的重要文献首先是德国数学家 G. Cantor (康托尔) 在 19 世纪末发表的, 后来逐步发展成为数学的一个分支, 集论中的某些概念和结果已成为近代数学中许多分支的基础.

例如方程 $x^2-1=0$ 的解 x 的全体组成的数集是 $\{x|x^2-1=0\}$. 如果能够明确写出集 A 的所有元素, 也可以都列举在大括号里面, 例如上面这个数集就是 $\{1,-1\}$. 有时我们也把集 $\{x|x\in E,\ x$ 有性质 $P\}$ 改写成 $E(x$ 有性质 $P)$. 例如设 $f(x)$ 是 E 上的一个函数, c 是一个实数, 我们把集 $\{x|x\in E, f(x)\leqslant c\}$ 写成 $E(f(x)\leqslant c)$.

下面我们研究集的关系.

如果集 A 的元素都是集 B 的元素, 那么称 A 是 B 的**子集**, 记作 $A\subset B$, 读作 A 包含在 B 中, 或记作 $B\supset A$, 读作 B 含有 A. 显然, $A\subset A$. 有时为研究问题的需要, 我们引入不含有任何元素的集合, 称为**空集**, 记为 $\varnothing$. 例如 $\{x|x$ 是实数且 $x^2+1=0\}$ 是一空集. 我们规定空集是任何集的子集. 如果 $A\subset B$, 而 B 中确有元素 b 不属于 A. 称 A 是 B 的**真子集**. 例如 A 是平面上以正有理数作半径的圆的全体, B 是平面上所有圆的全体, 那么 A 是 B 的一个真子集.

如果 $A\subset B$, 而且又有 $B\subset A$, 这时 A, B 由相同的元素组成, 就是同一集, 称 A **等于** B (或 B 等于 A). 记作 $A=B$ (或 $B=A$), 例如 $\{x|x^2-1=0\}=\{1,-1\}$.

2. 集的运算　设 A, B 是两个集, 由集 A 同集 B 的一切元素所组成的集称作 A 同 B 的**和集**或**并集**, 简称为 "**和**" 或 "**并**", 记作 $A\bigcup B$ (如图 1.1); 由所有既属于集 A 又属于集 B 的元素组成的集, 称为 A 和 B 的**通集**或**交集**, 也简称为 "**通**" 或 "**交**", 记作 $A\bigcap B$ (如图 1.1).

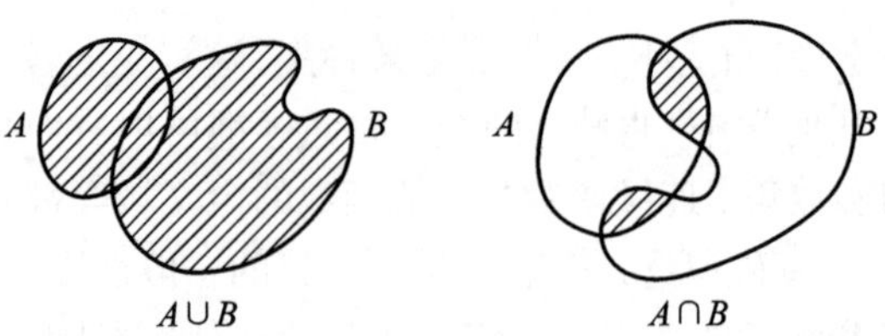

图 1.1

完全类似地可以定义任意个集的和集及通集. 设 $\{A_\alpha|\alpha\in N\}$ 是任意一组集, 其中 α 是集的指标, 它在某个指标集 N 中变化, 由一切 $A_\alpha(\alpha\in N)$ 的所有元素所组成的集称作这组集的和集, 记作 $\bigcup\limits_{\alpha\in N}A_\alpha$, 也记为 $\sum\limits_{\alpha\in N}A_\alpha$; 同时属于每个集 $A_\alpha(\alpha\in N)$ 的一切元素所组成的集, 称作这组集的通集, 记作 $\bigcap\limits_{\alpha\in N}A_\alpha$ 或 $\prod\limits_{\alpha\in N}A_\alpha$.

应该注意, 由若干个集构成和集时, 同时是两个或两个以上的集所公有的元素在和集中只算作一个. 另外, 当 $A\bigcap B=\varnothing$ 时, 我们又简称为 A 与 B 不交. 当 $A\bigcap B\neq\varnothing$ 时, 简称为 A 与 B 相交.

不难证明 "和"、"通" 运算具有下面一些性质:

1° $A\bigcup A=A, A\bigcap A=A$ (和、通的幂等性);

2° $A\bigcup\varnothing=A$ (空集是加法的零元);

3° $A\bigcup B=B\bigcup A$ (和的交换律);

$A\bigcap B=B\bigcap A$ (通的交换律);

4° $(A\bigcup B)\bigcup C=A\bigcup(B\bigcup C)$ (和的结合律);

$(A\bigcap B)\bigcap C=A\bigcap(B\bigcap C)$ (通的结合律)

5° $(A\bigcup B)\bigcap C=(A\bigcap C)\bigcup(B\bigcap C)$ (分配律);

6° 如果 $A\subset B$, 那么对任意的集 C 成立着

$$A\bigcup C\subset B\bigcup C,\quad A\bigcap C\subset B\bigcap C\quad (\text{和、通的保单调性}).$$

在集合之间, 除了上面的 "加法" 和 "乘法" 以外, 我们再引入减法: 设 A, B 为两个集, 由集 A 中不属于 B 的那些元素全体所组成的集, 称作集 A 减集 B 的**差集**, 记作 $A-B$ 或 $A\backslash B$ (注意, 这里并不要求 $A\supset B$). 当 $B\subset A$ 时, 称差集 $A-B$ 为 B 关于 A 的**余集**, 记作 $\complement_A B$. 当我们只讨论某个固定集 A 的一些子集 B 时, 常简记 $A-B$ 为 B^c 或 $\complement(B)$, 并称它是 B 的余集.

"减法" 运算 (或称求余运算), 显然有下面的性质:

7° 如果 $A\subset B$, 那么 $A-B=\varnothing$;

8° $(A-B)\bigcap C=(A\bigcap C)-(B\bigcap C)$ ("减法" 分配律);

9° $(C-A)-B=C-(A\bigcup B)$;

10° 如果 $A\subset C$, $B\subset C$, 那么 $A-B=A\bigcap\complement_C B$.

我们称集 $(A-B)\bigcup(B-A)$ 为集 A 和集 B 的**对称差**, 记作 $A\triangle B$.

11° $A\bigcup B=(A\triangle B)\bigcup(A\bigcap B)$.

以上这些性质都可以从集的 "包含"、"相等"、"和"、"通" 以及 "差" 的定义推导出来, 其中有些还可以推广到任意个集的一般情况, 这里不一一证明. 图形可以帮助我们较直观地理解和记忆一些概念, 或者启发我们思考问题, 是学习中的一种有效工具, 以后将经常采用. 但是必须指出, 决不能把图形的示意看成定义, 或者定理的证明. 因为定义必须要用确切的文字叙述, 而定理的证明是必须经过严密的逻辑论证.

下面介绍两个有用的公式 **和通关系式**:

设 S 是任意一个集, $\{A_\alpha|\alpha\in N\}$ 是任一族集, 那么有

12° $$S-\bigcup_{\alpha\in N}A_\alpha=\bigcap_{\alpha\in N}(S-A_\alpha);\tag{1.1.1}$$

13° $$S-\bigcap_{\alpha\in N}A_\alpha=\bigcup_{\alpha\in N}(S-A_\alpha).\tag{1.1.2}$$

用文字叙述, 就是: 和集 (关于 S) 的余集等于每个集 (关于 S) 的余集的通集 (12°), 而通集 (关于 S) 的余集等于每个集 (关于 S) 的余集的和集 (13°) (如图 1.2).

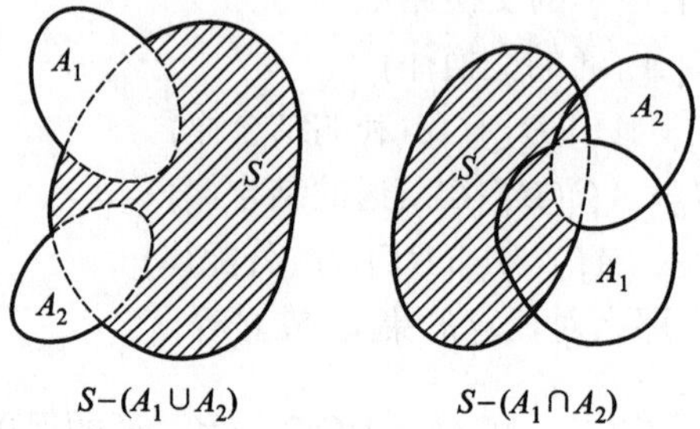

图 1.2

现在来证明和通关系式 (1.1.1) 和 (1.1.2).

首先, (1.1.1) 式左边是属于 S 而不属于任何一个 $A_\alpha(\alpha\in N)$ 的元素所成的集, 因而它属于每一个集 $S-A_\alpha(\alpha\in N)$, 所以左边是右边的子集; 完全类似地可以说明右边也是左边的子集. 这样, (1.1.1) 式两边的集相同. 类似地可以证明 (1.1.2) 式, 希望读者自己进行分析和论证. 但为帮助读者熟悉论证和表达的方法, 我们把证明过程详细写出来. 这是用集论方法论证时常用的方法. 读者可以仿此证明上面各条性质 1°—11°.

现证 (1.1.1). 记 $S-\bigcup\limits_{\alpha\in N}A_\alpha$ 为 P, $\bigcap\limits_{\alpha\in N}(S-A_\alpha)$ 为 Q. 这样, 只要证明 $P=Q$.

设 $x\in P$, 按定义有 $x\in S$ 而且 $x\overline{\in}\bigcup\limits_{\alpha\in N}A_\alpha$. 因此, 对每个 $\alpha\in N, x\overline{\in}A_\alpha$, 因而 $x\in S-A_\alpha(\alpha\in N)$. 即 $x\in Q$. 这就是说, 凡 P 中的元素都属于 Q, 所以 $P\subset Q$.

反过来, 设 $x\in Q$, 那么对任何 $\alpha\in N$ 有 $x\in S-A_\alpha$, 即 $x\in S$, 而且 $x\overline{\in}A_\alpha(\alpha\in N)$, 因此 $x\overline{\in}\bigcup\limits_{\alpha\in N}A_\alpha$, 所以 $x\in S-\bigcup\limits_{\alpha\in N}A_\alpha=P$, 这就是说, 凡 Q 中的元素必属于 P, 所以 $Q\subset P$. 综合起来就得到

$$P=Q.$$

证毕

(1.1.2) 的证明是类似的, 略去.

强调指出, (1.1.1), (1.1.2) 式中并不要求 S 包含每个 $A_\alpha(\alpha\in N)$.

3. 上限集与下限集　设 $A_1,A_2,\cdots,A_n,\cdots$ 是任意一列集. 由属于上述集列中无限多个集的那种元素全体所组成的集称为这一列集的**上限集**, 记作 $\overline{\lim\limits_{n\to\infty}}A_n$ 或 $\limsup\limits_n A_n$; 而由属于集列中从某个指标 $n_0(x)$ (这个指标不是固定的, 与元素

x 有关) 以后所有集 A_n 的那种元素 x 全体 (即除去有限多个集外的所有集 A_n 都含有的那种元素) 组成的集称为这一列集的**下限集**, 记作 $\varliminf\limits_{n\to\infty} A_n$ 或 $\liminf\limits_{n} A_n$. 显然,

$$\bigcap_{n=1}^{\infty} A_n \subset \varliminf_{n\to\infty} A_n \subset \varlimsup_{n\to\infty} A_n \subset \bigcup_{n=1}^{\infty} A_n. \tag{1.1.3}$$

例 1 设 $A_n(n=1,2,\cdots)$ 是如下一列点集:

$$A_{2n+1}=\left[0,2-\frac{1}{2n+1}\right], n=0,1,2,\cdots,$$

$$A_{2n}=\left[0,1+\frac{1}{2n}\right], n=1,2,3,\cdots,$$

我们来确定 $\{A_n\}$ 的上限集和下限集.

因为 $A_n\subset[0,2)(n=0,1,2,\cdots)$, 所以 $\bigcup\limits_{n=1}^{\infty} A_n\subset[0,2)$ (其实是 $\bigcup\limits_{n=1}^{\infty} A_n=[0,2)$). 根据 (1.1.3) 式, 只要考察 [0,2) 中哪些点属于 $\varliminf\limits_{n\to\infty} A_n$ 或 $\varlimsup\limits_{n\to\infty} A_n$ 即可. 显然, $[0,1]\subset A_n(n=0,1,2,\cdots)$, 所以 $\varliminf\limits_{n\to\infty} A_n\supset[0,1]$. 而对于 (1,2) 中的任何点 x, 必存在自然数 $n_0(x)$, 使当 $n>n_0(x)$ 时,

$$1+\frac{1}{2n}<x\leqslant 2-\frac{1}{2n+1},$$

即当 $n>n_0(x)$ 时, $x\overline{\in}A_{2n}$, 但 $x\in A_{2n+1}$. 换句话说, 对于开区间 (1, 2) 中的 x, 具有充分大奇数指标的集都含有 x, 从而 $\{A_n\}$ 中有无限多个集含有 x, 而充分大的偶数指标的集都不含有 x, 即 $\{A_n\}$ 中不含有 x 的集不是有限多个. 因此,

$$\varlimsup_{n\to\infty} A_n=[0,2),\quad \varliminf_{n\to\infty} A_n=[0,1].$$

例 2 设 $A_n=\left[0,1+\dfrac{1}{n}\right], n=1,2,3,\cdots$. 类似于例 1 中的讨论, 立即得到

$$\varliminf_{n\to\infty} A_n=\varlimsup_{n\to\infty} A_n=[0,1].$$

集列 $\{A_n\}$ 的上限集与下限集都可以用集列 $\{A_n\}$ 的 "和"、"通" 运算表示出来, 它们的表达式是

$$\begin{aligned}\varlimsup_{n\to\infty} A_n&=\bigcap_{n=1}^{\infty}\bigcup_{m=n}^{\infty} A_m,\\ \varliminf_{n\to\infty} A_n&=\bigcup_{n=1}^{\infty}\bigcap_{m=n}^{\infty} A_m.\end{aligned} \tag{1.1.4}$$

现在证明第一式: 记 $P = \overline{\lim\limits_{n\to\infty}} A_n, Q = \bigcap\limits_{n=1}^{\infty}\bigcup\limits_{m=n}^{\infty} A_m$. 对于 P 中的任何元素 x, 由上限集的定义, x 属于 $\{A_n\}$ 中无限个集, 不妨设 x 同时属于集 $A_{n_1}, A_{n_2}, \cdots, A_{n_k}, \cdots (n_k < n_{k+1}, k = 1, 2, 3, \cdots)$. 因此, 对任何自然数 n, 当 $n_k > n$ 时, $x \in A_{n_k} \subset \bigcup\limits_{m=n}^{\infty} A_m$, 所以 $x \in \bigcap\limits_{n=1}^{\infty}\bigcup\limits_{m=n}^{\infty} A_m$, 我们得到 $P \subset Q$, 反过来, 在 Q 中任意取一个元素 y, 今证明在 $\{A_n\}$ 中必有无限个集同时含有 y. 事实上, 取 $n = 1$, 因为 $y \in \bigcup\limits_{m=1}^{\infty} A_m$, 所以必存在自然数 n_1 使得 $y \in A_{n_1}$; 其次, 又因为 $y \in \bigcup\limits_{m=n_1+1}^{\infty} A_m$,所以必存在自然数 $n_2 > n_1$, 使得 $y \in A_{n_2}$; 这样的手续一直进行下去, 得到一列自然数 $\{n_k\}$, $n_1 < n_2 < \cdots < n_k < \cdots$, 而集 $A_{n_1}, A_{n_2}, \cdots, A_{n_k}, \cdots$ 等都含有元素 y, 因此, $y \in P$. 于是又有 $Q \subset P$. 总起来得到 $P = Q$.

读者可以完全类似地证明第二式.　　证毕

如果从有关集本身所具有的含义去理解, 等式 (1.1.4) 的成立是很明显的. 事实上, 集 $B_n = \bigcup\limits_{m=n}^{\infty} A_m$ 正是使命题 "集列 $\{A_m\}$ 中从第 n 号以后必有集包含它" 成立的元素全体. 而 $\bigcap\limits_{n=1}^{\infty} B_n$ 是使命题 "一切 $B_n (n = 1, 2, 3, \cdots)$ 都包含它" 成立的元素全体. 因此, 集 $\bigcap\limits_{n=1}^{\infty}\bigcup\limits_{m=n}^{\infty} A_m$ 就是使命题 "对任何 n, 集列 $\{A_m\}$ 中必存在第 n 号以后的集包含它" 成立的元素全体. 显然, 命题 "对任何 n, 集列 $\{A_m\}$ 中必存在第 n 号以后的集包含它" 和命题 "集列 $\{A_m\}$ 中有无限个集包含它" 等价, 所以 $\bigcap\limits_{n=1}^{\infty}\bigcup\limits_{m=n}^{\infty} A_m = \overline{\lim\limits_{m\to\infty}} A_m$, 用同样方式可以考察 $\bigcup\limits_{n=1}^{\infty}\bigcap\limits_{m=n}^{\infty} A_m = \underline{\lim\limits_{m\to\infty}} A_m$.

由和通关系容易得到:

14° 设 $\{A_n\}$ 是任意一列集, S 是任意一个集, 那么

$$S - \underline{\lim_{n\to\infty}}\ A_n = \overline{\lim_{n\to\infty}}\,(S - A_n), \tag{1.1.5}$$

$$S - \overline{\lim_{n\to\infty}}\ A_n = \underline{\lim_{n\to\infty}}\,(S - A_n). \tag{1.1.6}$$

如果集列 $\{A_n\}$ 的上限集和下限集相等:

$$\overline{\lim_{n\to\infty}}\, A_n = \underline{\lim_{n\to\infty}}\, A_n,$$

那么就说集列 $\{A_n\}$ **收敛**. 这时, 称 $A = \underline{\lim\limits_{n\to\infty}} A_n = \overline{\lim\limits_{n\to\infty}} A_n$ 是集列 $\{A_n\}$ 的**极限** (或**极限集**), 记为 $A = \lim\limits_{n\to\infty} A_n$.

如例 2 中的集列 $\left[0,1+\dfrac{1}{n}\right], n=1,2,3,\cdots$ 就是收敛的, 它的极限是 $[0,1]$.

单调集列 如果集列 $\{A_n\}$ 满足

$$A_n \subset A_{n+1}(A_n \supset A_{n+1}), \quad n=1,2,3,\cdots,$$

那么称 $\{A_n\}$ 是单调增加 (减少) 集列. 单调增加与单调减少的集列统称为**单调集列**. 容易证明: 单调集列是收敛的.

如果 $\{A_n\}$ 是单调增加的, 那么

$$\lim_{n\to\infty} A_n = \bigcup_{n=1}^{\infty} A_n.$$

事实上, 对任何 $x \in \bigcup\limits_{n=1}^{\infty} A_n$, 必有某个 n_0, 使得 $x \in A_{n_0}$. 但是 $A_n \subset A_{n+1}(n=1,2,3,\cdots)$, 所以 $x \in A_n(n \geqslant n_0)$, 从而 $x \in \varliminf\limits_{n\to\infty} A_n$, 即 $\bigcup\limits_{n=1}^{\infty} A_n \subset \varliminf\limits_{n\to\infty} A_n$. 再根据 (1.1.3), 立即得到 $\lim\limits_{n\to\infty} A_n = \bigcup\limits_{n=1}^{\infty} A_n$.

类似地, 如果 $\{A_n\}$ 是单调减少的, 可以证明

$$\lim_{n\to\infty} A_n = \bigcap_{n=1}^{\infty} A_n.$$

4. 函数与集 设 X 是一个不空的集, 如果 f 把 X 中的每个元素 x 都对应于一个实数 (或复数) $f(x)$, 我们便称 f 是定义在 X 上的**实** (或**复**) **函数**, 有时也记为 $f(\cdot)$. 和数学分析完全类似, 我们可以定义一般集上的两个函数 f、g 的和 $f+g$、差 $f-g$、积 $f\cdot g$, 以及绝对值函数 $|f|$ 等, 同样还可以定义函数列 $\{f_n(x)\}$ 的收敛等. 与过去唯一不同的只是现在的自变量 x 是在一般的集合 X 上变化, 而不一定是在实数集或复数集中变化.

在实函数论中, 利用集来分析函数性质时, 常要用到下面类型的集. 当集 E 上的一个实函数 f 给定以后, 对于任意给定的实数 c, 按第一段中所说的记号, 我们记

$$E(f \geqslant c) = \{x | x \in E, f(x) \geqslant c\},$$
$$E(f > c) = \{x | x \in E, f(x) > c\}$$

等, 它们都是由 f 决定的, 而且是与 f 有密切联系的集. 为了后面第三章的需要, 我们现在先让读者对这些集的性质、运算作一些了解和准备. 例如它们有如下一些关系式:

1° $E(f \geqslant c) \bigcup E(f < c) = E$,　$E(f \geqslant c) \bigcap E(f < c) = \varnothing$;

2° $E(f > c) \bigcap E(f \leqslant d) = E(c < f \leqslant d)$ (这里 $c < d$);

3° $E(f^2 > c) = E(f > \sqrt{c}) \bigcup E(f < -\sqrt{c})$ (这里 $c \geqslant 0$).

这些性质, 读者无须记住它, 重要的是要逐步熟悉这种处理方法.

4° $$E(f > c) = \bigcup_{n=1}^{\infty} E\left(f \geqslant c + \frac{1}{n}\right). \tag{1.1.7}$$

证　我们证明等式 (1.1.7). 当 $x \in E(f > c)$ 时, $f(x) > c$, 所以必有自然数 n, 使得 $f(x) \geqslant c + \frac{1}{n}$, 因此 $x \in E\left(f \geqslant c + \frac{1}{n}\right)$, 即等式 (1.1.7) 的左边的集包含在右边集中.

另一方面, 如果 $x \in \bigcup\limits_{n=1}^{\infty} E\left(f \geqslant c + \frac{1}{n}\right)$, 必然存在某个 n, 使 $x \in E\left(f \geqslant c + \frac{1}{n}\right)$, 这时自然有 $f(x) > c$, 所以 $x \in E(f > c)$. 也就是说 (1.1.7) 右边的集也包含在左边集中. 所以 (1.1.7) 成立.　证毕

5° 设实函数列 $\{f_n\}$ 有极限函数 f, 那么

$$E(f \leqslant c) = \bigcap_{k=1}^{\infty} \varliminf_{n\to\infty} E\left(f_n \leqslant c + \frac{1}{k}\right). \tag{1.1.8}$$

证　如果 $x \in E(f \leqslant c)$, 那么对任何自然数 $k, f(x) < c + \frac{1}{k}$. 因为 $f(x)$ 是 $f_n(x)$ 的极限, 所以必有自然数 N, 使得当 $n \geqslant N$ 时, $f_n(x) < c + \frac{1}{k}$. 这就是说, 当 $n \geqslant N$ 时, $x \in E\left(f_n \leqslant c + \frac{1}{k}\right)$. 即

$$x \in \varliminf_{n\to\infty} E\left(f_n \leqslant c + \frac{1}{k}\right),$$

因此 (1.1.8) 式左边的集包含在右边的集中.

反过来, 如果 $x \in \bigcap\limits_{k=1}^{\infty} \varliminf\limits_{n\to\infty} E\left(f_n \leqslant c + \frac{1}{k}\right)$, 那么对一切 k, $x \in \varliminf\limits_{n\to\infty} E\left(f_n \leqslant c + \frac{1}{k}\right)$, 这时必有自然数 N_k, 使得当 $n \geqslant N_k$ 时, $x \in E\left(f_n \leqslant c + \frac{1}{k}\right)$, 即 $f_n(x) \leqslant c + \frac{1}{k}$. 令 $n \to \infty$, 因而对一切自然数 k, $f(x) \leqslant c + \frac{1}{k}$. 令 $k \to \infty$, 就得到 $f(x) \leqslant c$. 这就是 $x \in E(f \leqslant c)$. 因此 (1.1.8) 的右边含在左边集中. 所以 (1.1.8) 成立.　证毕

注意　(1.1.8) 式右边的每个集改为 $E\left(f < c + \frac{1}{k}\right)$ 也是成立的. 而左边的集却不能改为 $E(f < c)$.

像这样由函数所产生的集的关系式可以举出很多, 读者自己也可以列举并加以证明. 用点集分析的方法来研究函数时, 离不开这些重要的集以及它们的关系式. 反过来, 有时也常会遇到要用函数来研究集的性质. 下面的特征函数便是这方面的一个重要例子.

5. 集的特征函数 设 X 是一个固定的非空集, 又设 A 是 X 的一个子集. 作 X 上的函数

$$\chi_A(x)=\begin{cases}1, & 当\ x\in A,\\ 0, & 当\ x\overline{\in} A,\end{cases}$$

称 $\chi_A(x)$ 为集 A 的**特征函数**. 显然子集 A 和它的特征函数之间的对应是一对一的.

特征函数与集之间有下面一些常见的重要等价关系:

1° $A=X$ 等价于 $\chi_A(x)\equiv 1; A=\varnothing$ 等价于 $\chi_A(x)\equiv 0$.

2° $A\subset B$ 等价于 $\chi_A(x)\leqslant\chi_B(x)$;

$A=B$ 等价于 $\chi_A(x)=\chi_B(x)$.

3° $\chi_{\bigcup\limits_{\alpha\in N}A_\alpha}(x)=\max\limits_{\alpha\in N}\chi_{A_\alpha}(x), \chi_{\bigcap\limits_{\alpha\in N}A_\alpha}(x)=\min\limits_{\alpha\in N}\chi_{A_\alpha}(x)$.

4° 设 $\{A_n\}$ 是一列集, 那么[1]

$$\chi_{\overline{\lim\limits_{n\to\infty}}A_n}(x)=\overline{\lim_{n\to\infty}}\chi_{A_n}(x), \tag{1.1.9}$$

$$\chi_{\underline{\lim\limits_{n\to\infty}}A_n}(x)=\underline{\lim_{n\to\infty}}\chi_{A_n}(x). \tag{1.1.10}$$

证 性质 1°、2°、3° 的证明留给读者完成. 我们只证明 4° 的第一式 (1.1.9) ((1.1.10) 可类似地证明).

如果 $\chi_{\overline{\lim\limits_{n\to\infty}}A_n}(x)=1$, 那么 $x\in\overline{\lim\limits_{n\to\infty}}A_n$. 这就是说序列 $\{A_n\}$ 中必有无限个集包含 x, 从而数列 $\{\chi_{A_n}(x)\}$ 中必有无限个是 1. 因此, $\overline{\lim\limits_{n\to\infty}}\chi_{A_n}(x)=1$. 把上述推导的顺序反过来也就证明了: 如果 $\overline{\lim\limits_{n\to\infty}}\chi_{A_n}(x)=1$, 那么 $\chi_{\overline{\lim\limits_{n\to\infty}}A_n}(x)=1$. 所以使函数 $\overline{\lim\limits_{n\to\infty}}\chi_{A_n}(x)$ 取值为 1 的元素与使 $\chi_{\overline{\lim\limits_{n\to\infty}}A_n}(x)$ 取值为 1 的元素一致. 但函数 $\chi_{\overline{\lim\limits_{n\to\infty}}A_n}(x)$, $\overline{\lim\limits_{n\to\infty}}\chi_{A_n}(x)$ 的值不取 1 便取 0, 因此 X 中使这两个函数分别取值为 0 的元素也一致. 所以这两个函数完全相等. 证毕

由 4° 立即得到

5° 设 $\{A_n\}$ 是一列集, 那么极限 $\lim\limits_{n\to\infty}A_n$ 存在的充要条件是 $\lim\limits_{n\to\infty}\chi_{A_n}(x)$ 存在, 而且当极限存在时

$$\chi_{\lim\limits_{n\to\infty}A_n}(x)=\lim_{n\to\infty}\chi_{A_n}(x).$$

[1] 数列 $\{a_n\}$ 的上限 $\left(\overline{\lim\limits_{n\to\infty}}a_n\right)$ 和下限 $\left(\underline{\lim\limits_{n\to\infty}}a_n\right)$ 可参见本章 §1.5.

习　题　1.1

1. 证明: (i) $A\bigcap(B\bigcup C)=(A\bigcap B)\bigcup(A\bigcap C)$;

(ii) $A\bigcup(B\bigcap C)=(A\bigcup B)\bigcap(A\bigcup C)$.

2. 证明: (i) $A-B=A-A\bigcap B=(A\bigcup B)-B$;

(ii) $A\bigcap(B-C)=A\bigcap B-A\bigcap C$;

(iii) $(A-B)-C=A-(B\bigcup C)$;

(iv) $A-(B-C)=(A-B)\bigcup(A\bigcap C)$;

(v) $(A-B)\bigcap(C-D)=A\bigcap C-(B\bigcup D)$;

(vi) $(A-B)\bigcup(C-D)\supset(A\bigcup C)-(B\bigcup D)$;

(vii) $(A-B)\bigcup(C-D)\subset(A\bigcup C)-(B\bigcap D)$;

(举例说明 (vi), (vii) 的包含号 $\supset$ 与 $\subset$ 不能换为等号)

(viii) $A-(A-B)=A\bigcap B$.

3. (i) 等式 $(A-B)\bigcup C=A-(B-C)$ 成立的充要条件是什么?

(ii) 证明: $(A\bigcup B)-C=(A-C)\bigcup(B-C)$,

$$A-(B\bigcup C)=(A-B)\bigcap(A-C).$$

4. 证明: (i) $\left(\bigcup_{\alpha\in N}A_\alpha\right)-B=\bigcup_{\alpha\in N}(A_\alpha-B)$;

(ii) $\left(\bigcap_{\alpha\in N}A_\alpha\right)-B=\bigcap_{\alpha\in N}(A_\alpha-B)$.

5. 设 $\{A_n\}$ 是一列集,

(i) 作 $B_1=A_1, B_n=A_n-\left(\bigcup_{\nu=1}^{n-1}A_\nu\right)\quad(n>1)$. 证明 $\{B_n\}$ 是一列互不相交的集, 而且

$$\bigcup_{\nu=1}^{n}A_\nu=\bigcup_{\nu=1}^{n}B_\nu,\quad n=1,2,3,\cdots.$$

(ii) 如果 $\{A_n\}$ 是单调减少的集列, 那么

$$A_1=(A_1-A_2)\bigcup(A_2-A_3)\bigcup\cdots\bigcup(A_n-A_{n+1})\bigcup\cdots\bigcup\left(\bigcap_{\nu=1}^{\infty}A_\nu\right),$$

并且其中各项互不相交.

6. 设 $A_{2n-1}=\left(0,\dfrac{1}{n}\right)$, $A_{2n}=(0,n), n=1,2,3,\cdots$, 求出集列 $\{A_n\}$ 的上限集和下限集.

7. 设 $\{f_n(x)\}$ 是区间 $E=[a,b]$ 上的实函数列

$$f_1(x)\leqslant f_2(x)\leqslant\cdots\leqslant f_n(x)\leqslant\cdots,$$

又设 $f_n(x)$ 具有极限函数 $f(x)$. 证明对任何实数 c,

$$E(f(x)>c)=\bigcup_{n=1}^{\infty}E(f_n(x)>c).$$

8. 证明: (i) $A\triangle B=(A\bigcap B^c)\bigcup(A^c\bigcap B)$;

(ii) $A\bigcup B=(A\triangle B)\bigcup(A\bigcap B)$;

(iii) $\chi_{A\triangle B}(x)=|\chi_A(x)-\chi_B(x)|$;

(iv) $A\triangle B=\{x|\chi_A(x)\neq\chi_B(x)\}$.

9. 设 f,g 是 E 上的函数, c,d 是任何实数, 证明

(i) $E(f>c)\bigcup E(f\leqslant c)=E, E(f\geqslant c)=E(f>c)\bigcup E(f=c)$;

(ii) $E(f>c)\bigcap E(f=c)=\varnothing$;

(iii) 当 $c<d$ 时, $E(f>c)\bigcap E(f\leqslant d)=E(c<f\leqslant d)$;

(iv) 当 $c\geqslant 0$ 时, $E(f^2>c)=E(f>\sqrt{c})\bigcup E(f<-\sqrt{c})$;

(v) 当 $f\geqslant g$ 时, $E(f>c)\supset E(g>c)$.

10. 设集 E 上的实函数列 $\{f_n\}$ 及 f 具有性质 $f_1(x)\leqslant f_2(x)\leqslant\cdots\leqslant f_n(x)\leqslant\cdots$, 并且 $\lim\limits_{n\to\infty}f_n(x)=f(x)$. 证明

$$E(f\leqslant c)=\bigcap_{n=1}^{\infty}E(f_n\leqslant c)=\lim_{n\to\infty}E(f_n\leqslant c).$$

11. 设 f 是定义在集 E 上的实函数, c 是任何实数, 证明:

(i) $E(c\leqslant f(x))=\bigcup\limits_{n=1}^{\infty}E(c\leqslant f(x)<c+n)$;

(ii) $E=\bigcup\limits_{n=1}^{\infty}E(-n\leqslant f(x))=\bigcup\limits_{n=1}^{\infty}E(f(x)<n)$;

(iii) $E(f<c)=\bigcup\limits_{n=1}^{\infty}E\left(f\leqslant c-\dfrac{1}{n}\right)$.

12. 设 X 是固定的集, $A\subset X$, $\chi_A(x)$ 是集 A 的特征函数, 证明:

(i) $A=X$ 等价于 $\chi_A(x)\equiv 1, A=\varnothing$ 等价于 $\chi_A(x)\equiv 0$;

(ii) $A\subset B$ 等价于 $\chi_A(x)\leqslant\chi_B(x)$;

$A=B$ 等价于 $\chi_A(x)=\chi_B(x)$;

(iii) $\chi_{\bigcup\limits_{\alpha\in N}A_\alpha}(x)=\max\limits_{\alpha\in N}\chi_{A_\alpha}(x)$;

$$\chi_{\bigcap\limits_{\alpha\in N}A_\alpha}(x)=\min_{\alpha\in N}\chi_{A_\alpha}(x);$$

(iv) 设 $\{A_n\}$ 是一列集, 那么极限 $\lim\limits_{n\to\infty}A_n$ 存在的充要条件是 $\lim\limits_{n\to\infty}\chi_{A_n}(x)$ 存在, 而且当极限存在时, 有

$$\chi_{\lim\limits_{n\to\infty}A_n}(x)=\lim_{n\to\infty}\chi_{A_n}(x).$$

13. 证明 "和通关系式"

$$S-\bigcap_{\alpha\in N}A_\alpha=\bigcup_{\alpha\in N}(S-A_\alpha).$$

14. 设 F, E_1 及 E_2 是 X 的任意三个子集, 记 $F_1=F\bigcap(E_1\bigcap E_2^c)^c$, 证明:

(i) $F_1\bigcap E_1\bigcap E_2=F\bigcap E_1\bigcap E_2$;

(ii) $F_1\bigcap E_1\bigcap E_2^c=\varnothing$;

(iii) $F_1 \bigcap E_1^c \bigcap E_2 = F \bigcap E_1^c \bigcap E_2$;

(iv) $F_1 \bigcap E_1^c \bigcap E_2^c = F \bigcap E_1^c \bigcap E_2^c$.

§1.2 映 照 与 势

正如 §1.1 所说, 作为数学分支的集论本身, 它的内容还是相当丰富的, 介绍集论的基本内容不是本书的任务. 但为了本书后面的需要, 我们将在本节中对集论中常常被用到的最初步的势的知识作一介绍.

1. 映照 前面我们已叙述过一般集上的函数概念. 我们现在介绍比函数概念更一般的集之间的另一种关系 —— 对应关系, 它是函数关系的推广.

定义 1.2.1 设 A, B 是两个非空集, 如果存在一个规则 φ, 使得对于 A 中任何一个元素 x, 按照规则 φ, 在 B 中有一个确定的元素 y 与 x 对应①, 记为

$$\varphi : x \mapsto y,$$

那么称这个规则 φ 是从 A 到 B (**中**) 的**映照** (也称为**映射**), 元素 y 称作元素 x (在映照 φ 下) 的**像**, 记作 $y = \varphi(x)$, 或 $y = \varphi x$. 对于任一个固定的 y, 称适合关系 $y = \varphi(x)$ 的 x 全体为 y (在映照 φ 之下) 的**原像**, 记为 $\varphi^{-1}(y)$. 集 A 称作为映照 φ 的**定义域**, 记为 $\mathscr{D}(\varphi)$ 或 $\mathscr{D}_\varphi$. 设 C 是 A 的子集, C 中所有元素 x 的像 y 的全体记为 φC 或 $\varphi(C)$. 称它为集 C 的**像**, 称 $\varphi(A)$ 为映照 φ 的**值域**, 常记为 $\mathscr{R}(\varphi)$. 有时也常把从 $\mathscr{D}(\varphi) = A$ 到 $\mathscr{R}(\varphi) \subset B$ 的映照 φ 写成

$$\varphi : A \to B.$$

如果 $\varphi : A \to B, D \subset B$, 那么称集 $\{x | \varphi(x) \in D, x \in \mathscr{D}(\varphi)\}$ 为 D (在映照 φ 之下) 的原像, 记为 $\varphi^{-1}(D)$.

如果 $\varphi(A) = B$, 就称 φ 是 A 到 B **上**的映照, 又称为 A 到 B 的**满射**. 显然, 如果 φ 是 A 到 B 上的映照, 那么 φ 是 A 到 B 中的映照, 但其逆一般不真.

特别地, 如果值域 B 是一数集 (实数或复数集), 这时映照 φ 就是前面说的定义在集 A 上的函数. 如果 A, B 都是数集, 它们之间的映照就是数学分析中所研究的函数了. 由此可见, 映照概念实际就是函数概念的推广.

映照是一个相当普遍的概念, 除了普通的函数是一种映照外, 其他的, 如定积分可以看作可积函数集到数集中的映照, 求导函数的运算 (微分) 可看作可微分函数集到函数集中的映照, 而线性变换就是 n 维向量空间到 n 维向量空间的映照; 又如代数学中的同态映照、同构映照等. 从更广泛的意义上说, 任何一种运算也可以看作是映照. 事实上, 如实数的加法运算 "+", 就可视为平面点集到直线点集上的一个映照 $\varphi : (a, b) \mapsto a + b$. 再看几个映照的具体例子.

①本书中一般不讨论 "多值" 映照.

例 1 设 $A=(-\infty,+\infty), B=(-\infty,+\infty)$, 符号函数

$$\operatorname{sgn} x=\begin{cases}1, & x>0,\\ 0, & x=0,\\ -1, & x<0,\end{cases}$$

是 A 到 B 中的映照.

例 2 设 A 是平面上所有圆组成的集合, B 是平面上所有点的全体, 令 φ 表示圆与其圆心之间的对应, φ 就是 A 到 B 上的映照.

例 3 设 D^2 是直线上的二次可微函数全体, B 是直线上的函数全体, a,b,c 是常数, 定义 D^2 到 B 中的一个映照 φ 如下:

$$\varphi: f(x)\mapsto a\frac{\mathrm{d}^2}{\mathrm{d}x^2}f(x)+b\frac{\mathrm{d}}{\mathrm{d}x}f(x)+cf(x), f\in D^2.$$

当 $a\neq 0$ 时称 φ 为二阶微分算子, 简记为 $\varphi=a\dfrac{\mathrm{d}^2}{\mathrm{d}x^2}+b\dfrac{\mathrm{d}}{\mathrm{d}x}+c$.

例 4 设 E^n 是 n 维欧几里得空间, $K=(k_{ij})$ 是给定的 n 阶方阵, 作 E^n 到 E^n 中的映照 φ 如下:

$$\varphi: x\mapsto Kx,\quad x\in E^n,$$

其中 $x=(x_1,\cdots,x_n)^{\mathrm{T}}$, 这里 T 表示矩阵的转置, 又

$$y=\varphi(x)=Kx=\left(\sum_{j=1}^{n}k_{1j}x_j,\cdots,\sum_{j=1}^{n}k_{nj}x_j\right)^{\mathrm{T}}.$$

例 5 设 $C[0,1]$ 是区间 $0\leqslant x\leqslant 1$ 上所有连续函数全体, E^1 是直线 $-\infty<x<+\infty$, x_0 是 $[0,1]$ 中的一个定点, 作映照

$$\varphi: f\mapsto f(x_0),\quad f\in C[0,1],$$

则 φ 就是 $C[0,1]$ 到 E^1 上的映照.

2. 映照的延拓 映照和它的定义域有关. 在小范围有意义的映照, 在较大的范围内未必有意义.

定义 1.2.2 设 φ,ψ 分别是定义域 $\mathscr{D}_\varphi,\mathscr{D}_\psi$ 到 B 中的映照, 如果 $\mathscr{D}_\varphi\subset\mathscr{D}_\psi$ 而且对于 $\mathscr{D}_\varphi$ 中的每个元素 x 成立着

$$\psi(x)=\varphi(x),$$

即 ψ 与 φ 在 $\mathscr{D}_\varphi$ 上一致, 就称映照 ψ 是映照 φ 在 $\mathscr{D}_\psi$ 上的**延拓**, 记成 $\varphi\subset\psi$, 这时称 φ 是 ψ 在 $\mathscr{D}_\varphi$ 上的**部分**或**限制**, 记为 $\varphi=\psi|_{\mathscr{D}_\varphi}$.

例 6　设 $f(x)=\sin x, 0\leqslant x\leqslant \pi$; 又设 $g(x)=|\sin x|, -\infty<x<+\infty$, 那么 $g(x)$ 就是 $f(x)$ 在 $(-\infty,+\infty)$ 上的延拓, 即 $f=g|_{[0,\pi]}$.

例 7　设 $f(z)=\sum\limits_{n=0}^{\infty} z^n, |z|<1, g(z)=\dfrac{1}{1-z}, z\neq 1$. 解析函数 $g(z)$ 就是 $f(z)$ 的延拓.

完全类似地可将复合函数的概念拓广, 定义 φ_1,φ_2 的复合映照概念如下:

定义 1.2.3　设 $\varphi_1: A\to B, \varphi_2: B\to C$, 作 A 到 C 的映照 φ 如下, 对任何 $x\in A$, $\varphi(x)=\varphi_2(\varphi_1(x))$, 称 φ 是 φ_1,φ_2 的**复合映照**, 记 φ 为 $\varphi_2\circ\varphi_1$.

3. 一一对应　在各种映照之中, 我们着重讨论一对一的映照.

可逆映照　设 φ 是 A 到 B 中的映照, 若对每一个 $y\in\mathscr{R}(\varphi)$, A 中只有一个元素 x 适合 $\varphi(x)=y$, 就说 φ 是**可逆映照**或**一对一的映照** (又称为**单射**). 换言之, 对 A 中任意两个元素 x_1,x_2, 当 $x_1\neq x_2$ 时, 必有 $\varphi(x_1)\neq\varphi(x_2)$, 那么 φ 就是可逆映照.

例如 $(-\infty,+\infty)$ 上的函数 $\varphi(x)=\sin x, \psi(x)=x^2$ 都不是 $(-\infty,+\infty)$ 到 $(-\infty,+\infty)$ 中的可逆映照. 显然, 任何一个严格单调函数都可以看成它的定义域到值域中的可逆映照. 又如 $(0,1]$ 上的函数 (如图 1.3)

$$g(x)=\begin{cases} x, & 0<x<1,\\ 0, & x=1,\end{cases}$$

是 $(0,1]$ 到 $[0,1]$ 中的可逆映照.

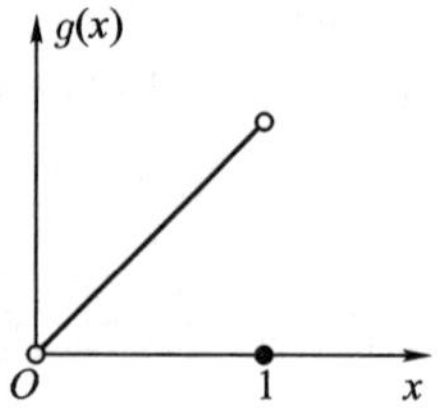

图 1.3

定义 1.2.4　设 φ 是集 A 到集 B **上**的可逆映照, 则称 φ 为 A 到 B 的**一一对应** (或**双射**).

换句话说, φ 是 A 到 B 的一一对应意味着对于 A 中任何一个元素 a, 有唯一的 $b=\varphi(a)\in B$, 而且对 B 中每个元素 b, 必在 A 中有唯一的元素 a, 适合 $\varphi(a)=b$.

例如上面的函数 $g(x)$ 就只是 $(0,1]$ 到 $[0,1]$ 中的可逆映照, 而不是 $(0,1]$ 到 $[0,1]$ 的一一对应. 这是因为 $[0,1]$ 上的点 1 找不到原像. 但 $g(x)$ 却是 $(0,1]$ 到 $[0,1)$ 的一一对应. 其实, 任何可逆映照 φ 一定是 $\mathscr{D}(\varphi)$ 到 $\mathscr{R}(\varphi)$ 的一一对应.

逆映照　设 φ 为 A 到 B 的可逆映照.

$$\varphi: A=\mathscr{D}(\varphi)\to\mathscr{R}(\varphi)\subset B.$$

我们作 $\mathscr{R}(\varphi)$ 到 $\mathscr{D}(\varphi)$ 的映照 ψ 如下:

如果　$$\varphi: x\mapsto y,\quad x\in\mathscr{D}(\varphi), y\in\mathscr{R}(\varphi),$$

我们便令

$$\psi : y \mapsto x.$$

由于 φ 是可逆的, 根据可逆映照的定义, 对于每一个 y, 与它相应的 x 是唯一的, 因此 ψ 实现了从 $\mathscr{R}(\varphi)$ 到 $\mathscr{D}(\varphi)$ 上的映照, 我们称 ψ 为 φ 的**逆映照**, 记 ψ 为 φ^{-1}:

$$\varphi^{-1} : \mathscr{R}(\varphi) \to \mathscr{D}(\varphi).$$

显然, $\mathscr{D}(\varphi^{-1}) = \mathscr{R}(\varphi), \mathscr{R}(\varphi^{-1}) = \mathscr{D}(\varphi)$.

因此可逆映照必有逆映照. 逆映照是反函数概念的拓广.

φ 的逆映照用记号 φ^{-1}, 在集 D 的原像 $\varphi^{-1}(D)$ 中也出现记号 φ^{-1}, 在今后发生混淆的地方, 我们将在行文中交待 φ^{-1} 记号的具体含义.

例如, 任何一个严格单调函数 $f(x)$ 的反函数 $f^{-1}(x)$ 可以看成映照 $f(x)$ 的逆映照. 又如 A 是 $[0,1]$ 上具有连续导函数而且在 0 点其函数值为 0 的函数全体, φ 是求导函数这个映照, 即

$$\varphi : f(x) \mapsto \frac{\mathrm{d}}{\mathrm{d}x} f(x), \quad f(x) \in A.$$

显然 φ 是 A 到 $C[0,1]$ (见例 5) 的一一对应, 而其逆映照就是求不定积分

$$\varphi^{-1} : g(x) \mapsto \int_0^x g(t)\mathrm{d}t.$$

设 X 是一固定集, $\mathscr{M}$ 是 X 的子集的全体, $\mathscr{N}$ 是定义在 X 上的特征函数的全体, 作映照

$$\varphi : A \mapsto \chi_A, \quad A \subset X.$$

它就是 $\mathscr{M}$ 到 $\mathscr{N}$ 之间的一一对应.

恒等映照 设 A 是一个集, 称集 A 到 A 上的映照

$$\varphi : x \mapsto x,$$

是 A 上的**恒等映照**.

显然, 恒等映照是 A 到 A 的一一对应.

4. 对等 现在用一一对应来建立两个集的对等概念. 对等概念是建立势理论的基础.

定义 1.2.5 设 A, B 是两个集, 如果存在一个 A 到 B 的一一对应 φ, 那么称集 A 与集 B **对等** (或**相似**), 记为 $A \overset{\varphi}{\sim} B$, 或简记为 $A \sim B$. 规定空集 $\varnothing$ 和自身对等.

例如, 奇数集 $O=\{1,3,5,\cdots,2n-1,\cdots\}$, 偶数集 $E=\{2,4,6,\cdots,2n,\cdots\}$, 自然数集 $N=\{1,2,3,\cdots,n,\cdots\}$. 显然 $\varphi_1: n\mapsto 2n(n=1,2,3,\cdots),\varphi_2: 2n\to 2n-1(n=1,2,3,\cdots),\varphi_2\circ\varphi_1$ 分别是 N 到 E, E 到 O, N 到 O 的一一对应, 因此它们彼此对等.

显然, 对等关系 "$\sim$" 具有下面三个基本性质:

1°　$A\sim A$ (自反性);

2°　若 $A\sim B$, 则 $B\sim A$ (对称性);

3°　若 $A\sim B, B\sim C$, 则 $A\sim C$ (传递性).

由此可知, 对等是一种等价关系 (等价关系可参见 §1.3).

此外, 对等还有下面的一个性质, 虽非基本, 但很重要.

4°　设 $\{A_\lambda|\lambda\in\Lambda\}$, $\{B_\lambda|\lambda\in\Lambda\}$ 为两族集, Λ 是指标集. 又设对每一个 $\lambda\in\Lambda, A_\lambda\sim B_\lambda$, 而且集族 $\{A_\lambda\}$ 中任何两个集不相交, 即 $A_\lambda\bigcap A_\mu=\varnothing(\lambda\neq\mu,\lambda,\mu\in\Lambda),\{B_\lambda\}$ 中任何两个集也不相交, 那么

$$\bigcup_{\lambda\in\Lambda}A_\lambda\sim\bigcup_{\lambda\in\Lambda}B_\lambda.$$

此性质读者不难自行证明.

前面已经说过, 若 φ 是 A 到 B 中的可逆映照, φ 未必是 A 到 B 的一一对应, 但 φ 实现 A 到 $\mathscr{R}(\varphi)$ 的一一对应. 因此 A 与 B 的子集 $\mathscr{R}(\varphi)$ 对等.

欲判断两集对等, 常用下面的定理.

F. Bernstein (伯恩斯坦) 定理　设 A, B 是两个集, 如果 A 对等于 B 的一个子集, B 又对等于 A 的一个子集, 那么 A 与 B 对等.

证　由假设, 存在 A 到 B 的某子集 B_1 上的一一对应 φ_1, 又存在 B 到 A 的子集 A_1 上的一一对应 φ_2, 因为 $B_1\subset B$, 记 $A_2=\varphi_2(B_1)$. 显然 φ_2 是 B_1 到 A_2 上的一一对应, 即

$$A\overset{\varphi_1}{\sim}B_1\overset{\varphi_2}{\sim}A_2\quad(A_2\subset A_1).$$

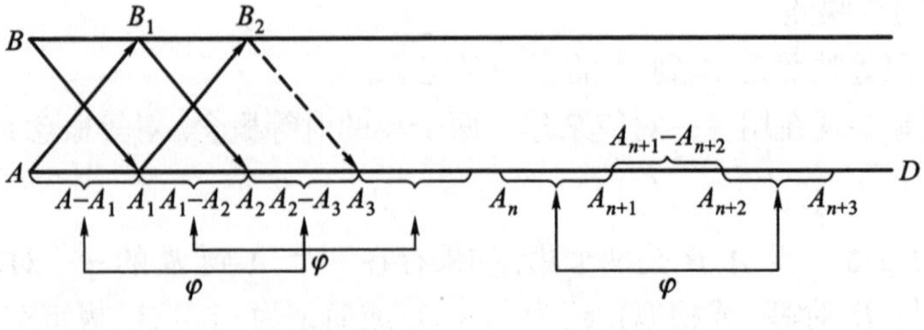

图 1.4　Bernstein 定理证明示意图

显然 φ_1 和 φ_2 的复合映照 $\varphi=\varphi_2\circ\varphi_1$ 实现了 A 到 A_2 上的一一对应. 因为 A_1 是 A 的子集, $A_3=\varphi(A_1)$ 是 A_2 的子集:

$$A_1\overset{\varphi}{\sim}A_3,\quad (A_3\subset A_2),$$

照这样逐步进行下去, 我们得到一列的子集:

$$A\supset A_1\supset A_2\supset A_3\supset\cdots\supset A_n\supset\cdots.$$

而在同一个映照 φ 之下, 有

$$A\sim A_2\sim A_4\sim\cdots,$$
$$A_1\sim A_3\sim A_5\sim\cdots.$$

这样我们可以将 A 分解为一系列互不相交的子集之和:

$$\begin{aligned}A&=(A-A_1)\bigcup A_1=(A-A_1)\bigcup(A_1-A_2)\bigcup A_2\\&=(A-A_1)\bigcup(A_1-A_2)\bigcup(A_2-A_3)\bigcup\cdots\bigcup D,\end{aligned}$$

此处 $D=A_1\bigcap A_2\bigcap A_3\bigcap\cdots$; 同样地有

$$A_1=(A_1-A_2)\bigcup(A_2-A_3)\bigcup(A_3-A_4)\bigcup\cdots\bigcup D.$$

由于映照 φ 是一对一的, 容易看出

$$\begin{aligned}&A-A_1\overset{\varphi}{\sim}A_2-A_3,\\&A_1-A_2\overset{\varphi}{\sim}A_3-A_4,\\&\cdots\cdots\cdots\cdots\\&A_n-A_{n+1}\overset{\varphi}{\sim}A_{n+2}-A_{n+3},\\&\cdots\cdots\cdots\cdots\end{aligned}$$

显然, 我们可以将 A, A_1 的上述分解写成

$$A=D\bigcup(A-A_1)\bigcup(A_1-A_2)\bigcup(A_2-A_3)\bigcup(A_3-A_4)\bigcup\cdots,$$

$$\updownarrow\varphi \qquad\qquad\qquad \updownarrow\varphi$$

$$A_1=D\bigcup(A_2-A_3)\bigcup(A_1-A_2)\bigcup(A_4-A_5)\bigcup(A_3-A_4)\bigcup\cdots.$$

由于 $A_{2n}-A_{2n+1}\overset{\varphi}{\sim}A_{2n+2}-A_{2n+3}(n=0,1,2,\cdots,A_0=A)$, 又因为集列 $D,A_1-A_2,\cdots,A_{2n+1}-A_{2n+2},\cdots$ 中每个集都分别与自身对等. 根据性质 4° 就得到 $A\sim A_1$. 又因为 $A_1\sim B$, 所以 $A\sim B$. 证毕

5. 势 在集论中所讨论的集都是一般的, 并不考察集的进一步结构, 例如集中元素之间没有大小、没有距离、没有运算等可言, 最多可以讲两个元素间或是 $x = y$, 或是 $x \neq y$ 而已. 如果赋予集的元素之间以具体的结构, 那么所讨论的集与结构有关的性质已不再属于集论所讨论的对象了. 所以集论中最初的一个基本课题就是研究集的元素个数有多少的问题, 即势的理论.

关于事物的多或少是很普通的概念, 例如, 假如有人问: 某班级的学生人数和某教室的凳子数是哪个多? 这个问题很简单, 只要规定每个人可坐一只凳子, 且最多只能坐一只凳子. 最后, 如果有学生坐不到凳子, 那么便是学生数多于凳子数; 如果凳子有空, 那么便是凳子数多于学生数; 如果既没有学生坐不到凳子, 又没有凳子空下, 那么便是两者个数一样多. 这里之所以必能得出上面结论之一, 并且不管任何人来回答都必是相同的结论, 这是因为它是以每个学生坐一只凳子的过程所得的结果为依据的.

更一般地, 我们就引入下面定义.

定义 1.2.6 设 A、B 是两个集.

(i) 如果 A 和 B 对等, 那么称 A 和 B 具有相同的**势** (或**基数**). 记集 A 的势为 $\overline{\overline{A}}$, A 和 B 具有相同势时, 记为 $\overline{\overline{A}} = \overline{\overline{B}}$;

(ii) 如果 A 对等于 B 的某个子集 B_1, 那么称 A 的势小于或等于 B 的势, 或称 B 的势大于或等于 A 的势. 记为 $\overline{\overline{A}} \leqslant \overline{\overline{B}}$, 或 $\overline{\overline{B}} \geqslant \overline{\overline{A}}$; 如果 $\overline{\overline{A}} \leqslant \overline{\overline{B}}$, 并且 $\overline{\overline{A}} \neq \overline{\overline{B}}$, 那么称 A 的势小于 B 的势, 或 B 的势大于 A 的势, 记为 $\overline{\overline{A}} < \overline{\overline{B}}$, 或 $\overline{\overline{B}} > \overline{\overline{A}}$.

势这个概念的直观背景就是元素的个数. 两个集 A 和 B, 如果有相同的势 (也简说成等势) 就意味着集 A 和 B 的元素的个数是 "一样多", 势的大小就意味着元素个数的 "多少". 然而, 如果 $A \supset B$, 并且 $B \neq A$, 但这并不必然意味着 $\overline{\overline{A}} > \overline{\overline{B}}$. 例如偶数集 E 虽然是自然数集 N 的真子集, 然而因为 E 却能和 N 对等, 所以 $\overline{\overline{E}} = \overline{\overline{N}}$.

如果从势的观念来看 Bernstein 定理, 那么它可改述如下:

F. Bernstein (伯恩斯坦) 定理 如果 $\overline{\overline{A}} \leqslant \overline{\overline{B}}, \overline{\overline{B}} \leqslant \overline{\overline{A}}$, 那么 $\overline{\overline{A}} = \overline{\overline{B}}$.

证 因为 $\overline{\overline{A}} \leqslant \overline{\overline{B}}$, 所以 A 与 B 的某个子集 B_1 对等. 又因为 $\overline{\overline{B}} \leqslant \overline{\overline{A}}$, 所以 B 也与 A 的某个子集 A_1 对等. 根据前面的 Bernstein 定理, 必然 A 对等于 B, 即 $\overline{\overline{A}} = \overline{\overline{B}}$. 证毕

Bernstein 定理在势的比较大、小问题中的地位, 相当于实数比较大、小中由 $a \leqslant b$ 和 $b \leqslant a$ 同时成立必有 $a = b$ 这个事实. 任何两个实数是可以比较它们的大、小的 (即实数有全序性, 关于 "序" 可参见本章 §1.3). 很自然地会问: 任何两个集是否必定可以比较它们的势的大、小. 对任何两个集 A、B, 从逻辑上讲, 必然发生下面四种情况之一:

(i) A 可以对等于 B 的某个子集 B_1, 而 B 永远不对等于 A 的任何一个子集;

(ii) B 可以对等于 A 的某个子集 A_1, 而 A 永远不对等于 B 的任何一个子集;

(iii) B 可以对等于 A 的某个子集 A_1, 而 A 也可以对等于 B 的某个子集 B_1;

(iv) A 永远不对等于 B 的任何一个子集, B 也永远不对等于 A 的任何一个子集.

情况 (i) 就是 $\overline{\overline{A}} < \overline{\overline{B}}$, (ii) 就是 $\overline{\overline{B}} < \overline{\overline{A}}$. 根据 Bernstein 定理知道, 情况 (iii) 就是 $\overline{\overline{A}} = \overline{\overline{B}}$. 因而如果有办法能证明情况 (iv) 决不出现, 那么任何两个集就可比较它们的势的大、小. 否则就有些集, 它们的势是不能比较大、小的. 至今还是无法证明 (iv) 一定不出现或者举出例子说明 (iv) 是会出现的. Zermelo (策梅洛) 于 1908 年提出一条公理 —— 选取公理 (可参见 §1.3), 依据这条公理就可以证明 (iv) 不会出现, 从而任何两个集的势都是可以比较大、小的了.

下面简单地介绍一些常见的集的势及其性质.

6. 有限集和无限集 有限集的元素的多少是清楚的, 主要要讨论的是无限集的势. 但什么是有限集呢? 还是有必要给有限集这个概念以严格的数学定义.

定义 1.2.7 设 n 是自然数, 令 $M_n = \{1, 2, \cdots, n\}$. 如果集 A 能与某个 M_n 对等, 那么称 A 是**有限集**. 当 $A \sim M_n$ 时, 称 n 为集 A 的**计数**. 规定空集为有限集, 并且它的计数规定为零.

下面给出有限集的特征并证明它的计数是唯一的.

引理 1 集 M_n 与其任何真子集不对等.

证 利用数学归纳法来证明这个引理.

当 $n = 1$ 时, 显然 M_1 的真子集只能是空集, 故 M_1 不与其真子集对等.

设 k 为一自然数, 而且 M_k 不与其真子集对等. 今证 M_{k+1} 也不与其真子集对等就好了. 假若不然, 便有 M_{k+1} 到它的真子集 M' 上的一一对应 φ, 记 $\varphi(k+1) = l$. 分三种情况来讨论.

(I) 若 $l = k+1$, 此时在 M_{k+1} 与 M' 中都删去 $k+1$ 后分别得到集 M_k 与 M'', φ 在 M_k 上的限制成为 M_k 到 M'' 上的一一对应, 但 $M'' \subset M_k$, 而且 $M_k \neq M''$, 这与归纳法假设冲突.

(II) 虽然 $l \neq k+1$, 但 $k+1 \in M'$. 此时设 $k+1 = \varphi(m)$, 在 M_{k+1} 上作映照 ψ 如下:

$$\psi(\nu) = \begin{cases} \varphi(\nu), & \nu \neq m, k+1, \\ l, & \nu = m, \\ k+1, & \nu = k+1, \end{cases}$$

易知 φ 与 ψ 同为 M_{k+1} 到真子集 M' 上的一一对应, 由于 $\psi(k+1)=k+1$, 即 ψ 适合情况 (I), 所以 (II) 也是不可能的.

(III) 若 $l \neq k+1, k+1 \overline{\in} M'$. 此时从 M_{k+1} 中删去 $k+1$ 得到 M_k, 再从 M' 中删去 l 得到一个集M'', 显然可视 φ 为 M_k 到它的真子集 M'' 的一一对应, 由归纳法假设, 这也不可能.

总之, M_{k+1} 不能与其真子集对等. 证毕

系　有限集决不与其真子集对等.

由此可得

定理 1.2.1　有限集具有唯一的计数.

证　对于空集, 定理显然成立. 设 A 为一非空有限集. 若 $A \sim M_n$, 又 $A \sim M_m$, 则 $M_m \sim M_n$. 今证 $m=n$. 用反证法, 若 $m \neq n, m, n$ 中必然一大一小, 不妨设 $m<n$. 这就得到 M_n 与其真子集 M_m 对等, 由引理 1 知道这是不可能的. 所以 $m=n$. 即任一非空有限集只可能和一个 M_n 对等.

由此可知, 两个有限集相互对等的充要条件是它们的计数相等, 因而, 计数相等是所有相互对等的有限集的公共特征.

规定有限集 A 的势为集 A 的计数, 即如果 $A \sim M_n$, 那么规定 $\overline{\overline{A}}=n$.

我们称不是有限集的集为**无限集**.

无限集是存在的, 例如自然数全体 N, 由于它能和它的真子集 E (偶数全体) 对等, 所以不是有限集, 即 N 是一无限集. 更一般地, 有下列定理.

定理 1.2.2　无限集必与它的一个真子集对等.

证　先证明在任一无限集 A 中, 一定能取出一列互不相同的元素 $a_1, a_2, \cdots$. 事实上, 在 A 中任取一个元素, 记为 a_1. 因为 A 是无限集, 集 $A-\{a_1\}$ 显然不空, 这时再从集 $A-\{a_1\}$ 取一个元素 a_2, 同样, $A-\{a_1, a_2\}$ 决不空. 可以继续做下去, 将从 A 中取出一列互不相同的元素 $a_1, a_2, \cdots$. 记余集为 $\widehat{A}=A-\{a_n | n=1,2,3,\cdots\}$. 在 A 中取出一个真子集

$$\{a_2, a_3, \cdots\} \bigcup \widehat{A}=\widetilde{A}.$$

今作 A 与 $\widetilde{A}$ 之间的映照 φ:

$$\varphi(a_i)=a_{i+1}, i=1,2,3,\cdots,$$
$$\varphi(x)=x, x \in \widehat{A}.$$

显然, φ 是 A 到 $\widetilde{A}$ 上的一一对应. 证毕

改变一下定理 1.2.2 的叙述方式, 即得到

系 1 凡不能与自己的任一真子集对等的集必是有限集.

还可得到下面重要的推论.

系 2 集 A 是有限的充要条件是它不能和真子集对等; 集 A 是无限的充要条件是能和真子集对等.

下面要介绍最常见的两种无限集.

7. 可列集及连续点集的势

定义 1.2.8 设 N 为自然数全体所成之集. 凡与集 N 对等的集称为**可列集**, 也称为**可数**无限集.

可列集是最 "小" 的无限集, 即任何无限集必含有一可列子集 (从定理 1.2.2 的证明中可以看出这一点). 如果 A 是可列集, φ 是 N 到 A 上的一一对应, 记

$$a_n = \varphi(n).$$

那么 A 中每一个元素就有了确定的编号, 因而成为序列:

$$a_1, a_2, \cdots, a_n, \cdots,$$

通常记可列集的势为 $\aleph_0$ (读作 "阿列夫零").

例 8 三角函数系 $\{1, \cos x, \sin x, \cos 2x, \sin 2x, \cdots, \cos nx, \sin nx, \cdots\}$ 是可列集.

定理 1.2.3 可列集的任何子集, 若不是有限集必是可列集.

证 设 A 为可列集, 它的元素编号如下:

$$a_1, a_2, \cdots, a_n, \cdots.$$

B 是 A 的非空子集, B 中元素显然是上述序列中的一个子序列

$$a_{n_1}, a_{n_2}, \cdots, a_{n_k}, \cdots,$$

指标 $n_1, n_2, \cdots, n_k, \cdots$ 之中, 如果有最大数, 那么 B 为一有限集, 否则 B 为一无限集, 当 B 是无限集时, 把 a_{n_k} 与自然数 k 对应就知道 B 是一可列集.

定理 1.2.4 有限个或可列个有限集或可列集的和集是有限集或可列集.

证 不失一般性, 设有一列集 $A_1, A_2, \cdots, A_n, \cdots$, 而其中每一个都是可列集:

$$
\begin{aligned}
A_1 &= \{a_{11}, a_{12}, a_{13}, a_{14}, \cdots\}, \\
A_2 &= \{a_{21}, a_{22}, a_{23}, \cdots, \cdots\}, \\
A_3 &= \{a_{31}, a_{32}, \cdots, \cdots, \cdots\}, \\
A_4 &= \{a_{41}, \cdots, \cdots, \cdots, \cdots\}, \\
&\cdots\cdots\cdots\cdots .
\end{aligned}
$$

称 $p+q=h$ 为元素 $a_{pq}(p, q=1,2,3,\cdots)$ 的高度, 按高度大小编号, 在同一高度中按 q 的值由小到大编号, 这样就可以把和集 $\bigcup\limits_{n=1}^{+\infty} A_n$ 中所有的元素编成一列 (即上图箭头所指顺序):

$$
a_{11}; a_{21}, a_{12}; a_{31}, a_{22}, a_{13}; \cdots; a_{n1}, a_{n-1,2}, a_{n-2,3}, \cdots, a_{1n}; \cdots .
$$

因为 A_i, A_j 可能有公共元素, 这些公共元素在和集中是同一元素, 在这一序列中去掉重复的元素后余集仍是可列的. 当 $A_1, A_2, \cdots$, 中有些是有限集, 或仅为有限个集 $A_1, \cdots, A_n$ 的情况, 也可以类似地讨论. 证毕

例 9 平面上在直角坐标系下, 两坐标 x, y 均为整数的点 (x, y) (称为格点) 全体成一可列集.

事实上, 对每个固定的整数 n, $A_n = \{(n, m) | m \text{ 是整数}\}$ 是一可列集. 显然, 全平面上的格点全体就是和集 $\bigcup\limits_{n=-\infty}^{+\infty} A_n$, 这是可列个可列集之和, 因而是可列集.

例 10 有理数全体成一可列集.

事实上, 有理数 r 可写成既约分数 p/q, 其中 p, q 均为整数, 并规定 $q > 0$. 改变一下记号, 把既约分数 p/q 与平面上的格点 (q, p) 对应. 由定理 1.2.4 知这种格点 (q, p) 的全体至多是可列集; 又由于有理数全体是无限集, 所以有理数全体确是可列集.

设 A, B 是两个非空集, 那么任取 $a \in A, b \in B$, 作成元素对 (a, b), 这种元素对的全体所成的集称为 A 与 B 的**乘积**, 记为 $A \times B$. 例 9 与例 10 实际上说明: 当 A, B 是可列集时, 乘积 $A\times B$ 是可列集. 同样可以证明下列定理.

定理 1.2.5 如果 $A, B, \cdots, C$ 是有限多个有限集或可列集, 那么乘积集

$$
A \times B \times \cdots \times C = \{(a, b, \cdots, c) | a \in A, b \in B, \cdots, c \in C\}
$$

是有限集或可列集.

从这里得到下面一些重要的例子.

例 11 整系数多项式全体是可列集.

事实上, 对于固定的自然数 n, n 次整系数多项式全体可以与 $n+1$ 个自然数集的乘积对等. 所以它是可列集, 从而各次整系数多项式全体是可列集.

整系数多项式的实数根称为**代数数**. 这就是说, 设 x 是实数, 如果存在整数 $a_0, a_1, \cdots, a_n$, 其中 $a_0 \neq 0$, 使

$$a_0 x^n + a_1 x^{n-1} + \cdots + a_n = 0,$$

就称 x 是代数数.

例 12 代数数全体是可列集.

例 13 设 A 是直线上某些长度不为零而且互不相交的区间所成的集 (集 A 中的元素是区间), 则 A 是可列集或是有限集.

事实上, 作集 A 到有理数集的映照 φ 如下: 当区间 $d \in A$ 时, 由于 d 的长度不为零, 必有有理数属于 d, 任意取定 d 中的有理数作为 $\varphi(d)$, 当 $d_1, d_2 \in A$ 且 $d_1 \neq d_2$ 时, 则 d_1 与 d_2 不相交, 因此 $\varphi(d_1) \neq \varphi(d_2)$, 这就是说, φ 是可逆映照, 因此 A 与有理数全体的子集对等. 然而由例 10, 有理数全体是可列集, 再从定理 1.2.3 知道它的子集是可列集或有限集. 因此 A 也是如此.

定理 1.2.6 设 A 是有限集或可列集, B 是任一无限集, 那么

$$\overline{\overline{A \bigcup B}} = \overline{\overline{B}}.$$

证 我们只须证明 $A \bigcup B \sim B$ 就可以了. 因 B 是无限集, 由定理 1.2.2, 存在一个可列子集 $M \subset B$, 再由定理 1.2.4 知道, 集 $M \bigcup (A-B)$ 也是可列集, 即 $(A-B) \bigcup M \overset{\varphi}{\sim} M$, 又由于 $B - M \overset{I}{\sim} B - M, (B-M) \bigcap (M \bigcup (A-B)) = \varnothing$, 所以

$$\begin{array}{c} B = (B-M) \bigcup M \\ \quad\ \big\updownarrow I \qquad\quad \big\updownarrow \varphi \\ (B-M) \bigcup (M \bigcup (A-B)) = A \bigcup B. \end{array}$$

证毕

上述定理表明: 加任何一个有限集或可列集到一个无限集中时, 此无限集的势不会改变.

定理 1.2.7 实数区间 $0 \leqslant x \leqslant 1$ 是不可列集.

证 如果 $(0,1] = \{x|0 < x \leqslant 1\}$ 是不可列的, 那么闭区间 $[0,1] = \{x|0 \leqslant x \leqslant 1\}$ 自然是不可列集, 所以只要证 $(0,1]$ 是不可列集.

如果 $(0,1]$ 是可列集, 那么其中所有实数可排成一数列: $t_1, t_2, \cdots, t_n, \cdots$. 将 $(0,1]$ 中实数用十进位无限小数表示,

$$t_1 = 0.t_{11}t_{12}t_{13}t_{14}\cdots,$$
$$t_2 = 0.t_{21}t_{22}t_{23}t_{24}\cdots,$$
$$t_3 = 0.t_{31}t_{32}t_{33}t_{34}\cdots,$$
$$\cdots\cdots\cdots\cdots$$

其中所有的 t_{ij} 都是 $0,1,2,\cdots,9$ 十个数字中的一个, 并且对每个 i, 数列 $\{t_{ij}|j = 1,2,3,\cdots\}$ 中有无限项不为 0.

作十进位小数

$$a = 0.a_1a_2a_3\cdots,$$

其中 $a_i \neq t_{ii}, a_i \neq 0, i = 1,2,3,\cdots$, 这是办得到的. 因为对任意的 i, 如 $t_{ii} = 1$, 令 $a_i = 2$, 如 $t_{ii} \neq 1$, 那么取 $a_i = 1$ 就行了. 于是所作成的数 a 应该在区间 $(0,1]$ 中, 但不会在数列 $t_1, t_2, \cdots, t_n, \cdots$ 中, 因为对于每个 $n, a_n \neq t_{nn}$, 所以 $a \neq t_n$. 这和 $\{t_n\}$ 是区间 $(0,1]$ 中实数全体的假设相矛盾. 因此 $(0,1]$ 是不可列集. 证毕

定义 1.2.9 称 0 与 1 之间实数全体所成之集的势为**连续点集的势**. 这个势记作 $\aleph$ (读作 "阿列夫"), 或记作 c.

定理 1.2.8 实数全体的势为 $\aleph$.

证 显然, $(0,1) = \{x|0 < x < 1\}$ 和 $[0,1]$ 的势相同, 所以只要证明实数全体 $(-\infty,+\infty)$ 和 $(0,1)$ 对等好了. 今作 $(0,1)$ 到 $(-\infty,+\infty)$ 的映照 φ:

$$\varphi(x) = \tan\frac{2x-1}{2}\pi.$$

显然这是 $(0,1)$ 到 $(-\infty,+\infty)$ 的一一对应, 所以实数全体的势是 $\aleph$. 证毕

系 1 无理数全体的势是 $\aleph$.

证 记无理数全体为 B, 有理数全体为 R, 由定理 1.2.6 得

$$\overline{\overline{B}} = \overline{\overline{B \cup R}} = \overline{\overline{(-\infty,+\infty)}} = \aleph.$$

根据这个事实可以粗略地说, 无理数比起有理数来要多得多.

不是代数数的实数称为**超越数**. 类似地得到

系 2 超越数全体的势为 $\aleph$.

这个事实不仅告诉了我们超越数是存在的, 而且远比代数数要多.

在 Cantor 创立集论以前, 曾有好多数学家比较费力地证明超越数的存在(如:Liouville (刘维尔)、Hermite (埃尔米特) 等最后才证明 e 是超越数), 然而抽象集论的方法不仅肯定了超越数存在, 而且断定多得很. 可惜的是它不能给我们具体地指出那些数是超越数, 但尽管如此, 却并不因此而失去它的重要意义.

定理 1.2.9 实数列全体 E^∞ 的势是 $\aleph$.

证 记 B 为 E^∞ 中适合 $0 < x_n < 1 (n = 1, 2, 3, \cdots)$ 的点 $\{x_1, x_2, \cdots, x_n, \cdots\}$ 的全体. 设 $x \in B, x = \{x_1, x_2, \cdots, x_n, \cdots\}$, 其中 x_n 是实数. 作映照 φ:

$$\begin{aligned}\varphi(x) = \Big\{&\tan\left(x_1 - \frac{1}{2}\right)\pi, \tan\left(x_2 - \frac{1}{2}\right)\pi, \cdots, \\ &\tan\left(x_n - \frac{1}{2}\right)\pi, \cdots\Big\}.\end{aligned}$$

显然, φ 是 B 到 E^∞ 的一一对应. 我们只须证明 B 的势为 $\aleph$.

事实上, 首先把 (0,1) 中任何 x 与 B 中的点

$$\widetilde{x} = \{x, x, x, \cdots\}$$

对应, 就知道 (0,1) 对等于 B 的一个子集. 即 $\overline{\overline{B}} \geqslant \overline{\overline{(0,1)}} = \aleph$.

反之, 对 B 中的任何 $x = \{x_1, x_2, \cdots, x_n, \cdots\}$, 按十进制无限小数表示 x_n 有

$$\begin{aligned} x_1 &= 0.x_{11}x_{12}\cdots x_{1n}\cdots, \\ x_2 &= 0.x_{21}x_{22}\cdots x_{2n}\cdots, \\ &\cdots\cdots\cdots\cdots \\ x_n &= 0.x_{n1}x_{n2}\cdots x_{nn}\cdots, \\ &\cdots\cdots\cdots\cdots \end{aligned}$$

由上述一列数 $x = \{x_n\} \in E^\infty$, 作一小数 $\psi(x)$:

$$\psi(x) = 0.x_{11}x_{21}x_{12}\cdots x_{n1}x_{n-1,2}\cdots x_{1n}\cdots$$

显然 $\psi(x) \in (0,1)$ 而且当 $x \neq y$ 时, $\psi(x) \neq \psi(y)$, 由映照 ψ, B 也对等于 $(0,1)$ 的一个子集, 从而 $\overline{\overline{B}} \leqslant \overline{\overline{(0,1)}} = \aleph$. 所以由 Bernstein 定理得到 $\overline{\overline{B}} = \overline{\overline{(0,1)}}$. 证毕

定理 1.2.10 n 维欧几里得空间 E^n 的势为 $\aleph$.

证　如将 E^n 中点 $(x_1,x_2,\cdots,x_n)$ 对应于 E^∞ 中的点 $(x_1,x_2,\cdots,x_n,0,\cdots,0,\cdots)$ 时, 就知道 E^n 对等于 E^∞ 的一个子集. 但是 $\overline{\overline{E^\infty}}=\overline{\overline{E^1}}$, 所以 $E^\infty\sim E^1$. 因此 E^n 对等于 E^1 的子集. 如果再将 E^1 中点 x 对应于 E^n 中点 $(x,0,\cdots,0)$ 时, 又知道 E^1 对等于 E^n 的一个子集. 所以由 Bernstein 定理知道 $\overline{\overline{E^n}}=\overline{\overline{E^1}}=\aleph$.

证毕

常用的是十进制小数, 本书中有几处要用到二进制及三进制的小数, 使用电子计算机时要用二进制、四进制、八进制等数. 下面我们来介绍 g 进制小数.

g 进制小数　设 g 是任意取定的一个大于 1 的自然数, $\{t_k\}$ 是一列小于 g 而大于或等于 0 的整数, 称级数

$$\frac{t_1}{g}+\frac{t_2}{g^2}+\cdots+\frac{t_k}{g^k}+\cdots$$

为 **g 进制小数**. 常简记成

$$0.\ t_1t_2\cdots t_k\cdots.$$

若在一个 g 进制小数中, 从某一项以后 t_k 全为 0, 则称为 g 进制有限小数, 否则, 称为 g 进制无限小数.

我们知道, (0,1] 中任何实数可以唯一地表示为 $g(g>1)$ 进制无限小数. 我们有下面的

引理 2　如果把 (0,1] 中的实数表示成 $g(g>1)$ 进制无限小数, 记 g 进制无限小数全体为 A, 那么这个表示成为 (0,1] 到 A 的一一对应.

系　$g(g>1)$ 进制无限小数全体的势为 $\aleph$. g 进制小数全体的势也是 $\aleph$.

证　由于 g 进制有限小数全体是可列集, 由定理 1.2.6, g 进制小数全体的势与 g 进制无限小数全体的势相同. 再由引理 2, 它们的势都是 (0,1] 的势 $\aleph$. 证毕

现在我们来讨论在数学分析中重要的函数族的势.

定理 1.2.11　$[a,b]$ 上的连续函数全体 $C[a,b]$ 的势是 $\aleph$.

证　由于常数函数属于 $C[a,b]$, 常数函数的全体 K 的势是 $\aleph$. 由于 E^∞ 的势是 $\aleph$, 所以 E^∞ 与 $C[a,b]$ 的子集 K 对等. 根据 Bernstein 定理, 只要证明 $C[a,b]$ 与 E^∞ 的一子集对等.

我们把 $[a,b]$ 中的有理数全体排成一列, 记为 $r_1,r_2,\cdots$, 任何一个连续函数 $f(x)$, 由它在 $r_1,r_2,\cdots,r_n,\cdots$ 上的值 $f(r_1),f(r_2),\cdots,f(r_n),\cdots$ 完全决定. 事实上, 因为对于任何 $x\in[a,b]$, 存在上述有理数列的子数列 $r_{n_\nu}\to x(\nu\to\infty)$. 由 f 的连续性, $f(x)=\lim\limits_{\nu\to\infty}f(r_{n_\nu})$. 因此 $C[a,b]$ 到 E^∞ 中的映照

$$\varphi: f\mapsto(f(r_1),f(r_2),\cdots,f(r_n),\cdots)$$

是可逆的, 即 $C[a,b]$ 和 E^∞ 的一个子集 $\varphi(C[a,b])$ 对等. 证毕

但是应该注意, 对于 $[a,b]$ 上所有实值函数全体所成的集 $R[a,b]$, 虽然 $R[a,b]$ 有许多子集 (如 $C[a,b]$) 与 [0, 1] 对等, 但是 $R[a,b]$ 并不能与 [0, 1] 对等 (可参见下面定理 1.2.13 及其系).

定理 1.2.12 (i) 设 M 是由两个元素 $p,q(p\neq q)$ 作成的元素列全体, 那么 M 的势为 $\aleph$. (ii) 如果 Q 是可列集, 那么 Q 的子集全体所成之集 S 的势为 $\aleph$.

证 (i) 作 M 到二进制小数全体 B 的映照 φ 如下: 任取 $b=\{b_n\}\in M$, 作二进制小数 $\varphi(b)=0.\,t_1t_2\cdots t_k\cdots$, 其中当 $b_n=p$ 时 $t_n=0$, 而 $b_n=q$ 时 $t_n=1$. 容易看出 φ 是 M 到 B 的一一对应. 根据引理 2 的系, B 的势是 $\aleph$. 因此, M 的势是 $\aleph$.

(ii) 作 S 到二进制小数全体 B 的映照 ψ 如下: 将 Q 中元素用自然数编号成为

$$q_1,q_2,\cdots,q_n,\cdots,$$

对任意一个 $C\in S$, 作二进制小数 $\psi(C)=0.\,t_1t_2\cdots t_n\cdots$, 其中当 $q_n\in C$ 时, $t_n=1$, 而 $q_n\,\overline{\in}\,C$ 时, $t_n=0(n=1,2,3,\cdots)$. 显然 ψ 是 S 到 B 上的一一对应. 因此, S 与 B 的势同为 $\aleph$. 证毕

附录

8. 势的补充 在这一小节将对势论中某些问题略作补充, 供读者参考.

势的运算 势是元素个数的抽象, 势的大小是元素个数多少的抽象. 势不仅有大小, 而且还能和数一样有运算.

例如, 设 $\overline{\overline{A}}=\alpha,\overline{\overline{B}}=\beta$. 如果 $A\bigcap B=\varnothing$, 那么规定 $\overline{\overline{A\bigcup B}}=\alpha+\beta$ (即势的加法); A 和 B 的乘积 (集) $A\times B=\{(a,b)|a\in A,b\in B\}$ 在集论中又称为 A 和 B 的**配集**, 规定 $\overline{\overline{A\times B}}=\alpha\beta$ (即势的乘法). 此外还有幂运算: 集 B 中每一个元素都用 A 中的元素代替 (B 中的不同元素也允许被 A 中相同的元素所代替), 一切可能的代替所形成的集称为 A 盖 B 的集. 例如 $A=\{p,q\}$ (两个元素的集), $B=\{a,b,c\}$ (三个元素的集), 这时, A 盖 B 的集就是以 $\{p,p,p\},\{p,p,q\},\{p,q,p\},\{q,p,p\},\{p,q,q\},\{q,p,q\},\{q,q,p\},\{q,q,q\}$ 等为元素 (计为 2^3 个) 所成的集. 一般情况下, 如果 C 是 A 盖 B 的集, 那么规定 $\overline{\overline{C}}=\alpha^\beta$ (这里 $\alpha=\overline{\overline{A}},\beta=\overline{\overline{B}}$).

当 A、B 都是有限集时 (这时势就是计数), 上述规定的势的运算是与计数的运算一致的. 作为对一般的集 (不必是有限集) 所规定的势的上述运算也保存了计数运算的某些性质 (例如加法和乘法的结合律、分配律、交换律等). 当然也有不少计数的运算所具有的性质未被保存下来, 例如, 当 a,b 是两个自然数, 并且 $b\neq 0$ 时, 必有 $a+b>a$. 然而, 势论中却有下面的命题: b 是任一有限集的势, 必

有 $b+\aleph_0=\aleph_0$. 从势的运算的观点来看, 以前的某些定理就可翻译如下: 定理 1.2.4 的结论相当于 $\alpha\aleph_0=\aleph_0$ (α 是有限集的势) 以及 $\aleph_0\aleph_0=\aleph_0$; 定理 1.2.5 的结论相当于 $\aleph_0^n$ (即 $\overbrace{\aleph_0\aleph_0\cdots\aleph_0}^{n\text{个}}$) $=\aleph_0$; 定理 1.2.6 的结论相当于 $\alpha+\aleph_0=\alpha$(α 是无限集的势); 定理 1.2.9 的结论相当于 $\aleph^{\aleph_0}=\aleph$. 引理 2 和定理 1.2.12 的结论相当于 $2^{\aleph_0}=\aleph=g^{\aleph_0}(g>1)$.

$2^{\aleph_0}=\aleph$ 是把 $\aleph_0$ 与 $\aleph$联系起来的重要等式. 另外, 如果 α 是一个无限集的势, 那么必有

$$\alpha=\aleph_0\alpha.$$

这个等式也是在很多场合要用到的重要等式.

无最大势　势既然可以比较, 是否存在最大的势呢? 这个问题的回答是否定的. 我们有如下定理.

定理 1.2.13　B 是一个集, S 是 B 的一切子集所构成的集. 必有 $\overline{\overline{S}}>\overline{\overline{B}}$ (或者说 $2^{\overline{\overline{B}}}>\overline{\overline{B}}$).

在证明定理 1.2.13 之前, 先说明 $\overline{\overline{S}}=2^{\overline{\overline{B}}}$. 事实上, S 中的任一元素 E 实际上是 B 的一个子集, 即 $E\subset B$. 对任何 $x\in B$, 如果 $x\in E$, 我们就说 "取"; 如果 $x\overline{\in}E$, 我们就说 "不取". 这样, B 的一切子集就可以看成用 "取" 或 "不取" 两个词去代替 B 中元素的一切可能方式. 如令 $A=${"取","不取"} (两个元素的集), 那么 S 便是 A 盖 B 的集, 从而 $\overline{\overline{S}}=2^{\overline{\overline{B}}}$.

定理 1.2.13 的证明　由 B 中单独一个点构成的集是 S 中的一个元素, S 中这种元素的全体记为 S_1, S_1 是 S 的子集. 显然 B 与 S_1 对等, 因而 $\overline{\overline{S}}\geqslant\overline{\overline{B}}$. 剩下的只要证明 $\overline{\overline{S}}\neq\overline{\overline{B}}$.

用反证法证明 $\overline{\overline{S}}\neq\overline{\overline{B}}$: 假如不对, 便有 $\overline{\overline{S}}=\overline{\overline{B}}$, 从而存在 φ,φ 是 B 到 S 上的一一对应. 对任何 $b\in B$, 有 $\varphi(b)\in S$. 因而 b 和 $\varphi(b)$ 之间只有两种可能: (i) $b\in\varphi(b)$; (ii) $b\overline{\in}\varphi(b)$. 不可能对一切 $b\in B$, 都只发生 (i). 否则, 在 S 中取一个元素 $\mathscr{J}=\{a,b\}$, 根据 (i), $\varphi^{-1}(\mathscr{J})$ 只可能是 a 或 b. 如果是 a, 但 S 中的 $g'=\{a\}(\neq\mathscr{J})$, 也有 $\varphi^{-1}(\mathscr{J}')=a=\varphi^{-1}(\mathscr{J})$, 这与假设 φ 是一一对应相矛盾. 同样也可以证明 $\varphi^{-1}(\mathscr{J})$ 不可能是 b. 从而 (ii) 必然会发生. 记满足 (ii) 的 B 中元素全体为 S^*, 显然, 它不是空集. 又记 $\varphi^{-1}(S^*)=b^*$, 现在问: 是否 $b^*\in S^*$? 显然, $b^*\overline{\in}S^*$, 这是因为 $S^*=\varphi(b^*)$, 而 S^* 是由 B 中满足 (ii) 的元素全体构成的, 即 $b^*\overline{\in}S^*$. 但是 $b^*\overline{\in}S^*$ 也不对, 这是因为由 $b^*\overline{\in}S^*$, 说明 b^* 是满足 (ii) 的元素, 因而 b^* 应是 S^* 中的元素, 即 $b^*\in S^*$, 这是矛盾. 由此可知假设 $\overline{\overline{S}}=\overline{\overline{B}}$ 是不对的.

证毕

注意, 定理 1.2.13 的证明并不需要用到任何两个集的势必可比较大小这个

命题, 即只要有势的大小概念, 没有 Zermelo (策梅洛) 的选取公理, 定理 1.2.13 仍然成立.

系 $[a,b]$ 上一切实函数全体 $R[a,b]$ 的势大于 $\aleph$.

证 记 $[a,b]$ 上每点的函数值不取 0 便取 1 的实函数全体为 S, 显然 $S \subset R[a,b]$, 因而 $\overline{\overline{S}} \leqslant \overline{\overline{R[a,b]}}$. 而集 S 正是用集 $A=\{0,1\}$ 盖集 $B=[a,b]$ 的集, 即集 S 与 $[a,b]$ 的一切子集所构成的集具有相同的势, 因而

$$\aleph < 2^{\aleph} = \overline{\overline{S}} \leqslant \overline{\overline{R[a,b]}}.$$

证毕

如果注意到 A 盖 B 的集就是 B 到 A 的映照全体, 那么 $R[a,b]$ 正是 $A=(-\infty,+\infty)$ 盖 $B=[a,b]$ 的集, 从而 $\overline{\overline{R[a,b]}} = \aleph^{\aleph}$. 如果读者有兴趣, 还可以证明下列等式:

$$\overline{\overline{R[a,b]}} = \aleph^{\aleph} = (z^{\aleph_0}) = 2^{\aleph_0}u = 2^{\aleph} = \overline{\overline{S}},$$

这里 S 是 $[a,b]$ 的一切子集全体.

Cantor 假设 $\aleph_0$、$\aleph$ 是两个重要的无限势. 是否存在一个势 α, 使得 $\aleph_0 < \alpha < \aleph$ 成立? Cantor 首先看到了这个自然而重要的问题, 他并没有解决这个问题. 但他相信 (从而他假设) 没有这个 "中间" 势 α, 这就是著名的 Cantor 连续统假设. 这个假设现在终于已被人们搞清楚了. 这个假设可以作为一条公理, 并且与集合论中其他一些公理是独立的.

习 题 1.2

1. 证明代数数全体是可列集.

2. 证明任一可列集的所有有限子集全体是可列集.

3. 证明 g 进制有限小数全体是可列集, 循环小数全体也是可列集.

4. 对于有理数, 施行 $+$, $-$, $\times$, $\div$, $\sqrt{\ }$, $\sqrt[3]{\ }$, $\cdots$ 等有限次运算. 这样得到的一切数其全体是可列的吗?

5. 设 A 是平面上以有理点 (即坐标都是有理数的点) 为中心有理数做半径的圆的全体, 证明 A 是可列集.

6. 若集 A 中每个元素, 由互相独立的可列个指标所决定, 即 $A=\{a_{x_1x_2}\cdots\}$, 而每个指标 x_i 在一个势为 $\aleph$ 的集中变化, 则集 A 的势也是 $\aleph$.

7. 设 $\{x_n\}$ 为一序列, 其中的元素彼此不同, 则它的子序列全体组成势为 $\aleph$ 的集. 如果 $\{x_n\}$ 中只有有限项彼此不同, 那么子序列全体的势如何?

8. 证明 $[a,b]$ 区间上右方连续的单调函数全体的势是 $\aleph$. 又 $[a,b]$ 区间上的单调函数全体的势如何?

9. 设集 B 与 C 的和集的势为 $\aleph$. 证明 B 及 C 中必有一个集的势也是 $\aleph$. 如果 $\bigcup\limits_{n=1}^{\infty} A_n$ 的势是 $\aleph$, 证明必有一个 A_n 的势也是 $\aleph$.

10. 证明: 直线上集 A 如果具有下面性质: 对任何 $x \in (-\infty,+\infty)$, 总存在包含 x 的某个区间 $(x-\delta,x+\delta)$, 使得 $(x-\delta,x+\delta)\bigcap A$ 最多只有可列个点, 那么 A 必是有限集或可列集.

§1.3 等价关系、序和 Zorn 引理

1. 等价关系 (初学时可把这一小节和下面的第 2 小节商集放在学习 §4.2 中的商空间之前读.) 在数学中, 一个集 A 的元素之间常有一定的关系. 我们现在要考察的是下面的一种等价关系.

定义 1.3.1 假设 A 是一个集, 在 A 的元素之间有一种关系 "$\sim$" 适合以下的条件:

1° 自反性: 对于一切 $a \in A, a \sim a$;

2° 对称性: 如果 $a \sim b$, 那么 $b \sim a(a,b \in A)$;

3° 传递性: 如果 $a \sim b$, 并且 $b \sim c$, 那么 $a \sim c$.

这时我们说 "$\sim$" 是 A 上的**等价关系**.

例如 §1.2 中两个集的对等关系就是一种等价关系. 下面我们再举几个例子.

例 1 在实数全体 E^1 上, 当 $x-y=2k\pi$ (k 是整数) 时, 规定 $x \sim y$, 这是 E^1 上的一个等价关系.

例 2 在平面 E^2 上, 当两点 (x_1,y_1)、(x_2,y_2) 满足 $x_1 = x_2$ 时, 规定 $(x_1,y_1) \sim (x_2,y_2)$, 这是 E^2 上的一个等价关系.

例 3 A、B 是两个集, f 是 A 到 B 的一个映照. 当 x、$y \in A$, 满足 $f(x)=f(y)$ 时, 规定 $x \sim y$. 这是 A 上的一个等价关系. 这个等价关系又称为由映照 f **按等值方式所导出的等价关系**, 简称为由 f **导出的等价关系**.

剖分和等价类 设 A 是一个集, $\{A_\alpha, \alpha \in \Lambda\}$ 是 A 的一族子集, 如果满足 (i) $A_\alpha \bigcap A_\beta = \varnothing(\alpha \neq \beta)$; (ii) $\bigcup\limits_{\alpha\in\Lambda} A_\alpha = A$, 那么称 $\{A_\alpha, \alpha \in \Lambda\}$ 是 A 的一个**剖分**.

例 4 A、B 是两个集, f 是 A 到 B 的一个映照. 对任何 $b \in B$, 作 $A_b = \{x|f(x)=b\}$ (如果 $b \overline{\in} \mathscr{R}(f)$, 那么规定 $A_b = \varnothing$) 这时 $\{A_b, b \in B\}$ 是 A 的一个剖分. 它称为**由 f 按等值方式所导出的剖分**, 简称为**由 f 导出的剖分**.

由映照 f 可以导出一个剖分. 反之, 对任何 A 的剖分 $\{A_\alpha, \alpha \in \Lambda\}$, 必存在映照 f, 使得由 f 所导出的剖分就是 $\{A_\alpha, \alpha \in \Lambda\}$. 事实上, 取 $B=\Lambda$, 作 A 到 B

的映照 f: 当 $x \in A_\alpha$ 时, $f(x)=\alpha$. 显然, f 就是所要求的映照.

设 $\sim$ 是集 A 上的一个等价关系. 任取 $a \in A$, 令 $\widetilde{a}=\{b|b \sim a\}$, 称 $\widetilde{a}$ 是 A 中 (按等价关系 $\sim$) 的一个**等价类**.

显然, 每个等价类是 A 的一个子集, 任何两个等价类 $\widetilde{a}$、$\widetilde{b}$ 或是相同 (这时 $a \sim b$), 或是互不相交 (这时 $a \nsim b$, "$\nsim$" 表示不等价), 并且集 A 就是一切互不相同的等价类的和集. 换句话说, 一切按等价关系 $\sim$ 所产生的等价类构成了 A 的一个剖分. 反之, 对于 A 的任何一个剖分 $\{A_\alpha, \alpha \in \Lambda\}$, 必存在一个 A 上的等价关系 $\sim$, 使得由 $\sim$ 所产生的等价类全体所构成 A 的剖分就是 $\{A_\alpha, \alpha \in \Lambda\}$. 事实上, 如果 $\{A_\alpha, \alpha \in \Lambda\}$ 是给定的 (A 的) 一个剖分, 当 x、y 同属于 A_α 时, 规定 $x \sim y$, 那么 $\sim$ 便是 A 上的一个等价关系, 而由这个等价关系所产生的等价类全体所构成的 A 的剖分正是 $\{A_\alpha, \alpha \in \Lambda\}$.

2. 商集

定义 1.3.2 设 $\sim$ 是集 A 上的一个等价关系. 又设 Q 是集 A 中等价类全体 (Q 中的元素是 $\widetilde{a}, a \in A$), 称 Q 是集 A 由等价关系而导出的**商集**, 记为 $A/\sim$.

集 A 到它的商集 $Q=A/\sim$ 上的映照

$$\varphi: a \mapsto \widetilde{a},$$

称为**自然映照**.

例 5 在例 2 中, $E^2/\sim$ 中的元素 $\widetilde{(x,y)}=\{(x,y)|y \in E^1\}$ 就是横坐标为 x 的直线. 如果把 $\widetilde{(x,y)}$ 和 E^1 中的 x 视为同一, 那么 $E^2/\sim$ 就可以视为 E^1 了.

代数学中的商群、商环等都是一种特定条件下的商集.

设 A、B 是两个集, ψ 是 A 到 B 的一个映照. 由 ψ 按等值方式可导出 A 上的一个等价关系 $\sim$. 对任何 $a \in A$, 记 $\psi(a)$ 为 c, 那么 a 所在的等价类就是 $\widetilde{a}=\psi^{-1}(c)=\{b|\psi(b)=c\}$. 利用 ψ 可以导出由商集 $Q=A/\sim$ 到 B 的一个映照 $\widetilde{\psi}$: 当 $a \in A$ 时, $\widetilde{\psi}(\widetilde{a})=\psi(a)$. 由于 $\widetilde{a}=\widetilde{b}$ 时, $\psi(a)=\psi(b)$, 所以映照 $\widetilde{\psi}$ 是可以定义的. 而且 $\widetilde{\psi}$ 是可逆映照. 事实上, 当 $\widetilde{a} \neq \widetilde{b}$ 时, $a \nsim b$, 所以 $\psi(a) \neq \psi(b)$, 即 $\widetilde{\psi}(\widetilde{a}) \neq \widetilde{\psi}(\widetilde{b})$. 注意, 如果 ψ 本身就是可逆映照, 那么 $\widetilde{a}$ 就只含有一个元素 a. 当我们把 $\widetilde{a}$ 和 a 视为同一时, 这时 $A/\sim$ 就是 A, $\widetilde{\psi}$ 也就还原成 ψ. 当 ψ 不是可逆映照时, 经上述手续就能由 ψ 自然地导出一个 $A/\sim$ 到 B 的可逆映照. 这是在代数学和泛函分析中常用的技巧.

在 §4.2 我们将利用商集来讨论商空间.

3. 顺序关系 (这一小节及其后第 4 小节的内容是给读者参考的. 有兴趣的读者也可放到 §5.2 泛函延拓定理之后读) 顺序是数学中常用的概念之一. 例

如实数大小就是一种重要的顺序关系. 高等数学的重要概念之一是极限, 极限概念所研究的主要就是变量按照一定的顺序变化的趋势. 但是在许多情况下, 在集合中不是任何两个元素之间都可以自然地定义顺序. 例如在构造 Riemann (黎曼) 积分和数的时候, 需要考察积分区间里所取的各种不同的分点组. 令 A 表示 $[a,b]$ 中所有有限分点组 $\mathscr{D}$ 全体, 我们在 A 中规定: 当 $\mathscr{D}_1,\mathscr{D}_2\in A$ 而且 $\mathscr{D}_1\subset\mathscr{D}_2$ 时, 说 $\mathscr{D}_1$ 在 $\mathscr{D}_2$ 前, 这是一种顺序关系. 但 A 中确实有这样的 $\mathscr{D}_1$ 和 $\mathscr{D}_2$, $\mathscr{D}_1$ 既不包含在 $\mathscr{D}_2$ 中, $\mathscr{D}_2$ 也不包含在 $\mathscr{D}_1$ 中, 这样 $\mathscr{D}_1,\mathscr{D}_2$ 之间就不存在上述的顺序关系. 所以我们需要考察这样的情况: 在集中只是一部分元素之间具有顺序关系. 从 Riemann 积分的理论也可以看出这种顺序关系是十分重要的. 在其他数学领域中也常要遇到这一基本的概念. 现在我们给出序的概念.

定义 1.3.3 设 A 是一集, 在其中规定了某些元素之间的关系 "$\prec$", 它满足以下的条件:

1° 自反性: 对 A 中的一切元素 a 成立着 $a\prec a$;

2° 如果 $a\prec b$, 而且 $b\prec a$, 那么 $a=b$;

3° 传递性: 如果 $a\prec b$, 而且 $b\prec c$, 就有 $a\prec c$,

那么称关系 "$\prec$" 为 A 中的一个**顺序**, $a\prec b$ 读作 a 在 b 前 (或 b 在 a 后), 这时称集 A 按顺序 $\prec$ 成一**半序集**, 或者说集 A 是有序的.

例 6 设 B 是一个非空集, A 是 B 的所有子集所成的集. 如果子集之间用包含关系 "$\subset$" 作为 A 中某些元素间的顺序, 即当 U, $V\in A$, 且 $U\subset V$ 时, 规定 $U\prec V$, 那么显然这是一种顺序 (称它是自然顺序), 因而 A 按此顺序成为一个半序集.

例 7 设 B 是一个集, A 是 B 上的实函数全体, 当 a、$b\in A$, 而且对每个 $t\in T$ 有 $a(t)\leqslant b(t)$ 时, 规定 $a\prec b$, 那么 A 按此顺序也成为半序集.

例 8 设 A 是某些实数所成的集, 在 A 中规定当 $a\leqslant b$ 时为 $a\prec b$. 显然 A 成一半序集, 这个顺序称作**自然顺序**.

若在这个集 A 中作另一规定: 当 $a\geqslant b$ 时规定 $a\prec b$, 显然这也是一个顺序关系, 称此顺序为**逆自然顺序**.

例 9 设 A 是所有实数对 (x,y) 全体, 规定两对 $(x_1,y_1),(x_2,y_2)$ 当 $x_1<x_2$ 时为 $(x_1,y_1)\prec(x_2,y_2)$, 并规定当 $x_1=x_2$ 而 $y_1\leqslant y_2$ 时为 $(x_1,y_1)\prec(x_2,y_2)$. 这是 A 中的一个顺序关系, 称为字典顺序 (因为它和拼音文字字典的字序类似).

定义 1.3.4 设集 A 中已经定义了顺序关系 "$\prec$", 如果对 A 中的任何两个元素 a,b 都可以确定它们之间的顺序, 即 $a\prec b$ 与 $b\prec a$ 两个关系式中必有一个成立, 就称 A 是一个**全序集**.

在例 8 中的数集 A 按自然顺序 (或逆自然顺序) 是全序集, 例 9 的集也是全序集. 如在例 6、例 7 中, 当 B 不止含有一个元素时, A 都不是全序集.

设 A 是一个半序集, B 是 A 的子集, 如果有 $a \in A$, 使得对每个 $b \in B$, 成立着 $b \prec a$, 即 a 在 B 中所有元素之后, 那么称 a 为子集 B 的**上界**. 类似地也有**下界**的概念. 对一个子集, 上界、下界不一定是唯一的, 也可以没有上界或下界. 例如取 A 为实数区间 (0,1), 以自然顺序为顺序, 取 $B = A$, 显然 B 在 A 中就不存在上界, 也不存在下界.

例 10 对每个自然数 n 作区间 [0,1] 上的分点组, 令

$$D_n = \left\{0, \frac{1}{n}, \frac{2}{n}, \cdots, \frac{n-1}{n}, 1\right\},$$

所有这些分点组的全体记作 $\mathscr{D}$. 令 B 表示 [0,1] 中的有理数全体, A 表示 B 的子集全体. $B \in A$, 于是 $\mathscr{D} \subset A$. 如例 6 中所规定的那样, 在集 A 中以包含关系 $\subset$ 作为元素间的顺序, A 成为半序集. 显然, 对任何 $D_n \in \mathscr{D}$, 都有 $D_n \subset B$. 所以 B 是 $\mathscr{D}$ 的上界.

设 A 是一个半序集, $a \in A$, 如果在 A 中不存在别的元素 $b(\neq a)$ 在 a 后, 那么称 a 为 A 的**极大元**. 换句话说, 极大元 a 是具有下面性质的元素: 如果 $b \in A$, 而且 $a \prec b$, 那么必有 $b = a$. 半序集的极大元不一定是唯一的. 例如两个元素 a、b 所组成的集 A, 其中规定 $a \prec a, b \prec b$, 则 A 是半序集, 而 a 和 b 都是 A 的极大元. 但是, 在全序集中极大元是唯一的.

类似地也有**极小元**的概念.

4. Zorn (佐恩) 引理 下面介绍一个引理, 它是研究 "无限的过程" 的一个逻辑工具, 在泛函分析的基本理论中常要用到. 这个引理是作为关于半序集的一个公理来接受的.

Zorn 引理 设 A 是一个半序集, 如果 A 的每个全序子集都有上界, 那么 A 必有极大元.

类似地有关于下界和极小元 (存在性) 的引理.

Zorn 引理是证明别的一些定理的基础. 作为公理, 它并不像别的公理, 如欧几里得几何学上的一些公理那样直观, 自然不易被人们所接受, 因而有必要作些简略的说明.

这个引理的可接受性, 可以这样粗略地看 (但这不是逻辑的证明): 如果 A 是一个半序集, 任意取 A 中的一个元素 a_1, 如果它不是极大元, 那么必有元素 $a_2 \in A, a_2 \neq a_1$, 使得 $a_1 \prec a_2$. 这样继续下去, 可以得到一个全序子集

$$a_1, a_2, \cdots, a_n, \cdots,$$

依假设, 它必有上界记为 a_ω. 如果 a_ω 不是极大元, A 中必有一元素在 a_ω 之后, 记它为 $a_{\omega+1}$ (这里 $\omega+1$ 且理解为一个记号); 再继续下去, 又得到全序子集

$$a_1, \cdots, a_n, \cdots, a_\omega, a_{\omega+1}, \cdots, a_{\omega+m}, \cdots,$$

由假设它有上界记为 a_{2w} (这里 2ω 也只是一个记号, 我们不去追究它的意义), 这样一直做下去, "最终总可以" 找到极大元.

如果对上述过程加以严格分析, 果真要实现 "最终总可以找到极大元" 就要运用另一个公理 —— Zermelo (策梅洛) 选取公理.

Zermelo 选取公理. 设 $S=\{M\}$ 是一族两两不相交的非空集, 那么存在集 L 满足下面两个条件:

(1) $L \subset \bigcup\limits_{M\in S} M$;

(2) 集 L 与 S 中每一个集 M 有一个而且只有一个公共元素.

其实 Zermelo 选取公理和 Zorn 引理是等价的. 等价性的证明我们不引进来了, 可参看 [7].

§1.4　直线上的点集

前面研究了一般的集和它们的一般性质, 介绍了集的运算, 集的映照, 集的势等重要概念. 这些内容固然重要, 但还不足以描述分析数学中要用到的收敛性, 不足以描述极限概念, 还不能满足下面研究测度和积分的需要, 我们必须进一步研究点集. 关于点集的理论, 本书分为两步. 第一步先来介绍最常用的实数直线上的点集, 也就是实数集的基本概念和性质, 这一方面是为满足下面两章测度与积分理论中讨论直线上的 Lebesgue (勒贝格) 测度和积分的需要; 另一方面也为在泛函分析中所需要的更一般的点集理论提供典型特例. 第二步我们将在第四章中着重讨论度量空间的点集.

1. 实数直线和区间　我们用 E^1 表示实数的全体所成的集, 也就是实数直线. 每个实数也称为点.

直线上最常用的一种点集是区间, 区间有下面几种:

点集 $(\alpha,\beta)=\{x|\alpha<x<\beta\}$ 称为开区间, $-\infty\leqslant\alpha<\beta\leqslant+\infty$.

点集 $[\alpha,\beta)=\{x|\alpha\leqslant x<\beta\}$ 称为左闭右开区间①, 这里 $-\infty<\alpha\leqslant\beta\leqslant+\infty$.

点集 $(\alpha,\beta]=\{x|\alpha<x\leqslant\beta\}$ 称为左开右闭区间①, 这里 $-\infty\leqslant\alpha\leqslant\beta<+\infty$.

区间 $(\alpha,\beta]$ 或 $[\alpha,\beta)$ 统称作半开半闭区间.

点集 $[\alpha,\beta]=\{x|\alpha\leqslant x\leqslant\beta\}$ 称为闭区间, 这里 $-\infty<\alpha\leqslant\beta<+\infty$.

这些点集统称作区间, 可简记为 $\langle\alpha,\beta\rangle$.

① 为了第二章中叙述方便起见, 我们容许用 $[\alpha,\alpha)$ 或者 $(\alpha,\alpha]$ 表示空集.

注意, 一点 α 所成的集 $\{\alpha\}$ 也是闭区间, 就是 $[\alpha,\alpha]$.

设 A 是一个实数集, 如果存在有限数 c, 使得对于一切 $x\in A$ 都有 $x\leqslant c$ (或 $x\geqslant c$), 就说 A 是有上界 (或有下界) 的. 这时必有唯一的有限数 M (或 m) 适合下述两个条件:

(i) 对一切 $x\in A, x\leqslant M$ (或 $x\geqslant m$);

(ii) 对任何正数 ε, 必有 $x\in A$ 使得 $x>M-\varepsilon$ (或 $x<m+\varepsilon$); 称 M 是 A 的**上确界**, m 是 A 的**下确界**, 记 M 为 $\sup\limits_{x\in A} x$, m 为 $\inf\limits_{x\in A} x$. 如果 A 不是有上界的, 规定 A 的上确界是 ∞, 即 $\sup\limits_{x\in A} x=\infty$. 有时 $\sup\limits_{x\in A} x$ 又记作 $\sup A$. 同样地如果 A 不是有下界的, 规定 A 的下确界是 $-\infty$, 即 $\inf\limits_{x\in A} x=-\infty$. $\inf\limits_{x\in A} x$ 又可记为 $\inf A$.

2. 开集 设 x_0 是直线上的一点, 包含 x_0 的任何一个开区间 (α,β) 称作 x_0 的一个**环境** (或**邻域**). 特别地, 如果 ε 是一个正数, 称 $(x_0-\varepsilon, x_0+\varepsilon)$ 为 x_0 的 **ε-环境**, 记为 $O(x_0,\varepsilon)$. 设 A 是直线上的一个不空的点集, $x_0\in A$, 如果存在 x_0 的环境 $(\alpha,\beta)\subset A$, 那么 x_0 称为点集 A 的**内点**. 例如当 $\alpha<\beta$ 时, 任何区间 $\langle\alpha,\beta\rangle$ 除端点外的每点都是这个区间的内点.

定义 1.4.1 设 G 是直线上的一个不空的点集. 如果 G 中每一点都是 G 的内点, 称 G 是**开集**.

例如任何开区间 (α,β) 是开集. 我们规定空集是开集.

开集的基本性质是:

定理 1.4.1 (i) 空集 $\varnothing$ 和全直线是开集;

(ii) 任意一族开集的和集是开集;

(iii) 有限个开集的通集是开集.

证 (i) 是显然的. 现在来证明 (ii). 设 $\{G_\alpha\}$ 是一族开集, 由开集的定义, 要证明 $G=\bigcup\limits_{\alpha} G_\alpha$ 是开集. 只须对于 G 中任意一点 x_0, 证明存在 x_0 的环境 $(a,b)\subset G$ 就可以了. 因为 $x_0\in G$, 必有族中的某开集 G_α, 使得 $x_0\in G_\alpha$. 因此 x_0 是 G_α 的内点, 所以存在 x_0 的一个环境 $(a,b)\subset G_\alpha\subset G$. 这就是说 x_0 是 G 的内点, 即 G 是开集.

最后证明 (iii). 设 $G_1, G_2,\cdots,G_n$ 是有限个开集. 令 $G=\bigcap\limits_{\nu=1}^{n} G_\nu$. 我们只要考虑当 G 不是空集时的情况. 任意取 $x_0\in G$, 那么 $x_0\in G_\nu, \nu=1,2,\cdots,n$. 因为 G_ν 是开集, 所以存在 x_0 的环境 $(\alpha_\nu,\beta_\nu)\subset G_\nu, \nu=1,2,\cdots,n$. 令 $(\alpha,\beta)=\bigcap\limits_{\nu=1}^{n}(\alpha_\nu,\beta_\nu)$, 即 $\alpha=\max\limits_{1\leqslant\nu\leqslant n}\alpha_\nu, \beta=\min\limits_{1\leqslant\nu\leqslant n}\beta_\nu$, 由于 $\beta_\nu>x_0$, 和 $\alpha_\nu<x_0(\nu=1,2,\cdots,n)$, 所以 $\alpha<x_0<\beta$. 因此, (α,β) 是 x_0 的环境, 并且显然 $(\alpha,\beta)\subset$

$(\alpha_\nu,\beta_\nu)\subset G_\nu,(\nu=1,2,\cdots,n)$. 所以 $(\alpha,\beta)\subset G$, 即 x_0 是 G 的内点, G 是开集.

证毕

在定理 1.4.1 的 (ii) 中, "任意个开集", 既可以是有限个也可以是无限个, 但是在 (iii) 中, 如果把 "有限个开集" 改为 "无限个开集", 那么它们的通集就不一定是开集了. 例如 $G_n=\left(-\frac{1}{n},\frac{1}{n}\right),n=1,2,3,\cdots$, 显然它们的通集 $G=\bigcap\limits_{n=1}^{\infty}\left(-\frac{1}{n},\frac{1}{n}\right)=\{0\}$, 即 G 是只含有一点 0 的集, 它不是开集.

在直线上, 开区间是开集.

由 (ii) 可知任意个开区间的和集必是开集. 特别地, 一族互不相交非空开区间 (根据 §1.2 例 13, 最多是可列个) $\{(a_\nu,b_\nu)\}$ 的和集 $G=\bigcup\limits_{\nu}(a_\nu,b_\nu)$ 是开集. 现在我们要证明这正是 E^1 上非空开集的一般形式. 为此引入开集的构成区间概念.

定义 1.4.2 设 G 是直线上的开集. 如果开区间 $(\alpha,\beta)\subset G$, 而且端点 α,β 不属于 G, 那么称 (α,β) 为 G 的一个**构成区间**.

例如开集 $(0,1)\bigcup(2,3)$ 的构成区间是 (0, 1) 及 (2, 3).

定理 1.4.2 (开集的构造) 直线上任意一个非空开集可以表示成有限个或可列个互不相交的构成区间的和集. 又当非空开集表示成互不相交的开区间的和集时, 这些开区间必是构成区间.

证 设 G 是直线上的一个非空开集, 分以下四步来论证:

(1) 开集中任何一点必含在一个构成区间中. 事实上, 任意取 $x_0\in G$, 记 A_{x_0} 为适合条件 $x_0\in(\alpha,\beta)\subset G$ 的开区间 (α,β) 全体所成的区间集. 因为 G 是开集, A_{x_0} 不会空. 记 $\alpha_0=\inf\limits_{(\alpha,\beta)\in A_{x_0}}\alpha$, $\beta_0=\sup\limits_{(\alpha,\beta)\in A_{x_0}}\beta$. 作开区间 (α_0,β_0) (其实, $(\alpha_0,\beta_0)=\bigcup\limits_{(\alpha,\ \beta)\in A_{x_0}}(\alpha,\ \beta)$). 显然 $x_0\in(\alpha_0,\beta_0)$. 现在证明 (α_0,β_0) 是 G 的构成区间. 先证 $(\alpha_0,\beta_0)\subset G$. 任意取 $x'\in(\alpha_0,\beta_0)$, 不妨设 $x'\leqslant x_0$. 由于 α_0 是下确界, 所以必有 $(\alpha,\ \beta)\in A_{x_0}$ 使 $\alpha_0<\alpha<x'$, 因此 $x'\in(\alpha,x_0]\subset(\alpha,\ \beta)\subset G$. 同样, 如果 $x'>x_0$, 也可以证明相类似的结果. 因此 $(\alpha_0,\beta_0)\subset G$. 由此顺便得到 $(\alpha_0,\beta_0)\in A_{x_0}$. 再证 $\alpha_0\overline{\in}G$: 如果不对, 那么 $\alpha_0\in G$, 因为 G 是开集, 必有区间 $(\alpha',\ \beta')$, 使得 $\alpha_0\in(\alpha',\ \beta')\subset G$. 这样, $x_0\in(\alpha',\ \beta_0)\subset(\alpha',\ \beta')\bigcup(\alpha_0,\ \beta_0)\subset G$, 因此 $(\alpha',\ \beta_0)\in A_{x_0}$, 而 $\alpha'<\alpha_0$, 这就和 α_0 是 A_{x_0} 中的区间左端点的下确界相矛盾. 所以 $\alpha_0\overline{\in}G$. 同样有 $\beta_0\overline{\in}G$. 这就是说 $(\alpha_0,\ \beta_0)$ 是 G 的构成区间.

(2) 开集 G 的任何两个不同的构成区间必不相交. 不然的话, 设 $(\alpha_1,\ \beta_1)$, (α_2,β_2) 是 G 的两个不同的构成区间, 但相交. 这时必有一个区间的端点在另一个区间内, 例如 $\alpha_1 \in (\alpha_2,\ \beta_2)$, 但 $(\alpha_2,\ \beta_2) \subset G$, 这和 $\alpha_1 \overline{\in} G$ 矛盾. 因此不同的构成区间不相交. 再由 §1.2 例 13, 开集 G 的构成区间全体最多只有可列个, 记为 $\{(a_\nu,\ b_\nu),\ \nu = 1, 2, 3, \cdots\}$.

(3) 由 (1)、(2) 得到 $G \subset \bigcup\limits_{\nu}(a_\nu,\ b_\nu)$. 又由构成区间的定义, 有 $G \supset \bigcup\limits_{\nu}(a_\nu,\ b_\nu)$, 所以 $G = \bigcup\limits_{\nu}(a_\nu,\ b_\nu)$.

下面再证非空的互不相交开区间必是它们的和集的构成区间.

(4) 设 $G = \bigcup\limits_{\nu}(\alpha'_\nu,\ \beta'_\nu)$ 是一组互不相交的开区间的和集. 现在只要证明每个 $(\alpha'_\nu,\ \beta'_\nu)$ 都是 G 的构成区间. 显然 $(\alpha'_\nu,\ \beta'_\nu) \subset G$ 若它不是构成区间, 比方说 $\alpha'_\nu \in G$, 那么必有 $\mu \neq \nu$ 使得 $\alpha'_\nu \in (\alpha'_\mu,\ \beta'_\mu)$ 因而 $(\alpha'_\mu,\ \beta'_\mu)$ 与 $(\alpha'_\nu,\ \beta'_\nu)$ 相交. 这和假设矛盾. 所以 $\alpha'_\nu \overline{\in} G$. 同样 $\beta'_\nu \overline{\in} G$. 所以 $(\alpha'_\nu,\ \beta'_\nu)$ 是构成区间. 证毕

3. 极限点 极限概念是分析数学中的基本概念之一. 为了进一步研究实变函数的需要, 我们这里要对直线上点集与极限有关的性质, 作仔细的分析.

实数列的极限概念在数学分析中通常是这样叙述的:

定义 1.4.3 设 $\{x_n\}$ 是一列实数, 如果存在实数 x_0, 它有下面的性质: 对于任何正数 ε, 存在自然数 N, 使得当 $n \geqslant N$ 时成立着

$$|x_n - x_0| < \varepsilon, \tag{1.4.1}$$

那么称数列 $\{x_n\}$ 收敛于 x_0, 记作 $\lim\limits_{n\to\infty} x_n = x_0$, 或者记为 $x_n \to x_0 (n \to \infty)$, 并且称 x_0 为 $\{x_n\}$ 的**极限**.

利用一点的环境不难把收敛定义用下面的充要条件来代替.

引理 1 直线上点列 $\{x_n\}$ 收敛于 x_0 的充要条件是对于 x_0 的任何环境 $(\alpha,\ \beta)$, 存在自然数 N, 使得当 $n \geqslant N$ 时有

$$x_n \in (\alpha,\ \beta). \tag{1.4.2}$$

证 必要性: 设 $x_n \to x_0$, 那么对 x_0 的任何环境 $(\alpha,\ \beta)$, 取正数 $\varepsilon = \min(\beta - x_0, x_0 - \alpha)$, 这时必有自然数 N 使得当 $n \geqslant N$ 时 $|x_n - x_0| < \varepsilon$. 因此, $x_n \in (x_0 - \varepsilon, x_0 + \varepsilon) \subset (\alpha,\ \beta)$.

充分性: 设引理 1 中的条件满足, 对 x_0 的任何环境 $(x_0 - \varepsilon, x_0 + \varepsilon)$, 有 N 使得当 $n \geqslant N$ 时 $x_n \in (x_0 - \varepsilon, x_0 + \varepsilon)$, 这就是 (1.4.1). 证毕

下面要讨论点集的极限点.

定义 1.4.4 设 A 是实数直线上的点集, x_0 是直线上的一点 (可以属于 A, 也可以不属于 A), 如果在 x_0 的任何一个环境 $(\alpha,\ \beta)$ 中, 总含有集 A 中不同于 x_0 的点, 即 $((\alpha,\ \beta) - \{x_0\}) \bigcap A \neq \varnothing$. 那么称 x_0 为点集 A 的**极限点**.

显然, 一个点集的内点都是这点集的极限点. 又如当

$$-\infty < a < b < +\infty$$

时, 区间 $\langle a,\ b\rangle$ 的端点是这区间的极限点.

例 1 点集 $\left\{1, \frac{1}{2}, \frac{1}{3}, \cdots, \frac{1}{n}, \cdots\right\}$ 以 0 为极限点.

极限点的定义有多种等价的形式. 下述引理中的 (ii)—(iv) 是常用的.

引理 2 设 A 是实数直线上的一个点集, x_0 是直线上的一点, 那么下面的四件事是等价的:

(i) x_0 是集 A 的极限点.

(ii) 存在集 A 中点列 $\{x_n\}, x_n \neq x_0 (n = 1, 2, 3, \cdots)$, 使得 $x_n \to x_0$.

(iii) 存在集 A 中一列互不相同的点 $\{x_n\}$, 使得 $x_n \to x_0$.

(iv) 在 x_0 的任何环境 $(\alpha,\ \beta)$ 中必含有 A 中无限多个点.

证 只要证明 (i)⇒(ii)⇒(iii)⇒(iv)⇒(i)① 就可以了.

(i)⇒(ii) 设 x_0 是 A 的极限点, 那么对每个正整数 n, 必有 $x_n \neq x_0$, $x_n \in \left(x_0 - \frac{1}{n},\ x_0 + \frac{1}{n}\right) \bigcap A$, 就是说, 有 A 中不同于 x_0 的点列 $\{x_n\}$, 适合

$$|x_n - x_0| < \frac{1}{n}.$$

因此 $x_n \to x_0$, 这就是条件 (ii).

(ii)⇒(iii) 设 x_0 适合条件 (ii). 这时点列 $\{x_n\}$ 中必有无限多项彼此不相同. 因为如果点列 $\{x_n\}$ 只由有限多个点组成, 必有一个点 a 在其中重复出现无限次, 然而 $x_n \to x_0$, 那么应该 $a = x_0$, 但是这与 $x_n \neq x_0$ 冲突. 设 $\{x_{n_k}\}$ 是 $\{x_n\}$ 中互不相同的点组成的子序列, 显然, $\{x_{n_k}\}$ 就是适合 (iii) 中所要求的序列.

(iii)⇒(iv) 设 $\{x_n\}$ 是 A 中互不相同元素组成的序列, 并且 $x_n \to x_0$. 根据引理 1, 对任何 x_0 的环境 $(\alpha,\ \beta)$, 必存在 N, 当 $n \geqslant N$ 时, $x_n \in (\alpha,\ \beta)$, 即 $(\alpha,\ \beta)$ 含有 A 中无限个点.

(iv)⇒(i) 是显然的. 证毕

和极限点相对立的是孤立点.

定义 1.4.5 设 A 是直线上的点集, $x_0 \in A$. 如果 x_0 有一个环境 $(\alpha,\ \beta)$, 其中除 x_0 外不含有 A 的点, 即 $[(\alpha,\ \beta) - \{x_0\}] \bigcap A = \varnothing$, 称 x_0 是 A 的**孤立点**. 如果不空的点集 A 中每一点都是孤立点, 称 A 是**孤立集**.

① "⇒" 表示 "推出" 的意思.

从定义可知, 集 A 中任何一点 x_0, 如果 x_0 不是 A 的极限点, 那么 x_0 必是 A 的孤立点. 因此, 集 A 中的内点不是 A 的孤立点. 一个集 A, 如果 A 中每一点都不是 A 自身的极限点时, A 便是孤立集. 集 $\left\{1, \frac{1}{2}, \cdots, \frac{1}{n}, \cdots\right\}$ 就是孤立集.

例 2 空集没有极限点.

例 3 有限点集或发散到无穷远的点列所成的点集都没有极限点, 所以是孤立点集.

例 4 以 R_0 表示区间 $[0, 1]$ 中的有理数全体. 那么区间 $[0, 1]$ 中任何一点都是 R_0 的极限点. 除此以外, R_0 没有任何其他的极限点.

例 5 闭区间 $[0, 1]$ 的极限点全体, 就是 $[0, 1]$.

这些例子说明了直线上点集的极限点的各种可能的情况: (i) 没有极限点 (如例 2、3); (ii) 一个点集的极限点可以都不属于这个点集 (如例 1); (iii) 一个点集 A 的极限点可以一部分在 A 中, 另一部分不在 A 中, 甚至极限点比 A 本身的点还多 (如例 4); (iv) 一个点集本身同时就是它自己的极限点全体 (如例 5). 为了进一步分析点集和它的极限点的关系, 我们引入如下的概念.

4. 闭集

定义 1.4.6 点集 A 的极限点的全体所成的集称为 A 的**导集**, 记为 A'.

显然, A 是孤立集的充要条件是 $A \bigcap A' = \varnothing$.
没有极限点的点集, 它的导集是空集. 因而空集的导集是空集.

定义 1.4.7 如果点集 A 的极限点全部属于 A, 即 $A' \subset A$, 称点集 A 是**闭集**.

因此, 如果点集 A 没有极限点, 那么 A 是闭集, 从而空集是闭集. 容易看到闭区间是闭集.

从下面的定理 1.4.3 看出, 闭集就是对于极限运算封闭的点集.

定理 1.4.3 点集 A 为闭集的充要条件是集 A 中任何一个收敛点列必收敛于 A 中的一点.

证 必要性 设 A 是一个闭集, $\{x_n\}$ 是 A 中的一个收敛点列, $x_n \to x_0$. 我们要证明 $x_0 \in A$. 如果有某个 $n, x_n = x_0$, 那么自然 $x_0 \in A$. 如果对一切 $n, x_n \neq x_0$, 由引理 2 的 (ii) 知道 x_0 是 A 的极限点, 于是 $x_0 \in A' \subset A$, 所以 $x_0 \in A$.

充分性 设 A 中任何一个收敛点列必收敛于 A 中一点, 对于 A 的任何一个极限点 $x_0 \in A'$, 由引理 2, 有 A 中的收敛点列 $\{x_n\}$ 收敛于 x_0, 由假设, $x_0 \in A$,

所以 $A' \subset A$, 即 A 是闭集. 证毕

定理 1.4.4 点集 A 成为闭集的充要条件是 A 的余集 $A^c = E^1 - A$ 是开集.

换句话说, 闭集的余集是开集, 开集的余集是闭集.

证 必要性 假设 A 是闭集, 那么 A^c 中任何一点 x_0 不是 A 的极限点. 由极限点的定义, 存在 x_0 的环境 $(\alpha,\ \beta)$, 使得 $[(\alpha,\ \beta) - \{x_0\}] \bigcap A = \varnothing$, 又因 $\{x_0\} \bigcap A = \varnothing$, 因此 $(\alpha,\ \beta) \subset A^c$, 从而 x_0 是 $E^1 - A$ 的内点, 所以 $A^c = E^1 - A$ 是开集.

充分性 设 A 的余集 A^c 是开集, 于是对于 A^c 中每一点 x_0, 存在 x_0 的一个环境 $(x_0 - \varepsilon,\ x_0 + \varepsilon) \subset A^c$, 自然 $(x_0 - \varepsilon,\ x_0 + \varepsilon)$ 中没有 A 的点, 所以 x_0 不是 A 的极限点. 即 A 的极限点必属于 A, 因而 A 是闭集. 证毕

从定理 1.4.1 中开集的基本性质, 利用 §1.1 的集的和通关系式 (1.1.1), (1.1.2) 及上面的定理 1.4.4, 立即得到闭集的基本性质如下:

定理 1.4.5 (i) 空集和全直线是闭集;

(ii) 任意一族闭集的通集是闭集;

(iii) 有限个闭集的和集是闭集.

证 (i) 是显然的, (iii) 留给读者作出证明, 这里只证 (ii).

设 $\{F_\lambda\}$ 是一族闭集, 它们的余集 $F_\lambda^c = E^1 - F_\lambda$ 是开集. 由定理 1.4.1, $\bigcup\limits_\lambda F_\lambda^c$ 是开集. 但是由和通关系 $E^1 - \bigcup\limits_\lambda F_\lambda^c = \bigcap\limits_\lambda F_\lambda$, 而且由定理 1.4.4, $E^1 - \bigcup\limits_\lambda F_\lambda^c$ 是闭集, 所以 $\bigcap\limits_\lambda F_\lambda$ 是闭集.

注意, (iii) 中的条件 "有限个" 闭集不能改成 "无限个" 闭集.

例 6 $(0,1) = \bigcup\limits_{n=2}^{\infty} \left[\dfrac{1}{n}, 1 - \dfrac{1}{n}\right]$. 其中每一项 $\left[\dfrac{1}{n}, 1 - \dfrac{1}{n}\right]$ 都是闭集, 而这无限多个闭集的和却是开区间 (0, 1), 它不是闭集.

既然闭集的余集是开集, 那么从开集的构造可以引入余区间的概念.

定义 1.4.8 设 A 是直线上的闭集. 称 A 的余集 $A^c = E^1 - A$ 的构成区间为 A 的**余区间**.

我们又可以得到闭集的构造如下:

定理 1.4.6 直线上的闭集 F 或是全直线, 或是从直线上挖掉有限个或可列个互不相交的开区间 (即 F 的余区间) 所得到的集.

直线上存在不开不闭的集, 如区间 $(\alpha,\beta],[\alpha,\beta)$. 直线上既开又闭的点集, 只有两个, 一个是空集, 另一个是全直线.

事实上, 如果点集 A 不是空集但同时既是开集又是闭集, 则可证明 A 必是全直线. 用反证法. 假设 A 不是全直线. 由于 A 是开集, 如果 A 的构成区间是 $\{(\alpha_n;\beta_n)\}$, 那么 $A=\bigcup\limits_n(\alpha_n,\beta_n)$. 由于 A 不是全直线, 那么这些构成区间的端点 $\{a_n\},\{\beta_n\}$ 中至少有一个是有限的. 设为 $\alpha_1,\alpha_1\overline{\in} A$. 但由于 $(\alpha_1,\beta_1)\subset A$, 所以 α_1 是 A 的极限点, 应有 $\alpha_1\in A'$. 又由于 A 是闭集, 应有 $A'\subset A$, 从而必须 $\alpha_1\in A$. 这是矛盾. 所以 A 必是全直线.

由定理 1.4.5 及集的运算性质, 可得到下面的结果:

定理 1.4.7　开集减闭集后的差集仍是开集, 闭集减开集后的差集仍是闭集.

证　设 G 是一开集而 F 是一闭集, 由于

$$G-F=G\bigcap(E^1-F),F-G=F\bigcap(E^1-G)$$

从定理 1.4.1, 1.4.4 及 1.4.5 即得知 $G-F$ 是开集, $F-G$ 是闭集.　证毕

闭集的最大优点是它对求极限运算是封闭的. 对于一个非闭的集, 只要将它的所有极限点补充到该集上就成为闭集了. 下面来证实这一点.

定义 1.4.9　A 是一个点集, 称 $A\bigcup A'$ 为 A 的**闭包**, 记为 $\overline{A}$.

定理 1.4.8　集 A 的闭包是闭集.

证　设 x_0 是 $\overline{A}=A\bigcup A'$ 的极限点, 今证 $x_0\in\overline{A}$. 显然不妨设 $x_0\overline{\in}A$. 根据引理 2, 存在 $\overline{A}$ 中互不相同的点组成的序列 $\{x_n\}$, 使得 $x_n\to x_0$. 再作 A 中序列 $\{x'_n\}$ 如下: 当 $x_n\in A$ 时, 取 $x'_n=x_n$; 当 $x_n\overline{\in}A$ (即 $x_n\in A'$) 时, 取 x'_n 满足 $|x'_n-x_n|<\dfrac{1}{n}$ (显然, 这是易于做到的). 这样 A 中序列 $\{x'_n\}$ 就满足 $x'_n\neq x_0(n=1,2,3,\cdots)$, 而且 $x'_n\to x_0$. 再根据引理 2, $x_0\in A'\subset\overline{A}$.　证毕

定理 1.4.9　设 A 是直线上的点集, 那么 $x\in\overline{A}$ 的充要条件是 x 的每个环境 $(\alpha,\ \beta)$ 与 A 相交.

证　设 $x\in\overline{A}$, 当 $x\in A$ 时, 自然 x 的每个环境 $(\alpha,\ \beta)$ 与 A 相交; 当 $x\overline{\in}A$ 时, x 必须属于 A', 对 x 的每个环境 $(\alpha,\ \beta),(\alpha,\ \beta)-\{x\}$ 与 A 相交, 自然 $(\alpha,\ \beta)$ 也与 A 相交.

反过来, 设 x_0 的每个环境 $(\alpha,\ \beta)$ 与 A 相交, 如果 $x_0\in A$, 自然 $x_0\in\overline{A}$; 如果 $x_0\overline{\in}A$, 那么 $((\alpha,\ \beta)-\{x_0\})\bigcap A=(\alpha,\ \beta)\bigcap A$ 不空, 因此 $x_0\in A'$. 总之 $x_0\in\overline{A}$.　证毕

顺便我们得到

定理 1.4.10 设 A 是直线上的点集, A 成为闭集的充要条件是 $A=\overline{A}$.

证 如果 $A=\overline{A}$, 那么 $A'\subset\overline{A}=A$, 所以 A 是闭集. 反过来, 如果 A 是闭集, 那么 $A'\subset A$, 所以 $\overline{A}=A\bigcup A'=A$. 证毕

5. 完全集

定义 1.4.10 如果 $A\subset A'$, 就称 A 是**自密集**.

换句话说, 当集中的每一个点都是这个集的极限点时, 这个集是自密集; 另一个说法就是没有孤立点的集就是自密集.

如果 $A'=A$, 称 A 是**完全集**. 完全集就是**自密闭集**, 也就是没有孤立点的闭集.

例如闭区间 $[\alpha,\beta](\alpha<\beta)$, 空集及全直线都是完全集.

由孤立点的定义很容易知道, 直线上点集 A 的孤立点必是包含在 A 的余集中的某两个开区间的公共端点. 因此, 闭集的孤立点一定是它的两个余区间的公共端点. 完全集是没有孤立点的闭集, 所以, 完全集就是没有相邻接的余区间的闭集.

下面举一个重要的完全集的例子, 后面要用来说明一些问题.

Cantor 集 将闭区间 $[0,1]$ 三等分, 去掉中间的一个开区间 $I_1^{(1)}=\left(\frac{1}{3},\frac{2}{3}\right)$, 把剩下的两个闭区间 $\left[0,\frac{1}{3}\right],\left[\frac{2}{3},1\right]$ 分别再三等分, 再各去掉中间的开区间:

$$I_1^{(2)}=\left(\frac{1}{9},\frac{2}{9}\right),\quad I_2^{(2)}=\left(\frac{7}{9},\frac{8}{9}\right),$$

余下四个闭区间

$$\left[0,\frac{1}{9}\right],\left[\frac{2}{9},\frac{3}{9}\right],\left[\frac{6}{9},\frac{7}{9}\right],\left[\frac{8}{9},1\right],$$

又分别把这些闭区间三等分, 再各去掉其中间的开区间:

$$I_1^{(3)}=\left(\frac{1}{27},\frac{2}{27}\right),\qquad I_2^{(3)}=\left(\frac{7}{27},\frac{8}{27}\right),$$
$$I_3^{(3)}=\left(\frac{19}{27},\frac{20}{27}\right),\qquad I_4^{(3)}=\left(\frac{25}{27},\frac{26}{27}\right),$$

(如图 1.5 所示) 这样继续下去, 在第 n 次三等分时去掉的开区间 (称为第 n 级区间) 是

$$I_1^{(n)}=\left(\frac{1}{3^n},\frac{2}{3^n}\right),I_2^{(n)}=\left(\frac{7}{3^n},\frac{8}{3^n}\right),\cdots,\quad I_{2^{n-1}}^{(n)}=\left(\frac{3^n-2}{3^n},\frac{3^n-1}{3^n}\right),$$

图 1.5 Cantor 疏朗完全集构造示意图

令 $O_c=\bigcup\limits_{n,k} I_k^{(n)}$, 这里一个开集, 所以 $K=[0,1]-O_c$ 是闭集, 称 K 为 Cantor 集.

Cantor 集具有下面一些重要性质:

(i) Cantor 集是完全集.

事实上, K 的余区间就是 $\{I_k^{(n)}\}, k=1,2,\cdots,2^{n-1}, n=1,2,3,\cdots$, 以及 $(-\infty,0)$、$(1,+\infty)$. 这些区间显然是互不相邻的. K 既是没有相邻接的余区间的闭集, 所以 K 是完全集.

(ii) Cantor 集的势是$\aleph$.

用 [0, 1] 中数的二进制和三进制小数表示法来证明. 将 [0, 1] 先用三进制小数表示, 三进制有理小数采用有限位小数表示, 例如 $\dfrac{1}{3}$ 表示为 0.1, 而不采用表示 $0.222\cdots$. 显然

$$I_1^{(1)}=(0.1,0.2),$$
$$I_1^{(2)}=(0.01,0.02), I_2^{(2)}=(0.21,0.22),$$

可以看出一般的第 n 级的余区间 $I_k^{(n)}(k=1,2,\cdots,2^{n-1})$ 形如

$$(0.a_1a_2\cdots a_{n-1}1, 0.a_1a_2\cdots a_{n-1}2),$$

其中 $a_1,\cdots,a_{n-1}$ 都只是 0 或 2. 因此, 这个余区间中的实数展成三进制小数时必然形如

$$0.a_1\cdots a_{n-1}1a_{n+1}\cdots,$$

即 $[0,\ 1]-K$ 中的数展成三进制小数时, 其中至少有一位是 1. 我们考察形如

$$x=\frac{a_1}{3}+\frac{a_2}{3^2}+\cdots+\frac{a_n}{3^n}+\cdots \tag{1.4.3}$$

的小数, 其中每个系数 a_n 都是 0 或者 2, 这种小数全体记为 A.

由于 $A\subset[0,1]$ 而 $[0,1]-K$ 中的数展开成三进制小数 (1.4.3) 中 a_n 至少有一位是 1, 所以 $[0,1]-K$ 中没有 A 的数, 因而有 $A\subset K$.

令 B 是 $[0,1]$ 的二进制小数表示全体 (也采用二进制有理小数的有限位小数表示). 作 A 到 B 的映照 φ,

$$\varphi: x=\sum_{\nu=1}^{\infty}\frac{a_\nu}{3^\nu} \qquad \mapsto x'=\sum_{\nu=1}^{\infty}\frac{a_\nu}{2}\cdot\frac{1}{2^\nu},$$
$$a_\nu=0 \text{ 或 } 2,$$

这个映照是一一对应, 但 B 的势是 $\aleph$. 所以 A 的势也是 $\aleph$. 又由 $A \subset K \subset [0,1]$, 立即知道 K 的势是 $\aleph$.

(注 更一般地可以证明: 直线上任何非空完全集的势为 $\aleph$. 证明过程这里不写了, 读者可参看 [2] 的第 49 页)

(iii) 被挖去的区间 $\{I_k^{(n)}\}k = 1, 2, \cdots, 2^{n-1}, n = 1, 2, 3, \cdots$ 的长度之和为 1.

事实上, 第 n 级区间 $I_k^{(n)}$ 的长度是 $\dfrac{1}{3^n}$, 但第 n 级区间总共有 2^{n-1} 个. 所以被挖去的区间 $\{I_k^{(n)}\}$ 的总长度 $l = \displaystyle\sum_{n=1}^{\infty} \frac{2^{n-1}}{3^n} = 1$.

6. 稠密和疏朗 我们知道, 任何两个实数之间存在有理数, 换句话说, 任何一个实数都是有理数的极限点. 我们说这是有理数的稠密性. 一般地, 我们引进下面的定义.

定义 1.4.11 设 A, B 是直线上的两个点集, 如果 B 中每个点的任一环境中必有 A 的点, 那么称 A 在 B 中**稠密**. 当 B 是全直线时, 即 A 在全直线上稠密时, 称 A 是**稠密集**.

例如 [0, 1] 中的有理数全体在 [0,1] 中稠密, 而直线上有理数全体是稠密集.

和稠密性相对立的概念是疏朗.

定义 1.4.12 设 S 是直线上的点集. 如果点集 S 在每个不空的开集中都不稠密, 就称 S 是**疏朗集**, 或称**无处稠密集**.

显然, 直线上的点集 S 是疏朗集的充要条件是在任何开区间 (α, β) 中存在开区间 $(\alpha', \beta') \subset (\alpha, \beta)$, 在 (α', β') 中没有 S 中的点.

例如孤立点集 A 是疏朗的. 因为对于任意取的开区间 (α, β), 如果 (α, β) 不含有 A 的点就不需要再讨论, 如果含有 A 的点 $x_0, \alpha < x_0 < \beta$, 由于 x_0 是一孤立点, 必有正数 $\delta > 0$, 使得 $(x_0, x_0 + \delta) \subset (\alpha, \beta)$ 而 $(x_0, x_0 + \delta)$ 中不含有 A 的点, 所以 A 是疏朗的. 但是, 疏朗点集并不就是孤立点集.

疏朗集 A 的余集 A^c 一定是稠密集. 事实上, 若 (α, β) 是任意一个开区间, 其中至少有一个子区间 (α', β') 不含 A 中的点, 即 (α', β') 含有 A^c 的点, 换言之, (α, β) 中含有 A^c 中的点, 所以余集 A^c 是稠密集.

显然, 直线上的疏朗集不能含有任何一个开区间. 反过来, 如果闭集 A 不含有任何一个开区间, 那么 A 必是一个疏朗集. 因为如果闭集 A 不含有开区间, 那么任一开区间 (α, β) 中必含有 A 的余集 $A^c = E^1 - A$ 中的点 y, 但 A^c 是开集, 所以在 A^c 中存在 y 的环境 $(y - \varepsilon, y + \varepsilon) \subset (\alpha, \beta)$, 即 $(y - \varepsilon, y + \varepsilon)$ 中不含有 A 中的点. 所以 A 在 (α, β) 中不稠密, 就是说 A 是疏朗集.

利用这个事实, 看一看 Cantor 集 K. 显然 K 是闭集, 并且不含有任何区间, 因此它是一个疏朗集. 前面又说过 Cantor 集是完全集. 因此有

定理 1.4.11 Cantor 集是疏朗完全集.

所以 Cantor 集又称为 **Cantor 的疏朗完全集**. 这个例子说明不空的完全集也可以是疏朗的.

可以证明: 直线上不空的疏朗闭集成为完全集的充要条件是: 它的任何两个余区间 $(\alpha,\ \beta),(\alpha',\ \beta')$ 中间必夹有另一个余区间 $(\alpha'',\ \beta'')$ (即如果 $\beta<\alpha'$, 那么必有另一个余区间 $(\alpha'',\ \beta'')$, 使得 $\beta<\alpha'',\beta''<\alpha'$).

习 题 1.4

1. 证明任意点集的内点全体成一开集.

2. 证明任意点集的导集是闭集.

3. 设 $f(x)$ 是区间 $[a,b]$ 上的实连续函数, c 是常数. 证明点集 $\{x|x\in[a,b],f(x)\geqslant c\}$ 是闭集, 点集 $\{x|x\in(a,b),f(x)<c\}$ 是开集.

4. 设 $A_1,\cdots,A_n$ 是直线上的有限个集, 证明

$$(A_1\bigcup A_2\bigcup\cdots\bigcup A_n)'=A_1'\bigcup\cdots\bigcup A_n'.$$

5. 记 $A'=A^{(1)},(A^{(1)})'=A^{(2)},\cdots,(A^{(n)})'=A^{(n+1)}$. 试作一集 A, 使 $A^{(n)}(n=1,2,\cdots)$ 彼此相异.

6. 证明直线上的孤立点集必是有限集或可列集.

7. 证明每个闭集必是可列个开集的通集, 每个开集可以表示成可列个闭集的和集.

8. 设 $f(x)$ 是 $[a,b]$ 上任一有限的实函数. 证明它的第一类不连续点全体最多是可列集.

9. 证明直线上开集全体所成的集的势是 $\aleph$.

10. 证明直线上闭集全体所成的集的势是 $\aleph$, 直线上完全集全体所成的集的势也是 $\aleph$.

11. **定义 1.4.13** A、B 是直线上两个点集, $A\subset B$, 如果 $A'\bigcap B\subset A$, 称 A 是**相对于 B 的闭集**. 如果对任何 $x\in A$, 总有一个 x 的环境 $(\alpha,\ \beta)$, 使得 $(\alpha,\ \beta)\bigcap B\subset A$, 称 A 是**相对于 B 的开集**.

证明: A 是相对于 B 的闭集 (开集) 的充要条件是存在直线上的闭集 F (开集 G), 使得 $A=B\bigcap F(A=B\bigcap G)$.

12. 证明求闭包运算具有下面性质:

$$\text{(i) } \overline{\varnothing}=\varnothing;\quad \text{(ii) } \overline{A}\supset A;\quad \text{(iii)} (\overline{\overline{A}})=\overline{A};\quad \text{(iv)} \overline{A\bigcup B}=\overline{A}\bigcup\overline{B}.$$

(上述四个性质又称为 Kuratowski 闭包公理)

13. 证明 $x\in\overline{A}$ 的充要条件是存在 A 中一个序列 $\{x_n\}$, 使得 $x_n\to x$.

14. 证明 $\overline{A}$ 是包含 A 的最小闭集 (即对任何闭集 F, 如果 $F\supset A$, 那么 $F\supset\overline{A}$). 此题等价的说法是: $\overline{A}$ 是一切包含 A 的闭集的通集.

15. **定义 1.4.14** 设 A 是直线上点集, x 是直线上的一点, 如果在 x 的任何环境中总含有 A 中不可列无限的点, 那么称 x 是 A 的**凝聚点**.

证明: (i) 对任何不可列无限集 A, 必有凝聚点, 而且在 A 中必有一个点是 A 的凝聚点.

(ii) 如果 x 是 A 的凝聚点, 那么 x 是 A 的凝聚点的极限点.

(iii) 直线上闭集 F 的势除了有限、可列外必为 $\aleph$.

16. 如果直线上集 A 的导集 A' 是有限集或可列集, 那么 A 必是可列集.

17. 设 A 是直线上非空闭集. 证明: 如果 A 是疏朗完全点集, 那么 A 的任何两个余区间之间必至少夹有另一个余区间.

18. 直线上的完全集 A, 如果具有如下性质: 任何两个余区间之间必至少夹有一个余区间. 问是否 A 必是疏朗的.

19. 直线上孤立点集全体的势是多大?

20. 把 [0, 1] 中数用十进制小数展开, 十进制有理小数规定展开成有限位小数, 但以 6 为尾数的有限小数规定展开为无限循环小数. 证明 [0, 1] 中数的一切展开中不用数字 6 的全体是完全集.

21. 证明下面几件事是等价的.

(i) A 是疏朗集;

(ii) $\overline{A}$ 不包含任何一个非空环境;

(iii) $\overline{A}$ 是疏朗集;

(iv) $\overline{A}$ 的余集 $(\overline{A})^c$ 是稠密集;

(v) 任何非空环境 (α,β) 中必有非空环境 $(\alpha',\beta')\subset(\alpha,\beta)$, 使得 (α',β') 中不含 A 中的点.

22. 证明无理数全体不能表示成可列个闭集的和集.

23. 设 $\langle a,b\rangle$ 或是闭区间 $[a,b]$ 或是开区间 (a,b), $f(x)$ 是 $\langle a,b\rangle$ 上定义的有限实函数. 证明当 $f(x)$ 是 $\langle a,b\rangle$ 上连续函数时, 对任何实数 c, 集 $\{x|x\in\langle a,b\rangle, f(x)\geqslant c\}$ 是相对于 $\langle a,b\rangle$ 的闭集; 对任何实数 c, 集 $\{x|x\in\langle a,b\rangle, f(x)>c\}$ 是相对于 $\langle a,b\rangle$ 的开集.

24. 是否存在 [0, 1] 上的如下函数, 它在 [0, 1] 的每个有理点上是连续的, 而在 [0, 1] 的每个无理点上是不连续的.

25. $\{I_\lambda,\lambda\in\Lambda\}$ 是直线上一族开区间. 如果它们的通集非空, 那么它们的和集必是开区间.

26. **定义 1.4.15** 设 $\{B_\lambda,\lambda\in\Lambda\}$ 是一族集, 如果集 M 中任何一点 a, 必存在某个 $B_\lambda(\lambda\in\Lambda)$, 使得 a 是集 B_λ 的内点, 那么称 $\{B_\lambda,\lambda\in\Lambda\}$ 是 M 的**覆盖**. 特别地, 如果 $\{B_\lambda,\lambda\in\Lambda\}$ 中每个 B_λ 是开集, 那么称 $\{B_\lambda,\lambda\in\Lambda\}$ 是 M 的**开覆盖**.

设 F 是直线上有界闭集, $\{B_\lambda,\lambda\in\Lambda\}$ 是 F 的一个覆盖. 证明, 必存在 $\{B_\lambda,\lambda\in\Lambda\}$ 中的有限个集 $B_{\lambda_1},\cdots,B_{\lambda_n}$, 使得 $\{B_{\lambda_i},i=1,2,\cdots,n\}$ 也成为 F 的覆盖 (此为直线上 Borel 覆盖定理的一般形式)

27. (Lindelöf, Young 定理) 设 A 是直线上的一个集, $\{B_\lambda,\lambda\in\Lambda\}$ 是 A 的一个覆盖. 证明, 必存在 $\{B_\lambda,\lambda\in\Lambda\}$ 中 (最多是) 可列个集 $\{B_{\lambda_n},n=1,2,\cdots\}$, 使得 $\{B_{\lambda_n}\}$ 成为 A 的覆盖.

28. **定义 1.4.16** 设 $\{F_\lambda,\lambda\in\Lambda\}$ 是一族集, 如果任取有限个集 $F_{\lambda_1},\cdots,F_{\lambda_n}$, 总有 $\bigcap\limits_{i=1}^{n}F_{\lambda_i}\neq\varnothing$, 那么称 $\{F_\lambda,\lambda\in\Lambda\}$ 是**联族**.

证明: 如果 $\{F_\lambda, \lambda \in \varLambda\}$ 是联族, 并且每个 $F_\lambda(\lambda \in \varLambda)$ 是有界闭集, 那么 $\bigcap\limits_{\lambda\in\varLambda} F_\lambda \neq \varnothing$.

§1.5 实数理论和极限论

本节内容是给读者参考的.

1. 实数理论 上面一节, 整个理论是建立在实数直线的连续性的基础上. 但是, 关于实数直线本身的连续性的理论, 并未说明. 下面我们以有理数为基础来建立实数的理论. 尽管人们早就在应用实数 —— 有理数或无理数, 然而什么是实数? 这个问题直到十九世纪后半叶才得到严格解决. 这方面的理论大体分为两类, 一类由 Cantor, Ch. Méray (梅赖) 和 Weierstrass (魏尔斯特拉斯), 分别获得的, 他们的形式虽略有差异, 但实质上是差不多的, 这就是下面所要介绍的, 这种方法具有普遍意义. 另一类是 Dedekind (戴德金) 的理论. 关于这个理论以及这两种理论的统一可参看 [1].

定义 1.5.1 设 $a_1, a_2, \cdots, a_n, \cdots$ 都是有理数. 假如对于任意的正有理数 ε, 有自然数 N, 使得当 $n, m \geqslant N$ 时不等式

$$|a_n - a_m| < \varepsilon \tag{1.5.1}$$

成立, 就称 $\{a_n\}$ 是**基本有理数列**.

设 $\{a_n\}$ 和 $\{b_n\}$ 是两个基本有理数列, 若对任一正有理数 ε, 有自然数 N, 使得当 $n \geqslant N$ 时不等式

$$|a_n - b_n| < \varepsilon \tag{1.5.2}$$

成立, 就称基本有理数列 $\{a_n\}$ 与 $\{b_n\}$ 相等, 记作 $\{a_n\} = \{b_n\}$.

我们称基本有理数列是一个**实数**. 规定相等的基本有理数列是同一个实数.

引理 1 基本有理数列 $\{a_n\}$ 是有界的, 即有一个有理数 M, 使得对一切自然数 n, 成立着

$$|a_n| \leqslant M.$$

证 因为 $\{a_n\}$ 是基本有理数列, 所以对 $\varepsilon = 1$ 有自然数 N, 使得当 $n \geqslant N$ 时 (1.5.1) 成立, 即

$$|a_n - a_N| < 1,$$

从而当 $n \geqslant N$ 时有

$$|a_n| < |a_N| + 1,$$

令 $M = \max\{|a_1|, |a_2|, \cdots, |a_N| + 1\}$, 那么 M 是有理数, 而且对一切自然数 n 都有

$$|a_n| \leqslant M.$$

证毕

引理 2 (i) 设 $\{a_n\}$ 与 $\{b_n\}$ 是两个基本有理数列, 那么 $\{a_n+b_n\},\{a_nb_n\}$ 都是基本有理数列.

(ii) 如果 $\{a_n\},\{a'_n\},\{b_n\}$ 和 $\{b'_n\}$ 都是基本有理数列, 而且

$$\{a_n\}=\{a'_n\},\quad \{b_n\}=\{b'_n\},$$

必有 $\{a_n+b_n\}=\{a'_n+b'_n\},\{a_nb_n\}=\{a'_nb'_n\}$.

证 由引理 1, 有正有理数 A, 使得对一切自然数 n 成立着

$$|a_n|<A,\quad |a'_n|<A,\quad |b_n|<A,\quad |b'_n|<A.$$

设 ε 是一个正有理数, 有自然数 N 使得不等式

$$|a_n-a_m|<\frac{\varepsilon}{2A},\quad |b_n-b_m|<\frac{\varepsilon}{2A},$$
$$|a_n-a'_n|<\frac{\varepsilon}{2A},\quad |b_n-b'_n|<\frac{\varepsilon}{2A},$$

对一切 $n,m\geqslant N$ 成立. 那么当 $n,m\geqslant N$ 时,

$$\begin{aligned}|a_nb_n-a_mb_m|&=|a_n(b_n-b_m)+b_m(a_n-a_m)|,\\&\leqslant A|b_n-b_m|+A|a_n-a_m|<\varepsilon\end{aligned}$$

所以 $\{a_nb_n\}$ 是基本有理数列. 又当 $n\geqslant N$ 时,

$$\begin{aligned}|a_nb_n-a'_nb'_n|&=|a_n(b_n-b'_n)+b'_n(a_n-a'_n)|,\\&\leqslant A|b_n-b'_n|+A|a_n-a'_n|<\varepsilon\end{aligned}$$

所以 $\{a_nb_n\}=\{a'_nb'_n\}$.

其余的部分也可以类似地证明.

利用引理 2 可以规定实数的运算如下:

定义 1.5.2 设 $a=\{a_n\},b=\{b_n\}$ 是两个实数, 称实数 $\{a_n+b_n\}$ 为 "a **加** b **的和**", 记作 $a+b$; 称 $\{a_nb_n\}$ 为 "a **乘** b **的积**", 记作 $a\cdot b$ 或 ab.

引理 2 说明了 $a+b,a\cdot b$ 确是实数, 而且有确定的意义, 就是说, 如果 $a=a',b=b'$, 那么必然 $a+b=a'+b',a\cdot b=a'\cdot b'$.

容易证明下面的定理:

定理 1.5.1 实数全体 E^1 按照上述的加法及乘法成为一个域. 换句话说, E^1 具有下面各项性质:

1° E^1 按照加法成一交换群:

(i) 当 $a,b\in E^1$ 时, $a+b\in E^1$;

(ii) 加法结合律: 如果 $a,b,c\in E^1$, 那么

$$a+(b+c)=(a+b)+c;$$

(iii) 存在零元素 $\{0,0,\cdots,0,\cdots\}\in E^1$, 记作 0, 对一切 $a\in E^1$,

$$a+0=a;$$

(iv) 对于每一个 $a\in E^1$, 有负元素 $-a\in E^1$, 使得

$$a+(-a)=(-a)+a=0;$$

(v) 加法交换律: 若 $a,b\in E^1$, 那么 $a+b=b+a$;

2° E^1 中的非零元素全体按照乘法成一交换群:

(i) 当 $a,b\in E^1$ 时, $a\cdot b\in E^1$;

(ii) 乘法结合律: 如果 $a,b,c\in E^1$, 那么 $a\cdot(b\cdot c)=(a\cdot b)\cdot c$;

(iii) 存在单位元素 $1(=\{1,1,\cdots\})\in E^1$, 使一切 $a\in E^1$

$$a\cdot 1=a;$$

(iv) 如果 $a\in E^1$ 而且 $a\neq 0$, 那么必有 (乘法) 逆元素 $a^{-1}\in E^1$, 使得

$$a\cdot a^{-1}=a^{-1}\cdot a=1;$$

(v) 乘法交换律: 对任意的 $a,b\in E^1$, 有 $a\cdot b=b\cdot a$;

3° 乘法与加法之间的分配律: 如果 $a,b,c\in E^1$, 那么

$$a\cdot(b+c)=a\cdot b+a\cdot c.$$

证 我们只证明 2° 的 (iv) 和 3°.

先对于实数 $a\neq 0$, 证明存在逆元素 $a^{-1}\in E^1$, 使得

$$a\cdot a^{-1}=a^{-1}\cdot a=1.$$

设 $a=\{a_n\}\in E^1, a\neq 0$, 那么必存在正有理数 ε, 在区间 $(-\varepsilon,\varepsilon)$ 中最多只有 $\{a_n\}$ 中的有限项. (不然的话, 对每个正有理数 ε, 在 $(-\varepsilon,\varepsilon)$ 中有 $\{a_n\}$ 的无限项, $a_{n_1},a_{n_2},\cdots,a_{n_k},\cdots$ 即 $|a_{n_k}|<\varepsilon$, 但是 $\{a_n\}$ 是基本数列, 有自然数 N 使得当 $n,m\geqslant N$ 时 (1.5.1) 成立, 取一个 $n_k\geqslant N$, 那么就知道当 $n\geqslant N$ 时

$$|a_n|\leqslant|a_n-a_{n_k}|+|a_{n_k}|<2\varepsilon,$$

这样一来 $a=0$.) 设当 $n\geqslant N_\varepsilon$ 时, $|a_n|\geqslant\varepsilon$. 规定 $a^{-1}=\{a'_n\}$ 如下: $a'_1,a'_2,\cdots,a'_{N_\varepsilon-1}$ 任意取定, 而当 $n\geqslant N_\varepsilon$ 时, 令 $a'_n=\dfrac{1}{a_n}$. 现在证明 $\{a'_n\}$ 是基本有理数列. 事实上, 当 $n,m\geqslant N_\varepsilon$ 时,

$$|a'_n-a'_m|=\left|\frac{1}{a_n}-\frac{1}{a_m}\right|=\frac{|a_n-a_m|}{|a_na_m|}.$$

由于对任意的正有理数 η, 存在自然数 N', 使得当 $n,m\geqslant N'$ 时, $|a_n-a_m|<\eta\varepsilon^2$. 又当 $n,m>N_\varepsilon$ 时, $|a_na_m|\geqslant\varepsilon^2$, 从而当 $n,m\geqslant\max(N',N_\varepsilon)$ 时成立

$$|a'_n-a'_m|=\frac{|a_n-a_m|}{|a_na_m|}<\frac{\eta\varepsilon^2}{\varepsilon^2}=\eta.$$

所以 $\{a'_n\}$ 是基本有理数列, 因此 $a^{-1}=\{a'_n\}\in E^1$, 由于

$$a^{-1}\cdot a=a\cdot a^{-1}=\{a_1a'_1,\cdots,a_Na'_N,1,\cdots,1,\cdots\},$$

这个数列中从第 N 项以后全是 1, 它等于 $\{1,\cdots,1,\cdots\}=1$, 因此

$$a\cdot a^{-1}=a^{-1}\cdot a=1.$$

现在来证明 3°. 设 $a=\{a_n\},b=\{b_n\},c=\{c_n\}$. 于是

$$b+c=\{b_n+c_n\},a\cdot b=\{a_n\cdot b_n\},\quad a\cdot c=\{a_n\cdot c_n\},$$

从而

$$\begin{aligned}a\cdot(b+c)&=\{a_n(b_n+c_n)\}=\{a_n\cdot b_n+a_n\cdot c_n\}\\&=\{a_n\cdot b_n\}+\{a_n\cdot c_n\}=a\cdot b+a\cdot c.\end{aligned}$$

其余各项请读者自己证明. 证毕

我们简记 $a+(-b)=a-b$, 称为 a **减** b 的**差**. 容易明白: $0-a=-a$.

当 $b\neq0$ 时, 简记 $a\cdot b^{-1}=\dfrac{a}{b}$ (或 a/b), 称为 a **除以** b 的**商**, 或称为 a 与 b 的比值, 也可记作 $a:b$.

容易看出, 如果 $a=\{a_n\},b=\{b_n\}$, 那么 $a-b=\{a_n-b_n\}$; 当 $b\neq0$, 并且一切 b_n 全不为 0 时,$a/b=\{a_n/b_n\}$.

上面规定好了实数的运算, 下面来规定实数的顺序.

定义 1.5.3 设 $a=\{a_n\},b=\{b_n\}$ 是两个实数, 假如有正有理数 δ 和自然数 N, 使得当 $n\geqslant N$ 时,

$$a_n-b_n>\delta,$$

那么称 b 小于 a, 记作 $b<a$; 或称 a 大于 b, 记为 $a>b$.

容易证明, 若基本有理数列 $\{a_n\}=\{a'_n\},\{b_n\}=\{b'_n\}$, 那么当 $\{a_n\}<\{b_n\}$ 时, $\{a'_n\}<\{b'_n\}$, 所以 $a<b$ 有确定的意义.

定理 1.5.2 设 a,b 是两个实数, 那么三个关系

$$a=b,\quad a<b,\quad a>b$$

必有一个成立, 而且只有一个成立.

证 因为 $a=\{a_n\},b=\{b_n\}$ 都是基本有理数列, 所以对于任一正有理数 ε, 有正整数 $N=N_\varepsilon$, 使得当 $m\geqslant N$ 时有

$$|a_m-a_N|<\frac{\varepsilon}{2},\quad |b_m-b_N|<\frac{\varepsilon}{2}.$$

因此
$$|a_m-b_m-(a_N-b_N)|<\varepsilon,$$
也就是
$$a_N-b_N-\varepsilon<a_m-b_m<a_N-b_N+\varepsilon. \tag{1.5.3}$$

假如有一个 ε 使得上式两端 $a_N-b_N-\varepsilon$ 及 $a_N-b_N+\varepsilon$ 同号, 譬如说是正号, 那么只要令 $a_N-b_N-\varepsilon=\delta$, 当 $m\geqslant N$ 时

$$a_m-b_m>\delta.$$

这就是说, $a>b$. 类似地如果 (1.5.3) 两端同时为负号, 可证 $b>a$. 如果对一切正有理数 ε, (1.5.3) 两端异号, 就是

$$a_N-b_N-\varepsilon<0,\quad a_N-b_N+\varepsilon>0,$$

即
$$|a_N-b_N|<\varepsilon.$$
因此, 由 (1.5.3), 对每个正有理数 ε, 有自然数 N, 使当 $m\geqslant N$ 时,

$$|a_m-b_m|<\varepsilon+|a_N-b_N|<2\varepsilon.$$

这就证明了 $a=b$.

所以 $a=b,a<b$ 或 $a>b$ 二个不等式至少有一个成立. 至于上述关系不可能有两个同时成立, 容易从定义直接验证. 证毕

此外还可以证明, 实数的顺序与代数运算之间有下面的基本关系:

定理 1.5.3 设 a,b,c 是三个实数, 如果 $a<b$, 那么 $a+c<b+c$, 如果又有 $0<c$, 那么 $a\cdot c<b\cdot c$.

特别地, $a>0$ 与 $-a<0$ 是等价的.

定义 1.5.4 大于 0 的实数称为**正数**, 小于 0 的实数称为**负数**.

设 a 是一实数, 记 $|a|$ 为如下的实数: 当 $a \geqslant 0$ 时, $|a| = a$; 当 $a < 0$ 时, $|a| = -a$. 称 $|a|$ 为实数 a 的**绝对值**.

容易证明: 如果 $\{a_n\}$ 是基本有理数列, $a = \{a_n\}$, 那么 $|a| = \{|a_n|\}$. 因此, a 的绝对值 $|a|$ 有确定的意义.

由定理 1.5.3 易知

定理 1.5.4 设 a 和 b 是实数, 那么 $|ab| = |a| \cdot |b|$, 并且

$$|a+b| \leqslant |a| + |b|.$$

我们还要把有理数和一部分实数等同起来. 对任何有理数 r, 显然

$$\widetilde{r} = \{r, r, \cdots, r, \cdots\}$$

是一个基本有理数列, 即是一个实数, 称 $\widetilde{r}$ 是相应于有理数 r 的实数. 记 R_0 为有理数全体, $\widetilde{R}_0$ 是相应于有理数的实数全体. 容易看出映照

$$r \mapsto \widetilde{r}$$

是 R_0 与 $\widetilde{R}_0$ 间的一一对应, 而且在这个映照下, 代数运算和 "大小" 顺序关系保持不变, 就是说:

$$(\widetilde{r_1 + r_2}) = \widetilde{r}_1 + \widetilde{r}_2, \quad \widetilde{r_1 \cdot r_2} = \widetilde{r}_1 \cdot \widetilde{r}_2,$$
$$r_1 < r_2 \quad \text{蕴涵 } \widetilde{r}_1 < \widetilde{r}_2.$$

我们今后就把 r 和 $\widetilde{r}$ 等同起来. 这是可以的, 因为对于实数来说, 只要代数运算和大小顺序没有改变就行了. 这样一来, 有理数就是实数的一部分了.

我们来证明有理数在实数中是处处稠密的, 就是要证明任何两个实数中间必有有理数.

定理 1.5.5 设 a, b 是两个实数, $a < b$, 那么必有有理数 $\widetilde{c}$ 适合

$$a < \widetilde{c} < b.$$

证 设 $a = \{a_n\}, b = \{b_n\}$, 由于 $\{a_n\} < \{b_n\}$, 必有正有理数 δ 和自然数 N, 使得当 $n \geqslant N$ 时有

$$b_n - a_n > \delta,$$

又因为 $\{a_n\}$ 及 $\{b_n\}$ 是基本数列, 必有 $N_1 \geqslant N$, 使得当 $m, n \geqslant N_1$ 时,

$$|a_n - a_m| < \frac{\delta}{4}, \quad |b_n - b_m| < \frac{\delta}{4},$$

取 $b_{N_1}-\dfrac{\delta}{2}=c$, 这是有理数, 并且当 $m\geqslant N_1$ 时有

$$b_m-c=b_m-b_{N_1}+\frac{\delta}{2}>-\frac{\delta}{4}+\frac{\delta}{2}=\frac{\delta}{4}>0,$$

所以 $\{b_m\}>\{c\}$; 又当 $m\geqslant N_1$ 时,

$$c-a_m=b_{N_1}-a_{N_1}+(a_{N_1}-a_m)-\frac{\delta}{2}>\delta-\frac{\delta}{4}-\frac{\delta}{2}=\frac{\delta}{4}>0,$$

即 $\{c\}>\{a_m\}$. 证毕

在转入讨论实数的极限论之前, 先说明一个问题: 现在建立实数的方法是把有理数作为已知, 而把一列有理数 (当然不是一般的, 而是构成基本序列的有理数序列) 就称为一个实数. 这种把一列数规定作为一个数是否太奇怪呢? 其实, 这并不奇怪. 例如, 在人们知道了自然数后, 发现它对减法运算不封闭, 如果要对减法运算封闭, 就需要出现 $0-n$ 这种形式的数, 即负数, 记为 $-n$. 再如人们发现自然数对除法运算不封闭, 因而需要出现用自然数对 (m,n) 规定为一个数, 即有理数, 记为 $\dfrac{m}{n}$. 而实数理论正是由于极限运算的出现 (尽管早在毕达哥拉斯时代已出现个别的非有理数的数, 但那时, 作为求极限的运算远未出现), 例如一个单调增加的数列, 如果有上界, 是否一定有极限. 这个问题, 从几何的直观, 似乎是显而易见地肯定对的. 但如果要求给出严格的逻辑证明却又发生困难. 这样就必须要有严格的实数理论, 给极限论以坚实的基础. Cantor 提出的这种用一列数来规定一个数的思想不仅为实数建立了严格的理论, 而且这个思想方法已被泛函分析和其他学科推广了. 例如本书第四章中还将采用这种方法讨论度量空间的完备化问题.

2. 关于实数列的极限理论 现在利用上面建立的实数理论, 来证明极限理论中的几个基本定理.

定义 1.5.5 设 $\{a_n\}$ 是一实数列. 如果有实数 a 适合如下的条件: 对于任何正实数 ε, 有自然数 N, 使得当 $n\geqslant N$ 时成立

$$|a_n-a|<\varepsilon,$$

那么称实数列 $\{a_n\}$ **收敛**于极限 a, 记作 $\lim\limits_{n\to\infty} a_n=a$.

定理 1.5.6 数列 $\{a_n\}$ 收敛的充要条件是: 对于任一正 (实) 数 ε, 有自然数 N, 使得当 $n,m\geqslant N$ 时

$$|a_n-a_m|<\varepsilon.$$

这就是著名的 Cauchy (柯西) 收敛原理.

证 必要性是显然的, 我们只要证明条件的充分性. 为便于理解, 在下面的证明过程中, 暂时仍然把有理数和对应于有理数 r 的实数 $\widetilde{r}=\{r\}$ 区别开来.

充分性的证明: 对于实数 a_n, 存在有理数 x_n, 使相应的实数 $\widetilde{x}_n$ 适合

$$a_n<\widetilde{x}_n<a_n+\widetilde{\left(\frac{1}{n}\right)}.$$

对于任一正有理数 δ, 由假设, 必有自然数 $N\left(\text{不妨取 } N>\dfrac{4}{\delta}\right)$, 使得当 $n,m\geqslant N$ 时,

$$|a_n-a_m|<\widetilde{\left(\frac{\delta}{4}\right)},$$

于是当 $n,m\geqslant N$ 时,

$$\begin{aligned}|\widetilde{x}_n-\widetilde{x}_m|&\leqslant|\widetilde{x}_n-a_n|+|a_m-\widetilde{x}_m|+|a_n-a_m|\\&\leqslant\widetilde{\left(\frac{1}{n}\right)}+\widetilde{\left(\frac{1}{m}\right)}+\widetilde{\left(\frac{\delta}{4}\right)}<\widetilde{\left(\frac{3\delta}{4}\right)},\end{aligned}$$

但是 $|\widetilde{x}_n-\widetilde{x}_m|=\widetilde{|x_n-x_m|}$, 所以, 当 $n,m\geqslant N$ 时,

$$|x_n-x_m|<\frac{3\delta}{4}, \tag{1.5.4}$$

即 $\{x_1,x_2,\cdots\}$ 是基本有理数列, 它就是一个实数, 记作 a. 现在来证明

$$\lim_{n\to\infty}a_n=a.$$

因为

$$|a-\overline{x}_n|=\{|x_1-x_n|,|x_2-x_n|,\cdots,|x_k-x_n|,\cdots\},$$

由 (1.5.4) 容易看出, 当 $k,n\geqslant N$ 时,

$$\delta-|x_k-x_n|>\frac{\delta}{4}>0.$$

所以当 $n\geqslant N$ 时

$$|a-\widetilde{x}_n|<\widetilde{\delta},$$

对于任何正实数 ε, 取有理数 δ 适合 $0<2\widetilde{\delta}<\varepsilon$, 那么当 $n\geqslant N\left(\text{仍然 } N>\dfrac{4}{\delta}\right)$ 时,

$$|a-a_n|\leqslant|a-\widetilde{x}_n|+|\widetilde{x}_n-a_n|<\widetilde{\delta}+\widetilde{\left(\frac{1}{n}\right)}<2\delta<\varepsilon,$$

即 $\lim\limits_{n\to\infty}a_n=a$. 证毕

定理 1.5.7 设 $\{a_n\}$ 是单调增加的实数列:

$$a_1 \leqslant a_2 \leqslant \cdots \leqslant a_n \leqslant \cdots,$$

而且 $\{a_n\}$ 是有上界的, 那么 $\{a_n\}$ 必收敛.

证 (用反证法) 假设 $\{a_n\}$ 不收敛. 根据定理 1.5.6, 那么必存在某个正数 ε_0, 使得对于任意选取的自然数 N, 不等式

$$|a_n - a_m| < \varepsilon_0,$$

不能对一切大于或等于 N 的 n, m 都成立. 于是, 当取 $N = 1$ 时, 必有自然数 $n_1, m_1 \geqslant 1$ 使得

$$|a_{n_1} - a_{m_1}| \geqslant \varepsilon_0,$$

不妨假设 $n_1 > m_1$; 取 $N = n_1 + 1$, 必有 $n_2, m_2 \geqslant n_1 + 1$ 使得

$$|a_{n_2} - a_{m_2}| \geqslant \varepsilon_0,$$

不妨设 $n_2 > m_2$. 这样继续下去, 可以得到自然数列

$$m_1 < n_1 < m_2 < n_2 < \cdots < m_k < n_k < \cdots,$$

使得 $|a_{n_k} - a_{m_k}| \geqslant \varepsilon_0$. 但由于 $\{a_n\}$ 是单调增加数列, 有 $a_{n_k} > a_{m_k}$, 所以

$$|a_{n_k} - a_{m_k}| = a_{n_k} - a_{m_k} \geqslant \varepsilon_0.$$

从而得到

$$a_{n_k} \geqslant a_{m_k} + \varepsilon_0 \geqslant a_{n_{k-1}} + \varepsilon_0 \geqslant a_{m_{k-1}} + 2\varepsilon_0 \geqslant \cdots \geqslant a_{m_1} + k\varepsilon_0,$$

对于任意给定的正数 a, 取 k 充分大, 可使得 $a_{m_1} + k\varepsilon_0 > a$, 这样一来, 得到

$$a_{n_k} > a,$$

这和 $\{a_n\}$ 是有上界的假设相矛盾, 所以 $\{a_n\}$ 收敛. 证毕

定理 1.5.8 设 $I_n = [a_n, b_n], n = 1, 2,$ 是一列单调下降的闭区间

$$I_1 \supset I_2 \supset \cdots \supset I_n \supset \cdots,$$

并且它们的长度趋于 0, 即 $\lim\limits_{n\to\infty}(b_n - a_n) = 0$, 那么必有唯一的实数 $a \in \bigcap\limits_{n=1}^{\infty} I_n$, 而且

$$a = \lim_{n\to\infty} a_n = \lim_{n\to\infty} b_n.$$

证 容易看出, 各区间的端点之间有着顺序关系:

$$a_1 \leqslant a_2 \leqslant \cdots \leqslant a_n \leqslant \cdots \leqslant b_n \leqslant \cdots \leqslant b_2 \leqslant b_1, \tag{1.5.5}$$

所以 $\{a_n\}$ 是一列单调增加且有上界数列, 由定理 1.5.7, 必存在极限 $a = \lim\limits_{n\to\infty} a_n$. 又由 $\lim\limits_{n\to\infty}(b_n - a_n) = 0$, 立即得知 $\{b_n\}$ 也收敛并且 $a = \lim\limits_{n\to\infty} b_n$. 由 (1.5.5) 知道 $a_n \leqslant a \leqslant b_n$ 对一切自然数 n 成立. 所以 $a \in \bigcap\limits_{n=1}^{\infty} I_n$. 显然 $\bigcap\limits_{n=1}^{\infty} I_n$ 只含有 a 这一个点. 证毕

这就是有名的 Cantor **区间套定理**.

现在我们用区间套定理来证明关于数集上确界的存在定理.

定理 1.5.9 直线上不空的点集必存在唯一的上确界.

证 我们只要考察直线上不空的有上界点集 A 好了. 这时有 K, 使得任一 $x \in A$ 适合 $x \leqslant K$. 任意取定一个 $a \in A$. 显然有 A 中的点 (例如 a) 落在区间 $[a, K]$ 里面. 记 $a_1 = a, b_1 = K$. 把区间 $[a_1, b_1] = [a, K]$ 二等分成为两个闭区间 $\left[a_1, \dfrac{a_1+b_1}{2}\right], \left[\dfrac{a_1+b_1}{2}, b_1\right]$, 其中必至少有一区间内有 A 中的点. 如果两个小区间都有 A 中的点, 那么取右边一个小区间, 记之为 $[a_2, b_2]$. 如果右边的区间里面没有 A 中的点, 就把右边那个区间丢掉, 而令左边的区间为 $[a_2, b_2]$, 那么 A 中的数都不小于 b_2 而且 $[a_2, b_2]$ 中有 A 的数, 这样地继续平分下去于是得到单调下降的闭区间列

$$I_n = [a_n, b_n], \quad I_1 \supset I_2 \supset \cdots \supset I_n \supset \cdots,$$

并且 $b_n - a_n = \dfrac{1}{2^{n-1}}(b_1 - a_1) \to 0 (n \to \infty)$, 而且 A 中的数都 $\leqslant b_n$, $[a_n, b_n]$ 中有 A 的数. 根据区间套定理, 有唯一的实数 $M = \lim\limits_{n\to\infty} a_n = \lim\limits_{n\to\infty} b_n$.

我们来证明 $M = \sup A$. 对每个 $x \in A$, 有 $x \leqslant b_n$, 令 $n \to \infty$ 就得到 $x \leqslant M$. 又对于任何正数 ε, 必有 $a_n > M - \varepsilon$. 因为有 $x \in A \bigcap [a_n, b_n]$, 所以有 A 中的数 $x > M - \varepsilon$. 因此 M 是 A 的上确界.

上确界的唯一性是显然的. 证毕

同样对下确界有

定理 1.5.9′ 直线上不空的集 B 有唯一的下确界.

这个定理也可以由 B 作集 $A = \{x | x = -y, y \in B\}$, 再利用定理 1.5.9 来证明.

点集 A 的上确界 (下确界) 不一定属于 A.

落在某个有限区间中的点集 (数列) 叫作**有界集** (数列).

定理 1.5.10 (Bolzano–Weierstrass) 任何有界数列必有收敛子数列.

证 设数列 $\{x_n\}$ 是有界的, 即有正数 N, 使得 $\{x_n\}\subset[-N,N]$. 于是在两个区间 $[-N,0][0,N]$ 中必有一个含有 $\{x_n\}$ 中的无限多项, 记这个区间为 I_1 (如果两个区间同时含有 $\{x_n\}$ 中无限多项, 那么任意取一个作为 I_1). 譬如说 $I_1=[0,N]$, 将 I_1 等分为二:

$$\left[0,\frac{N}{2}\right],\left[\frac{N}{2},N\right],$$

选其中含有 $\{x_n\}$ 中无限多项的一个, 记为 I_2. 如此继续下去, 得到一列闭区间 $I_1,I_2,\cdots,I_m,\cdots$, 其中每个 $I_m=[a_m,b_m]$ 含有 $\{x_n\}$ 中无限项, 它们适合

$$I_1\supset I_2\supset\cdots\supset I_m\supset\cdots,$$

而且其长度 $\dfrac{N}{2^{m-1}}$ 趋于 $0(m\to\infty)$. 由区间套定理, 有 $a\in\bigcap\limits_{m=1}^{\infty}I_m$,

$$a=\lim_{m\to\infty}a_m=\lim_{m\to\infty}b_m.$$

因为每个 I_m 中含有 $\{x_n\}$ 中无限多项, 取 $x_{n_1}\in I_1$, 再取 $n_2>n_1$ 且 $x_{n_2}\in I_2$, 如此下去, 那么有 $\{x_n\}$ 的子数列 $\{x_{n_k}\}$ 适合 $x_{n_k}\in I_k$, 即

$$a_k\leqslant x_{n_k}\leqslant b_k,k=1,2,3,\cdots.$$

所以 $\lim\limits_{k\to\infty}x_{n_k}=a$. 证毕

定义 1.5.6 设 D 是直线上的点集, $\mathscr{F}$ 是一族开区间. 如果

$$\bigcup_{(\alpha,\beta)\in\mathscr{F}}(\alpha,\beta)\supset D,$$

就说区间族 $\mathscr{F}$ 覆盖 D.

定理 1.5.11 (Heine–Borel) 设 $\mathscr{F}$ 是一族开区间, 覆盖着有界闭集 F. 那么必可以从 $\mathscr{F}$ 中选取有限个开区间来覆盖 F.

证 用反证法. 设 $F\subset[a,b]$. 如果 $\mathscr{F}$ 中任意有限个开区间不能覆盖 F, 将 $[a,b]$ 等分为二, 得 $I_{11}=\left[a,\dfrac{a+b}{2}\right],I_{12}=\left[\dfrac{a+b}{2},b\right]$, 其中至少有一个与 F 的通集不空, 记 $F_{11}=F\bigcap I_{11},F_{12}=F\bigcap I_{12}$, 这都是闭集. 这时 F_{11} 和 F_{12} 中必有一个, 设为 F_{11} 使得 $\mathscr{F}$ 中任意有限个开区间都不能覆盖 F_{11}. 因为不然的话, 如果 $\mathscr{F}$ 中有两组有限个开区间就能分别覆盖 F_{11} 和 F_{12}, 那么有限个也就能覆盖 F, 记 $F=F_1,F_{11}=F_2$, 就是说, F_1,F_2 都不能用 $\mathscr{F}$ 中有限个开区间予以覆盖.

重复这个手续, 就会得到一列有界闭集 $F_1 \supset F_2 \supset \cdots$, 它们分别包含在闭区间 $I_1 \supset I_2 \supset \cdots$ 中, $I_k = [a_k, b_k]$, 而且每个 $F_k = F \bigcap I_k, (k = 1, 2, 3, \cdots)$ 都不能被 $\mathscr{F}$ 中有限个开区间覆盖. 由于 I_k 的长度 $|I_k| = \dfrac{1}{2^{k-1}}(b - a) \to 0(k \to +\infty)$, 有唯一的 $a = \lim\limits_{n\to\infty} a_n = \lim\limits_{n\to\infty} b_n \in \bigcap\limits_{n=1}^{\infty} I_n$. 因为 $F_k \neq \varnothing$, 有 $x_k \in F_k$. 由 $a_k \leqslant x_k \leqslant b_k$, 得到 $x_k \to a$. 由于 $\{x_k\} \subset F$, 而且 F 是闭集, 因此 $a \in F$.

因为 $\mathscr{F}$ 覆盖 F, 有 $(\alpha,\ \beta) \in \mathscr{F}$ 使 $a \in (\alpha,\ \beta)$, 当 k 充分大时, $I_k \subset (\alpha,\ \beta)$, 从而 $F_k \subset I_k \subset (\alpha,\ \beta) \in \mathscr{F}$, 这说明 $\mathscr{F}$ 中有一个开区间 $(\alpha,\ \beta)$ 就能覆盖 F_k, 这是矛盾. 证毕

下面我们要拓广实数列收敛的意义, 这里允许它收敛到 $\pm\infty$.

定义 1.5.7 设 $\{x_n\}$ 是一列实数, 如果对任何数 A 必有自然数 N 使得当 $n \geqslant N$ 时 $x_n > A$, (相应地 $x_n < A$) 就称 $\{x_n\}$ 收敛于 $+\infty$, 记为 $x_n \to +\infty$. (相应地, $\{x_n\}$ 收敛于 $-\infty$, 记为 $x_n \to -\infty$.)

拓广了极限的概念后, 可以解除一些定理中关于数列有界或有上界或有下界的限制.

定理 1.5.7′ 单调数列必有极限 (允许极限是 $\pm\infty$).

证 例如, 设 $\{a_n\}$ 是单调增加数列. 如果 $\{a_n\}$ 有上界, 定理 1.5.7 已讨论过. 如果 $\{a_n\}$ 没有上界, 那么对每个自然数 k, 必有 $\{a_n\}$ 中的 $a_{n_k} > k$. 我们在挑选 n_k 时注意到使得 $n_1 < n_2 < \cdots < n_k < \cdots$, 那么 $\{a_{n_k}\}$ 收敛于 ∞. 再由 $\{a_n\}$ 的单调增加性, 易知 $\{a_n\}$ 也收敛于 ∞. 证毕

定理 1.5.10′ 任何数列必有收敛 (允许收敛于 $\pm\infty$) 子数列.

证 如果数列 $\{x_n\}$ 是有界的, 由定理 1.5.10, 它必有收敛子数列. 如果数列 $\{x_n\}$ 是无界的, 那么对每个自然数 k、N, 必有 $x_{n_k}, n_k > N, |x_{n_k}| > k$. 从而存在 $\{x_{n_k}\}, |x_{n_k}| > k$, 并且 $n_1 < n_2 < \cdots < n_k < \cdots$. 子数列 $\{x_{n_k}\}$ 中必有无限个是同符号的数, 例如 $\{x_{n_{k_j}}\}$ 是 $\{x_{n_k}\}$ 的取正号 (或负号) 的子数列, 立即知道 $x_{n_{k_j}} \to \infty$ (或 $-\infty$). 证毕

下面讨论实数列的上限和下限. 随着收敛概念被推广到允许极值限是 $\pm\infty$, 自然, 数集 A 的上确界 $\sup\ A$、下确界 $\inf\ A$ 也可推广到允许取 $\pm\infty$.

如果数集 A 中, 可取出一个收敛于 ∞ 的数列, 这时规定 $\sup\ A = \infty$; 如果 A 中取不出收敛于 ∞ 的数列, 这时 $\sup\ A$ 的定义和从前一样. 同样, 如果 A 中可取出一个收敛于 $-\infty$ 的数列时, 这时规定 $\inf\ A = -\infty$; 如果 A 中取不出收敛于 $-\infty$ 的数列, $\inf\ A$ 的定义和从前一样.

引理 3 设 $\{x_n\}$ 是一列实数. 那么

$$\sup_n x_n = \lim_{m\to\infty} \max(x_1, \cdots, x_m), \tag{1.5.6}$$

$$\inf_n x_n = \lim_{m\to\infty} \min(x_1, \cdots, x_m). \tag{1.5.7}$$

证 记 $M = \sup\limits_n x_n, y_m = \max(x_1, \cdots, x_m)$. 显然 $\{y_m\}$ 是单调增加的数列, 它是有极限的. 如果 $M = \infty$, 那么, 根据定义, 必有子数列 $\{x_{n_k}\}$, 使得 $x_{n_k} \to \infty$. 由于 $y_{n_k} \geqslant x_{n_k}$, 所以 $y_{n_k} \to \infty$, 从而 (1.5.6) 成立. 如果 $M < \infty$, 那么, 根据定义, 一切 $x_n \leqslant M$, 从而 $y_m \leqslant M$. 因此

$$\lim_{m\to\infty} y_m \leqslant M. \tag{1.5.8}$$

反过来, 对任何 $\varepsilon > 0$, 必有某个 x_n, 使得 $x_n > M - \varepsilon$, 所以当 $m \geqslant n$ 时, $y_m > M - \varepsilon$. 这样又得到

$$\lim_{m\to\infty} y_m \geqslant M - \varepsilon,$$

令 $\varepsilon \to 0$, 注意到 (1.5.8), 立即可知 (1.5.6) 成立.

同样可证 (1.5.7). 证毕

定义 1.5.8 $\{x_n\}$ 是一列实数, 它的所有收敛 (允许收敛于 $\pm\infty$) 的子数列的极限值中最小 (最大) 值称为 $\{x_n\}$ 的**下限 (上限)**, 记作 $\varliminf\limits_{n\to\infty} x_n(\varlimsup\limits_{n\to\infty} x_n)$, 或记作 $\liminf\limits_n x_n(\limsup\limits_n x_n)$.

按定义, 显然下式成立:

$$\inf_n x_n \leqslant \varliminf_{n\to\infty} x_n \leqslant \varlimsup_{n\to\infty} x_n \leqslant \sup_n x_n. \tag{1.5.9}$$

例:

1. 对于 $\left\{1, \frac{1}{2}, 3, \frac{1}{4}, \cdots, n^{(-1)^{n-1}}, \cdots\right\}$, $\varlimsup\limits_{n\to\infty} x_n = +\infty$, $\varliminf\limits_{n\to\infty} x_n = 0$.
2. 对于 $\{1, -1, 2, -2, \cdots, n, -n, \cdots\}$, $\varlimsup\limits_{n\to\infty} x_n = +\infty$, $\varliminf\limits_{n\to\infty} x_n = -\infty$.
3. 对于 $\{1!, 2!, 3!, \cdots, n!, \cdots\}$, $\varliminf\limits_{n\to\infty} x_n = \varlimsup\limits_{n\to\infty} x_n = +\infty$.
4. 对于 $\left\{1, \frac{1}{2}, \cdots, \frac{1}{n}, \cdots\right\}$, $\varliminf\limits_{n\to\infty} x_n = \varlimsup\limits_{n\to\infty} x_n = \lim\limits_n x_n = 0$.

关于数列的上、下限有下面的一些基本性质:

定理 1.5.12 (i) 任何实数列 $\{x_n\}$ 的上、下限必存在, 并且

$$\varliminf_{n\to\infty} x_n = \lim_{n\to\infty} \lim_{m\to\infty} \min(x_n, x_{n+1}, \cdots, x_{n+m}), \tag{1.5.10}$$

$$\varlimsup_{n\to\infty} x_n = \lim_{n\to\infty} \lim_{m\to\infty} \max(x_n, x_{n+1}, \cdots, x_{n+m}); \tag{1.5.11}$$

(ii) $\{x_n\}$ 为收敛的数列的充要条件是

$$\overline{\lim_{n\to\infty}}\, x_n = \underline{\lim_{n\to\infty}}\, x_n; \tag{1.5.12}$$

(iii) 设 $\{y_n\}$ 是收敛数列, 在下式右边有确定意义 (即不出现 $+\infty+(-\infty)$, 或 $-\infty+\infty$ 这种不定形式) 时, 有

$$\overline{\lim_{n\to\infty}}\,(x_n+y_n) = \overline{\lim_{n\to\infty}}\, x_n + \lim_{n\to\infty} y_n, \tag{1.5.13}$$

$$\underline{\lim_{n\to\infty}}\,(x_n+y_n) = \underline{\lim_{n\to\infty}}\, x_n + \lim_{n\to\infty} y_n; \tag{1.5.14}$$

(iv) 在下式左边有确定意义 (即不出现 $+\infty+(-\infty)$ 或 $-\infty+\infty$ 这种不定形式) 时, 有

$$\underline{\lim_{n\to\infty}}\, x_n + \underline{\lim_{n\to\infty}}\, y_n \leqslant \underline{\lim_{n\to\infty}}\,(x_n+y_n), \tag{1.5.15}$$

$$\overline{\lim_{n\to\infty}}\, x_n + \overline{\lim_{n\to\infty}}\, y_n \geqslant \overline{\lim_{n\to\infty}}\,(x_n+y_n); \tag{1.5.16}$$

(v) $\{x_n\}$、$\{y_n\}$ 是两个数列, 如果 $x_n \leqslant y_n (n=1,2,\cdots)$, 那么

$$\underline{\lim_{n\to\infty}}\, x_n \leqslant \underline{\lim_{n\to\infty}}\, y_n, \quad \overline{\lim_{n\to\infty}}\, x_n \leqslant \overline{\lim_{n\to\infty}}\, y_n; \tag{1.5.17}$$

(vi) α 是正数, β 是负数, 那么

$$\overline{\lim_{n\to\infty}}\, \alpha x_n = \alpha \overline{\lim_{n\to\infty}}\, x_n, \quad \underline{\lim_{n\to\infty}}\, \alpha x_n = \alpha \underline{\lim_{n\to\infty}}\, x_n, \tag{1.5.18}$$

$$\overline{\lim_{n\to\infty}}\, \beta x_n = \beta \underline{\lim_{n\to\infty}}\, x_n, \quad \underline{\lim_{n\to\infty}}\, \beta x_n = \beta \overline{\lim_{n\to\infty}}\, x_n; \tag{1.5.19}$$

证　(i) 第一步先证明 (1.5.10) 右边的二次极限确实存在. 为方便起见, 记

$$G_{n,m} = \min(x_n, x_{n+1}, \cdots, x_m).$$

固定 n 时, 数列 $\{G_{n,m} | m=1,2,3,\cdots\}$ 是单调下降的. 根据定理 1.5.7′ 它必有极限, 把它的极限 (可以是 $-\infty$) 记为

$$G_n = \lim_{m\to\infty} G_{n,m}.$$

根据引理 3, $G_n = \inf\limits_{k\geqslant n} x_k$. 由于集 $\{x_k | k \geqslant n\} \supset \{x_k | k \geqslant n+1\}$, 所以前者的下确界不大于后者的下确界, 所以数列 $\{G_n\}$ 又是单调增加的, 再用定理 1.5.7′, 它的极限存在 (也可以是 $\pm\infty$), 记为 $G = \lim\limits_{n\to\infty} G_n$. 那么

$$G = \lim_{n\to\infty} \lim_{m\to\infty} \min(x_n, x_{n+1}, \cdots, x_m)$$

存在.

第二步证明 G 是 $\{x_n\}$ 的某个收敛子数列的极限.

首先, 由于 $G_n = \inf\limits_{k \geqslant n} x_k$, 对每个 n, 必有 $k_n (\geqslant n)$ 使得

$$当\ G_n > -\infty\ 时, G_n \leqslant x_{k_n} < G_n + \frac{1}{n}, \tag{1.5.20}$$

$$当\ G_n = -\infty\ 时, x_{k_n} < -n. \tag{1.5.21}$$

因为 $k_n \to \infty$, 可以从中取出一个子列

$$k_{n_1} < k_{n_2} < \cdots < k_{n_\nu} < \cdots,$$

使得这样一列 $\{n_\nu\}$ 或是都成立 (1.5.20), 或是都成立 (1.5.21). 如果 (1.5.20) 都成立, 那么

$$G = \lim_{\nu \to \infty} G_{n_\nu} = \lim_{\nu \to \infty} x_{k_{n_\nu}}.$$

如果 (1.5.21) 都成立, 那么

$$G = \lim_{\nu \to \infty} G_{n_\nu} = -\infty = \lim_{\nu \to \infty} x_{k_{n_\nu}}.$$

总之, 我们找到了子数列 $\{x_{k_{n_\nu}} | \nu = 1, 2, 3, \cdots\}$ 使得

$$G = \lim_{\nu \to \infty} x_{k_{n_\nu}}.$$

第三步我们要证明 $\{x_n\}$ 的任何一个收敛子数列 $\{x_{n_k}\}$ 的极限都不小于 G. 由于

$$G_{n_k} = \inf_{m \geqslant n_k} x_m \leqslant x_{n_k},$$

所以
$$G = \lim_{k \to \infty} G_{n_k} \leqslant \lim_{k \to \infty} x_{n_k}.$$

因此 G 就是 $\{x_n\}$ 的一切收敛子数列的极限的最小值. 因此 $\varliminf\limits_{n \to \infty} x_n$ 存在而且就等于 G.

类似地可以讨论上限. 至于 (ii)—(vi) 的证明留给读者. 证毕

对于实函数序列 $\{f_n(t)\}$, 可以仿照上面 (i) 相应地定义函数列的上限 (下限) 函数, 即

$$\varliminf_{n \to \infty} f_n(t) = \lim_{n \to \infty} \lim_{m \to \infty} \min\{f_n(t), \cdots, f_m(t)\}, \tag{1.5.22}$$

$$\varlimsup_{n \to \infty} f_n(t) = \lim_{n \to \infty} \lim_{m \to \infty} \max\{f_n(t), \cdots, f_m(t)\}. \tag{1.5.23}$$

习　题　1.5

1. 证明定理 1.5.12 中 (ii)—(vi) 以及 (i) 中的 (1.5.11) 式成立.

2. 设 $\{x_n\}$ 的上限 $\overline{\lim\limits_{n\to\infty}}\, x_n$ 是有限值. 证明数 $a=\overline{\lim\limits_{n\to\infty}}\, x_n$ 的充要条件是: 对任何 $\varepsilon>0$, 满足 $x_n>a+\varepsilon$ 的 x_n 只有有限个, 而 $x_n>a-\varepsilon$ 的 x_n 必有无限个.

3. 设 $\{x_n\}$ 是实数列, 如果它的一切收敛子数列的极限都是有限的, 记这些极限值全体为 S, 证明 S 是闭集.

第二章 测度

§2.0 引　　言

从本章开始, 我们介绍本书上册主要内容 —— 测度与积分. 在数学分析中读者已学过 Riemann 积分, Riemann 积分具有明显的直观性, 即它是面积的推广. 在相当广泛的场合, 它也够用了. 但随着人们对客观世界认识的不断深化, 特别是在 18 世纪, 有关热、波、电磁等的研究的需要, 数学上必须对函数项级数、含参变量的函数等进行更深入地探讨. 如果说数学中的导数是力学中质点运动的速度、加速度的数学表达, 那么数学中的积分就是表达功、能量的重要数学工具. 随着物理学的发展, 迫切希望数学能有一个比 Riemann 积分更为有效的积分, 它既能保持 Riemann 积分的直观性, 又能在逐项积分 (即积分与极限交换顺序) 方面比 Riemann 积分所需的条件 (在 Riemann 积分中通常加一致收敛等类型条件) 有较大的改进. 数学家 Lebesgue (勒贝格) 首先建立了较为令人满意的一种积分 —— 现在人们都称它为 Lebesgue 积分.

介绍 Lebesgue 积分不能像介绍 Riemann 积分那样, 一开始就定义什么叫 Lebesgue 积分, 然后研究这个积分有什么性质和应用. 而先需要引入测度概念、可测函数概念, 并且要用足够的篇幅对它们进行讨论后才能开始定义 Lebesgue 积分, 进而讨论它的性质和应用. 这是一个较为复杂的过程. 为了便于初学者了解本书上册中今后各章的目的和联系, 先简要介绍引出 Lebesgue 积分的思路.

首先看一个按 Riemann 积分意义下不能逐项积分的函数项级数: 设 $\{r_i\}$ 是 $[0, 1]$ 上有理点全体 (它是可列集), 函数 $\varphi_{r_i}(x)$ 在 r_i 点的值为 1, 而在 $[0, 1]$ 上

其余的点上的值为 0. 显然级数

$$D(x)=\sum_i \varphi_{r_i}(x) \tag{2.0.1}$$

在 [0, 1] 上处处收敛, 极限函数 $D(x)$ 是熟知的 Dirichlet (狄利克雷) **函数**. 我们知道, 每个 $\varphi_{r_i}(x)$ 是 [0, 1] 上性质很好的 "简单函数", 是 Riemann 可积的, 而且 $(R)\int_0^1 \varphi_{r_i}(x)\mathrm{d}x=0$ (积分号前加 (R) 表示这个积分是 Riemann 积分, 用以区别其他意义下的积分). 然而 $D(x)$ 不是 Riemann 可积的. 所以在 Riemann 积分意义下, 级数 (2.0.1) 是不能逐项积分的. 但是, 能不能定义一种新的积分 $\int_a^b \varphi(x)\mathrm{d}x$, 使得每个 Riemann 可积函数 $\varphi(x)$, 按新积分也是可积的, 并且

$$\int_a^b \varphi(x)\mathrm{d}x=(R)\int_a^b \varphi(x)\mathrm{d}x.$$

这样就保证了凡能用 Riemann 积分的地方新的积分仍然可以用. 从而

$$\int_0^1 \varphi_{r_i}(x)\mathrm{d}x=(R)\int_0^1 \varphi_{r_i}(x)\mathrm{d}x=0 \quad (i=1,2,3,\cdots).$$

另外, 有些按 Riemann 不可积的函数按新的积分的意义却是可积的. 例如, 如果有一种新积分, 能使 $D(x)$ 可积, 并且 $\int_0^1 D(x)\mathrm{d}x=0$. 那么, 虽然函数项级数 $\sum_i \varphi_{r_i}(x)$ 不一致收敛于 $D(x)$, 但按新积分仍可逐项积分. 事实上,

$$\sum_i \int_0^1 \varphi_{r_i}(x)\mathrm{d}x=\sum_i 0=0=\int_0^1 D(x)\mathrm{d}x=\int_0^1 \sum_i \varphi_{r_i}(x)\mathrm{d}x.$$

上例启示我们可以作如下设想: 如果引入一种新的积分, 第一, 凡 Riemann 可积函数都按新积分意义下可积, 并且两种积分的值相同; 第二, 有不少 Riemann 不可积的函数, 但按新积分仍是可积的. 那么新积分的应用范围就不小于 Riemann 积分, 并且就有可能改进 Riemann 积分中逐项积分的条件.

下面从分析 Riemann 积分入手, 引出建立新积分的方案.

设 $f(x)$ 是在区间 $[a,b]$ 上定义的有界函数, 在 $[a,b]$ 上任意取一组分点 $a=x_0<x_1<\cdots<x_{n-1}<x_n=b$, 并在每个小区间 $[x_{i-1},x_i]$ 中任意取一个点 $\zeta_i(i=1,2,\cdots,n)$, 作和式

$$S=\sum_{i=1}^n f(\zeta_i)(x_i-x_{i-1}).$$

如果有常数 A, 使得对任何 $\varepsilon > 0$, 都有相应的 $\delta > 0$, 只要分点组 $\{x_i\}$ 满足 $\max\limits_{1\leqslant i\leqslant n}(x_i - x_{i-1}) < \delta$, 不管 ζ_i 如何取, 上面作出相应的和式 S 都满足 $|S-A| < \varepsilon$, 那么就说 $f(x)$ 在 $[a,b]$ 上是 Riemann 可积的, 数 A 就称为 $f(x)$ 在 $[a,b]$ 上的 Riemann 积分. 并且把它记成

$$(R)\int_a^b f(x)\mathrm{d}x.$$

对于区间 $[a,b]$ 的任何给定的一个分点组 $\{x_i\}$, 我们把在第 i 个小区间 $[x_{i-1},x_i]$ 上函数值 $f(x)$ 的上确界及下确界分别记作 M_i 及 m_i:

$$M_i = \sup_{x_{i-1}\leqslant x\leqslant x_i} f(x), \quad m_i = \inf_{x_{i-1}\leqslant x\leqslant x_i} f(x).$$

又记 $\omega_i = M_i - m_i$, 称 ω_i 为 $f(x)$ 在区间 $[x_{i-1},x_i]$ 上的振幅. 我们从数学分析教程中知道, $f(x)$ 在区间 $[a,b]$ 上 Riemann 可积的充分必要条件是对任何 $\varepsilon > 0$, 都可以找到一个分点组 $\{x_i\}$, 使得相应的

$$\sum_{i=1}^n \omega_i(x_i - x_{i-1}) < \varepsilon.$$

我们现在直观地不严格地来讨论一下这个结论. 如果 $f(x)$ 是非负值的函数, $f(x)$ 在 $[a,b]$ 上的 Riemann 积分就是由 x 轴, 直线 $x=a$, $x=b$ 及曲线 $y=f(x)$ 所围成的曲边梯形的面积 (如图 2.1). 而和式 S 就相当于把曲边梯形分成 n 个狭长条的曲边梯形, 且把每一个小曲边梯形的面积用一个矩形的面积来代替. 小矩形面积之和就是 S, 而当分法越来越精细的时候, S 将趋近于曲边梯形的面积. 这就是 Riemann 积分的基本思想.

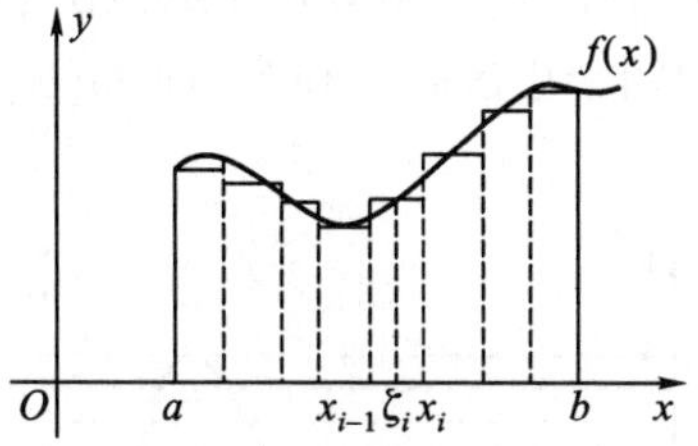

图 2.1

但是, 在给定了一个分点组之后, 每个小曲边梯形用小矩形代替时, 矩形的高度 (即 $f(\zeta_i)$ 的值) 还是有一个范围的, 如果在各个小区间中, 都取得使 $f(\zeta_i)$ "最大" (实际上可能只是接近于 "最大" 值), 或是都取得使 $f(\zeta_i)$ "最小", 这时, 相应作出的和 S 与 s 就有个差别, 这相差的数值可以认为是 $\sum\limits_{i=1}^n \omega_i(x_i - x_{i-1})$.

因此函数 $f(x)$ 的 Riemann 可积性就相当于 S 和 s 有同样的极限, 也就是

$$\sum_{i=1}^{n}\omega_i(x_i - x_{i-1}) \to 0. \tag{2.0.2}$$

当函数值变化急剧, 使 ω_i 不变小的区间很多时, 就会有 Riemann 不可积的情况出现. 例如 $D(x)$ 就是因为在任何小区间 $[x_{i-1}, x_i]$ 上 $\omega_i = 1$, 从而 $\sum\limits_{i=1}^{n}\omega_i(x_i - x_{i-1}) = b - a \neq 0$, 所以 $D(x)$ 不可积.

由此可见, 引起函数 $f(x)$ Riemann 不可积的原因是: 当把曲边梯形分成小曲边梯形时, 在小区间上函数值变化很大, 从而用小矩形去代替小曲边梯形时误差就会相当大. 针对这种情况, 可以考虑一种改进的方案: 在把 $[a,b]$ 分成若干块 (但每一块不一定是小区间) 的时候, 要求在每一块上函数值都相差较小, 然后每小块上作相应于上面的矩形的图形, 作出这种图形的面积之和, 和式的极限就作为积分的值. 下面把这个 "方案" 具体地说一下.

设 $f(x)$ 是 $[a,b]$ 上定义的有界函数, 其函数值满足 $A < f(x) < B$. 我们不是在 $[a,b]$ 上取分点组而是在函数值的所在范围 $[A,B]$ 上取一组分点 $\{y_i\}(i = 0,1,2,\cdots,n) : A = y_0 < y_1 < \cdots < y_n = B$. 记 $E_i = \{x|x \in [a,b], y_{i-1} \leqslant f(x) < y_i\}$, 它相当于前面所说的 "第 i 个小区间". E_i 的 "长度" 记为 $m(E_i)$, 然后, 任取 $\xi_i \in [y_{i-1}, y_i]$, 作和式

$$S = \sum_{i=1}^{n}\xi_i m(E_i), \tag{2.0.3}$$

接下去使分法无限地精细 (即使得 $\max\limits_{i}(y_i - y_{i-1}) \to 0$), 和式 S 的极限就叫做 $f(x)$ 在 $[a,b]$ 上的积分.

例如, 图 2.2 所示函数 $f(x)$ 的一组分点 $\{y_i\}$, 相当于 "第二个小区间" 的 E_2 就是 x 轴上用粗线标出的四个小区间的和集, 而 $m(E_2)$ 自然应该理解为这四个小区间的长度之和.

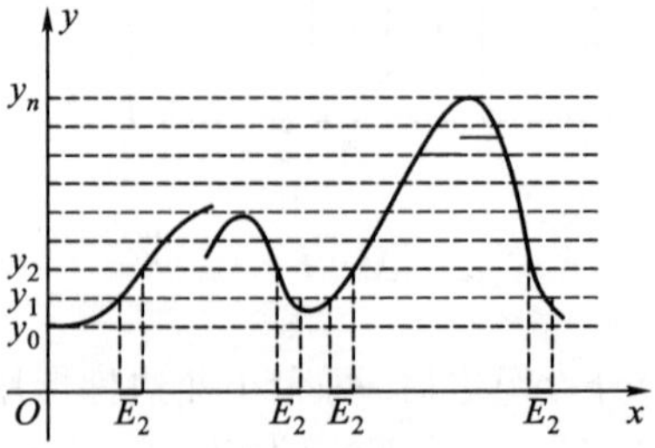

图 2.2

这样的一种想法是否可行呢? 从要求和式 S 的极限存在的角度看, 无疑这

种做法是好的. 因为现在分法精细的标志就是所有的 ω_i 很小, 因此 $\sum\limits_{i=1}^{n}\omega_i m(E_i)$ 将随着分法的精细而趋于零. 这样, 似乎不会发生不可积的情况. 但是问题出在对一般的函数 $f(x), m(E_i)$ 是否都有意义? 例如对 $D(x)$, 如果 $1\in(y_{i-1},y_i]$, 那么集 E_i 就是 [0, 1] 中有理数全体, 记为 $\mathscr{R}$; 如果 $0\in(y_{i-1},y_i]$, 那么集 E_i 就是 [0, 1] 中无理数全体, 记为 $\mathscr{D}$. 熟知的区间的 "长度" 概念又怎么能在这种复杂的集上有意义呢?

因此, 要实施新方案, 第一步就是如何将区间的 "长度" 推广到更为复杂的点集上去. 当然, 最好是直线上所有的子集都有 "长度", 而且有界集的 "长度" 是有限的, 这样, 一切有界函数都可以积分了. 然而, 一般地说, 再要求这个积分有好的逐项积分性质, 这是做不到的, 只能做到直线上相当广泛的集 (但不是直线上所有的子集), 即所谓 Lebesgue 可测集有 "长度" (它的正式名称是测度). 既然只能一部分集才具有 "长度" (测度), 第二步就要解决怎样的函数 $f(x)$, 才对任何 $y_{i-1}<y_i$, 集合 $\{x|y_{i-1}\leqslant f(x)<y_i\}$ 是有 "长度" (测度) 的集. 换言之, 我们还要讨论: 对任何 $c<d$, 使集 $\{x|c\leqslant f(x)<d\}$ 总是具有 "长度" 的函数 (它称为可测函数) 的特点和性质. 只有对这种 (可测) 函数, 才能作出 (2.0.3) 中的和式. 第三步才能讨论这种 (可测) 函数在什么时候有积分以及积分的性质和应用. 特别是它与 Riemann 积分的关系.

第二章实际上只是做第一步的工作. 第二、三步工作将在第三章中做.

建立 Lebesgue 积分的这个过程的思想方法, 早就被推广到远非直线、平面的情况, 而是推广到相当广泛的一般集合上了. 建立在一般集合基础上的测度、可测函数和积分的理论 (简称为测度论) 不仅统一了历史上许多重要积分, 如 Riemann 积分、Lebesgue 积分、Riemann-Stieltjes (黎曼 – 斯蒂尔切斯) 积分以及 Lebesgue-Stieltjes (勒贝格 – 斯蒂尔切斯) 积分等, 并且已成为近代分析数学很普遍而重要的基础知识了. 所以本书中主要讲的是一般集合上的测度和积分理论, 而把直线上的 Lebesgue 测度和积分作为一个特别重要的特例加以介绍.

为了便于读者更好地掌握第二章中的建立在一般集上的测度理论, 我们先将直线上 Lebesgue 测度建立的过程, 即把区间的长度概念如何向复杂的点集 (例如 [0, 1] 上有理点全体 $\mathscr{R}$ 或无理点全体 $\mathscr{D}$) 上推广成测度 (即 "长度") 的过程作简略地介绍. 设 $\boldsymbol{L}$ 是由直线上某些 (有些是 "简单" 的、有些是 "复杂" 的) 子集所组成的集. 我们说 m 是 $\boldsymbol{L}$ 上的测度, 它主要应满足哪些要求呢? 通常有如下一些要求:

(i) 所有的区间, 如 $(a,b]$、(a,b)、$[a,b]$ 等都在 $\boldsymbol{L}$ 中, 并且区间的测度就是区间的长度, 即 $m((a,b))=m((a,b])=m([a,b])=b-a$. 这个要求简单地说就是 "测度与长度是符合的".

(ii) 如果 E_1、$E_2\in\boldsymbol{L}$, 而且 $E_1\bigcap E_2=\varnothing$, 那么 $E_1\bigcup E_2\in\boldsymbol{L}$, 并且 $m(E_1\bigcup E_2)$

$= m(E_1) + m(E_2)$. 简单地说, 要求测度具有类似于长度的可加性.

(iii) 如果 E_1、$E_2 \in \boldsymbol{L}$, $E_1 \supset E_2$, 那么 $E_1 - E_2 \in \boldsymbol{L}$, 而且当 $m(E_2) < \infty$ 时, $m(E_1 - E_2) = m(E_1) - m(E_2)$, 即测度和长度一样是可以相减的.

上面 (i)—(iii) 是对测度 ("长度") 的直观而自然的要求. 不过这些要求只影响测度的代数运算, 对极限运算没有本质的影响. 下面是作为测度在极限运算方面的要求.

(iv) 如果 $\{E_m\}$ 是 $\boldsymbol{L}$ 中一列互不相交的集, 那么 $\bigcup\limits_{n=1}^{\infty} E_n \in \boldsymbol{L}$, 并且 $m\left(\bigcup\limits_{n=1}^{\infty} E_n\right) = \sum\limits_{n=1}^{\infty} m(E_n)$. 这个要求称为可列可加性. 可加性要求 (ii) 实际上是可列可加性要求 (iv) 的特例, 即当 $\varnothing = E_3 = E_4 = \cdots = E_n = \cdots$ 时, (iv) 就变成了 (ii).

对于 $\boldsymbol{L}$ 上满足 (i)—(iv) 的测度 m, 由 (i)、(iii) 立即知道任何单点集 $\{a\}$ 的测度是零, 即 $m(\{a\}) = 0$. 特别地, 当 a 是有理数 r 时, $m(\{r\}) = 0$. 而 $[0, 1]$ 上有理数全体 $\mathscr{R}$ 是可列集, 由 (iv) 可知 $m(\mathscr{R}) = 0$. 再由 (i)、(iii), $m(\mathscr{D}) = m([0,1] - \mathscr{R}) = m([0,1]) - m(\mathscr{R}) = 1$. 对 (2.0.1) 式中 $\varphi_{r_i}(x), D(x)$, 直接计算 (2.0.3) 式, 易知 $\varphi_{r_i}(x), D(x)$ 关于 m 是可积分的, 而且积分值为零. 从而级数 (2.0.1) 就可以逐项积分. 如果 m 不满足要求 (iv), 就不能从单点集的测度是零推出 $m(\mathscr{R}) = 0$, 以及 $m(\mathscr{D}) = 1$. 从而谈不上 $D(x)$ 是可积分的, 更谈不上可以逐项积分.

在明确了测度应满足的一些基本要求之后, 重要的问题就是如何寻找 $\boldsymbol{L}$, 并在 $\boldsymbol{L}$ 上定义 m. 这个问题的大体想法是先在直线 E^1 上取某些区间, 例如取所有有限的左开右闭区间全体所成的集, 记为 $\boldsymbol{P}$, 对 $\boldsymbol{P}$ 中每个元素 $(a, b]$ 规定 $m((a, b]) = b - a$ (即区间 $(a, b]$ 的长度). 按测度要能加、减的要求, 先将 $\boldsymbol{P}$ 扩充成 $\boldsymbol{R}_0$, 这里 $\boldsymbol{R}_0$ 是由有限个互不相交的左开右闭区间的和集作为元素的集. 对 $\boldsymbol{R}_0$ 中的每个元素 $E = \bigcup\limits_{i=1}^{n}(a_i, b_i]((a_i, b_i] \bigcap (a_j, b_j] = \varnothing, i \neq j)$, 规定 $m(E) = \sum\limits_{i=1}^{n}(b_i - a_i)$. 这样, 定义在 $\boldsymbol{R}_0$ 上的 m 就满足 (i)—(iii) 的要求. 但 (iv) 还不能满足, 原因是 $\boldsymbol{R}_0$ 中元素太少, 例如开区间 (a, b), 闭区间 $[a, b]$ 都不在 $\boldsymbol{R}_0$ 中. 如何找出一个合适的 $\boldsymbol{L}$, 并且 $\boldsymbol{L}$ 中每个集都有测度? 一个较直观的想法是类似定义平面上曲边形的面积的方法 (即先定义 "外面积", 后定义 "内面积", 而当 "内、外面积相等时才规定为有面积), 先定义直线上任何子集 E 的外测度:

$$m^*(E) = \inf\left\{\sum_{i=1}^{\infty} m(P_i) | P_i \in \boldsymbol{R}_0, \bigcup_{i=1}^{\infty} P_i \supset E\right\}. \tag{2.0.4}$$

然后想办法定义 E 的内测度 $m_*(E)$. 取 $\boldsymbol{L}$ 为一切内外测度相等的集全体, 并规定 $\boldsymbol{L}$ 中的 E 的测度 $m(E) = m^*(E) = m_*(E)$.

但是内测度的定义一般不采用下面的方式:

$$m_*(E)=\sup\left\{\sum_{i=1}^{\infty}m(P_i)|P_i\in \boldsymbol{R}_0,\bigcup_{i=1}^{\infty}P_i\subset E\right\}. \tag{2.0.5}$$

因为 $\boldsymbol{R}_0$ 中的元素都是有限个互不相交的左开右闭区间的和. 按 (2.0.5), 任何不含内点的集 E (例如 $\mathscr{R}$、$\mathscr{D}$ 等都是没有内点的集), $m_*(E)=0$. 这样, 集 $\mathscr{D}$ 就不可能是有测度的集. 否则, 便有 $m(\mathscr{D})=m^*(\mathscr{D})=m_*(\mathscr{D})=0$. 但 $[0, 1]$ 是有测度的集并且 $m([0,1])=1$, 按测度应满足减法的要求, $\mathscr{R}=[0,1]-\mathscr{D}$ 也是有测度的集, 并且 $m(\mathscr{R})=m([0,1])-m(\mathscr{D})=1$. 这与 $m(\mathscr{R})=m_*(\mathscr{R})=0$ 相矛盾. 内测度的定义一般采用下面的方式 (还有另外的方式): 对任何有界集 E, 不妨设 $E\subset(a,b]$, 规定

$$m_*(E)=b-a-m^*((a,b]-E). \tag{2.0.6}$$

对一个有界集 E, 当 $m_*(E)=m^*(E)$ 时, 称 E 是有测度的, 并规定测度 $m(E)=m_*(E)=m^*(E)$. 进而证明 $\boldsymbol{R}_0$ 中每个元素都是有测度的, 并且测度就是原来的测度. 再证 m 在所有有界的有测度集上满足 (i)—(iv). 最后再推广到无界的情况. 这是一个复杂的过程.

在用内、外测度相等的办法建立测度的过程中, 要用到直线上某些特有的性质, 在向一般集合上推广时有时不是很方便. 本书中是采用的另一种方法, 是一种便于向一般集上推广的方法, 即直接分析由 (2.0.4) 所定义的外测度究竟在哪些集上具有可加性, 从而找出具有测度的集必须具备的基本特征, 并以此特征作为有测度的集的定义, 从而建立测度的理论.

§2.1 集 类

本节是为本章以后各节讨论测度时要用的集合论方面的准备知识, 特别要介绍几个重要的集类.

设 X 是某个取定的集, 有时也称为**基本空间**, 以 X 的某些子集为元素所成的集称为 X 上的**集类**, 或简称为**类**. 集类用黑体英文字母表示, 例如 $\boldsymbol{E},\boldsymbol{F},\boldsymbol{M}$ 等. 设 $\boldsymbol{E}$ 是 X 上某个集类, M 是 X 的某个子集, $\boldsymbol{E}\bigcap M$ 表示集类 $\{M\bigcap E|E\in\boldsymbol{E}\}$.

1. 环与代数

定义 2.1.1 设 X 是一个集, $\boldsymbol{R}$ 是 X 上的集类, 如果对任何 E_1、$E_2\in\boldsymbol{R}$, 都有

$$E_1\bigcup E_2\in\boldsymbol{R},\qquad E_1-E_2\in\boldsymbol{R},$$

那么就称 $\boldsymbol{R}$ 是 X 上的**环**. 特别地, 如果还有 $X\in\boldsymbol{R}$, 就称 $\boldsymbol{R}$ 是 X 上的**代数**, 或称为**域**.

由定义可知, 环是对集的 "$\bigcup$" 及 "$-$" 运算封闭的非空类, 而代数是对 "余" 运算也封闭的环.

下面举几个环的例子.

例 1 设 X 是任意的集, X 的有限子集 (包括空集 $\varnothing$) 全体所成的集类 $\boldsymbol{E}$ 是一个环. 当 X 本身是有限集时, $\boldsymbol{E}$ 是个代数.

例 2 设 X 是任意无限集, X 的有限子集及可列子集 (包括空集 $\varnothing$) 全体所成的集类 $\boldsymbol{E}$ 是一个环. 当 X 本身是可列集时, $\boldsymbol{E}$ 是个代数.

例 3 设 X 是任意集, X 的所有子集全体所成的集类 $\boldsymbol{E}$ 是个代数.

例 4 E^1 是实数全体, $\boldsymbol{R}_0$ 是由 E^1 中的有限个左开右闭的有限区间的和集 $E=\bigcup\limits_{i=1}^{n}(a_i,b_i]$ 全体所成的集类. 那么 $\boldsymbol{R}_0$ 是个环.

现在验证 $\boldsymbol{R}_0$ 是环. $\boldsymbol{R}_0$ 对于运算 "$\bigcup$" 的封闭性是显然的, 所以只要验证 $\boldsymbol{R}_0$ 对运算 "$-$" 是封闭的. 首先注意到空集 $\varnothing$ 可以视为 $(a,a]$, 因而 $\varnothing\in\boldsymbol{R}_0$, 而任何两个左开右闭区间 $(a,b],(c,d]$ 的差只可能发生如下三种情况: 或是空集, 或是左开右闭区间, 或是两个不相交的左开右闭区间的和, 任何情况出现都说明 $(a,b]-(c,d]\in\boldsymbol{R}_0$. 对 $\boldsymbol{R}_0$ 中任何 $E=\bigcup\limits_{i=1}^{n}(a_i,b_i], F=\bigcup\limits_{j=1}^{m}(c_j,d_j]$, 由于

$$\bigcup_{i=1}^{n}(a_i,b_i]-(c,d]=\bigcup_{i=1}^{n}((a_i,b_i]-(c,d]),$$

因此 $\boldsymbol{R}_0$ 中任何元素 E 减去一个区间 $(c,d]$ 后仍属于 $\boldsymbol{R}_0$. 由于

$$E-F=(E-(c_1,d_1])-\bigcup_{j=2}^{m}(c_j,d_j],$$

利用 $E-(c_1,d_1]\in\boldsymbol{R}_0$ 以及归纳法易知 $E-F\in\boldsymbol{R}_0$, 即 $\boldsymbol{R}_0$ 对运算 "$-$" 是封闭的.

显然 $\boldsymbol{R}_0$ 中的元都可以表示成有限个两两不相交的左开右闭的区间的和, 当然表示法并不唯一.

在这个例子中, 如果把条件 "左开右闭" 改为 "左闭右开", 那么仍然是一个环. 但要注意, 由有限个开区间 (或闭区间) 的和集全体所组成的集类并不是一个环, 这是因为两个开区间的差集可以不再是开区间 (对闭区间的情况也是如此).

例 5 E^1 仍表示实数全体, $\boldsymbol{R}_1$ 表示由 E^1 中的有限个有限区间 (不论是开的、闭的、还是半开半闭的) 的和集全体所成的集类, 那么 $\boldsymbol{R}_1$ 是个环.

例 6 在二维欧几里得空间 E^2 中, 当 $a\leqslant b,\ c\leqslant d$ 时, 称

$$E=\{(x,y)|a<x\leqslant b,c<y\leqslant d\}$$

为 E^2 中的左下开右上闭的矩形, 由有限个左下开右上闭的矩形的和集全体所成的集类 $\boldsymbol{E}$ 是一个环.

对于 n 维欧几里得空间, 也可作出类似的环.

由于

$$E_1\bigcap E_2=(E_1\bigcup E_2)-(E_1-E_2)-(E_2-E_1),$$

可见环对于 "$\bigcap$" 运算也是封闭的. 另外, 空集 $\varnothing$ 是任何环 $\boldsymbol{R}$ 的元素. 环 $\boldsymbol{R}$ 中有限个元素 $E_1,\cdots,E_n$ 的和集 $\bigcup\limits_{i=1}^{n}E_i$ 也属于 $\boldsymbol{R}$, 这由环的定义可以直接知道. 我们再指出一点: 如果 $\boldsymbol{R}_1$ 与 $\boldsymbol{R}_2$ 是同一基本空间 X 上的两个环 (或代数), 那么它们的通集 $\boldsymbol{R}=\boldsymbol{R}_1\bigcap\boldsymbol{R}_2$ 也是个环 (或代数). 这是因为当 $E_1,E_2\in\boldsymbol{R}$ 时, 它们都属于 $\boldsymbol{R}_1$, 也都属于 $\boldsymbol{R}_2$, 所以 $E_1\bigcup E_2\in\boldsymbol{R}_1, E_1\bigcup E_2\in\boldsymbol{R}_2$, 于是 $E_1\bigcup E_2\in\boldsymbol{R}$, 同样理由可知 $E_1-E_2\in\boldsymbol{R}$. 更一般地, X 上的任意个环 (或代数) $\boldsymbol{R}_\zeta$ 的通集 $\bigcap\limits_{\zeta}\boldsymbol{R}_\zeta$ 仍是个环 (或代数).

定理 2.1.1 设 $\boldsymbol{E}$ 是由集 X 的某些子集所成的集类, 那么必定有唯一的环 (或代数) $\boldsymbol{R}$ 使得

(i) $\boldsymbol{E}\subset\boldsymbol{R}$,

(ii) 对任何包含 $\boldsymbol{E}$ 的环 (或代数) $\boldsymbol{R}'$ 都成立 $\boldsymbol{R}\subset\boldsymbol{R}'$.

换句话说, $\boldsymbol{R}$ 是包含 $\boldsymbol{E}$ 的最小的环 (或代数).

证 首先, 由于 X 的子集全体 $\boldsymbol{X}$ 是个环, 它当然包含 $\boldsymbol{E}$, 因此包含 $\boldsymbol{E}$ 的环确实是有的. 作一族环 $\mathscr{M}=\{\boldsymbol{R}'|\boldsymbol{X}\supset\boldsymbol{R}'\supset\boldsymbol{E},\boldsymbol{R}' \text{ 是环}\}$. 令 $\boldsymbol{R}=\bigcap\limits_{\boldsymbol{R}'\in\mathscr{M}}\boldsymbol{R}'$, 就是说 $\boldsymbol{R}$ 是所有包含 $\boldsymbol{E}$ 的环的通集. 由于任意个环的通集是环, 所以 $\boldsymbol{R}$ 是环, $\boldsymbol{R}\supset\boldsymbol{E}$ 是显然的, 由 $\boldsymbol{R}$ 的定义可知性质 (ii) 成立. 而满足 (i), (ii) 这两条性质的环当然只有一个. 对于代数的情况, 类似可证. 证毕

定理 2.1.1 中的环 (代数) $\boldsymbol{R}$ 称为由集类 $\boldsymbol{E}$ 所张成的环 (代数). 由集类 $\boldsymbol{E}$ 所张成的环 (代数) 一般用 $\boldsymbol{R}(\boldsymbol{E})$ 或 $\mathscr{R}(\boldsymbol{E})(\mathscr{F}(\boldsymbol{E}))$ 表示.

例 7 设 X 是一个任意非空集, $\boldsymbol{E}$ 表示由 X 的单元素子集全体所成的集类, 那么 $\boldsymbol{R}(\boldsymbol{E})$ 就是由 X 的有限子集 (包括空集) 全体所成的环 (见例 1).

例 8 令 $\boldsymbol{P}$ 表示实轴上左开右闭区间 $(a,b](-\infty<a<b<\infty)$ 全体所成的集类, 那么 $\boldsymbol{R}(\boldsymbol{P})$ 就是前面例 4 中的环 $\boldsymbol{R}_0$.

容易知道, 如果 $\boldsymbol{E}$ 是个非空集类, $\boldsymbol{R}(\boldsymbol{E})$ 就是由 $\boldsymbol{E}$ 中任意取有限个元素 $E_1,E_2,\cdots,E_n$ 经过有限次 "$\bigcup$", "$\bigcap$", "$-$" 运算后所得的集全体. 在类 $\boldsymbol{E}$ 中加进元素 X 后所成的类记为 $\boldsymbol{E}'$, 显然 $\boldsymbol{R}(\boldsymbol{E}')=\mathscr{F}(\boldsymbol{E})$.

2. σ-环与 σ-代数　环和代数这两种集类只对集的 "$\bigcup$"、"$-$" 运算封闭. 对于分析数学来说, 还必须考察对集的极限运算也封闭的集类, 即考虑 σ-环和 σ-代数.

定义 2.1.2　设 $\boldsymbol{S}$ 是由集 X 的某些子集所成的集类, 如果对任何一列 $E_i \in \boldsymbol{S}(i=1,2,3,\cdots)$, 都有

$$\bigcup_{i=1}^{\infty} E_i \in \boldsymbol{S}, \qquad E_1 - E_2 \in \boldsymbol{S},$$

就称 $\boldsymbol{S}$ 是 X 上的 **σ-环**. 如果又有 $X \in \boldsymbol{S}$, 就称 $\boldsymbol{S}$ 是 X 上的 **σ-代数**, 或 **σ-域**.

由定义可知 σ-环 (σ-代数) 是对 "差" 和 "可列和" 运算 (还有对 "余" 运算) 封闭的非空集类.

前面例 2、3 中的环都是 σ-环, 但例 4、5、6 所举的环并不是 σ-环. 例 1 中的环一般也不是 σ-环, 除非 X 本身是有限集, 这时例 1 和例 3 是一样的.

显然空集 $\varnothing$ 属于任何 σ-环, 因此 σ-环必定是环.

根据和通关系式, 可知

$$\bigcap_{i=1}^{\infty} E_i = \bigcup_{i=1}^{\infty} E_i - \bigcup_{i=1}^{\infty}\left(\bigcup_{j=1}^{\infty} E_j - E_i\right),$$

因此, σ-环对于 "可列通" 的运算也是封闭的. 由 (1.1.4) 式可知, 如果一列集 $\{E_i\}$ 都属于一个 σ-环, 那么它们的上限集与下限集也属于这个 σ-环. 这样, σ-环就是对极限运算也封闭的环.

与环 (代数) 的情况一样, 任意个 σ-环 (σ-代数) 的通集仍是个 σ-环 (σ-代数).

定理 2.1.2　设 $\boldsymbol{E}$ 是由集 X 的某些子集所成的集类, 那么必定有唯一的 σ-环 (σ-代数) $\boldsymbol{S}$ 使得

(i) $\boldsymbol{E} \subset \boldsymbol{S}$,

(ii) 对于包含 $\boldsymbol{E}$ 的任何 σ-环 (σ-代数) $\boldsymbol{S}_1$ 都成立 $\boldsymbol{S} \subset \boldsymbol{S}_1$.

定理 2.1.2 的证明与定理 2.1.1 相同, 只要把证明中的 "环 (代数)" 都改成 "σ-环 (σ-代数)" 就可以了. 定理中的 σ-环 $\boldsymbol{S}$ 称为由集类 $\boldsymbol{E}$ 所张成的 σ-环. 由集类 $\boldsymbol{E}$ 所张成的 σ-环用 $\boldsymbol{S}(\boldsymbol{E})$ 表示, 而 $\boldsymbol{E}$ 张成的 σ-代数仍常记为 $\mathscr{F}(\boldsymbol{E})$.

系　$\boldsymbol{S}(\boldsymbol{E}) = \boldsymbol{S}(\boldsymbol{R}(\boldsymbol{E}))$.

证　因为 $\boldsymbol{S}(\boldsymbol{E}) \supset \boldsymbol{E}$, 所以 $\boldsymbol{S}(\boldsymbol{E}) \supset \boldsymbol{R}(\boldsymbol{E})$, 从而 $\boldsymbol{S}(\boldsymbol{E}) \supset \boldsymbol{S}(\boldsymbol{R}(\boldsymbol{E}))$. 反之, 由于 $\boldsymbol{E} \subset \boldsymbol{R}(\boldsymbol{E})$, 所以 $\boldsymbol{S}(\boldsymbol{E}) \subset \boldsymbol{S}(\boldsymbol{R}(\boldsymbol{E}))$.　　证毕

注意, 当 $\boldsymbol{E}$ 是 X 上的某个集类时, 我们不能简单地设想 $\boldsymbol{S}(\boldsymbol{E})$ 是下面形式的集的全体: 在 $\boldsymbol{E}$ 中任取一列集 $\{E_n\}$, 进行一系列的 "$\bigcup$"、"$\bigcap$"、"$-$" 运算后所得到的集. 一般说来, 对一列集 $\{E_n\}$, 中间插入上述运算符号, 依次运算所得的集的序列不一定有极限, 即使有极限, 把这些极限集全体拿来也只是 $\boldsymbol{S}(\boldsymbol{E})$ 中一小部分. 所以 $\boldsymbol{S}(\boldsymbol{E})$ 的结构远比 $\boldsymbol{R}(\boldsymbol{E})$ 复杂.

3. 单调类 X 是基本空间, $\boldsymbol{E}$ 是由它的某些子集所成的类. $\boldsymbol{R}(\boldsymbol{E})$ 是对代数运算 "$\bigcup$"、"$\bigcap$"、"$-$" 封闭, 且是包含 $\boldsymbol{E}$ 的最小的类. 为使极限运算封闭, 将 $\boldsymbol{E}$ 扩张成 $\boldsymbol{S}(\boldsymbol{E})$, $\boldsymbol{S}(\boldsymbol{E})$ 的结构是复杂的. 这里我们将用单调类概念给出 $\boldsymbol{S}(\boldsymbol{E})$ 的某种描述 (单调类的技巧在研究集类对极限运算封闭性中是常用的, 例如见本书 §3.5 以及下册 §6.7).

定义 2.1.3 设 $\boldsymbol{M}$ 是由 X 的某些子集所成的集类. 如果对 $\boldsymbol{M}$ 中任何单调的序列 $\{E_n\}$, 都有 $\lim\limits_{n\to\infty} E_n \in \boldsymbol{M}$, 那么称 $\boldsymbol{M}$ 是**单调类**.

单调类就是对单调序列的极限运算封闭的集类. 当然, 单调类并不必对运算 "$\bigcup$"、"$-$" 封闭. 例如 X 是数直线, $\boldsymbol{M} = \{[0,1],[2,3]\}$ 是单调类, 但 $\boldsymbol{M}$ 对 "$\bigcup$" 不封闭, 对 "$-$" 也不封闭.

由定义直接可知, 任意个单调类的通集仍是个单调类. 因此, 与定理 2.1.1 相同, 可以证明下面的

定理 2.1.3 设 $\boldsymbol{E}$ 是由集 X 的某些子集所成的集类, 那么必有唯一的单调类 $\boldsymbol{M}$ 使得

(i) $\boldsymbol{E} \subset \boldsymbol{M}$,

(ii) 对于包含 $\boldsymbol{E}$ 的任何单调类 $\boldsymbol{M}_1$ 都有 $\boldsymbol{M}_1 \supset \boldsymbol{M}$.

定理中的 $\boldsymbol{M}$ 称为由集类 $\boldsymbol{E}$ 所张成的单调类. 由集类 $\boldsymbol{E}$ 所张成的单调类用 $\boldsymbol{M}(\boldsymbol{E})$ 表示.

引理 1 σ-环必是单调类, 单调环必是 σ-环.

证 因为 σ-环对于可列和及可列通运算都是封闭的, 而单调集列的极限集就是这一列集的和集或通集, 因而 σ-环必定是单调类.

另一方面, 如果 $\boldsymbol{M}$ 是个单调环, 即 $\boldsymbol{M}$ 既是单调类又是个环, 要证明 $\boldsymbol{M}$ 是 σ-环, 显然只要证明 $\boldsymbol{M}$ 对可列和运算的封闭性. 设 $E_n \in \boldsymbol{M}(n=1,2,3,\cdots)$, 记 $F_n = \bigcup\limits_{i=1}^{n} E_i$, 由于 $\boldsymbol{M}$ 是环, 所以 $F_n \in \boldsymbol{M}$. 而 $\{F_n\}$ 是单调上升的, 因此 $\lim\limits_{n\to\infty} F_n \in \boldsymbol{M}$, 但

$$\bigcup_{n=1}^{\infty} E_n = \bigcup_{n=1}^{\infty} F_n = \lim_{n\to\infty} F_n \in \boldsymbol{M}.$$

所以 $\boldsymbol{M}$ 对于可列和运算是封闭的, 因此 $\boldsymbol{M}$ 是 σ-环. 证毕

定理 2.1.4 设 $\boldsymbol{R}$ 是由集 X 的子集所成的环, 那么

$$\boldsymbol{S}(\boldsymbol{R}) = \boldsymbol{M}(\boldsymbol{R}).$$

证 因为 $\boldsymbol{S}(\boldsymbol{R})$ 是包含 $\boldsymbol{R}$ 的 σ-环, 由引理 1 它是单调类, 但 $\boldsymbol{M}(\boldsymbol{R})$ 是包含 $\boldsymbol{R}$ 的最小单调类, 所以 $\boldsymbol{M}(\boldsymbol{R}) \subset \boldsymbol{S}(\boldsymbol{R})$.

如果我们能证明 $\boldsymbol{M}(\boldsymbol{R})$ 是环, 那么 $\boldsymbol{M}(\boldsymbol{R})$ 是个单调环, 由引理 1 它是 σ-环. 但 $\boldsymbol{S}(\boldsymbol{R})$ 是包含 $\boldsymbol{R}$ 的最小 σ-环. 所以就得到 $\boldsymbol{S}(\boldsymbol{R}) \subset \boldsymbol{M}(\boldsymbol{R})$. 这样我们就证明了定理的结论.

要证明 $\boldsymbol{M}(\boldsymbol{R})$ 是环, 就是要证明: 对任何 E、$F \in \boldsymbol{M}(\boldsymbol{R})$, $E-F$、$F-E$、$F \bigcup E$ 都必属于 $\boldsymbol{M}(\boldsymbol{R})$. 先假定 E、F 中有一个, 例如 E 是属于 $\boldsymbol{R}$ 的情况下来证明.

对任何集 $A \subset X$, 作类

$$\boldsymbol{K}(A) = \{B | B \in \boldsymbol{M}(\boldsymbol{R}), \text{而且 } A - B\text{、}B - A\text{、} A \bigcup B \text{ 均属于 } \boldsymbol{M}(\boldsymbol{R})\}.$$

先证 $\boldsymbol{K}(A)$ 是单调类: 事实上, 设 $\{B_n\}$ 是 $\boldsymbol{K}(A)$ 中的任一单调序列, 因为 $B_n - A$、$A - B_n$、$A \bigcup B_n$ 均属于 $\boldsymbol{M}(\boldsymbol{R})$, 且也是单调的序列, 利用极限运算能与 "$\bigcup$"、"$-$" 可交换, 即

$$\lim_{n\to\infty}(B_n - A) = \lim_{n\to\infty} B_n - A,\ \lim_{n\to\infty}(A - B_n) = A - \lim_{n\to\infty} B_n,$$

$$\lim_{n\to\infty}(A \bigcup B_n) = A \bigcup \lim_{n\to\infty} B_n,$$

易知 $\lim\limits_{n\to\infty} B_n - A$、$\lim\limits_{n\to\infty} B_n \bigcup A$、$A - \lim\limits_{n\to\infty} B_n$ 均属于 $\boldsymbol{M}(\boldsymbol{R})$, 所以 $\lim\limits_{n\to\infty} B_n \in \boldsymbol{K}(A)$.

特别地, 取 $A = E \in \boldsymbol{R}$ 时, 显然 $\boldsymbol{R} \subset \boldsymbol{K}(E) \subset \boldsymbol{M}(\boldsymbol{R})$, 又因为 $\boldsymbol{K}(E)$ 是包含 $\boldsymbol{R}$ 的单调类, 从而 $\boldsymbol{M}(\boldsymbol{R}) \subset \boldsymbol{K}(E)$, 因此 $\boldsymbol{M}(\boldsymbol{R}) = \boldsymbol{K}(E)$.

$\boldsymbol{M}(\boldsymbol{R}) = \boldsymbol{K}(E)$ 表示: 当 $E \in \boldsymbol{R}$ 时, 对任何 $F \in \boldsymbol{M}(\boldsymbol{R})$, 总有 $F - E$、$E - F$、$E \bigcup F$ 等均属于 $\boldsymbol{M}(\boldsymbol{R})$.

对任何 $E \in \boldsymbol{M}(\boldsymbol{R})$, 根据上面的证明, 当 $F \in \boldsymbol{R}$ 时, $E-F$、$F-E$、$E \bigcup F$ 均属于 $\boldsymbol{M}(\boldsymbol{R})$, 从而 $\boldsymbol{R} \subset \boldsymbol{K}(E)(\subset \boldsymbol{M}(\boldsymbol{R}))$. 但 $\boldsymbol{K}(E)$ 是单调类, 所以 $\boldsymbol{K}(E) = \boldsymbol{M}(\boldsymbol{R})$, 即 $\boldsymbol{M}(\boldsymbol{R})$ 是环. 证毕

下面的系是明显的, 但常被引用.

系 设 $\boldsymbol{M}$、$\boldsymbol{R}$ 是 X 上的两个集类, 如果 $\boldsymbol{M}$ 是单调类, $\boldsymbol{R}$ 是环, 并且 $\boldsymbol{M} \supset \boldsymbol{R}$, 那么 $\boldsymbol{M} \supset \boldsymbol{S}(\boldsymbol{R})$.

证 由定理 2.1.4, $\boldsymbol{M}(\boldsymbol{R}) = \boldsymbol{S}(\boldsymbol{R})$, 所以 $\boldsymbol{M} \supset \boldsymbol{M}(\boldsymbol{R}) = \boldsymbol{S}(\boldsymbol{R})$. 证毕

4. $\boldsymbol{S}(\boldsymbol{E})$ 结构的概略描述 设 $\boldsymbol{R}$ 是 X 上的一个环, 称 $\boldsymbol{R}$ 中的每个元为第零类的集. 任取一列第零类集 (允许重复) $\{E_n\}$, 称 $\bigcup\limits_{n=1}^{\infty} E_n$、$\bigcap\limits_{n=1}^{\infty} E_n$ 为第一类集, 第一类集全体记为 $\boldsymbol{R}_1$. 任取一列第一类集 (允许重复) $\{E_n\}$, 称 $\bigcup\limits_{n=1}^{\infty} E_n$、$\bigcap\limits_{n=1}^{\infty} E_n$ 为第二类集, 第二类集全体记为 $\boldsymbol{R}_2$, 依次定义 $\boldsymbol{R}_3, \boldsymbol{R}_4, \cdots, \boldsymbol{R}_n, \cdots$. 再从 $\bigcup\limits_{n=1}^{\infty} \boldsymbol{R}_n$ 中任取一列集 (允许重复) $\{E_n\}$, 称集 $\bigcup\limits_{n=1}^{\infty} E_n$、$\bigcap\limits_{n=1}^{\infty} E_n$ 为第 ω 类集, 其全体记为 $\boldsymbol{R}_\omega$. 再从 $\boldsymbol{R}_\omega$ 又可定义 $\boldsymbol{R}_{\omega+1}$, 继又定义 $\boldsymbol{R}_{\omega+2}, \cdots, \boldsymbol{R}_{\omega+n}, \cdots$. 再从 $\bigcup\limits_{\lambda=1}^{\omega+\infty} \boldsymbol{R}_\lambda$ 中任取一列集 (允许重复) $\{E_n\}$, 称 $\bigcup\limits_{n=1}^{\infty} E_n$、$\bigcap\limits_{n=1}^{\infty} E_n$ 为第 2ω 类集, 其全体记为 $\boldsymbol{R}_{2\omega}$. 如此等等.

显然

$$
\begin{aligned}
\boldsymbol{R} \subset \boldsymbol{R}_1 \subset \boldsymbol{R}_2 \subset \cdots \subset \boldsymbol{R}_n \subset \cdots \subset \boldsymbol{R}_\omega \subset \boldsymbol{R}_{\omega+1} \subset \cdots \subset \boldsymbol{R}_{\omega+n} \\
\subset \cdots \subset \boldsymbol{R}_{2\omega} \subset \boldsymbol{R}_{2\omega+1} \subset \cdots,
\end{aligned}
$$

并且上述包含号 “$\subset$” 中有一个事实上是等号时, 那么此后的一切 “$\subset$” 均将是等号. 在等号未出现前, 上面就是从 $\boldsymbol{R}$ 开始不断地扩大集类的过程. 一旦等号出现就是扩大过程的终止. 用超限数 (是自然数概念的推广, 例如 $\omega, \omega+1, \cdots, 2\omega, \cdots$ 等都是超限数) 概念以及超限数所对应的势的知识可以证明: 对任何环 $\boldsymbol{R}$, 上述扩张过程到势不超过 $\aleph$ 的超限数时必终止 (即包含号必是等号).

本书中某些涉及不可列无限程序的重要定理的证明都用 Zorn 引理, 且 Zorn 引理已有所介绍. 而要介绍超限数以及超限归纳法 (普通归纳法在超限数中的推广) 尚需一定篇幅, 所以从略. 有兴趣的读者可看 [7]、[8] 中有关章节. 当然, 对于极特殊的 $\boldsymbol{R}$, 上述扩张过程在什么时候终止是无需超限数的理论就可知道, 不过往往是平凡的情况.

引理 2 设 $\boldsymbol{R}$ 是 X 上的环, 当 E、$F \in \boldsymbol{R}_1$ 时, $E - F$、$E \bigcup F \in \boldsymbol{R}_2$.

证 由定义, 存在 $\boldsymbol{R}$ 中两个序列 $\{E_n\}$、$\{F_n\}$, 使得

$$
\bigcup_{n=1}^{\infty} E_n \left(\text{或} \bigcap_{n=1}^{\infty} E_n\right) = E, \quad \bigcup_{n=1}^{\infty} F_n \left(\text{或} \bigcap_{n=1}^{\infty} F_n\right) = F.
$$

我们只考察 $\bigcup_{n=1}^{\infty} E_n = E, \bigcap_{n=1}^{\infty} F_n = F$ 的情况 (其余情况由读者证明). 因为

$$E - F = \bigcup_{n=1}^{\infty} E_n - \bigcap_{k=1}^{\infty} F_k = \bigcup_{n=1}^{\infty}\left(E_n - \bigcap_{k=1}^{\infty} F_k\right)$$

$$= \bigcup_{n=1}^{\infty}\bigcup_{k=1}^{\infty}(E_n - F_k), \tag{2.1.1}$$

$$E \bigcup F = \left(\bigcup_{n=1}^{\infty} E_n\right) \cup \left(\bigcap_{k=1}^{\infty} F_k\right) = \bigcup_{n=1}^{\infty}\left(E_n \bigcup \left(\bigcap_{k=1}^{\infty} F_k\right)\right)$$

$$= \bigcup_{n=1}^{\infty}\bigcap_{k=1}^{\infty}(E_n \bigcup F_k), \tag{2.1.2}$$

并且 $E_n - F_k$、$E_n \bigcup F_k \in \boldsymbol{R}$, 而当 n 固定时, $\bigcup_{k=1}^{\infty}(E_n - F_k)$、$\bigcap_{k=1}^{\infty}(E_n \bigcup F_k) \in \boldsymbol{R}_1$, 所以 $E - F$、$E \bigcup F \in \boldsymbol{R}_2$. 证毕

其实, 更一般地是对任何超限数 λ, 当 E、$F \in \boldsymbol{R}_\lambda$ 时, $E - F$、$E \bigcup F \in \boldsymbol{R}_{\lambda+1}$.

从上面的讨论以及 $\boldsymbol{S}(\boldsymbol{E}) = \boldsymbol{S}(\boldsymbol{R}(\boldsymbol{E}))$ 可知, $\boldsymbol{S}(\boldsymbol{E})$ 可以视为先将 $\boldsymbol{E}$ 扩张成 $\boldsymbol{R}(\boldsymbol{E})$, 然后从 $\boldsymbol{R}(\boldsymbol{E})$ 出发再经逐次单调扩张, 直到某个超限数 (其所相应的势不会超过 $\aleph$), 扩张过程终止时所得的集类便是.

习 题 2.1

1. $\boldsymbol{E}$ 是 X 的集类, 在下列一些情况下分别求出 $\boldsymbol{R}(\boldsymbol{E})$.

(i) $\boldsymbol{E} = \{E_1, E_2, \cdots, E_n\}$.

(ii) X 是数直线, $\boldsymbol{E}$ 是 X 中开区间全体.

(iii) X 是数直线, $\boldsymbol{E}$ 是形如 $(-\infty, a)$ 的开区间全体.

2. 求出习题 1 中各种情况下的 $\boldsymbol{E}$ 所张成的代数.

3. 证明直线上的开集、闭集、有理点全体、无理点全体等均属于 $\boldsymbol{S}(\boldsymbol{R}_0)$.

4. 设 $\boldsymbol{G}$ 是直线上开区间全体所成的类. 证明 $\boldsymbol{R}_0$、$\boldsymbol{G}$ 张成的 σ-环是一致的, 即 $\boldsymbol{S}(\boldsymbol{R}_0) = \boldsymbol{S}(\boldsymbol{G})$.

5. **定义 2.1.4** 设 $\{f_\lambda(x) | \lambda \in \Lambda\}$ 是定义在集 X 上的一族实有限函数. 对任何实数 c, 令 $E_{\lambda c} = \{x | c < f_\lambda(x)\}$. 由类 $\boldsymbol{E} = \{E_{\lambda c}\}$ 张成的 X 上的 σ-代数称为由函数族 $\{f_\lambda(x) | \lambda \in \Lambda\}$ **产生的 (或决定的) σ-代数**.

当 X 是数直线时,

(i) 求出由一个函数 $\operatorname{sgn} x$ 产生的 σ-代数.

(ii) 求出由一个函数 $E(x)$ (不超过 x 的最大整数函数) 产生的 σ-代数.

(iii) 求证由一个函数 $f(x) = x^3$ 产生的 σ-代数是 $\boldsymbol{S}(\boldsymbol{R}_0)$.

(iv) 记 $\boldsymbol{R}_0[a,b)$ 是 $[a,b)$ 中所有左闭右开区间全体所张成的环, $\{x\}$ 是 x 的正小数部分函数. 求出由 $\{x\}$ 产生的 σ-代数与 $\boldsymbol{R}_0[0,1)$ 的关系.

(v) $\{f_\lambda(x)|\lambda\in\Lambda\}$ 是直线上周期为 2π 的连续函数全体, 求出由 $\{f_\lambda(x)|\lambda\in\Lambda\}$ 产生的 σ-代数与 $\boldsymbol{R}_0(0,2\pi]$ 的关系 ($\boldsymbol{R}_0(0,2\pi]$ 是 $(0,2\pi]$ 中左开右闭区间全体所张成的环).

6. 证明定理 2.1.2.

7. 设 $\boldsymbol{R}$ 是 X 上的一个集类. 证明 $\boldsymbol{R}$ 是环的充要条件是下面 (i)、(ii) 中的任何一个.

(i) $\boldsymbol{R}$ 对任意有限个互不相交集的和运算和减法运算封闭.

(ii) $\boldsymbol{R}$ 对运算 “$\triangle$”、“$\bigcap$”、“$-$” 封闭.

8. $\boldsymbol{R}$ 是 X 上的一个集类. 证明 $\boldsymbol{R}$ 是代数的充要条件是对 “$\bigcup$”、“$\bigcap$”、“余” 运算封闭.

9. 设 X 是一集, $\boldsymbol{R}$ 是 X 的某些子集所成的环, A 是 X 的一个子集, 证明 $S(\boldsymbol{R})\bigcap A=\boldsymbol{S}(\boldsymbol{R}\bigcap A)$. 当 $\boldsymbol{R}$ 是代数或 $A\in\boldsymbol{R}$ 时, $\boldsymbol{S}(\boldsymbol{R})\bigcap A$ 是 A 上的 σ-代数.

10. 设 X 是一集, $\boldsymbol{R}$ 是 X 的某些子集所成的环. $\boldsymbol{M}$ 也是由 X 的某些子集所成的环, 它有如下的性质 (i) $\boldsymbol{M}\supset\boldsymbol{R}$, (ii) 当 $E_1,E_2,\cdots,E_n,\cdots$ 是 $\boldsymbol{M}$ 中一列互不相交的集时, $\bigcup\limits_{n=1}^{\infty}E_n\in\boldsymbol{M}$. 证明 $\boldsymbol{M}\supset\boldsymbol{S}(\boldsymbol{R})$.

11. 设 $\boldsymbol{R}$ 是实数直线 $\boldsymbol{E}^1$ 中的一个环, 对每个 $E\in\boldsymbol{R}$, 作 $R^2=\{(x,y)|x,y\in\boldsymbol{E}^1\}$ 中形如 $\widetilde{E}=\{(x,y)|x,y\in E\}$ 的集. 当 E 在 $\boldsymbol{R}$ 中变化时, 这种 $\widetilde{E}$ 全体记为 $\widetilde{\boldsymbol{R}}$. 求出 $\boldsymbol{S}(\widetilde{\boldsymbol{R}})$ 与 $\boldsymbol{S}(\boldsymbol{R})$ 的关系.

12. $\boldsymbol{E}$ 是 X 上的一个集类. 证明对 $\boldsymbol{S}(\boldsymbol{E})$ 中任何一个集 E, 必存在 $\boldsymbol{E}$ 中一列集 $\{E_i\}$, 使得 $E\subset\bigcup\limits_{i=1}^{\infty}E_i$.

13. 完成引理 2 的全部证明.

§2.2 环上的测度

1. 测度的基本性质 我们用 $\widehat{R}$ 表示实数全体再加上 $+\infty,-\infty$[①] 所成的 “推广数集”, 设 $\boldsymbol{E}$ 是一个集类, 如果 μ 是集类 $\boldsymbol{E}$ 到 $\widehat{R}$ 的映照, 就是说, μ 是以集为 “自变元” 的、取值是实数或 $\pm\infty$ 的函数, 那么就称 μ 是个**集函数**.

例 1 设 $\boldsymbol{P}_1$ 是直线上的区间全体所成的集类, m 是 $\boldsymbol{P}_1$ 上如下定义的集函数: 对于 $\boldsymbol{P}_1$ 中的元 E, 如果 E 是以 $a,b(a\leqslant b)$ 为端点的区间 (不论 E 是开的, 闭的或是半开半闭的), 规定 $m(E)=b-a$. 这个集函数就表示区间的长度.

下面我们要考察一种特殊的集函数.

[①] $+\infty$ 常简写成 ∞. 我们规定对任何有限实数 $a, a+(\infty)=(\infty)+a=\infty$; ∞ 认为比任何有限实数大; 而对一列大于或等于零的 a_i; 如果其中有一个是 ∞, 就认为 $\sum\limits_{i=1}^{\infty}a_i=\infty$; 如果 a_i 是非负的有限实数, $\sum\limits_{i=1}^{\infty}a_i$ 发散时认为 $\sum\limits_{i=1}^{\infty}a_i=+\infty$.

定义 2.2.1 设 $\boldsymbol{R}$ 是由集 X 的某些子集所成的环, μ 是 $\boldsymbol{R}$ 上的集函数, 如果 μ 具有下列性质:

(i) $\mu(\varnothing)=0$;

(ii) 非负性: 对于任何 $E\in\boldsymbol{R}, \mu(E)\geqslant 0$;

(iii) 可列可加性: 对任何一列 $E_i\in\boldsymbol{R}(i=1,2,3,\cdots)$, 如果 $E_i\bigcap E_j=\varnothing$ ($i\neq j$ 时) 且 $\bigcup\limits_{i=1}^{\infty}E_i\in\boldsymbol{R}$, 就必定有

$$\mu\left(\bigcup_{i=1}^{\infty}E_i\right)=\sum_{i=1}^{\infty}\mu(E_i),$$

那么集函数 μ 就称为**环 $\boldsymbol{R}$ 上的测度**, 称 $\mu(E)$ 为集 E 的测度.

容易看出, 除了 μ 是恒取 ∞ 的 $\boldsymbol{R}$ 上集函数外, 满足 (ii)、(iii) 条件的 μ 必满足 (i). 事实上, 因为至少存在一个 $E\in\boldsymbol{R}$, 使 $\mu(E)<\infty$. 取 $E_1=E, E_2=E_3=\cdots=\varnothing$, 因此 $E=\bigcup\limits_{i=1}^{\infty}E_i$, $E_i\bigcap E_j=\varnothing(i\neq j)$, 由 (iii) 知

$$\mu(E)=\mu\left(\bigcup_{i=1}^{\infty}E_i\right)=\sum_{i=2}^{\infty}\mu(E_i)+\mu(E),$$

从上式消去有限数 $\mu(E)$, 便得到

$$\sum_{i=2}^{\infty}\mu(\varnothing)=0.$$

再从 (ii), 立即得到 $\mu(\varnothing)=0$.

除了空集取值为零, 其余一切集都取值为 ∞ 的测度是平凡的, 一般场合都不用, 所以一般文献中都把测度理解为非负、可列可加集函数 (即总意味着有些集的测度是有限的).

下面给几个简单的例子.

例 2 设 X 是任意的一个集, $\boldsymbol{R}$ 表示 X 的有限子集全体所成的环, 在 $\boldsymbol{R}$ 上定义集函数 μ 如下:

$$\mu(E)=E\text{ 中元素的个数}\quad (E\in\boldsymbol{R}),$$

这个 μ 是环 $\boldsymbol{R}$ 上的测度.

例 3 设 X 是任意的一个 (非空) 集, $\boldsymbol{R}$ 表示 X 的所有子集全体所成的环. 在 X 中任意取定一个元 a, 然后在 $\boldsymbol{R}$ 上定义集函数 μ 如下: 对任何 $E\in\boldsymbol{R}$,

$$\mu(E)=\begin{cases}0, & \text{当 } a\overline{\in}E\text{ 时},\\ 1, & \text{当 } a\in E\text{ 时},\end{cases}$$

那么 μ 是环 $\boldsymbol{R}$ 上的测度.

例 4 $\boldsymbol{R}$ 是直线上的一切子集全体所成的环. 对于 $E \in \boldsymbol{R}, \mu(E)$ 是 E 中元素个数 (如果 E 中有无限个点, $\mu(E)=\infty$). μ 是 $\boldsymbol{R}$ 上的测度.

下面的定理是测度的一些基本性质.

定理 2.2.1 如果 μ 是环 $\boldsymbol{R}$ 上的测度, 那么有下列性质.

(i) 有限可加性: 如果 $E_1, E_2, \cdots, E_n \in \boldsymbol{R}$, 且这些集两两不相交, 那么 $\mu\left(\bigcup_{i=1}^{n} E_i\right)=\sum_{i=1}^{n} \mu(E_i)$.

(ii) 单调性: 如果 $E_1, E_2 \in \boldsymbol{R}$, 且 $E_1 \subset E_2$, 那么 $\mu(E_1) \leqslant \mu(E_2)$.

(iii) 可减性: 如果 E_1、$E_2 \in \boldsymbol{R}$, 且 $E_1 \subset E_2$, 又如果 $\mu(E_1)<\infty$, 那么 $\mu(E_2-E_1)=\mu(E_2)-\mu(E_1)$.

(iv) 次可列可加性: 如果 $E_n(n=1,2,3,\cdots)$ 及 E 都属于 $\boldsymbol{R}$, 且 $E \subset \bigcup_{i=1}^{\infty} E_i$, 那么 $\mu(E) \leqslant \sum_{i=1}^{\infty} \mu(E_i)$.

(v) 如果 $E_n \in \boldsymbol{R}(n=1,2,3,\cdots)$, 且 $E_1 \subset E_2 \subset E_3 \subset \cdots$, $\bigcup_{n=1}^{\infty} E_n \in \boldsymbol{R}$, 那么 $\mu\left(\bigcup_{n=1}^{\infty} E_n\right)=\lim_{n \to \infty} \mu(E_n)$.

(vi) 如果 $E_n \in \boldsymbol{R}(n=1,2,3,\cdots)$, 且 $E_1 \supset E_2 \supset E_3 \supset \cdots$, $\bigcap_{n=1}^{\infty} E_n \in \boldsymbol{R}$, 而且至少有一个 E_n 使 $\mu(E_n)<\infty$, 那么

$$\mu\left(\bigcap_{n=1}^{\infty} E_n\right)=\lim_{n \to \infty} \mu(E_n).$$

此外, 如果 $\boldsymbol{R}$ 本身是 σ-环, 那么还有下面的性质:

(vii) 如果 $E_n \in \boldsymbol{R}(n=1,2,3,\cdots)$, 那么 $\mu\left(\varliminf_{n \to \infty} E_n\right) \leqslant \varliminf_{n \to \infty} \mu(E_n)$.

(viii) 如果 $E_n \in \boldsymbol{R}(n=1,2,3,\cdots)$, 而且有个自然数 k 使得 $\mu\left(\bigcup_{n=k}^{\infty} E_n\right)<\infty$, 那么 $\mu\left(\varlimsup_{n \to \infty} E_n\right) \geqslant \varlimsup_{n \to \infty} \mu(E_n)$.

(ix) 如果 $E_n \in \boldsymbol{R}(n=1,2,3,\cdots)$, $\lim_{n \to \infty} E_n$ 存在, 而且有个自然数 k 使得 $\mu\left(\bigcup_{n=k}^{\infty} E_n\right)<\infty$, 那么 $\mu\left(\lim_{n \to \infty} E_n\right)=\lim_{n \to \infty} \mu(E_n)$.

(x) 如果 $E_n \in \boldsymbol{R}(n=1,2,3,\cdots)$ 而且有一个自然数 k 使得 $\sum_{n=k}^{\infty} \mu(E_n) < \infty$, 那么 $\mu\left(\varlimsup_{n\to\infty} E_n\right) = 0$.

证 (i) 对于 $\boldsymbol{R}$ 中有限个两两不相交的元 $E_1,\cdots,E_n$ 只要令 $E_{n+1}=E_{n+2}=\cdots=\varnothing$. 这样由可列可加性及 $\mu(\varnothing)=0$ 就得到有限可加性.

(ii) 因为 E_1, E_2-E_1, 是 $\boldsymbol{R}$ 中不相交的元, 其和集为 E_2, 所以由测度的有限可加性就得到

$$\mu(E_2)=\mu(E_1)+\mu(E_2-E_1), \tag{2.2.1}$$

又因 $\mu(E_2-E_1)\geqslant 0$, 所以 $\mu(E_2)\geqslant\mu(E_1)$.

(iii) 由于 $\mu(E_1)<\infty$, 所以由 (2.2.1) 式两边同减 $\mu(E_1)$ 即得 $\mu(E_2-E_1)=\mu(E_2)-\mu(E_1)$.

(iv) 因为 $E_n\in\boldsymbol{R}, E\in\boldsymbol{R}, E\subset\bigcup_{i=1}^{\infty}E_i$, 记 $F_n=E\bigcap E_n$, 就有 $F_n\subset E_n, F_n\in\boldsymbol{R}, \bigcup_{i=1}^{\infty}F_i=E$. 再记 $G_1=F_1, G_n=F_n-\bigcup_{i=1}^{n-1}F_i(n=2,3,4,\cdots)$, 这时, $G_n\in\boldsymbol{R}(n=1,2,3,\cdots), G_n\subset F_n$ 而且

$$\bigcup_{i=1}^{\infty}G_i=\bigcup_{i=1}^{\infty}F_i=E.$$

此外, G_n 是两两不交的, 所以由可列可加性有

$$\mu(E)=\sum_{i=1}^{\infty}\mu(G_i).$$

又因为 $G_n\subset F_n\subset E_n$, 由 (ii)$\mu(G_n)\leqslant\mu(E_n)$. 再利用上式得到次可列可加性.

(v) 因为 $E_n\in\boldsymbol{R}, E_1\subset E_2\subset\cdots$, 记 $F_1=E_1, F_n=E_n-E_{n-1}, (n=2,3,4,\cdots)$, 这时 F_n 是一列两两不相交的集, 而且 $\bigcup_{i=1}^{\infty}E_i=\bigcup_{i=1}^{\infty}F_i$, $\bigcup_{i=1}^{n}F_i=E_n$, 所以

$$\begin{aligned}\mu\left(\bigcup_{i=1}^{\infty}E_i\right)&=\mu\left(\bigcup_{i=1}^{\infty}F_i\right)=\sum_{i=1}^{\infty}\mu(F_i)=\lim_{n\to\infty}\sum_{i=1}^{n}\mu(F_i)\\&=\lim_{n\to\infty}\mu\left(\bigcup_{i=1}^{n}F_i\right)=\lim_{n\to\infty}\mu(E_n).\end{aligned}$$

(vi) 在单调下降的情况下, 因为由假设有一个 n 使 $\mu(E_n)<\infty$, 所以不妨认为 $\mu(E_1)<\infty$. 记 $F_n=E_1-E_n(n=1,2,3,\cdots)$, 这时, F_n 是单调上升的, 而且

$\bigcup\limits_{i=1}^{\infty} F_i = E_1 - \bigcap\limits_{i=1}^{\infty} E_i \in \boldsymbol{R}$, 所以由 (v) 得到

$$\mu\left(\bigcup_{i=1}^{\infty} F_i\right) = \lim_{n\to\infty} \mu(F_n).$$

但另一方面由有限可加性, 可知

$$\mu(E_1) = \mu(F_n) + \mu(E_n), \mu(E_1) = \mu\left(\bigcup_{i=1}^{\infty} F_i\right) + \mu\left(\bigcap_{i=1}^{\infty} E_i\right).$$

所以[①]

$$\begin{aligned}\mu\left(\bigcap_{i=1}^{\infty} E_i\right) &= \mu(E_1) - \mu\left(\bigcup_{i=1}^{\infty} F_i\right) = \mu(E_1) - \lim_{n\to\infty} \mu(F_n)\\ &= \lim_{n\to\infty} [\mu(E_1) - \mu(F_n)] = \lim_{n\to\infty} \mu(E_n).\end{aligned}$$

(vii) 由于 $\varliminf\limits_{n\to\infty} E_n = \bigcup\limits_{k=1}^{\infty}\bigcap\limits_{n=k}^{\infty} E_n$, 记 $F_k = \bigcap\limits_{n=k}^{\infty} E_n$, 这时 $F_k(k=1,2,3,\cdots)$ 是单调上升的, 而且 $F_k \subset E_k$, 所以由 (v) 和 (ii) 可知

$$\mu\left(\varliminf_{n\to\infty} E_n\right) = \mu\left(\bigcup_{k=1}^{\infty} F_k\right) = \lim_{n\to\infty} \mu(F_n) \leqslant \varliminf_{n\to\infty} \mu(E_n).$$

(viii) 由于 $\varlimsup\limits_{n\to\infty} E_n = \bigcap\limits_{k=1}^{\infty}\bigcup\limits_{n=k}^{\infty} E_n$, 记 $F_m = \bigcup\limits_{n=m}^{\infty} E_n$, 这时 $F_m(m=1,2,3,\cdots)$ 是单调下降的, $F_m \supset E_m$, 而且由假设只要 $m \geqslant k$, 必有 $\mu(F_m) < \infty$, 所以由 (vi) 可知

$$\mu\left(\varlimsup_{n\to\infty} E_n\right) = \mu\left(\bigcap_{m=1}^{\infty} F_m\right) = \lim_{n\to\infty} \mu(F_n) \geqslant \varlimsup_{n\to\infty} \mu(E_n).$$

(ix) 由 (vii) 及 (viii) 即得.

(x) 由上限集的定义, 可知对任何自然数 m,

$$\varlimsup_{n\to\infty} E_n \subset \bigcup_{n=m}^{\infty} E_n.$$

因此, 由单调性及次可列可加性, 即得

$$\mu\left(\varlimsup_{n\to\infty} E_n\right) \leqslant \mu\left(\bigcup_{n=m}^{\infty} E_n\right) \leqslant \sum_{n=m}^{\infty} \mu(E_n).$$

---

①这里用到 $\mu(E_1) < \infty$, 否则不能够做减法, 因为 $\infty - \infty$ 是没有意义的.

而因为 $\sum_{n=k}^{\infty}\mu(E_n)<\infty$, 在上式中令 $m\to\infty$, 上式最右边趋于零. 并由测度的非负性, 得

$$\mu\left(\overline{\lim_{n\to\infty}}E_n\right)=0.$$

证毕

在 (vii)—(x) 中, 我们加上了 $\boldsymbol{R}$ 是 σ-环的要求, 只是为了叙述简单一点. 对于 $\boldsymbol{R}$ 是环, 只要假设证明中出现的集都在 $\boldsymbol{R}$ 中就可以了. 又在 (vi) 中要求至少有一个 E_n, 满足 $\mu(E_n)<\infty$, 这个条件是不能少的. 例如在例 4 中取一列集 $E_n=\{n,n+1,n+2,\cdots\}(n=1,2,3,\cdots)$. 显然 $E_1\supset E_2\supset\cdots\supset E_n\supset\cdots$, 并且 $\lim\mu(E_n)=\infty$. 另一方面 $\bigcap_{n=1}^{\infty}E_n=\varnothing$, 从而 $\mu\left(\bigcap_{n=1}^{\infty}E_n\right)=\mu(\varnothing)=0$.

2. 环 $\boldsymbol{R}_0$ 上的测度 $\boldsymbol{m}$ 下面要讲一个在分析数学中重要的测度. 由直线上左开右闭的有限区间 $(a,b](a\leqslant b)$ 全体所成的集类记为 $\boldsymbol{P}$, 我们先定义 $\boldsymbol{P}$ 上的集函数 m 如下: 对 $E=(a,b]\in\boldsymbol{P}$, 令

$$m(E)=b-a,$$

m 就表示区间的长度, 由 $\boldsymbol{P}$ 中任意有限个元素作和集, 这样的和集全体记为 $\boldsymbol{R}_0,\boldsymbol{R}_0$ 是一个环 (见 §1.1 的例 4). 显然 $\boldsymbol{P}\subset\boldsymbol{R}_0$, 而且 $\boldsymbol{R}_0$ 中元 $\boldsymbol{E}$ 可以写成 $\boldsymbol{P}$ 中有限个两两不相交的元 $E_1,E_2,\cdots,E_n$ 的和集. 我们称这种把 $\boldsymbol{R}_0$ 中元 E 分解成 $\boldsymbol{P}$ 中有限个互不相交的元的和集的分解为**初等分解**. 显然, 初等分解并不是唯一的.

现在我们把集函数 m 按下面的办法由 $\boldsymbol{P}$ 延拓到 $\boldsymbol{R}_0$ 上; 对于 $E\in\boldsymbol{R}_0$, 设 $E=\bigcup_{i=1}^{n}E_i(E_1,\cdots,E_n\in\boldsymbol{P},E_i=(a_i,b_i],E_1,\cdots,E_n$ 互不相交) 是 E 的一个初等分解, 我们就令

$$m(E)=\sum_{i=1}^{n}(b_i-a_i).\tag{2.2.2}$$

首先我们注意, 对于 $\boldsymbol{R}_0$ 中的一个元 E, 初等分解的方法并不唯一, 所以我们下面必须证明用上述方法规定的 $m(E)$ 的值与 E 的初等分解的方式无关, 即它是由 E 所完全确定的.

引理 1 由 (2.2.2) 式定义的 $\boldsymbol{R}_0$ 上集函数 m 是有确定值的, 即 $m(E)$ 的值只与 E 有关, 而与 E 的初等分解的具体形式无关.

证 首先, 我们对于 $E\in\boldsymbol{P}$ 的情况来证明引理 1. 设

$$(a,b]=\bigcup_{i=1}^{n}(a_i,b_i]$$

是 $(a,b]$ 的一个初等分解. 不妨认为 $a_1 \leqslant a_2 \leqslant \cdots \leqslant a_n$. 因为 $(a_i,b_i](i=1,2,\cdots,n)$ 是两两不交的, 而且 $\bigcup\limits_{i=1}^{n}(a_i,b_i]=(a,b]$, 所以必定

$$a=a_1 \leqslant b_1=a_2 \leqslant b_2=a_3 \leqslant b_3=\cdots=a_n \leqslant b_n=b,$$

由此 $\sum\limits_{i=1}^{n}(b_i-a_i)=(b_1-a_1)+(b_2-a_2)+\cdots+(b_n-a_n)=(b_n-a_1)=(b-a)$. 可见当 $E=(a,b]\in \boldsymbol{P}$ 时, 无论对怎样的初等分解, 由 (2.2.2) 式定义的 $m(E)$ 总是等于 $b-a$.

对于一般的 $E\in \boldsymbol{R}_0$, 设 $E=\bigcup\limits_{i=1}^{n}E_i, E=\bigcup\limits_{j=1}^{l}F_j$ 是 E 的两个初等分解 (即 $E_i,F_j\in \boldsymbol{P}, i=1,2,\cdots,n; j=1,2,\cdots,l; E_i$ 之间互不相交, F_j 之间互不相交). 记 $G_{ij}=E_i\bigcap F_j(i=1,2,\cdots,n;j=1,2,\cdots,l)$. 显然 $G_{ij}\in \boldsymbol{P}$. 这时由于 $E_i=\bigcup\limits_{j=1}^{l}G_{ij}$ 是 E_i 的初等分解, 而且 $E_i\in \boldsymbol{P}$, 所以 $m(E_i)=\sum\limits_{j=1}^{l}m(G_{ij})$. 因此

$$\sum_{i=1}^{n}m(E_i)=\sum_{i=1}^{n}\left(\sum_{j=1}^{l}m(G_{ij})\right). \tag{2.2.3}$$

同理由 $F_j=\bigcup\limits_{i=1}^{n}G_{ij}$ 是 F_j 的初等分解以及 $F_j\in \boldsymbol{P}$ 得到

$$\sum_{j=1}^{l}m(F_j)=\sum_{j=1}^{l}\left(\sum_{i=1}^{n}m(G_{ij})\right). \tag{2.2.4}$$

但 (2.2.3) 及 (2.2.4) 式的右边显然相等, 所以

$$\sum_{i=1}^{n}m(E_i)=\sum_{j=1}^{l}m(F_j).$$

因此由 (2.2.2) 式定义的集函数 m 与集 E 的初等分解的方式无关. 证毕

这样, 我们就用 (2.2.2) 式在 $\boldsymbol{R}_0$ 上定义了集函数 m. 它是区间长度概念的拓广, $m(E)$ 就是 E 中所有区间的总长度.

引理 2 上面作出的环 $\boldsymbol{R}_0$ 上的集函数 m 有下列性质:

(i) 集函数 m 有有限可加性.

(ii) 如果 $E_1,\cdots,E_n,E\in \boldsymbol{R}_0$, 其中 $E_1,\cdots,E_n$ 互不相交而且 $E\supset\bigcup\limits_{i=1}^{n}E_i$, 那么

$$\sum_{i=1}^{n}m(E_i)\leqslant m(E). \tag{2.2.5}$$

(iii) 集函数 m 有 (有限) 次可加性: 如果 $E_1,\cdots,E_n,E\in\boldsymbol{R}_0$, 而且 $E\subset\bigcup\limits_{i=1}^{n}E_i$, 那么

$$m(E)\leqslant\sum_{i=1}^{n}m(E_i).\tag{2.2.6}$$

证 (i) 设 $E_1,\cdots,E_n$ 是 $\boldsymbol{R}_0$ 中两两不相交的元, 记 $E=\bigcup\limits_{i=1}^{n}E_i$. 设 E_i 的初等分解是

$$E_i=\bigcup_{j=1}^{l_i}F_{ij}\qquad(i=1,2,\cdots,n),\tag{2.2.7}$$

由于 $E_1,\cdots,E_n$ 两两不交, 因此 $F_{ij}(i=1,2,\cdots,n;j=1,2,\cdots,l_i)$ 也是两两不交的, 所以这些 F_{ij} 的和集是 E, 因此 $E=\bigcup\limits_{i,j}F_{ij}$ 是 E 的初等分解, 所以 $m(E)=\sum\limits_{i=1}^{n}\sum\limits_{j=1}^{l_i}m(F_{ij})$. 又由 (2.2.7) 式得到 $m(E_i)=\sum\limits_{j=1}^{l_i}m\ (F_{ij})$, 所以

$$m(E)=\sum_{i=1}^{n}\sum_{j=1}^{l_i}m(F_{ij})=\sum_{i=1}^{n}m(E_i).$$

这就是 m 的有限可加性.

(ii) 记 $E_{n+1}=E-\bigcup\limits_{i=1}^{n}E_i$, 这时 $E_1,E_2,\cdots,E_{n+1}$ 两两不交, 其和集为 E. 由性质 (i), 立即得到 $m(E)=\sum\limits_{i=1}^{n+1}m(E_i)$. 但集函数 m 是非负的, 所以 $\sum\limits_{i=1}^{n}m(E_i)\leqslant m(E)$.

(iii) 首先, 由 m 的有限可加性及非负性, 可知 m 具有单调性. 对于 $E_1,\cdots,E_n\in\boldsymbol{R}_0,E\in\boldsymbol{R}_0,E\subset\bigcup\limits_{i=1}^{n}E_i$, 记 $F_1=E_1,F_j=E_j-\bigcup\limits_{i=1}^{j-1}E_i(j=2,3,\cdots,n)$, 这时 $F_1,\cdots,F_n$ 是两两不交的. 它们都属于 $\boldsymbol{R}_0$, 因而 $E\bigcap F_i\in\boldsymbol{R}_0(i=1,2,\cdots,n)$, 同时 $\bigcup\limits_{i=1}^{n}F_i=\bigcup\limits_{i=1}^{n}E_i$, 所以 $E=E\bigcap\left(\bigcup\limits_{i=1}^{n}E_i\right)=\bigcup\limits_{i=1}^{n}(E\bigcap F_i)$. 由有限可加性和单调性有

$$m(E)=m\left(\bigcup_{i=1}^{n}(E\bigcap F_i)\right)=\sum_{i=1}^{n}m(E\bigcap F_i)\leqslant\sum_{i=1}^{n}m(E_i).$$

证毕

定理 2.2.2 $\boldsymbol{R}_0$ 上的集函数 m 是一个测度.

证 显然, 需要证明的只是可列可加性.

设 $E_1, E_2, \cdots, E_n, \cdots$ 是 $\boldsymbol{R}_0$ 中一列两两不交的元, 而且 $\bigcup\limits_{i=1}^{\infty} E_i = E \in \boldsymbol{R}_0$. 由 (2.2.5) 式, 可知对任何自然数 n, 都成立

$$\sum_{i=1}^{n} m(E_i) \leqslant m(E),$$

令 $n \to \infty$, 即得 $\sum\limits_{i=1}^{\infty} m(E_i) \leqslant m(E)$. 下面证明相反的不等式成立.

设 E 的一个初等分解是 $E = \bigcup\limits_{j=1}^{l} (a_j, b_j]$. 每个 E_i 也有初等分解, 因为 $E_i (i = 1, 2, 3, \cdots)$ 是可列集, 所以所有 E_i 分解所得的小区间全体也是可列个, 设为 $(\alpha_n, \beta_n] (n = 1, 2, 3, \cdots)$. 显然

$$\sum_{i=1}^{\infty} m(E_i) = \sum_{n=1}^{\infty} (\beta_n - \alpha_n).$$

对任何 $\varepsilon > 0$, (不妨要求 $\varepsilon < l(b_j - a_j)$) 作闭区间 $\left[a_j + \dfrac{\varepsilon}{l}, b_j\right] (j = 1, 2, \cdots, l)$. 我们又作开区间 $\left(\alpha_n, \beta_n + \dfrac{\varepsilon}{2^n}\right) (n = 1, 2, 3, \cdots)$, 那么这列开区间 $\left\{\left(\alpha_n, \beta_n + \dfrac{\varepsilon}{2^n}\right) \middle| n = 1, 2, 3, \cdots\right\}$ 覆盖了 E, 因此也覆盖了每个闭区间 $\left[a_j + \dfrac{\varepsilon}{l}, b_j\right]$. 由 Borel 有限覆盖定理, 可以选出有限个开区间覆盖住这些闭区间, 这有限个开区间设为 $\left(\alpha_{n_1}, \beta_{n_1} + \dfrac{\varepsilon}{2^{n_1}}\right), \cdots, \left(\alpha_{n_k}, \beta_{n_k} + \dfrac{\varepsilon}{2^{n_k}}\right)$. 这样, 便有

$$\bigcup_{j=1}^{l} \left(a_j + \frac{\varepsilon}{l}, b_j\right] \subset \bigcup_{i=1}^{k} \left(\alpha_{n_i}, \beta_{n_i} + \frac{\varepsilon}{2^{n_i}}\right].$$

但 $\left(a_j + \dfrac{\varepsilon}{l}, b_j\right] (j = 1, 2, \cdots, l)$ 是彼此不交的, 所以

$$m\left(\bigcup_{j=1}^{l} \left(a_j + \frac{\varepsilon}{l}, b_j\right]\right) = \sum_{j=1}^{l} \left(b_j - a_j - \frac{\varepsilon}{l}\right).$$

由 (2.2.6) 式即得

$$\sum_{j=1}^{l} \left(b_j - a_j - \frac{\varepsilon}{l}\right) \leqslant \sum_{i=1}^{k} \left(\beta_{n_i} + \frac{\varepsilon}{2^{n_i}} - \alpha_{n_i}\right) \leqslant \sum_{n=1}^{\infty} (\beta_n - \alpha_n) + \varepsilon.$$

由于 ε 是任意正数, 所以

$$\sum_{j=1}^{l} (b_j - a_j) \leqslant \sum_{n=1}^{\infty} (\beta_n - \alpha_n),$$

即 $m(E) \leqslant \sum_{i=1}^{\infty} m(E_i)$. 结合上面的不等式, 就得到

$$m(E) = \sum_{i=1}^{\infty} m(E_i).$$

证毕

后面要定义的 Lebesgue 测度就是从这里的环 $\boldsymbol{R}_0$ 上的测度 m 出发经延拓而得到的.

3. 环 $\boldsymbol{R}_0$ 上的 g 测度 在 $\boldsymbol{R}_0$ 上还有一类经常用的 g 测度. 设 $g(x)$ 是 $(-\infty, +\infty)$ 上单调增加、右方连续函数. 对于任何 $E \in \boldsymbol{R}_0$, 如果 $E = \bigcup_{i=1}^{n}(a_i, b_i]$ 是 E 的初等分解, 规定

$$\mu_g(E) = \sum_{i=1}^{n}(g(b_i) - g(a_i)). \tag{2.2.8}$$

显然, 特别 $g(x) = x$ 时, $\mu_g(E)$ 就是 E 的初等分解中区间的总长度, 即 $\mu_g(E) = m(E)$. 为了好对比起见, 可以称 $g(b) - g(a)$ 是 $(a, b]$ 按 g 量的长度, 或简称为 g-长度.

由 (2.2.8) 所定义的 $\boldsymbol{R}_0$ 上集函数 μ_g 是 $\boldsymbol{R}_0$ 上测度. 读者可以类比证明 m 是 $\boldsymbol{R}_0$ 上测度的过程去证明这点, 即先在 $\boldsymbol{R}_0$ 上证明 μ_g 是单值的, 然后证明在 $\boldsymbol{R}_0$ 上可列可加. 在证明 m 的可列可加性时所应用的 Borel 覆盖的技巧, 对于 g-长度, 由于 g 是右连续的, 那种技巧也是同样可以应用的.

为书写方便, 常把集函数 μ_g 简写成 $g, \mu_g(E)$ 简写成 $g(E)$, 即由 $g(x)$ 按 (2.2.8) 产生的集函数与 $g(x)$ 本身一致起来. 将来要把 g 测度延拓到包含 $\boldsymbol{R}_0$ 的某个 σ-代数上去, 得到 Lebesgue-Stieltjes (勒贝格 – 斯蒂尔切斯) 测度, 简称为 $L-S$ 测度.

如果在直线上分布了一定质量的物质, 用 $g(x)$ 表示该物质在 $(-\infty, x]$ 部分中的质量总和, 它就是 x 的单调增加、右连续的函数. 由 $g(x)$ 按 (2.2.8) 产生的 $g(E)(E \in \boldsymbol{R}_0)$ 正是 E 中所含的总质量. 特别地, 当该物质是均匀地分布在直线上时, 并且 (0,1] 中总质量为 1 时, 这时的 $g(x) = x$ (或 $g(x) = x + c, c$ 是常数). 由此可见, 在遇到非均匀分布时就不可避免地用到 g 测度. g 测度是比 m 测度更为广泛的并且是常被用到的一种测度.

4. 有限可加性和可列可加性 正如本章引言中所说, 对于测度, 重要的一点是要求它有可列可加性. 这就自然地要求使测度有意义的集类至少是 σ-环. 为什么我们前面讨论的测度是定义在环上, 而不直接定义在 σ-环上呢? 这是因为由一个集类 $\boldsymbol{E}$ (例如直线上左开右闭有限区间全体 $\boldsymbol{P}$) 扩张成 $\boldsymbol{R}(\boldsymbol{E})$ (例如

$\boldsymbol{R}(\boldsymbol{P}) = \boldsymbol{R}_0$) 的结构远比 $\boldsymbol{S}(\boldsymbol{E})$ (例如 $\boldsymbol{S}(\boldsymbol{R}_0)$) 简单. 所以在 $\boldsymbol{R}(\boldsymbol{E})$ 上先给出满足可列可加性测度比在 $\boldsymbol{S}(\boldsymbol{E})$ 上给出满足可列可加性要容易得多. 例如在 $\boldsymbol{R}_0$ 上给出的 m, 只要用覆盖定理就能证明 m 在 $\boldsymbol{R}_0$ 上是具有可列可加性的. 如果想要直接在 $\boldsymbol{S}(\boldsymbol{R}_0)$ 上给出集函数 m, 恐怕连 m 在 $\boldsymbol{S}(\boldsymbol{R}_0)$ 中的复杂点集上如何定义都是困难的, 更不必说证明它有可列可加性了. 所以我们先把测度定义在环上. 正如前说, 环对极限运算不封闭, 一遇到极限就得假设所讨论中出现的极限集在环中 (例如定理 2.2.1 中从 (iv) 开始都要做这样的假设). 下面的一节 (§2.3) 我们将证明在环 $\boldsymbol{R}$ 上给定的测度 μ 必定可以自动地延拓成在某个 σ-环 $\boldsymbol{R}^* \supset \boldsymbol{S}(\boldsymbol{R})$ 上的测度. 这个定理的重要性是明显的, 可以说是测度论中第一个最基本的定理.

(下面初学者可暂不读) 在这里我们还要考虑另一个问题: 假如事先给出的环 $\boldsymbol{R}$ 上的集函数 μ 只是满足 (i) 非负的; (ii) 空集上取值为零; (iii) 有限可加的, 问什么时候 μ 能成为 $\boldsymbol{R}$ 上的测度? 即问在什么条件下, μ 满足可列可加性.

为此, 我们引入

定义 2.2.2 设 $\boldsymbol{R}$ 是 X 上的环, μ 是 $\boldsymbol{R}$ 上非负的、空集上取值为零的有限可加集函数. 如果对 $\boldsymbol{R}$ 中任何单调下降集列 $E_1 \supset E_2 \supset \cdots \supset E_n \supset \cdots$, 其中至少有一个集, 不妨设为 E_1, 使 $\mu(E_1) < \infty$, 而且 $\bigcap\limits_{n=1}^{\infty} E_n = \varnothing$, 那么必有 $\lim\limits_{n\to\infty} \mu(E_n) = 0$. 就称 μ 是 $\varnothing$ 上连续.

利用上述概念, 有如下定理.

定理 2.2.3 设 $\boldsymbol{R}$ 是 X 上的环, μ 是 $\boldsymbol{R}$ 上非负的、空集上取值为零的有限可加集函数. μ 成为 $\boldsymbol{R}$ 上测度的充要条件是

(i) 对 $\boldsymbol{R}$ 中任何单调增加序列 $E_1 \subset E_2 \subset \cdots \subset E_n \subset \cdots$, 如果 $\bigcup\limits_{n=1}^{\infty} E_n \in \boldsymbol{R}$, 并且 $\lim\limits_{n\to\infty} \mu(E_n) < \infty$, 那么 $\mu\left(\bigcup\limits_{n=1}^{\infty} E_n\right) < \infty$;

(ii) μ 是 $\varnothing$ 上连续的.

证 必要性是显然的. 因为由定理 2.2.1 的 (v)、(vi) 可分别得到定理 2.2.3 的 (i)、(ii).

充分性 设 $E_1, \cdots, E_n, \cdots$ 是 $\boldsymbol{R}$ 中一列互不相交的集, 且 $\bigcup\limits_{n=1}^{\infty} E_n \in \boldsymbol{R}$. 记 $F_k = \bigcup\limits_{n=1}^{k} E_n$, 显然 $F_1 \subset F_2 \subset \cdots \subset F_k \subset \cdots, F_k \in \boldsymbol{R}$, $\lim\limits_{k\to\infty} \boldsymbol{F}_k = \bigcup\limits_{n=1}^{\infty} \boldsymbol{E}_n \in \boldsymbol{R}$. 由 μ 的有限可加性、非负性可知 μ 具有单调性 (证明参见定理 2.2.1 中 (ii) 的证明), 从而 $\mu(F_1) \leqslant \mu(F_2) \leqslant \cdots \leqslant \mu(F_k) \leqslant \cdots \leqslant \mu\left(\bigcup\limits_{n=1}^{\infty} E_n\right)$. 如果 $\lim\limits_{k\to\infty} \mu(F_k) = \infty$,

由单调性必有 $\mu\left(\bigcup\limits_{n=1}^{\infty}E_n\right)=\infty$. 再利用 μ 的有限可加性便得到

$$\mu\left(\bigcup_{n=1}^{\infty}E_n\right)=\infty=\lim_{k\to\infty}\mu(F_k)=\lim_{k\to\infty}\sum_{n=1}^{k}\mu(E_n)=\sum_{n=1}^{\infty}\mu(E_n). \tag{2.2.9}$$

这样便证明了在 $\lim\limits_{k\to\infty}\mu(F_k)=\infty$ 时, μ 具有可列可加性.

再证 $\lim\limits_{k\to\infty}\mu(F_k)<\infty$ 情况下 μ 的可列可加性. 由定理条件 (i), 这时 $\mu(F)<\infty$, 这里 $F=\bigcup\limits_{n=1}^{\infty}E_n$. 记 $G_k=F-F_k$. 显然, $G_1\supset G_2\supset\cdots\supset G_k\supset\cdots$, 且 $\bigcap\limits_{k=1}^{\infty}G_k=\varnothing$. 由于 $\mu(F)<\infty$ 所以 $\mu(G_k)<\infty$. 根据 $\varnothing$ 上连续假设, $\lim\limits_{k\to\infty}\mu(G_k)=0$. 利用可减性 (证明参见定理 2.2.1 中 (iii) 的证明) 便得到

$$\begin{aligned}0&=\lim_{k\to\infty}\mu(G_k)=\lim_{k\to\infty}(\mu(F)-\mu(F_k))=\mu\left(\bigcup_{n=1}^{\infty}E_n\right)-\lim_{k\to\infty}\mu(F_k)\\&=\mu\left(\bigcup_{n=1}^{\infty}E_n\right)-\sum_{n=1}^{\infty}\mu(E_n).\end{aligned} \tag{2.2.10}$$

最后等式中利用了有限可加性: $\mu(F_k)=\sum\limits_{n=1}^{k}\mu(E_n)$. (2.2.10) 说明 μ 是可列可加的. 证毕

现在举例说明定理 2.2.3 中的条件 (i)、(ii) 是独立的, 并且一个也不能少.

例 5 设 X 是可列 (无限) 集, $X=\{x_1,x_2,\cdots\}$, $\boldsymbol{R}$ 是 X 的一切子集全体所成的环 (其实是代数). 规定 μ 在空集和有限子集上的值为零, 而在无限子集上的值为无限大. 显然, μ 是 $\boldsymbol{R}$ 上非负的、空集上取值为零的有限可加集函数. μ 还是 $\varnothing$ 上连续的. 事实上, 对 $\boldsymbol{R}$ 中任何一列 $E_1\supset E_2\supset\cdots\supset E_n\supset\cdots$, 如果存在某项, 例如 $E_n, \mu(E_n)<\infty$, 意味着 $\mu(E_n)=0$, 即 E_n 是有限子集. 显然, 当 $\bigcap\limits_{n=1}^{\infty}E_n=\varnothing$ 时, $\lim\limits_{n\to\infty}\mu(E_n)=0$. 但是 μ 就不满足定理 2.2.3 中的 (i). 例如只要取 $E_n=\{x_1,\cdots,x_n\}$, 便有 $\lim\limits_{n\to\infty}\mu(E_n)=0$, 但 $\mu(\lim\limits_{n\to\infty}E_n)=\infty$.

例 6 设 X 仍如例 5, $\boldsymbol{R}$ 是包含 X 的一切有限子集的最小代数 (当然, 它也是环). 显然, $\boldsymbol{R}$ 中的元素 E 必是 X 的有限子集或有限子集的余集 (这是无限集). 规定 μ 在空集和有限集上的值为零, 在无限集上的值为 1. 显然, μ 是 $\boldsymbol{R}$ 上非负的、空集上取值为零的有限可加集函数, 并且对一切 $E\in\boldsymbol{R}, \mu(E)<\infty$. 所以定理 2.2.3 中的 (i) 是满足的. 但 μ 在 $\boldsymbol{R}$ 上不是可列可加的, 所以 μ 不是 $\varnothing$ 上连续的 (这也可直接从下面事实看出: 取 $E_n=\{x_n,x_{n+1},\cdots\}$, 由于 $\mu(E_n)=1$, 所以 $\lim\limits_{n\to\infty}\mu(E_n)=1$, 但 $\varnothing=\bigcap\limits_{n=1}^{\infty}E_n$).

当然, 仅从具体验证有限可加集函数是不是成为可列可加的测度这方面来衡量, 验证定理 2.2.3 中的两个条件并不比直接验证可列可加性容易多少. 但定理 2.2.3 在讨论随机过程中样本以及 "测度存在" 等一些基本的理论问题中它还是常常被用到的.

习 题 2.2

1. 设 $g(x)$ 是直线上的一个单调增加函数, 而且 $g(x)=g(x+0)$. 当 $(\alpha,\beta]\in \boldsymbol{P}$ 时定义

$$g((\alpha,\beta])=g(\beta)-g(\alpha).$$

证明这个集函数 g 可以唯一地延拓成 $\boldsymbol{R}_0$ 上的测度.

2. 设 $\boldsymbol{P}'$ 为直线上的开区间的全体, 作 $\boldsymbol{P}'$ 上的集函数 m' 如下:$m'((\alpha,\beta))=\beta-\alpha$, 证明 m' 必可唯一地延拓成 $\boldsymbol{R}(\boldsymbol{P}')$ 上的测度.

3. 设 $\boldsymbol{P}$ 是平面上左下开右上闭的矩形 $(a,b]\times(c,d]=\{(x,y)|a<x\leqslant b, c<y\leqslant d\}$ 全体, 作 $\boldsymbol{P}$ 上的集函数 m 如下

$$m((a,b]\times(c,d])=(b-a)(d-c).$$

证明 m 必可唯一地延拓成 $\boldsymbol{R}(\boldsymbol{P})$ 上的测度.

4. 设 μ 是直线上环 $\boldsymbol{R}_0$ 上的测度. 证明: 存在单调增加右连续的函数 $g(x)$, 使得 $\mu(E)=\mu_g(E)(E\in\boldsymbol{R}_0)$ 的充要条件是对一切 $(a,b]\in\boldsymbol{P}, \mu((a,b])<\infty$.(此即说明: 对 $\boldsymbol{P}$ 中每个集都有限的 $\boldsymbol{R}_0$ 上测度必是 g 测度)

5. 举例说明定理 2.2.1 中 (viii) 的条件 $\mu\left(\bigcup\limits_{n=k}^{\infty}E_n\right)<\infty$, (ix) 的条件 $\mu\left(\bigcup\limits_{n=k}^{\infty}E_n\right)<\infty$, (x) 的条件 $\sum\limits_{n=k}^{\infty}\mu(E_n)<\infty$ 都不能去掉.

6. 设 $\{\mu_n\}$ 是环 $\boldsymbol{R}$ 上一列测度, 并且对一切 $E\in\boldsymbol{R}$, 以及任何自然数 n, 都有 $\mu_n(E)\leqslant 1$. 证明

$$\mu(E)=\sum_{n=1}^{\infty}\frac{1}{2^n}\mu_n(E)\quad (E\in\boldsymbol{R}),$$

也是 $\boldsymbol{R}$ 上测度, 并且满足 $\mu(E)\leqslant 1$, $(E\in\boldsymbol{R})$.

又去掉假设 $\mu(E)\leqslant 1$, 证明 $\mu(E)$ 仍是 $\boldsymbol{R}$ 上测度.

7. 设 μ 是环 $\boldsymbol{R}$ 上测度, 如果对一切 $E\in\boldsymbol{R}, \mu(E)\leqslant 1$, 证明 μ 的原子全体最多是可列集 (这里 "原子" 是指 $\boldsymbol{R}$ 中一种单点集 $\{x\}$, 但满足 $\mu(\{x\})>0$).

8. 设 $\boldsymbol{R}$ 是集 X 上的环, $\{\mu_n\}$ 是 $\boldsymbol{R}$ 上一列测度, 并且对任何 $E\in\boldsymbol{R}$, 极限 $\lim\limits_{n\to\infty}\mu_n(E)$ 存在, 记为 $\mu(E)$. 证明 μ 是 $\boldsymbol{R}$ 上非负、空集上取值为 0 的有限可加集函数, 并举例说明, μ 未必是 $\boldsymbol{R}$ 上测度.

9. 设 $\boldsymbol{R}_n(n=1,2,3,\cdots)$ 是集 X 上一列环, 并且 $\boldsymbol{R}_1\subset\boldsymbol{R}_2\subset\cdots\subset\boldsymbol{R}_n\subset\cdots$. 又设 μ_n 是 $\boldsymbol{R}_n$ 上测度, 并且对任何 $E\in\boldsymbol{R}_n$, 当 $m\geqslant n$ 时, $\mu_m(E)=\mu_n(E)$ (通常称为 $\{\mu_n\}$

在 $\{\boldsymbol{R}_n\}$ 上是**符合**的). 证明 (i) $\boldsymbol{R}=\bigcup_{n=1}^{\infty}\boldsymbol{R}_n$ 是 X 上的环. (ii) 定义 $\boldsymbol{R}$ 上函数 μ: 对每个 $E\in\boldsymbol{R}$,, 必存在某个 $n, E\in\boldsymbol{R}_n$, 规定 $\mu(E)=\mu_n(E)$, 证明 μ 是 $\boldsymbol{R}$ 上非负、空集上取值为 0 的有限可加集函数 (μ 未必是 $\boldsymbol{R}$ 上测度, 参见下面习题 10).

10. 设 $X=\{x|x=(x_1,x_2,\cdots,x_n,\cdots),x_n=\dfrac{j}{n^2}(j=0,1,2,\cdots,n^2),\sum\limits_{n=1}^{\infty}x_n^{\frac{1}{2}}<\infty\}$, 对每个自然数 $n, x\in X$, 令 $\widetilde{x}_n=\{y|y\in X, y_1=x_1,\cdots,y_n=x_n\}$ (即 $\widetilde{x}_n$ 是 X 中一切前 n 个坐标与 x 相同的 y 全体所成的集), $\boldsymbol{R}_n$ 是由一切 $\widetilde{x}_n$ 张成的环 (显然, $\boldsymbol{R}_n$ 是有限集). 又在 $\boldsymbol{R}_n$ 上作 μ_n 如下, 对任何 $E\in\boldsymbol{R}_n$, 如果 $E=\bigcup\limits_{l=1}^{k}\widetilde{x}_n^{(l)}, x_n^{(l)}\bigcap x_n^{(m)}=\varnothing(m\neq l)$, 那么规定 $\mu_n(E)=k\prod\limits_{j=1}^{n}\dfrac{1}{1+j^2}$, 再规定 $\mu_n(\varnothing)=0$. 证明:

(i) $\boldsymbol{R}_1\subset\boldsymbol{R}_2\subset\cdots\subset\boldsymbol{R}_n\subset\cdots$, 并且 $X\in\boldsymbol{R}_n(n=1,2,3,\cdots)$.

(ii) μ_n 是 $\boldsymbol{R}_n$ 上测度, $\mu_n(X)=1$ 并且 $\{\mu_n\}$ 在 $\{\boldsymbol{R}_n\}$ 上是符合的 (见习题 9).

(iii) 对每个自然数 n, 令 $E_n=\{x|x=(x_1,\cdots,x_n,\cdots),0<x_i\leqslant 1, i=1,2,\cdots,n\}$, 那么 $E_1\supset E_2\supset\cdots\supset E_n\supset\cdots,\mu(E_n)=\prod\limits_{j=1}^{n}\left(1-\dfrac{1}{1+j^2}\right)$, $\lim\limits_{n\to\infty}\mu(E_n)\neq 0$, 但是 $\bigcap\limits_{n=1}^{\infty}E_n=\varnothing$.

§2.3 测度的延拓

本节的主要任务是要证明任何一个给定在环 $\boldsymbol{R}$ (由基本空间 X 上的某些子集所组成的) 上的测度 μ 必可延拓到某个 σ -环 $\boldsymbol{R}^*\supset\boldsymbol{S}(\boldsymbol{R})$ 上, 成为 $\boldsymbol{R}^*$ 上的测度. 如何实现这种延拓? 正如本章引言中所说, 先造外测度, 然后分析外测度能在哪些集上具有可加性, 最后找出 $\boldsymbol{R}^*$ 以及 μ 在 $\boldsymbol{R}^*$ 上的延拓.

1. 外测度 设 X 是基本空间, $\boldsymbol{R}$ 是 X 的环. 下面先引进一个包含 $\boldsymbol{R}$ 的 σ-环:$\boldsymbol{H}(\boldsymbol{R})$ 表示 X 中能用 $\boldsymbol{R}$ 中一列元素 (即 X 中某些子集的序列) 加以覆盖的子集全体所成的类, 即

$$\boldsymbol{H}(\boldsymbol{R})=\{E|E\subset X,\ 存在\ E_i\in\boldsymbol{R}(i=1,2,3,\cdots)\ 使\ E\subset\bigcup_{i=1}^{\infty}E_i\}.$$

例 1 设 X 是任意的集, $\boldsymbol{R}$ 表示 X 的有限子集 (包括空集 $\varnothing$) 全体所成的环, 那么 $\boldsymbol{H}(\boldsymbol{R})$ 就是 X 的有限或可列子集 (包括空集 $\varnothing$) 全体所成的集类.

例 2 对于 §2.2 第二小节的环 $\boldsymbol{R}_0, \boldsymbol{H}(\boldsymbol{R}_0)$ 就是直线的所有子集全体.

引理 1 对任何环 $\boldsymbol{R}$, 必定 $\boldsymbol{R}\subset\boldsymbol{H}(\boldsymbol{R})$; 当 $E\in\boldsymbol{H}(\boldsymbol{R})$ 时, E 的任何子集 F 必定也属于 $\boldsymbol{H}(\boldsymbol{R})$; $\boldsymbol{H}(\boldsymbol{R})$ 必定是 σ-环.

证 引理的结论中, 前面两条是显然的. 而要证明 $\boldsymbol{H}(\boldsymbol{R})$ 是 σ-环, 显然只要证明 $\boldsymbol{H}(\boldsymbol{R})$ 对可列和运算的封闭性.

设 $E_i \in \boldsymbol{H}(\boldsymbol{R})(i=1,2,3,\cdots)$, 那么对每个 E_i, 有一列 $E_i^{(j)}(j=1,2,3,\cdots)$ 使得

$$E_i^{(j)} \in \boldsymbol{R}, E_i \subset \bigcup_{j=1}^{\infty} E_i^{(j)}.$$

这时显然 $\bigcup\limits_{i=1}^{\infty} E_i \subset \bigcup\limits_{i=1}^{\infty}\bigcup\limits_{j=1}^{\infty} E_i^{(j)}$, 其中 $E_i^{(j)}(i,j=1,2,3,\cdots)$ 是 $\boldsymbol{R}$ 中的一列元素. 因此 $\bigcup\limits_{i=1}^{\infty} E_i \in \boldsymbol{H}(\boldsymbol{R})$. 证毕

定义 2.3.1 如果 μ 是环 $\boldsymbol{R}$ 上的测度, 在 $\boldsymbol{H}(\boldsymbol{R})$ 上作集函数 μ^* : 当 $E \in \boldsymbol{H}(\boldsymbol{R})$ 时

$$\mu^*(E) = \inf\left\{\sum_{i=1}^{\infty}\mu(E_i)\middle| E_i \in \boldsymbol{R}\text{且}E \subset \bigcup_{i=1}^{\infty} E_i\right\},$$

μ^* 称为由测度 μ 所引出的**外测度**.

首先注意, $\boldsymbol{H}(\boldsymbol{R})(\supset \boldsymbol{R})$ 上集函数 μ^* 限制到 $\boldsymbol{R}$ 上就是 μ, 即

$$\mu^*\big|_{\boldsymbol{R}} = \mu \quad (\text{即 } \mu^*(E) = \mu(E), E \in \boldsymbol{R}). \tag{2.3.1}$$

事实上,如果 $E \in \boldsymbol{R}$, 由测度的次可列可加性 (见定理 2.2.1 的 (iv)), 对任何一列 $E_i \in \boldsymbol{R}, E \subset \bigcup\limits_{i=1}^{\infty} E_i$, 都有 $\mu(E) \leqslant \sum\limits_{i=1}^{\infty}\mu(E_i)$, 从而 $\mu(E) \leqslant \mu^*(E)$. 另一方面, 特别取 $E_1 = E, E_2 = E_3 = \cdots = \varnothing$ 作为 E 的覆盖, 又由可列可加性 $\mu(E) = \sum\limits_{i=1}^{\infty}\mu(E_i) \geqslant \mu^*(E)$. 所以 $\mu(E) = \mu^*(E)$.

其次注意, 即使 μ 对于 $\boldsymbol{R}$ 中每个集 $E, \mu(E)$ 是有限值, μ^* 作为 $\boldsymbol{H}(\boldsymbol{R})$ 上集函数, 也可能出现 $F \in \boldsymbol{H}(\boldsymbol{R})$, 而 $\mu^*(F) = \infty$. 这种例子甚多.

下面先列出 μ^* 的几个明显的简单性质.

引理 2 由环 $\boldsymbol{R}$ 上的测度 μ 所引出的外测度 μ^* 有下列性质:

(i) $\mu^*(\varnothing) = 0$;

(ii) (非负性) 对任何 $E \in \boldsymbol{H}(\boldsymbol{R}), \mu^*(E) \geqslant 0$;

(iii) (单调性) 如果 E_1、$E_2 \in \boldsymbol{H}(\boldsymbol{R})$, 且 $E_1 \subset E_2$, 那么 $\mu^*(E_1) \leqslant \mu^*(E_2)$;

(iv) 对于 $E \in \boldsymbol{R}, \mu^*(E) = \mu(E)$.

由引理 2 的 (iv) 知道 $\boldsymbol{H}(\boldsymbol{R})$ 上集函数 μ^* 是 $\boldsymbol{R}$ 上集函数 μ 的延拓, 但是不是作为测度 μ 的延拓呢? 即 μ^* 是不是 $\boldsymbol{H}(\boldsymbol{R})$ 上测度呢? 只是在明显的少数特殊情况下, μ^* 才是 $\boldsymbol{H}(\boldsymbol{R})$ 上的测度 (例子可参见习题 1), 一般说来, μ^*不是 $\boldsymbol{H}(\boldsymbol{R})$ 上的测度. 下面便是一例.

例 3 设 $X=(0,1], \boldsymbol{R}=\{\varnothing,(0,1]\}$, 而 $\boldsymbol{R}$ 上 μ 是 $\mu(\varnothing)=0, \mu((0,1])=1$. 这时 $\boldsymbol{H}(\boldsymbol{R})$ 是 (0, 1] 中所有子集全体. 显然, 按定义, 对任何非空集 $E\in\boldsymbol{H}(\boldsymbol{R}), \mu^*(E)=1$. 这样, $\mu^*\left(\left(0,\frac{1}{2}\right]\right)+\mu^*\left(\left(\frac{1}{2},1\right]\right)=2\neq\mu^*\left(\left(0,\frac{1}{2}\right]\bigcup\left(\frac{1}{2},1\right]\right)=1$, 即 μ^* 在 $\boldsymbol{H}(\boldsymbol{R})$ 上不满足有限可加性, 自然 μ^* 不可能是测度.

但 μ^* 在 $\boldsymbol{H}(\boldsymbol{R})$ 上仍具有次可列可加性.

定理 2.3.1 设 μ^* 是由环 $\boldsymbol{R}$ 上测度 μ 所引出的外测度, 那么对于任何一列 $E_i\in\boldsymbol{H}(\boldsymbol{R})$, 成立不等式

$$\mu^*\left(\bigcup_{i=1}^{\infty}E_i\right)\leqslant\sum_{i=1}^{\infty}\mu^*(E_i). \tag{2.3.2}$$

证 首先由引理 1, $\bigcup\limits_{i=1}^{\infty}E_i\in\boldsymbol{H}(\boldsymbol{R})$, 因此 $\mu^*\left(\bigcup\limits_{i=1}^{\infty}E_i\right)$ 是有意义的. 如果有某个 $i, \mu^*(E_i)=\infty$, 那么 (2.3.2) 无疑成立. 因此, 不妨设所有 $\mu^*(E_i)<\infty$. 对任何 $\varepsilon>0$, 对于 E_i, 由 μ^* 的定义, 可取一列 $E_i^{(j)}(j=1,2,3,\cdots)$, 它们都属于 $\boldsymbol{R}, E_i\subset\bigcup\limits_{j=1}^{\infty}E_i^{(j)}$, 且使

$$\sum_{j=1}^{\infty}\mu(E_i^{(j)})\leqslant\mu^*(E_i)+\frac{\varepsilon}{2^i}.$$

因而 $\sum\limits_{i=1}^{\infty}\sum\limits_{j=1}^{\infty}\mu(E_i^{(j)})\leqslant\sum\limits_{i=1}^{\infty}\mu^*(E_i)+\varepsilon$. 但是 $\bigcup\limits_{i,j=1}^{\infty}E_i^{(j)}\supset\bigcup\limits_{i=1}^{\infty}E_i$, 所以得到

$$\mu^*\left(\bigcup_{i=1}^{\infty}E_i\right)\leqslant\sum_{i,j=1}^{\infty}\mu(E_i^{(j)})\leqslant\sum_{i=1}^{\infty}\mu^*(E_i)+\varepsilon.$$

令 $\varepsilon\to0$ 就得到 (2.3.2) 式. 证毕

次可列可加性当然蕴涵着次有限可加性，但次可列可加性离可列可加性相差甚远. 我们的目标就是希望在 $\boldsymbol{H}(\boldsymbol{R})$ 上能找出一个类 $\boldsymbol{R}^*$, 它是 σ-环, 且包含 $\boldsymbol{R}$, 而 μ^* 在 $\boldsymbol{R}^*$ 上是测度. 为此, 我们先看 μ^* 究竟在 $\boldsymbol{H}(\boldsymbol{R})$ 的哪些子集上具有有限可加性.

定理 2.3.2 设 μ^* 是由环 $\boldsymbol{R}$ 上测度 μ 在 $\boldsymbol{H}(\boldsymbol{R})$ 上引出的外测度, 如果 $E\in\boldsymbol{R}$, 那么对任何 $F\in\boldsymbol{H}(\boldsymbol{R})$,

$$\mu^*(F)=\mu^*(F\bigcap E)+\mu^*(F-E). \tag{2.3.3}$$

证 由于 $F=(F\bigcap E)\bigcup(F-E)$, 由 (2.3.2) 式可知

$$\mu^*(F)\leqslant\mu^*(F\bigcap E)+\mu^*(F-E), \tag{2.3.4}$$

因此只要证明相反的不等式也成立. 对于 $\mu^*(F)=\infty$, 显然, 由 (2.3.4) 立即可以得到 (2.3.3). 所以下面不妨设 $\mu^*(F)<\infty$.

由 $\mu^*(F)$ 的定义, 对任何 $\varepsilon>0$, 有一列 $E_i\in\boldsymbol{R}(i=1,2,3,\cdots)$, 使得 $F\subset\bigcup\limits_{i=1}^{\infty}E_i$, 而且 $\mu^*(F)+\varepsilon>\sum\limits_{i=1}^{\infty}\mu(E_i)$. 令 $E_i'=E\bigcap E_i, E_i''=E_i-E$, 显然 E_i'、$E_i''\in\boldsymbol{R}$, 并且 $\mu(E_i)=\mu(E_i')+\mu(E_i'')\quad(i=1,2,3,\cdots)$, 从而

$$\bigcup_{i=1}^{\infty}E_i'=\left(\bigcup_{i=1}^{\infty}E_i\right)\bigcap E\supset F\bigcap E,\bigcup_{i=1}^{\infty}E_i''=\bigcup_{i=1}^{\infty}E_i-E\supset F-E,$$

而且

$$\begin{aligned}\sum_{i=1}^{\infty}\mu(E_i)=&\sum_{i=1}^{\infty}\mu(E_i')+\sum_{i=1}^{\infty}\mu(E_i'')\geqslant\mu^*(F\bigcap E)\\&+\mu^*(F-E),\end{aligned}$$

因此 $\mu^*(F)+\varepsilon>\sum\limits_{i=1}^{\infty}\mu(E_i)\geqslant\mu^*(F\bigcap E)+\mu^*(F-E)$, 再令 $\varepsilon\to0$, 结合 (2.3.4), 就得到 (2.3.3). 证毕

(2.3.3) 式表明 $\boldsymbol{R}$ 中的任何集 E, 能够分割测量 $\boldsymbol{H}(\boldsymbol{R})$ 中集的外测度, 即如果 $\boldsymbol{H}(\boldsymbol{R})$ 中两个集, 一个是 E 的子集 (例如 $F\bigcap E$), 另一个是 $X-E=E^c$ 的子集 (例如 $F-E$) 时, 那么它们的和集 (例如 F) 的外测度就等于这两个集的外测度之和.

显然, 上述分割测量外测度的性质可以推广如下, 当 X 分解成有限个互不相交的 n 个集 $E_1,\cdots,E_n$ 的和时, 而且 $E_1,\cdots,E_n$ 中至少有 $n-1$ 个属于 $\boldsymbol{R}$, 那么下式成立

$$\mu^*(F)=\sum_{i=1}^{n}\mu^*(F\bigcap E_i),\quad F\in\boldsymbol{H}(\boldsymbol{R}).\tag{2.3.3$'$}$$

利用定理 2.3.2 找出 $\boldsymbol{R}^*$.

2. $\boldsymbol{\mu}^*$-可测集 为了找出 $\boldsymbol{R}^*$, 先做点分析: 设想由 μ 引出的 μ^* 用某种方法已从 $\boldsymbol{H}(\boldsymbol{R})$ 中找到一个子 σ-环 $\boldsymbol{R}^*\supset\boldsymbol{R}$, 并且 μ^* 在 $\boldsymbol{R}^*$ 是可列可加的, 即由 $\boldsymbol{R}$ 上的测度 μ 扩张成 $\boldsymbol{R}^*$ 上测度 μ^*. 但 σ-环 $\boldsymbol{R}^*$ 也是环, 又可用 $\boldsymbol{R}^*$ 代替 $\boldsymbol{R}$, $\boldsymbol{R}^*$ 上的 μ^* 代替 $\boldsymbol{R}$ 上的 μ, 重复上述某种扩张过程, 即先作出类 $\boldsymbol{H}(\boldsymbol{R}^*)$ 以及 $\boldsymbol{H}(\boldsymbol{R}^*)$ 上的外测度 $(\mu^*)^*$ (记为 μ^{**}), 然后又可找出更大的 $\boldsymbol{R}^{**}\supset\boldsymbol{R}^*\supset\boldsymbol{R}$. 这样, 似可一直扩张下去. 其实不然, 上述扩张过程只能做一次就不能再扩张了. 即下面事实成立.

引理 3 $\boldsymbol{R}^*$ 是 $\boldsymbol{H}(\boldsymbol{R})$ 的一个子环, 如果 $\boldsymbol{R}^*\supset\boldsymbol{R}$, 那么 $\boldsymbol{H}(\boldsymbol{R}^*)=\boldsymbol{H}(\boldsymbol{R})$, 并且 $\mu^*=\mu^{**}$.

证 因为 $\boldsymbol{H}(\boldsymbol{E})$ 是一切能用 $\boldsymbol{E}$ 中可列个元素覆盖的 (X 的) 子集全体, 自然, 从 $\boldsymbol{R}^* \supset \boldsymbol{R}$ 可推出 $\boldsymbol{H}(\boldsymbol{R}^*) \supset \boldsymbol{H}(\boldsymbol{R})$.

反之, 对任何 $\boldsymbol{E} \in \boldsymbol{H}(\boldsymbol{R}^*)$, 必有 $\boldsymbol{R}^*$ 中序列 $\{E_i^*\}$, 使得 $E \subset \bigcup\limits_{i=1}^{\infty} E_i^*$. 但对每个 $E_i^* \in \boldsymbol{R}^*(\subset \boldsymbol{H}(\boldsymbol{R}))$ 又必有 $\boldsymbol{R}$ 中序列 $\{E_j^i\}$, 使得 $E_i^* \subset \bigcup\limits_{j=1}^{\infty} E_j^i$. 所以 $E \subset \bigcup\limits_{i,j} E_j^i$, 从而 $\boldsymbol{H}(\boldsymbol{R}^*) \subset \boldsymbol{H}(\boldsymbol{R})$. 因此 $\boldsymbol{H}(\boldsymbol{R}^*) = \boldsymbol{H}(\boldsymbol{R})$.

再证 $\mu^* = \mu^{**}$. 因为 $\boldsymbol{R}^* \supset \boldsymbol{R}$, 而且在 $\boldsymbol{R}$ 上 $\mu = \mu^*$. 所以对任何 $E \in \boldsymbol{H}(\boldsymbol{R}) = \boldsymbol{H}(\boldsymbol{R}^*)$ 有

$$\begin{aligned}
\mu^*(E) &= \inf\left\{\sum_{i=1}^{\infty} \mu(E_i) \middle| E_i \in \boldsymbol{R}, \text{且 } E \subset \bigcup_{i=1}^{\infty} E_i\right\} \\
&= \inf\left\{\sum_{i=1}^{\infty} \mu^*(E_i) \middle| E_i \in \boldsymbol{R}, \text{且 } E \subset \bigcup_{i=1}^{\infty} E_i\right\} \\
&\geqslant \inf\left\{\sum_{i=1}^{\infty} \mu^*(E_i^*) \middle| E_i^* \in \boldsymbol{R}^*, \text{且 } E \subset \bigcup_{i=1}^{\infty} E_i^*\right\} \\
&= \mu^{**}(E),
\end{aligned}$$

当 $\mu^{**}(E) = \infty$ 时, 从上式已经有 $\mu^*(E) = \mu^{**}(E)$. 所以不妨设 $\mu^{**}(E) < \infty$ 情况下证明 $\mu^*(E) \leqslant \mu^{**}(E)$. 事实上, 对任何 $\varepsilon > 0$, 必有 $\boldsymbol{R}^*$ 中 $\{E_i^*\}$ 使得 $E \subset \bigcup\limits_{i=1}^{\infty} E_i^*$, 并且

$$\sum_{i=1}^{\infty} \mu^*(E_i^*) < \mu^{**}(E) + \varepsilon.$$

由此可知 $\mu^*(E_i^*) < \infty$, 因而对任何 $\dfrac{\varepsilon}{2^i}$, 存在 $\{E_j^i\} \subset \boldsymbol{R}$, 使得 $E_i^* \subset \bigcup\limits_{j=1}^{\infty} E_j^i$, 且 $\sum\limits_{j=1}^{\infty} \mu(E_j^i) < \mu^*(E_i^*) + \dfrac{\varepsilon}{2^i}$, 这样, 就有 $E \subset \bigcup\limits_{i,j} E_j^i$, 而且

$$\mu^*(E) \leqslant \sum_{i,j} \mu(E_j^i) < \sum_i \mu^*(E_i^*) + \varepsilon < \mu^{**}(E) + 2\varepsilon,$$

令 $\varepsilon \to 0$, 便得到 $\mu^*(E) \leqslant \mu^{**}(E)$. 证毕

引理 3 说明了用外测度找 μ 的扩张只须一次就不能再扩大了. 如果再结合定理 2.3.2, 它就提供了我们找 $\boldsymbol{R}^*$ 的唯一途径, 因为假如 μ^* 在 $\boldsymbol{R}^* \supset \boldsymbol{R}$ 上是测度, 那么按定理 2.3.2, $\boldsymbol{R}^*$ 中任一个集都能分割测量 $\boldsymbol{H}(\boldsymbol{R}^*)$ (即 $\boldsymbol{H}(\boldsymbol{R})$) 中每个集的外测度 μ^{**} (但是 $\mu^{**} = \mu^*$), 即对 $E \in \boldsymbol{R}^*$ 及 $F \in \boldsymbol{H}(\boldsymbol{R})$, 应成立着

$$\mu^*(F) = \mu^*(F \cap E) + \mu^*(F - E). \tag{2.3.5}$$

由此我们引入下面的定义.

定义 2.3.2 设 μ 是环 $\boldsymbol{R}$ 上的测度, μ^* 是由测度 μ 所引出的外测度, $E \in \boldsymbol{H}(\boldsymbol{R})$, 如果对任何 $\boldsymbol{F} \in \boldsymbol{H}(\boldsymbol{R})$ 都成立 $\mu^*(F) = \mu^*(F \bigcap E) + \mu^*(F - E)$, 就称 E 是 μ^*-**可测集**. μ^*-可测集全体记为 $\boldsymbol{R}^*$.

等式 (2.3.5) 称为集 E 的 **Caratheodory (卡拉泰屋独利) 条件**.

显然 $\boldsymbol{R} \subset \boldsymbol{R}^*$, 并且当 X 分解成有限个互不相交的集 $E_1, \cdots, E_n$ 的和时, 而且 $E_1, \cdots, E_n$ 中至少有 $n-1$ 个属于 $\boldsymbol{R}^*$, 类似于 (2.3.3′), 有

$$\mu^*(F) = \sum_{i=1}^{n} \mu^*(F \bigcap E_i), \quad F \in \boldsymbol{H}(\boldsymbol{R}). \tag{2.3.6}$$

引理 4 μ^*-可测集全体 $\boldsymbol{R}^*$ 是一个环.

证 用 $\boldsymbol{R}^*$ 中集分割测量 $\boldsymbol{H}(\boldsymbol{R})$ 中集的外测度这个基本属性证明 $\boldsymbol{R}^*$ 是一个环. 设 E_1、$E_2 \in \boldsymbol{R}^*$, 即

$$\mu^*(F) = \mu^*(F \bigcap E_1) + \mu^*(F - E_1), \quad F \in \boldsymbol{H}(\boldsymbol{R}), \tag{2.3.7}$$

$$\mu^*(F) = \mu^*(F \bigcap E_2) + \mu^*(F - E_2), \quad F \in \boldsymbol{H}(\boldsymbol{R}). \tag{2.3.8}$$

1° 证明 $\boldsymbol{R}^*$ 对和运算封闭. 用 E_2 来分割 $F - E_1$, 有

$$\mu^*(F - E_1) = \mu^*((F - F_1) \bigcap E_2) + \mu^*(F - (E_1 \bigcup E_2)),$$

利用 (2.3.7) 以及 E_1 的分割测量的属性就得到

$$\begin{aligned}\mu^*(F) &= \mu^*(F \bigcap E_1) + \mu^*((F - E_1) \bigcap E_2) + \mu^*(F - (E_1 \bigcup E_2)) \\ &= \mu^*((F \bigcap E_1) \bigcup ((F - E_1) \bigcap E_2)) + \mu^*(F - (E_1 \bigcup E_2)) \\ &= \mu^*(F \bigcap (E_1 \bigcup E_2)) + \mu^*(F - (E_1 \bigcup E_2)),\end{aligned}$$

上式对任何 $F \in \boldsymbol{H}(\boldsymbol{R})$ 成立, 即 $E_1 \bigcup E_2 \in \boldsymbol{R}^*$.

2° 同样可证 $\boldsymbol{R}^*$ 对差运算封闭. 用 E_2 分割 (2.3.7) 中的 $F \bigcap E_1$, 有

$$\begin{aligned}\mu^*(F \bigcap E_1) &= \mu^*(F \bigcap E_1 \bigcap E_2) + \mu^*((F \bigcap E_1) - E_2) \\ &= \mu^*(F \bigcap E_1 \bigcap E_2) + \mu^*(F \bigcap (E_1 - E_2)),\end{aligned}$$

利用 (2.3.7) 以及 E_1 的分割测量的属性就得到

$$\begin{aligned}\mu^*(F) &= \mu^*(F \bigcap (E_1 - E_2)) + \mu^*(F \bigcap E_2 \bigcap E_1) + \mu^*(F - E_1) \\ &= \mu^*(F \bigcap (E_1 - E_2)) + \mu^*(F - (E_1 - E_2)).\end{aligned}$$

上式对任何 $F \in \boldsymbol{H}(\boldsymbol{R})$ 成立, 即 $E_1 - E_2 \in \boldsymbol{R}^*$. 证毕

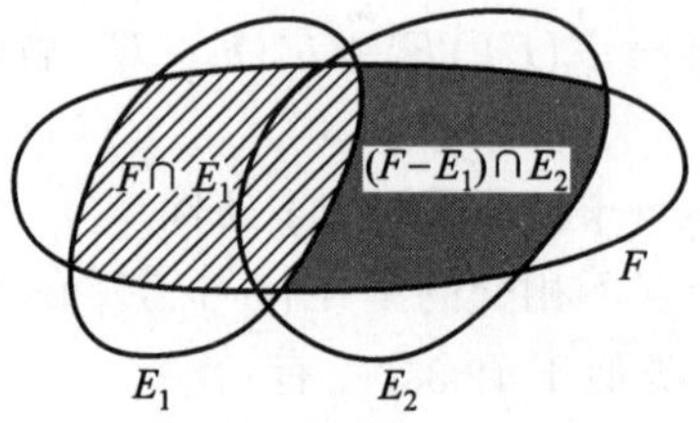

图 2.3

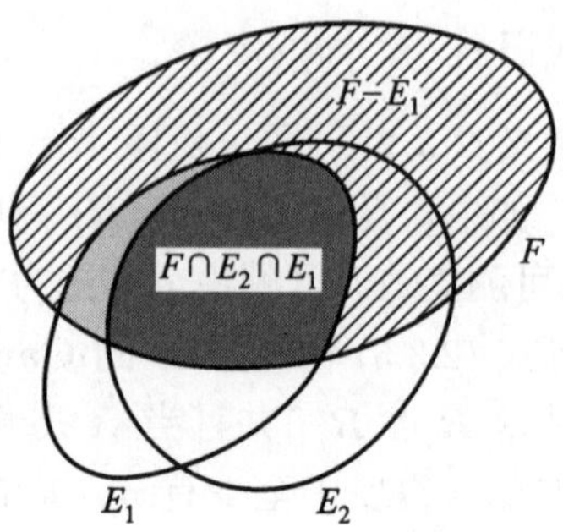

图 2.4

定理 2.3.3 μ^*-可测集全体 $\boldsymbol{R}^*$ 是 σ-环, 并且 μ^* 是 $\boldsymbol{R}^*$ 上测度.

证 根据引理 4, $\boldsymbol{R}^*$ 是环, 因此, 要证明 $\boldsymbol{R}^*$ 是 σ-环, 只要证明 $\boldsymbol{R}^*$ 对互不相交的一列集的和运算封闭就可以了. 设 $\{E_i\}$ 是 $\boldsymbol{R}^*$ 中一列互不相交的集, 记 $E=\bigcup\limits_{i=1}^{\infty}E_i$, 要证明 $E\in\boldsymbol{R}^*$, 就是要证明

$$\mu^*(F)=\mu^*(F\bigcap E)+\mu^*(F-E),\quad F\in\boldsymbol{H}(\boldsymbol{R}). \tag{2.3.9}$$

又因为 μ^* 具有次可加性, 所以只要证明

$$\mu^*(F)\geqslant\mu^*(F\bigcap E)+\mu^*(F-E),\quad F\in\boldsymbol{H}(\boldsymbol{R}). \tag{2.3.10}$$

因为 $E_1\bigcap E_2=\varnothing, E_1$、$E_2\in\boldsymbol{R}^*$, 利用 E_1 分割测量 $F\bigcap(E_1\bigcup E_2)$ 得到

$$\mu^*(F\bigcap(E_1\bigcup E_2))=\mu^*(F\bigcap E_1)+\mu^*(F\bigcap E_2),$$

利用归纳法立即可知对任何自然数 n,

$$\mu^*\left(F\bigcap\left(\bigcup_{i=1}^{n}E_i\right)\right)=\sum_{i=1}^{n}\mu^*(F\bigcap E_i).$$

由于 $\bigcup\limits_{i=1}^{n}E_i\in\boldsymbol{R}^*$, 以及 μ^* 的单调性, 就得到

$$\begin{aligned}\mu^*(F)&=\mu^*\left(F\bigcap\left(\bigcup_{i=1}^{n}E_i\right)\right)+\mu^*\left(F-\left(\bigcup_{i=1}^{n}E_i\right)\right)\\&\geqslant\sum_{i=1}^{n}\mu^*(F\bigcap E_i)+\mu^*\left(F-\bigcup_{i=1}^{\infty}E_i\right),\end{aligned} \tag{2.3.11}$$

令 $n \to \infty$, 并利用 μ^* 的次可列可加性, 由 (2.3.11) 得到

$$\begin{aligned}\mu^*(F) &\geqslant \sum_{i=1}^{\infty} \mu^*(F \bigcap E_i) + \mu^*(F - E) \\ &\geqslant \mu^*(F \bigcap E) + \mu^*(F - E),\end{aligned} \tag{2.3.12}$$

这就证明了 $E \in \boldsymbol{R}^*$, 即 $\boldsymbol{R}^*$ 是 σ-环.

特别在 (2.3.12) 中取 $F = E$, 就得到

$$\mu^*(E) \geqslant \sum_{i=1}^{\infty} \mu^*(E_i).$$

但 μ^* 是具有次可列可加性的, 因此 $\mu^*(E) = \sum_{i=1}^{\infty} \mu^*(E_i)$, 即 μ^* 是 σ-环 $\boldsymbol{R}^*$ 上测度. 证毕

究竟 $\boldsymbol{R}^*$ 中有哪些集呢? 例如 $\boldsymbol{R} \subset \boldsymbol{R}^*$. 又因为 $\boldsymbol{R}^*$ 是 σ-环, 所以 $\boldsymbol{S}(\boldsymbol{R}) \subset \boldsymbol{R}^*$. 除此而外, $\boldsymbol{R}^*$ 中还包含了使得 $\mu^*(E) = 0$ 的一切 E.

引理 5 如果 $E \in \boldsymbol{H}(\boldsymbol{R})$ 而且 $\mu^*(E) = 0$, 那么 $E \in \boldsymbol{R}^*$.

(此引理说明外测度为零的集必是 μ^*-可测集)

证 对任何 $F \in \boldsymbol{H}(\boldsymbol{R})$, 由外测度的单调性及非负性, 得到 $0 \leqslant \mu^*(F \bigcap E) \leqslant \mu^*(E) = 0$, 因此 $\mu^*(F \bigcap E) = 0$. 又由次可加性可知

$$\mu^*(F - E) \leqslant \mu^*(F) \leqslant \mu^*(F \bigcap E) + \mu^*(F - E) = \mu^*(F - E),$$

上式的左右两端相同, 因此中间的不等式就成为等式. 所以 $\mu^*(F) = \mu^*(F \bigcap E) + \mu^*(F - E)$, 因此 $E \in \boldsymbol{R}^*$. 证毕

定义 2.3.3 设 μ 是环 $\boldsymbol{R}$ 上的测度, $E \in \boldsymbol{R}$. 如果 $\mu(E) = 0$ 就称 E 是 **μ-零集**, 简称作零集.

显然, μ-零集的子集, 如果也属于 $\boldsymbol{R}$, 就必然也是零集. 但是对一般环 $\boldsymbol{R}$ 上的测度 μ, μ -零集的子集不一定属于 $\boldsymbol{R}$.

例 4 设 X 是一集, $\boldsymbol{R} = \{X, \varnothing\}$, 这是一个环 (也是 σ-环、σ-代数), $\mu(X) = \mu(\varnothing) = 0$. 这是平凡的测度. 当 X 至少有两个元素时, X 的真子集不属于 $\boldsymbol{R}$, 因此有必要引入下面的概念.

定义 2.3.4 设 μ 是环 $\boldsymbol{R}$ 上的测度, 如果 $\boldsymbol{R}$ 中任何 μ-零集的任何子集都必定属于 $\boldsymbol{R}$, 那么称 μ 是一个**完全测度**.

这样, 由引理 5 我们还进一步得到下面的系.

系 μ^* 是 μ^*-可测集类 $\boldsymbol{R}^*$ 上的完全测度.

定义 2.3.5 设 μ 是环 $\boldsymbol{R}$ 上的测度, 我们称 σ-环 $\boldsymbol{R}^*$ 上的测度 μ^* 是 μ 的**延拓** (或**扩张**).

现在我们把这几节中所讨论的内容扼要地小结一下:

我们从集 X 的某些子集所成的一个环 $\boldsymbol{R}$, 以及环 $\boldsymbol{R}$ 上的测度 μ 出发. 根据环 $\boldsymbol{R}$ 作集类 $\boldsymbol{H}(\boldsymbol{R})$, 它是 σ-环. 然后由测度 μ, 在 $\boldsymbol{H}(\boldsymbol{R})$ 上作出由 μ 引出的外测度 μ^*, μ^* 是 μ 的 "延拓", 即对于 $E \in \boldsymbol{R}, \mu^*(E) = \mu(E)$. 外测度 μ^* 具有测度的一部分性质, 但是 μ^* 不一定有可加性, 一般说, μ^* 只具有次可加性. 但是在 $\boldsymbol{H}(\boldsymbol{R})$ 中利用 Caratheodory 条件分出了一类集, 即 μ^*-可测集, μ^*-可测集全体 $\boldsymbol{R}^*$ 是一个 σ-环, 而且 $\boldsymbol{R}$ 中的元都是 μ^*-可测集. 如果把外测度 μ^* 限制在 $\boldsymbol{R}^*$ 上, 那么可列可加性也是成立的, 因此 μ^* 是 $\boldsymbol{R}^*$ 上的测度. 而且 μ^* 是 $\boldsymbol{R}^*$ 上的完全测度.

今后我们凡是遇到环 $\boldsymbol{R}$ 上的测度 μ, 总是立即把它延拓成为 $\boldsymbol{R}^*$ 上的测度 μ^*. 在不致发生混淆的时候, $\boldsymbol{R}^*$ 上的测度 μ^* 仍用记号 μ 来表示.

3. $\boldsymbol{R}^*$ 与 $\boldsymbol{S}(\boldsymbol{R})$ 在这一小节中将证明, 对相当广泛的一类测度, $\boldsymbol{S}(\boldsymbol{R})$ 和 μ^*-零集就完全刻画出 $\boldsymbol{R}^*$.

为此, 我们引入如下定义.

定义 2.3.6 设 $\boldsymbol{R}$ 是由集 X 的某些子集所成的环, μ 是 $\boldsymbol{R}$ 上的测度. 如果 $E \in \boldsymbol{R}$ 使 $\mu(E) < \infty$, 那么称 E 有**有限测度**.

如果任何 $E \in \boldsymbol{R}$ 都有有限测度, 那么就称测度 μ 是**有限的**. 如果 $X \in \boldsymbol{R}$ (即 $\boldsymbol{R}$ 是个代数) 且 $\mu(X) < \infty$, 那么就称测度 μ 是**全有限的.**

定义 2.3.7 设 $\boldsymbol{R}$ 是由集 X 的某些子集所成的环, μ 是 $\boldsymbol{R}$ 上的测度. 如果 $E \in \boldsymbol{R}$, 而且有一列 $E_i \in \boldsymbol{R}(i = 1, 2, 3, \cdots)$, 每个 E_i 都有有限测度且 $E \subset \bigcup\limits_{i=1}^{\infty} E_i$, 那么称 E 的测度是 σ-**有限的**. 如果每个 $E \in \boldsymbol{R}$ 的测度是 σ-有限的, 就说测度 μ 是 σ-**有限的**. 如果 $X \in \boldsymbol{R}$ (即 $\boldsymbol{R}$ 是代数) 而且 X 的测度是 σ-有限的, 那么就说测度 μ 是**全 σ-有限的.**

§2.2 中的例 2 中的 μ 是有限测度. 如果例 2 中 X 是有限集, 那么 μ 是全有限的. 而 §2.2 中的例 3 中的测度 μ 是全有限的. 定理 2.2.2 中的测度 m 是有限的, 但不是全有限的. §2.2 中例 4 就不是 σ-有限的.

例 5 任取一个有限的左开右闭区间 $(a, b](a < b)$, 那么 $\boldsymbol{R}_0 \bigcap (a, b]$ 是由 $(a, b]$ 的某些子集所成的代数, 当我们把 m 限制在 $\boldsymbol{R}_0 \bigcap (a, b]$ 上时, 它当然是个测度, 这个测度是全有限的.

例 6 如果我们把 $(-\infty, \alpha], (\alpha, +\infty)$ (α 是有限实数) 及 $(-\infty, +\infty)$ 也看作 "左开右闭" 区间, 所有左开右闭区间全体记作 $\widehat{\boldsymbol{P}}$ ($\widehat{\boldsymbol{P}}$ 是 $\boldsymbol{P}$ 再加上上面这种无限

的左开右闭区间所成的集类). $\widehat{\boldsymbol{P}}$ 所张成的环记为 $\widehat{\boldsymbol{R}}_0$, 这时, $\widehat{\boldsymbol{R}}_0$ 中的元是 $\widehat{\boldsymbol{P}}$ 中有限个元的和集, 而且可以表示成 $\widehat{\boldsymbol{P}}$ 中有限个两两不交的元的和集. (这种分解法仍称做是初等分解.) 对于 $E\in\widehat{\boldsymbol{R}}_0$, 我们仍可定义 $m(E)$ 是 E 的初等分解式中各个区间的长度之和, 当 E 的初等分解中有一个是无限区间时, $m(E)=\infty$. 这样作出的 m 是环 $\widehat{\boldsymbol{R}}_0$ 上的测度. 由于 $(-\infty,+\infty)=\bigcup\limits_{n=1}^{\infty}(-n,n]$, 因此 m 是 $\widehat{\boldsymbol{R}}_0$ 上的全 σ-有限测度.

例 7 设 X 是一个集, $\boldsymbol{R}$ 表示 X 的所有子集全体所成的 σ-代数. 对于 $E\in\boldsymbol{R}$, 规定当 E 是无限集时 $\mu(E)=\infty$, 当 E 是有限集时 $\mu(E)$ 等于集 E 中元素的数目. 容易验证, μ 是 $\boldsymbol{R}$ 上的测度. 当 X 是有限集时, μ 是全有限的; 当 X 是可列集时, μ 是全 σ-有限的; 而当 X 是不可列集时, μ 就不是 σ-有限的.

在概率论中出现的概率测度就是全有限的测度, 而且全空间 X 的测度是 1. 在一般分析数学中, σ-有限测度已足够应用了. 它的特点就是每一个测度无限大的集, 总能被分割成可列个测度有限的部分加以考虑. 今后本书中主要讨论的是 σ-有限的测度.

引理 6 $\boldsymbol{R}$ 是 X 上的环, μ 是 $\boldsymbol{R}$ 上 σ-有限的测度, 那么 μ^* 必是 $\boldsymbol{R}^*$ 上 σ-有限的测度.

证 对任何 $E\in\boldsymbol{R}^*(\subset\boldsymbol{H}(\boldsymbol{R}))$, 必存在 $\boldsymbol{R}$ 中序列 $\{E_i\}$, 使得 $E\subset\bigcup\limits_{i=1}^{\infty}E_i$. 而对每个 E_i, 由 μ 是 σ-有限的, 又存在 $\boldsymbol{R}$ 中的 $\{E_j^i\}, \mu(E_j^i)<\infty(j=1,2,3,\cdots)$, 并且 $E_i\subset\bigcup\limits_{j=1}^{\infty}E_j^i$. 因此 $E\subset\bigcup\limits_{i,j}E_j^i$, 所以 E 是 σ-有限的. 证毕

下面考察 $\boldsymbol{R}^*$ 与 $\boldsymbol{S}(\boldsymbol{R})$ 的关系.

引理 7 如果 $E\in\boldsymbol{R}^*, \mu^*(E)<\infty$, 那么必有 $F\in\boldsymbol{S}(\boldsymbol{R})$, 使得 $F\supset E$, 并且 $\mu^*(F-E)=0$.

证 对任何 $\varepsilon>0$, 由 μ^* 的定义, 必有一列 $E_i\in\boldsymbol{R}$, 使 $E\subset\bigcup\limits_{i=1}^{\infty}E_i$, 而且

$$\sum_{i=1}^{\infty}\mu(E_i)<\mu^*(E)+\varepsilon.$$

所以 $\mu^*\left(\bigcup\limits_{i=1}^{\infty}E_i\right)\leqslant\sum\limits_{i=1}^{\infty}\mu^*(E_i)=\sum\limits_{i=1}^{\infty}\mu(E_i)<\mu^*(E)+\varepsilon$. 但是 $\bigcup\limits_{i=1}^{\infty}E_i\in\boldsymbol{S}(\boldsymbol{R})$, 这就是说, 对 $\varepsilon>0$, 有 $\boldsymbol{S}(\boldsymbol{R})$ 中元 $F_\varepsilon=\bigcup\limits_{i=1}^{\infty}E_i\supset E$ 且

$$\mu^*(F_\varepsilon)<\mu^*(E)+\varepsilon.$$

取 $\varepsilon=\frac{1}{n}(n=1,2,3,\cdots)$, 就得到一列 $F_{\frac{1}{n}}\in \boldsymbol{S}(\boldsymbol{R}), F_{\frac{1}{n}}\supset E, \mu^*(F_{\frac{1}{n}})<\mu^*(E)+\frac{1}{n}$. 令 $F=\bigcap\limits_{n=1}^{\infty}F_{\frac{1}{n}}$, 显然, $F\in\boldsymbol{S}(\boldsymbol{R}), F\supset E$, 而且 $\mu^*(F)=\mu^*(E)$. 因为 $F\in\boldsymbol{R}^*, E\in\boldsymbol{R}^*$, 而 μ^* 在 R^* 上是测度. 因此 $\mu^*(E)=\mu^*(F)=\mu^*(E)+\mu^*(F-E)$, 由于 $\mu^*(E)<\infty$, 就得到 $\mu^*(F-E)=0$. 证毕

定理 2.3.4 如果 μ 是 $\boldsymbol{R}$ 上的 σ-有限测度, 那么

(i) $\boldsymbol{R}^*$ 中任何集必可表示成 $\boldsymbol{S}(\boldsymbol{R})$ 中集与一个 μ^*-零集的差;

(ii) $\boldsymbol{R}^*$ 中任何集必可表示成 $\boldsymbol{S}(\boldsymbol{R})$ 中集与一个 μ^*-零集的和.

证 (i) 设 $E\in\boldsymbol{R}^*$. 由引理 6 有一列 $\{E_n\}\subset\boldsymbol{R}^*, \mu^*(E_n)<\infty$ 使得 $E\subset\bigcup\limits_{n=1}^{\infty}E_n$. 不妨认为 $E=\bigcup\limits_{n=1}^{\infty}E_n$ (否则用 $E_n\bigcap E$ 代替 E_n 就行了). 由引理 7, 对每个 E_n, 有 $F_n\in\boldsymbol{S}(\boldsymbol{R}), F_n\supset E_n, \mu^*(F_n-E_n)=0$. 作 $F=\bigcup\limits_{n=1}^{\infty}F_n$, 那么 $F\in\boldsymbol{S}(\boldsymbol{R})$, $F\supset E$ 而且

$$F-E=F-\bigcup_{n=1}^{\infty}E_n=\bigcup_{n=1}^{\infty}F_n-\bigcup_{n=1}^{\infty}E_n\subset\bigcup_{n=1}^{\infty}(F_n-E_n).$$

所以 $\mu^*(F-E)\leqslant\sum\limits_{n=1}^{\infty}\mu^*(F_n-E_n)=0$, 由 μ^* 的非负性得到 $\mu^*(F-E)=0$. 因此, $F-E$ 是 μ^*-零集. 这时 $E=F-(F-E)$.

(ii) 设 $E\in\boldsymbol{R}^*$. 由 (i), 存在 $F_1\in\boldsymbol{S}(\boldsymbol{R})$, 使得 $F_1\supset E$, 并且 F_1-E 是 μ^*-零集. 又因为 $F_1-E\in\boldsymbol{R}^*$, 由 (i), 又存在 $F_2\in\boldsymbol{S}(\boldsymbol{R}), F_2\supset F_1-E$, 并且 $\mu^*(F_2-(F_1-E))=0$. 显然

$$E=F_1-(F_1-E)=(F_1-F_2)\bigcup\{[F_2-(F_1-E)]\bigcap E\},$$

而这里的 $F_1-F_2\in\boldsymbol{S}(\boldsymbol{R}), [F_2-(F_1-E)]\bigcap E$ 是 μ^*-零集 $F_2-(F_1-E)$ 的子集 (自然也是 μ^*-零集). 证毕

用 N_{μ^*} 表示 μ^*-零集全体所成的类. 定理 2.3.4 的另一个等价形式如下:

定理 2.3.5 如果 μ 是环 $\boldsymbol{R}$ 上 σ-有限测度, 那么 $\boldsymbol{R}^*$ 中集的一般形式是 $(F\bigcup N_1)-N_2$, 其中 $F\in\boldsymbol{S}(\boldsymbol{R}), N_1$、$N_2\in\boldsymbol{N}_{\mu^*}$.

特别, 当 $\boldsymbol{R}$ 本身就是 σ-环时, 定理 2.3.4、2.3.5 又可叙述成如下形式

定理 2.3.6 如果 μ 是 σ-环 $\boldsymbol{R}$ 上的 σ-有限测度, 那么 $\boldsymbol{R}^*$ 中的集可表示成 $F_1\bigcup N_1$ 或者 F_2-N_2 或者 $(F_3\bigcup N_3)-N_4$, 其中 $F_i\in\boldsymbol{R}(i=1,2,3), N_j\in\boldsymbol{N}_{\mu^*}(j=1,2,3,4)$.

测度的增补 正如例 4 中已指出, 对给定在环或 σ-环 $\boldsymbol{R}$ 上测度 μ, 一般说来, 由 $\mu(E)=0$, 并不能推出 E 的任何子集 E_1 在 $\boldsymbol{R}$ 中, 从而 μ 在 E_1 上可以没有意义. 这是因为 μ 并不一定是 $\boldsymbol{R}$ 上完全测度. 受定理 2.3.6 的启发, 对于给定在 σ-环 $\boldsymbol{R}$ 上 (不完全) 测度 μ, 总可以增补一些 "零集" 上去, 使 μ 成为完全测度.

定理 2.3.7 设 μ 是 σ-环 $\boldsymbol{R}$ 上 σ-有限测度, $\boldsymbol{N}$ 是 $\boldsymbol{R}$ 中一切 μ 测度为零的集的一切子集全体. 那么

(i) $\boldsymbol{R}^*=\boldsymbol{S}(\boldsymbol{R}\bigcup\boldsymbol{N})$;

(ii) 对任何 $E\in\boldsymbol{R}^*$, 总存在 $F\in\boldsymbol{R}, N_1$、$N_2\in\boldsymbol{N}$, 使得 $E=(F\bigcup N_1)-N_2$;

(iii) 对 (ii) 中的 E,F, 满足 $\mu^*(E)=\mu(F)$.

证 (i) 对任何 $N\in\boldsymbol{N}$, 由定义, 存在 $E\in\boldsymbol{R},\mu(E)=0$, 使得 $N\subset E$. 但 $\mu^*(E)=\mu(E)=0,\mu^*$ 是 $\boldsymbol{R}^*$ 上完全测度, 所以 $N\in\boldsymbol{N}_{\mu^*}$. 由于 $\boldsymbol{R}\bigcup N\subset\boldsymbol{R}^*$, 所以 $\boldsymbol{S}(\boldsymbol{R}\bigcup N)\subset\boldsymbol{R}^*$.

反之, 对任何 $E\in\boldsymbol{R}^*$, 由定理 2.3.4 或 2.3.5, 存在 $F\in\boldsymbol{S}(\boldsymbol{R})=\boldsymbol{R}, N\in\boldsymbol{N}_{\mu^*}$ (即 $\mu^*(N)=0$), 使得 $E=F\bigcup N$. 而对于 $N\in\boldsymbol{N}_{\mu^*}$, 再用定理 2.3.4 或 2.3.5, $N=F_1-N_1, F_1\in\boldsymbol{S}(\boldsymbol{R})=\boldsymbol{R}, N_1\in\boldsymbol{N}_{\mu^*}$. 由于

$$0=\mu^*(N)=\mu^*(F_1-N_1)=\mu^*(F_1)=\mu(F_1),$$

所以 $N\in\boldsymbol{N}$. 从而 $E=F\bigcup N\in\boldsymbol{S}(\boldsymbol{R}\bigcup\boldsymbol{N})$, 即 $\boldsymbol{S}(\boldsymbol{R}\bigcup\boldsymbol{N})\supset\boldsymbol{R}^*$, 因此 $\boldsymbol{R}^*=\boldsymbol{S}(\boldsymbol{R}\bigcup\boldsymbol{N})$. 从上面证明中我们还得到 $\boldsymbol{N}=\boldsymbol{N}_{\mu^*}$.

至于 (ii)、(iii) 可由定理 2.3.5 以及等式 $\mu^*(E)=\mu^*((F\bigcup N_1)-N_2)=\mu^*(F\bigcup N_1)=\mu^*(F)=\mu(F)$ 立即得到. 证毕

定理 2.3.7 表明, 对于给定在 σ-环 $\boldsymbol{R}$ 上 σ-有限测度 μ, 它的 Caratheodory 扩张 $\boldsymbol{R}^*$、μ^* 可以用下面的所谓增补法得到.

"增补法" 是这样的: 设 $\boldsymbol{R}$ 是 X 上的 σ-环, μ 是 $\boldsymbol{R}$ 上的测度 (一般说来是非完全的). $\boldsymbol{N}$ 是 $\boldsymbol{R}$ 中一切 μ 测度为零的集的一切子集全体, $\boldsymbol{R}'$ 表示一切形为 $(F\bigcup N_1)-N_2(F\in\boldsymbol{R}, N_1$、$N_2\in\boldsymbol{N})$ 的集全体所成的集类. 在 $\boldsymbol{R}'$ 上引入 μ', 当 $E=(F\bigcup N_1)-N_2$ 时, 规定

$$\mu'(E)=\mu(F),$$

易知 (希读者证明) $\boldsymbol{R}'(\supset\boldsymbol{R})$ 是 X 上的 σ-环, 并且 μ' 是 $\boldsymbol{R}'$ 上的测度, μ' 还是 $\boldsymbol{R}$ 上 μ 延拓出来的 $\boldsymbol{R}'$ 上的完全测度.

定理 2.3.7 表示, 当 $\boldsymbol{R}$ 是 σ-环, μ 是 $\boldsymbol{R}$ 上 σ-有限测度时, 必有 $\boldsymbol{R}^*=\boldsymbol{R}',\mu^*=\mu'$. 从增补法可以看出: 当 μ 是 σ-环上完全测度时, 那么 $\boldsymbol{R}=\boldsymbol{R}',\mu=\mu'$.

当 $\boldsymbol{R}$ 是 σ-环, 但 $\boldsymbol{R}$ 上测度 μ 不是 σ-有限的测度时, 一般只能得到 $\boldsymbol{R} \subset \boldsymbol{R}' \subset \boldsymbol{R}^*$, 而 μ^* 是 μ' 的延拓. 下面举例说明确实会发生 $\boldsymbol{R}' \neq \boldsymbol{R}^*$ 的情况.

例 8　设 X 是直线, $\boldsymbol{R}$ 是由 X 中有限点集、可列点集等张成的 σ-代数 (当然是 σ-环). $\boldsymbol{R}$ 中的集 E 或是空集、或是有限集、或是可列集、或是它们的余集. $\mu(E)$ 是 $E(\in \boldsymbol{R})$ 中所含点的个数 (当 E 是无限集时, $\mu(E)=\infty$). 显然, μ 是 $\boldsymbol{R}$ 上完全测度, 所以 $\boldsymbol{R}'=\boldsymbol{R}, \mu'=\mu$.

现在看 $\boldsymbol{R}^*$: 由于 $\boldsymbol{H}(\boldsymbol{R})$ 是直线上一切子集全体. $\boldsymbol{R}^*$ 中除去 $\boldsymbol{R}$ 中集外还有哪些类型的集呢? 我们来证明 $\boldsymbol{R}^*=\boldsymbol{H}(\boldsymbol{R})$. 为此, 我们只要证明直线上不属于 $\boldsymbol{R}$ 的集 E 也满足 Caratheodory 条件即可. 显然, E 不在 $\boldsymbol{R}$ 中的充要条件是 E 及 E 的余集都是不可列的无限集, 因此对任何 $F \in \boldsymbol{H}(\boldsymbol{R})$, 不管 $\mu^*(F)$ 是有限、无限, 易知总有 $\mu^*(F)=\mu^*(F \bigcap E)+\mu^*(F-E)$, 即 $\boldsymbol{R}^*=\boldsymbol{H}(\boldsymbol{R}) \neq \boldsymbol{R}'$.

4. 延拓的唯一性　前面已多次指出, 我们总希望将给定在环 $\boldsymbol{R}$ 上的测度延拓到某个 σ-环上, 以便能有效地讨论极限, 并且希望扩张的 σ-环越大越好, 以便更多的函数可以积分. Caratheodory 条件提供了一种一般的延拓方法, 并得到相应的 σ-环 $\boldsymbol{R}^*$ 以及 $\boldsymbol{R}^*$ 上的完全测度 μ^*. 这是问题的一个方面. 但我们必须注意到 $\boldsymbol{R}^*(\supset \boldsymbol{S}(\boldsymbol{R}))$ 这个 σ-环是依赖于测度 μ 的集类 (因为 Caratheodory 条件中要用 μ^*, 而 μ^* 是由 μ 决定的), 所以严格地说, 应记 $\boldsymbol{R}^*$ 为 $\boldsymbol{R}^*_\mu$. 如今在 $\boldsymbol{R}$ 上给了两个测度 μ、ν, 这样, 相应地产生 $\boldsymbol{R}^*_\mu$、$\boldsymbol{R}^*_\nu$ 以及 μ^*、ν^*. 自然就发生如下问题: ν^* 在 $\boldsymbol{R}^*_\mu$ 上或 μ^* 在 $\boldsymbol{R}^*_\nu$ 上是否都有意义? 显然, 一般地说, $\boldsymbol{R}^*_\mu \neq \boldsymbol{R}^*_\nu$. 由此可知, 在发生同时需要讨论 $\boldsymbol{R}$ 上多个测度时, 例如, 假设在 $\boldsymbol{R}$ 上 $\mu(E)<\nu(E)(E \in \boldsymbol{R})$ 成立, 延拓后, 对 μ^*, ν^* 是否能保持这个不等式, 这类问题可能就失去意义. 所以, 在很多场合, 我们总把 μ^* 只限制定义在 $\boldsymbol{R}^*_\mu$ 的子 σ-环 $\boldsymbol{S}(\boldsymbol{R})$ 上. 因为 $\boldsymbol{S}(\boldsymbol{R})$ 是 σ-环, 能有效地保证讨论极限, 更因为 $\boldsymbol{S}(\boldsymbol{R})$ 是 $\boldsymbol{R}$ 按集合论方法 (与有没有测度无关) 引出的扩张, 而它对 $\boldsymbol{R}$ 上一切 μ 的 μ^* 都有意义. 据此, 尽管 μ^* 限制在 $\boldsymbol{S}(\boldsymbol{R})$ 上已可能不再是完全的测度, 一般文章中都用 $\boldsymbol{S}(\boldsymbol{R})$ 作为 μ^* 的定义域.

现在给出测度唯一性定理.

定理 2.3.8　设 $\boldsymbol{R}$ 是 X 的某些子集所成的环, $\mu_k(k=1,2)$ 是 $\boldsymbol{S}(\boldsymbol{R})$ 上两个测度, 如果 μ_k 在 $\boldsymbol{R}$ 上都是 σ-有限的, 且对任何 $E \in \boldsymbol{R}, \mu_1(E)=\mu_2(E)$①, 那么在 $\boldsymbol{S}(\boldsymbol{R})$ 上 $\mu_1=\mu_2$.

证　设 $E \in \boldsymbol{S}(\boldsymbol{R})$, 满足如下条件: (i) 有一列 $E_n \in \boldsymbol{R}, \mu_1(E_n)<\infty$, 使 $E \subset \bigcup\limits_{n=1}^{\infty} E_n$; (ii) 对一切 $A \in \boldsymbol{R}$, 当 $\mu_1(A)<\infty$ 时, $\mu_1(A \bigcap E)=\mu_2(A \bigcap E)$. 这种集 E 的全体记为 $\boldsymbol{M}$.

①其实只要假设对满足 $\mu_1(E)<\infty$ 的集成立, 定理 2.3.8 就成立.

当 $E\in\boldsymbol{R}$ 时, 由于 μ_1 在 $\boldsymbol{R}$ 上是 σ-有限的, 所以 E 满足条件 (i), 又由于 μ_1、μ_2 在 $\boldsymbol{R}$ 上相等, 所以 (ii) 也满足. 因此 $E\in\boldsymbol{M}$, 即 $\boldsymbol{R}\subset\boldsymbol{M}$, 再证在 $\boldsymbol{M}$ 上 μ_1 与 μ_2 相等. 当 $E\in\boldsymbol{M}$ 时, 由条件 (i), 有一列 $E_n\in\boldsymbol{R},\mu_1(E_n)<\infty$ 使 $E\subset\bigcup\limits_{n=1}^{\infty}E_n$, 显然可以做到使得 $\{E_n\}$ 中任何两个不相交. 因此, 由 $E=\bigcup\limits_{n=1}^{\infty}(E_n\bigcap E)$ 和条件 (ii) $\mu_1(E_n\bigcap E)=\mu_2(E_n\bigcap E)$ 立即得到

$$\mu_1(E)=\sum_{n=1}^{\infty}\mu_1(E\bigcap E_n)=\sum_{n=1}^{\infty}\mu_2(E\bigcap E_n)=\mu_2(E).$$

最后再证 $\boldsymbol{M}$ 是单调类. 设 $\{F_m\}$ 是 $\boldsymbol{M}$ 中一列单调的集, 由于每个 F_m 满足条件 (i), 所以有 $\boldsymbol{R}$ 中一列集 $E_n^{(m)}$ 使 $\mu_1(E_n^{(m)})<\infty$, 而且 $F_m\subset\bigcup\limits_{n=1}^{\infty}E_n^{(m)}$. 因此 $\lim\limits_{m\to\infty}F_m\subset\bigcup\limits_{m=1}^{\infty}\bigcup\limits_{n=1}^{\infty}E_n^{(m)}$. 这就是说 $\lim\limits_{m\to\infty}F_m$ 满足条件 (i). 又由于当 $A\in\boldsymbol{R},\mu_1(A)<\infty$ 时

$$\mu_1(A\bigcap F_m)=\mu_2(A\bigcap F_m),$$

由定理 2.2.1 的 (v) 和 (vi) 以及 $\mu_1(A)<\infty$, 有

$$\mu_1(A\bigcap\lim_{m\to\infty}F_m)=\mu_2(A\bigcap\lim_{m\to\infty}F_m),$$

因此 $\lim\limits_{m\to\infty}F_m\in\boldsymbol{M}$, 即 $\boldsymbol{M}$ 是单调类. 再由定理 2.1.4 的系可知 $\boldsymbol{M}\supset\boldsymbol{S}(\boldsymbol{R})$, 所以在 $\boldsymbol{S}(\boldsymbol{R})$ 上 $\mu_1=\mu_2$. 证毕

习 题 2.3

1. 设 X 是可列无限集, $X=\{x_1,x_2,\cdots x_n,\cdots\},\boldsymbol{R}$ 是 X 中有限子集所成的环. 对任何 $E\in\boldsymbol{R},\mu_1(E)$ 是 E 中点的个数, $\mu_2(E)=a\mu_1(E)$(a 是常数). 证明 μ_1^*、μ_2^* 都是 $\boldsymbol{H}(\boldsymbol{R})$ 上测度.

2. 设 $\boldsymbol{R}$ 是 X 的某些子集所成的 σ-环, μ 是 $\boldsymbol{R}$ 上的测度. 证明 $\boldsymbol{H}(\boldsymbol{R})$ 上的集函数

$$\mu^*(E)=\inf\{\mu(F)|E\subset F\in\boldsymbol{R}\},E\in\boldsymbol{H}(\boldsymbol{R})$$

是由 μ 所引出的外测度.

3. 设 $\boldsymbol{R}$ 是 X 的某些子集所成的 σ-环, μ 是 $\boldsymbol{R}$ 上的测度. 作 $\boldsymbol{H}(\boldsymbol{R})$ 上的集函数 μ_* 如下: 当 $E\in\boldsymbol{H}(\boldsymbol{R})$ 时

$$\mu_*(E)=\sup\{\mu(F)|E\supset F\in\boldsymbol{R}\}$$

称 μ_* 为 μ 所引出的内测度, 试讨论内测度的各种性质.

4. 设 $\boldsymbol{R}$ 是 X 的某些子集所成的代数, μ 是 $\boldsymbol{R}$ 上的测度并且 $\mu(X)<\infty$, 定义

$$\mu_*(E)=\mu(X)-\mu^*(X-E),E\in\boldsymbol{H}(\boldsymbol{R})$$

称 μ_* 为内测度, 讨论 μ_* 的各种性质. 当 $\boldsymbol{R}$ 是 σ-代数时讨论这里的 μ_* 与第 3 题中定义的 μ_* 的关系.

5. 设 X 是一集, $\boldsymbol{R}$ 是 X 的某些子集所成的 σ-代数, μ 是 $\boldsymbol{R}$ 上的有限测度, μ_* 是 $\boldsymbol{H}(\boldsymbol{R})$ 上的内测度: 当 $E\in\boldsymbol{H}(\boldsymbol{R})$ 时 $\mu_*(E)=\sup\{\mu(F)|E\supset F\in\boldsymbol{R}\}$.

证明 $E\in\boldsymbol{R}^*$ 的充要条件是 $\mu^*(E)=\mu_*(E)$.

6. 设 $\boldsymbol{R}$ 是 X 的某些子集所成的环, μ 是 $\boldsymbol{R}$ 上测度. 任取 $E\subset X$, 记 $\boldsymbol{R}_E=\{F|F\in\boldsymbol{R},F\subset E\}$, μ_E 是 μ 在环 $\boldsymbol{R}_E$ 上的限制. $\boldsymbol{R}_E^*$、μ_E^* 是 $\boldsymbol{R}_E$ 上 μ_E 按 Caratheodory 条件的扩张. 举例说明 $\boldsymbol{R}_E^*\neq\boldsymbol{R}^*\bigcap E$.

7. 举例说明环 $\boldsymbol{R}$ 上测度 μ 按 Caratheodory 条件所得的扩张 $\boldsymbol{R}^*$、μ^* 并不一定是 $\boldsymbol{R}$、μ 的最大扩张.

8. 设 $\boldsymbol{R}$ 是 X 的某些子集所成的环, μ 是 $\boldsymbol{R}$ 上的测度.

(i) 证明 μ-零集全体是 $\boldsymbol{R}$ 的子环, 并举例说明不必是 σ-环.

(ii) 举例说明 $\boldsymbol{R}$ 虽不是 σ-环, 但 μ-零集全体却是 σ-环.

(iii) 如果 $\boldsymbol{R}$ 是 σ-环, 那么 μ-零集全体必是 σ-环.

9. (i) 证明定理 2.3.7 中 $\boldsymbol{R}^*$ 中 E 可以表示成 $E=(F-N_1)\bigcup N_2(F\in\boldsymbol{S}(\boldsymbol{R}),N_1、N_2\in\boldsymbol{N})$ 或者 $E=F\triangle N(F\in\boldsymbol{S}(\boldsymbol{R}),N\in\boldsymbol{N})$.

(ii) 去掉 μ 是 $\boldsymbol{R}$ 上 σ-有限的假设. 证明定理 2.3.4—2.3.6 对 $\boldsymbol{R}^*$ 中 σ-有限集 E 成立.

10. 设 $\boldsymbol{R}$ 是 X 的某些子集所成的环, μ 是 $\boldsymbol{R}$ 上测度. $\boldsymbol{N}$ 是一切 μ-零集的一切子集全体. $\boldsymbol{R}'$ 为一切 $E=(F\bigcup N_1)-N_2(F\in\boldsymbol{R},N_1、N_2\in\boldsymbol{N})$ 全体, 并规定 $\mu'(E)=\mu(F)$. 证明 μ' 是 σ-环 $\boldsymbol{R}'$ 上完全测度. 即证明 (i) $\boldsymbol{R}'$ 是 σ-环; (ii) 定义 $\mu'(E)=\mu(F)$ 是确当的, 即 μ' 在 E 上的值不依赖于表示 $E=(F\bigcup N_1)-N_2$ 的具体形式; (iii) μ' 是 $\boldsymbol{R}'$ 上完全测度.

11. 举例说明在习题 10 中, 可以取 $\boldsymbol{N}$ 的一个真子集 $\boldsymbol{N}_1$, 作相应的 $\boldsymbol{R}''=\{E|E=(F\bigcup N_1)-N_2,F\in\boldsymbol{S}(\boldsymbol{R}),N_1、N_2\in\boldsymbol{N}_1\}$, 规定 $\mu''(E)=\mu(F)$, 使得 $\boldsymbol{R}''$ 是 σ-环, 并且 $\boldsymbol{R}$ 是 $\boldsymbol{R}''$ 的真子集, 而 μ'' 是 $\boldsymbol{R}''$ 上测度.

12. 设 $\boldsymbol{R}$ 是 X 的某些子集所成的环, μ 是 $\boldsymbol{S}(\boldsymbol{R})$ 上的 σ-有限测度. 举例说明当 μ 限制在 $\boldsymbol{R}$ 上时, μ 不是 $\boldsymbol{R}$ 上的 σ-有限测度

13. 设 $\boldsymbol{R}$ 是 X 的某些子集所成的环, μ_1、μ_2 是 $\boldsymbol{S}(\boldsymbol{R})$ 上两个 σ-有限测度, 并且对一切 $E\in\boldsymbol{R},\mu_1(E)=\mu_2(E)$, 举例说明在 $\boldsymbol{S}(\boldsymbol{R})$ 上可以 $\mu_1\neq\mu_2$ (即存在 $E\in\boldsymbol{S}(\boldsymbol{R})$, 使得 $\mu_1(E)\neq\mu_2(E)$).

§2.4 Lebesgue 测度、Lebesgue-Stieltjes 测度

在 §2.3 中讲的是如何从给定的一般的环 $\boldsymbol{R}$ 上测度 μ, 扩张成 σ-环 $\boldsymbol{R}^*$ 上测度 μ^*. 在这一节里将具体地讨论从直线上环 $\boldsymbol{R}_0$ 上给定的测度 m 扩张成 $\boldsymbol{L}$ (是 $\boldsymbol{R}^*$ 在此特殊情况下的专门记号) 上的 Lebesgue (勒贝格) 测度 m^* 以及 m^* 的性质. 并且还要附带讨论 Lebesgue-Stieltjes (勒贝格 – 斯蒂尔切斯) 测度. 鉴于 Lebesgue 测度和 Lebesgue-Stieltjes 测度的重要性, 为了便于今后的查找, 我们仍将扩张过程的基本定义和定理一一列出, 因此本节也可以单独地阅读. 由于有许

多定理的证明和 §2.3 中相应的一般定理证明相同, 所以我们只对 §2.3 中没有的性质给出证明.

本节中如无特殊声明, 始终假设 X 是实数直线 E^1.

1. 外测度$\boldsymbol{m^*(g^*)}$ 如前所说, $\boldsymbol{R}_0$ 是直线上有限的左开右闭区间所成的环. 在 §2.2 已经证明 m (或 g) 是 $\boldsymbol{R}_0$ 上的测度. 作

$$\boldsymbol{H}(\boldsymbol{R}_0)=\{E|E\subset X,\ 存在\ E_i\in \boldsymbol{R}_0, E\subset \bigcup_{i=1}^{\infty}E_i\},$$

$\boldsymbol{H}(\boldsymbol{R}_0)$ 就是直线的一切子集全体所成的类. 对任何 $E\in \boldsymbol{H}(\boldsymbol{R}_0)$, 规定

$$m^*(E)=\inf\left\{\sum_{i=1}^{\infty}m(E_i)|E_i\in \boldsymbol{R}_0, E\subset \bigcup_{i=1}^{\infty}E_i\right\}.$$

显然, 有如下结果.

引理 1 m^* 在 $\boldsymbol{H}(\boldsymbol{R}_0)$ 上具有如下性质: (i) $m^*(\varnothing)=0$; (ii) (非负性) 对任何直线的子集 $E, m^*(E)\geqslant 0$; (iii) (单调性) 对任何直线上的子集 E_1、E_2, 如果 $E_1\subset E_2$, 那么 $m^*(E_1)\leqslant m^*(E_2)$; (iv) 当 $E\in \boldsymbol{R}_0$ 时, $m^*(E)=m(E)$.

一般说来, m^* 在 $\boldsymbol{H}(\boldsymbol{R}_0)$ 上不具有可列可加性, 甚至有限可加性也不满足 (将在本节末给出例子来说明这一点). m^* 只具有次可列可加性.

定理 2.4.1 设 $\{E_i\}$ 是直线上的任何一列子集, $m^*\left(\bigcup_{i=1}^{\infty}E_i\right)\leqslant \sum_{i=1}^{\infty}m^*(E_i)$.

如果 $E\in \boldsymbol{R}_0$, 那么直线上的任何子集 F 被 E 所分割的两个部分 $F\bigcap E, F-E$, m^* 在这两个部分上是具有可加性的, 即成立着下面定理:

定理 2.4.2 设 $E\in \boldsymbol{R}_0, F$ 是直线上的任何一个子集. 下式成立:

$$m^*(F)=m^*(F\bigcap E)+m^*(F-E).$$

注 $g(x)$ 是 $(-\infty,+\infty)$ 上单调增加右连续函数, 由 $g(x)$ 导出 $\boldsymbol{R}_0$ 上测度 g, 同样在 $\boldsymbol{H}(\boldsymbol{R}_0)$ (即直线上一切子集全体) 引入

$$g^*(E)=\inf\left\{\sum_{i=1}^{\infty}g(E_i)|E_i\in \boldsymbol{R}_0, E\subset \bigcup_{i=1}^{\infty}E_i\right\}.$$

引理 1、定理 2.4.1、2.4.2 对于 g^* 也成立 (只要将 m^* 换为 g^* 即可).

2. Lebesgue 和 Lebesgue-Stieltjes 测度 现在引入 m^*-可测集和 g^*-可测集概念.

定义 2.4.1 设 E 是直线上的一个子集, 如果对任何直线上的子集 F, 都有

$$m^*(F)=m^*(F\bigcap E)+m^*(F-E),$$

称 E 是 m^*-**可测集**或称为 Lebesgue **可测集**, 简称为 L-**可测集**. L-可测集全体记为 $\boldsymbol{L}$.

定理 2.4.3 (i) 如果 $m^*(E)=0$, 那么 $E\in\boldsymbol{L}$;

(ii) $\boldsymbol{L}$ 是 σ-环 (其实是 σ-代数), 并且 $\boldsymbol{L}\supset\boldsymbol{R}_0$;

(iii) m^* 是 $\boldsymbol{L}$ 上的完全测度.

Lebesgue 可测集类 $\boldsymbol{L}$ 上的测度 m^* 称为 **Lebesgue 测度**. 今后在不发生混淆时, 总仍用 m 表示 m^*.

注 将本小节的定义中 m^* 换为 g^*, 就可引入 g^*-**可测集**, 或称为 (关于 g 的) **Lebesgue-Stieltjes 可测集**, 简称为 (关于 g 的) $L-S$ **可测集**[①]. (关于 g 的) $L-S$ 可测集全体记为 $\boldsymbol{L}^g$. 将定理 2.4.3 中 m^*、$\boldsymbol{L}$ 换为 g^*、$\boldsymbol{L}^g$ 时仍成立. 通常称 $\boldsymbol{L}^g$ 上的测度 g^* 为 (由 g 导出的) **Lebesgue-Stieltjes 测度**. 今后在不发生混淆时, 总仍用 g 表示 g^*.

因为对 $(-\infty,+\infty)$ 上无论什么单调增加右连续函数 $g(x)$, 总有 $\boldsymbol{L}^g\supset\boldsymbol{R}_0$, 因而 $\boldsymbol{L}^g\supset\boldsymbol{S}(\boldsymbol{R}_0)$, 而 $\boldsymbol{S}(\boldsymbol{R}_0)$ 是由 $\boldsymbol{R}_0$ 唯一确定的, 并不依赖于 $g(x)$. 所以我们经常把 Lebesgue-Stieltjes 测度 (特例是 Lebesgue 测度) 限制在 σ-环 $\boldsymbol{S}(\boldsymbol{R}_0)$ 上.$\boldsymbol{S}(\boldsymbol{R}_0)$ 是直线上测度理论中特别重要的一个集类.

3. Borel (博雷尔) 集与 Lebesgue 可测集

定义 2.4.2 $\boldsymbol{S}(\boldsymbol{R}_0)$ 中的每个集称为直线上的 Borel 集. 常记 Borel 集全体 $\boldsymbol{S}(\boldsymbol{R}_0)$ 为 $\boldsymbol{B}$.

下面将给出一些常见的 Borel 集, 并给出它们的 Lebesgue 测度.

定理 2.4.4 (i) Borel 集类 $\boldsymbol{B}$ (即 $\boldsymbol{S}(\boldsymbol{R}_0)$) 是直线上 σ-代数;

(ii) 单点集、有限集、可列集都是 Borel 集, 并且它们的 Lebesgue 测度是零;

(iii) 区间 $<a,b>$ (a、b 可取 $-\infty,+\infty$)、开集 G 是 Borel 集, 并且 $m(<a,b>)=b-a, m(G)=\sum\limits_{\nu}(b_\nu-a_\nu)$, 其中 $\{(a_\nu,b_\nu)\}$ 是 G 的构成区间全体:

(iv) 闭集 F 是 Borel 集, 当 $F\subset(a,b)$ (有限开区间) 时, $m(F)=(b-a)-m((a,b)-F)$; 当 F 是无界闭集时, $m(F)=\lim\limits_{n\to\infty}m(F\bigcap[-n,n])$.

证 (i) 因为 $(-\infty,+\infty)=\bigcup\limits_{n=-\infty}^{+\infty}(n,n+1]$, 所以 $(-\infty,+\infty)\in\boldsymbol{B}$, 因此 $\boldsymbol{B}$ 是 σ-代数.

①在只有一个 g 出现的场合,"关于 g 的" 这个说明词常省掉.

(ii) 因为单点集 $\{a\} = \bigcap_{n=1}^{\infty}\left(a - \frac{1}{n}a + \frac{1}{n}\right]$, 所以 $\{a\} \in \boldsymbol{B}$, 从而有限集、可列集均属于 σ -代数 $\boldsymbol{B}$.

由单调性, $m(\{a\}) \leqslant m\left(\left(a - \frac{1}{n}, a + \frac{1}{n}\right]\right) = \frac{2}{n}$ 再令 $n \to \infty$, 立即得到 $m(\{a\}) = 0$. 再由测度的可列可加性, 易知有限集、可列集的 Lebesgue 测度是零.

(iii) 如果 a、b 都是有限数, 那么 $[a,b] = (a,b]\bigcup\{a\}, (a,b) = (a,b]-\{b\}, [a,b) = [a,b] - \{b\}$. 由 $\boldsymbol{B}$ 是环的性质立即知道 $< a,b >$ 是 Borel 集. 再利用测度的可加性以及单点集的 Lebesgue 测度是零就得到 $m(< a,b >) = b - a$.

如果 $< a,b >$ 的 a、b 中至少有一个是无限, 例如 $a = -\infty, < a,b >= (-\infty, b] = \bigcup_{n=0}^{\infty}(b-n-1, b-n]$, 所以 $(-\infty, b]$ 是 Borel 集. 再由测度的可列可加性得到 $m((-\infty,b]) = \sum_{n=0}^{\infty} m((b-n-1,b-n]) = \infty = b - a$. 同样可证其他无限区间的情况.

如果 G 是开集, 因此 G 可以表示成它的构成区间之和: $G = \bigcup(a_\nu, b_\nu)$($\{(a_\nu, b_\nu)\}$ 是 G 的构成区间全体). 所以 G 是 Borel 集, 并且 $m(G) = \sum_\nu m((a_\nu, b_\nu)) = \sum_\nu (b_\nu - a_\nu)$.

(iv) 当 F 是闭集时, $E' - F$ 是开集. 但 $\boldsymbol{B}$ 是代数, 所以 F 是 Borel 集.

如果 $F \subset (a,b)$ (有限区间). 那么从定理 1.4.7 得到 $(a,b) - F$ 是开集. 又由于 $m((a,b)) = b - a < \infty$, 由测度的可减性得到 $m(F) = b - a - m((a,b) - F)$.

如果 F 是无界的闭集, 那么对任何自然数 $n, F_n = F\bigcap[-n,n]$ 也是闭集, 并且 $F_n \subset F_{n+1}(n = 1,2,3,\cdots), F = \lim\limits_{n\to\infty} F_n$. 利用测度的极限性质 (定理 2.2.1 的 (V)) 就得到 $m(F) = \lim\limits_{n\to\infty} m(F_n)$. 证毕

在一般的测度理论中, 我们已经较详细地讨论了 $\boldsymbol{S}(\boldsymbol{R})$ 和 $\boldsymbol{R}^*$ 的关系 (参见 §2.3 的第三小节). 把这些关系 (定理 2.3.4—2.3.7) 具体化为 Lebesgue 测度时, 虽也可以列出一些定理. 但我们不这样做, 因为对于 Lebesgue 测度有下面更具体的结果, 可以用 $\boldsymbol{B}(= \boldsymbol{S}(\boldsymbol{R}_0))$ 中的开、闭集来刻画 Lebesgue 可测集.

引理 2 直线上任何子集 E 的 Lebesgue 外测度 $m^*(E)$ 是包含 E 的开集 O 的 Lebesgue 测度 $m(O)$ 的下确界, 即

$$m^*(E) = \inf\{m(O) | O \supset E, O \text{ 是开集}\}. \tag{2.4.1}$$

证 由 m^* 的单调性, $m^*(E) \leqslant m^*(G) = m(G)$ (G 是包含 E 的任一开集).

所以

$$m^*(E) \leqslant \inf\{m(O)|O \supset E, O \text{ 是开集}\}. \tag{2.4.2}$$

由此可知, 只要再证与 (2.4.2) 相反的不等式成立即可.

如果 $m^*(E)=\infty$, 从 (2.4.2) 知道 (2.4.1) 必成立. 因此下面不妨假设 $m^*(E)<\infty$ 的情况下来证明.

这时, 对任何 $\varepsilon>0$, 有一列 $E_i\in \boldsymbol{R}_0$, 使 $E\subset\bigcup\limits_{i=1}^{\infty}E_i$, 而且 $\sum\limits_{i=1}^{\infty}m(E_i)\leqslant m^*(E)+\varepsilon$. 每个 E_i 可以有初等分解 $E_i=\bigcup\limits_{j=1}^{n_i}E_i^{(j)}, m(E_i)=\sum\limits_{j=1}^{n_i}m(E_i^{(j)})$, 所以 $\sum\limits_{i=1}^{\infty}\sum\limits_{j=1}^{n_i}m(E_i^{(j)})\leqslant m^*(E)+\varepsilon$. 因为 $E_i^{(j)}(i=1,2,3,\cdots;j=1,2,\cdots,n_i)$ 总共不过可列个, 设这一列集是 $(a_n,b_n]$. 上面的不等式就是

$$\sum_{n=1}^{\infty}(b_n-a_n)\leqslant m^*(E)+\varepsilon,$$

取 $O=\bigcup\limits_{n=1}^{\infty}\left(a_n,b_n+\dfrac{\varepsilon}{2^n}\right)$, 显然 $O\supset\bigcup\limits_{n=1}^{\infty}(a_n,b_n]=\bigcup\limits_{i=1}^{\infty}\bigcup\limits_{j=1}^{n_i}E_i^{(j)}=\bigcup\limits_{i=1}^{\infty}E_i\supset E$. 由测度的次可列可加性, 得到

$$\begin{aligned}m(O)&\leqslant\sum_{n=1}^{\infty}m\left(\left(a_n,b_n+\frac{\varepsilon}{2^n}\right)\right)=\sum_{n=1}^{\infty}\left(b_n+\frac{\varepsilon}{2^n}-a_n\right),\\&=\sum_{n=1}^{\infty}(b_n-a_n)+\varepsilon\leqslant m^*(E)+2\varepsilon.\end{aligned}$$

由这不等式即知 $\inf\{m(O)|O \text{ 是包含 } E \text{ 的开集}\}\leqslant m^*(E)+2\varepsilon$. 令 $\varepsilon\to 0$, 并结合 (2.4.2) 式就得到 (2.4.1). 证毕

定理 2.4.5 集 $E\subset E^1$ 成为 Lebesgue 可测集的充要条件是对任何 $\varepsilon>0$, 有开集 $O\supset E$ 使得

$$m^*(O-E)<\varepsilon. \tag{2.4.3}$$

证 设 $E\in\boldsymbol{L}$, 如果 $m(E)<\infty$, 由引理 2, 必有开集 $O\supset E$ 使得 $m(O)<m(E)+\varepsilon$. 由于 $O=(O-E)\bigcup E$ 及 m 的可加性, 得到

$$m(O-E)+m(E)<m(E)+\varepsilon,$$

因此 (2.4.3) 式成立; 在 $m(E)=\infty$ 时, 记 $E_n=E\bigcap(-n,n)$, 由上所述, 必有 $O_n\supset E_n, O_n$ 是开集, 且 $m(O_n-E_n)<\dfrac{\varepsilon}{2^n}$, 这时取 $O=\bigcup\limits_{n=1}^{\infty}O_n, O$ 是包含 E 的

开集, 而且 $O-E=\bigcup_{n=1}^{\infty} O_n-\bigcup_{n=1}^{\infty} E_n \subset \bigcup_{n=1}^{\infty}(O_n-E_n)$, 所以

$$m(O-E) \leqslant \sum_{n=1}^{\infty} m(O_n-E_n)<\varepsilon.$$

反过来, 如果集 E 满足定理的条件, 那么对自然数 n, 有开集 $O_n \supset E$, 且使 $m^*(O_n-E)<\dfrac{1}{n}$. 记 $O=\bigcap_{n=1}^{\infty} O_n$, 就有 $O \in \boldsymbol{S}(\boldsymbol{R}_0)$, 显然 $O \supset E$, 由 m^* 的单调性得 $m^*(O-E)<m^*(O_n-E)<\dfrac{1}{n}$, 所以 $m^*(O-E)=0$. 由定理 2.4.3 的 (i), $O-E \in \boldsymbol{L}$. 由 $O \in \boldsymbol{L}, O-E \in \boldsymbol{L}$, 及 $O \supset E$, 立即知 $E=O-(O-E) \in \boldsymbol{L}$.证毕

定理 2.4.6 集 $E \subset E^1$ 成为 Lebesgue 可测集的充要条件是对任何 $\varepsilon>0$, 有闭集 $F \subset E$ 使得 $m^*(E-F)<\varepsilon$.

证 如果 $E \in \boldsymbol{L}$, 就有 $E^c=(-\infty,+\infty)-E \in \boldsymbol{L}$. 由定理 2.4.5, 必有开集 $O \supset E^c$ 使 $m(O-E^c)<\varepsilon$. 记 $F=O^c=(-\infty,+\infty)-O$, 由于开集的余集是闭集, 所以 F 是闭集, 又由 $O \supset E^c$ 得 $E \supset O^c=F$. 注意到关系式 $O-E^c=E-O^c$, 就得到 $m(E-F)<\varepsilon$.

反过来如果集 E 满足定理条件, 则对 $\varepsilon>0$, 有闭集 $F \subset E$, 使 $m^*(E-F)<\varepsilon$. 因为 F^c 是开集, $F^c \supset E^c$, 又 $E-F=E \bigcap F^c=F^c-E^c$, 所以 E^c 满足定理 2.4.5 的条件, 因此 $E^c \in \boldsymbol{L}$, 从而 $E \in \boldsymbol{L}$. 证毕

定理 2.4.7 直线上子集 E 是 Lebesgue 可测的充要条件是对任何 $\varepsilon>0$, 有开集 O 及闭集 F 使得 $O \supset E \supset F$ 且 $m(O-F)<\varepsilon$.

证 如果 $E \in \boldsymbol{L}$, 由定理 2.4.5、2.4.6, 对 $\varepsilon>0$, 有开集 O 及闭集 F, 使 $O \supset E \supset F$, 且 $m(O-E)<\dfrac{\varepsilon}{2}, m(E-F)<\dfrac{\varepsilon}{2}$. 由 $O-F=(O-E) \bigcup(E-F)$ 即得 $m(O-F)=m(O-E)+m(E-F)<\varepsilon$.

反过来, 如果 E 满足定理的条件, 那么对 $\varepsilon>0$ 可找到开集 O 及闭集 F 使得 $O \supset E \supset F, m(O-F)<\varepsilon$. 这时 $m^*(O-E) \leqslant m^*(O-F)=m(O-F)<\varepsilon$, 故由定理 2.4.5 即知 $E \in \boldsymbol{L}$. 证毕

定义 2.4.3 直线上的子集 E 如果可以表示成一列开集的通集, 就称 E 是 G_δ 型集或**内限点集**. 如 E 可以表示成一列闭集的和集, 就称 E 是 F_σ 型集或**外限点集**.

由定理 2.4.4, 开集和闭集都是 Lebesgue 可测集, 而且都是 Borel 集. 因此 G_δ 型和 F_σ 型的集也都是 Lebesgue 可测的, 而且都是 Borel 集.

定理 2.4.8 如果 $E \in \boldsymbol{L}$, 那么必定有 G_δ 型集 O 及 F_σ 型集 H, 使得 $O \supset E \supset H$, 而且 $m(O-E)=m(E-H)=0$.

证 因为 $E\in \boldsymbol{L}$, 由定理 2.4.7, 对自然数 n, 有包含 E 的开集 O_n, 使 $m(O_n-E)<\frac{1}{n}$, 同样又有闭集 $F_n\subset E$, 使 $m(E-F_n)<\frac{1}{n}$. 这时, $O=\bigcap\limits_{n=1}^{\infty}O_n$ 是 G_δ 型集, $H=\bigcup\limits_{n=1}^{\infty}F_n$ 是 F_σ 型集, 显然 $O\supset E\supset H$. 由 m 的单调性, $m(O-E)\leqslant m(O_n-E)<\frac{1}{n}, m(E-H)\leqslant m(E-F_n)<\frac{1}{n}$, 令 $n\to\infty$, 就得到

$$m(O-E)=m(E-H)=0$$

证毕

由于 G_δ 型集及 F_σ 型集都是 Borel 集, 由定理 2.4.8 即得下面的

定理 2.4.9 任何 Lebesgue 可测集 E 必是某个 Borel 集与 Lebesgue 零集① 的和集, 同时它又是一个 Borel 集与 Lebesgue 零集的差集.

定理 2.4.9 就相当于一般测度论中的定理 2.3.4.

定理 2.4.5—2.4.9 (特别是定理 2.4.7) 是常被用来判断直线上的子集 E 是否 Lebesgue 可测. 另外, 引理 2、定理 2.4.5—2.4.9 对 Lebesgue-Stieltjes 测度也成立.

这里我们还要指出一点: 确实有不是 Borel 集的 Lebesgue 可测集. 如果仅仅要求证明这个事实, 还是比较容易做到的. 例如用势的知识可以证明直线上 Borel 集全体的势是 $\aleph$, 而 Lebesgue 可测集的势为 $2^{\aleph}$ (因为 Cantor 集是非空完全集, 它的势是 $\aleph$, 所以它的一切子集所成的集的势为 $2^{\aleph}$. 又因为 Cantor 集的 Lebesgue 测度为零, 所以它的一切子集都是 Lebesgue 可测集, 因此 $\overline{\overline{\boldsymbol{L}}}\geqslant 2^{\aleph}$. 另一方面直线上一切子集全体的势也是 $2^{\aleph}$, 所以 $\overline{\overline{\boldsymbol{L}}}=2^{\aleph}$.) 但 $2^{\aleph}>\aleph$, 所以 Lebesgue 可测集比 Borel 可测集要多得多! 可是要想给出一个具体的集, 它是 Lebesgue 可测集而非 Borel 集却远比 "证明" 要困难得多. 苏联学者 Н. Н. Лузин (鲁津)、П. С. Александров (阿列克塞德洛夫) 以及 М. Я. Суслин (苏斯林) 等在深入研究 Borel 集类 (它与连续性有深刻联系) 结构基础上发现了比 Borel 集类广泛得多的 A 集类 (它借助于 A 运算产生的) —— 也称为 Суслин 集类, 而每个 A 集都是 Lebesgue 可测的. A 运算的定义开始是很复杂的, 后来 Лузин 给出了 A 集类许多较简便的等价定义, 例如 A 集类与位于维数高的空间中 G_δ 集的投影所成的集类相同, 也与无理数的连续象类相同等. 近来 Суслин 集在算子代数理论中也有所讨论.

4. Lebesgue 测度的平移、反射不变性 对于任何一个实数 α, 作 $E^1\to E^1$ 的映照 $\tau_\alpha: x\mapsto x+\alpha$. 它是直线上的一个平移. 一个集 $E\subset E^1$ 经过平移 α 后所得的集记为 $\tau_\alpha E=\{x+\alpha|x\in E\}$. 现在我们讨论在平移变换下, 集的测度有什么变化. 显然当 $E\in \boldsymbol{R}_0$ 时, $\tau_\alpha E\in \boldsymbol{R}_0$, 而且 $m(E)=m(\tau_\alpha E)$.

①Lebesgue 零集是指 Lebesgue 测度等于零的集.

定理 2.4.10 对任何 $E \subset E^1$, 成立 $m^*(E) = m^*(\tau_\alpha E)$, 而且当 $E \in \boldsymbol{L}$ 时 $\tau_\alpha E \in \boldsymbol{L}$.

证 因为对任何一列 $E_i \in \boldsymbol{R}_0, E \subset \bigcup\limits_{i=1}^{\infty} E_i$, 同时就有 $\tau_\alpha E_i \in \boldsymbol{R}_0$ 以及 $\tau_\alpha E \subset \bigcup\limits_{i=1}^{\infty} (\tau_\alpha E_i)$, 所以

$$\begin{aligned} m^*(E) &= \inf \left\{ \sum_{i=1}^{\infty} m(E_i) | E_i \in \boldsymbol{R}_0, E \subset \bigcup_{i=1}^{\infty} E_i \right\} \\ &\geqslant m^*(\tau_\alpha E). \end{aligned}$$

但 $\tau_\alpha E$ 在平移 $\tau_{-\alpha}$ 后就是 E, 所以 $m^*(\tau_\alpha E) \geqslant m^*(E)$. 这样就得到 $m^*(E) = m^*(\tau_\alpha E)$.

如果 $E \in \boldsymbol{L}$, 那么对任何 $F \subset E^1$ 成立

$$m^*(F) = m^*(F \bigcap E) + m^*(F - E). \tag{2.4.4}$$

由于 $\tau_\alpha(F \bigcap E) = \tau_\alpha F \bigcap \tau_\alpha E, \tau_\alpha(F - E) = \tau_\alpha F - \tau_\alpha E$, 因此从 (2.4.4) 式得到

$$m^*(\tau_\alpha F) = m^*(\tau_\alpha F \bigcap \tau_\alpha E) + m^*(\tau_\alpha F - \tau_\alpha E). \tag{2.4.5}$$

在 (2.4.5) 式中, $\tau_\alpha F$ 是任意集, 因此 $\tau_\alpha E \in \boldsymbol{L}$. 证毕

定理 2.4.10 说明, 集 $E \subset E^1$ 经平移后, 它的 Lebesgue 外测度不变. 而 Lebesgue 可测集经平移后仍为 Lebesgue 可测集 (当然它的 Lebesgue 测度也不变). 这个性质称为 Lebesgue 测度的平移不变性. 平移不变性是建立调和分析的基础.

用类似的方法可以证明 Lebesgue 测度还具有反射不变性, 就是说, 如果记 τ 是 $E^1 \to E^1$ 的如下映照, $\tau : x \mapsto -x, \tau E = \{-x | x \in E\}$. 那么, 对任何 $E \subset E^1, m^*(E) = m^*(\tau E)$, 而且当 $E \in \boldsymbol{L}$ 时, $\tau E \in \boldsymbol{L}$. 我们把它的证明留给读者去做.

5. Lebesgue 不可测集 是否直线上每个集都是 Lebesgue 可测集? 回答是否定的. 下面我们要作一个不是 Lebesgue 可测的集. 我们要注意造这样的集不是很容易的, 因为我们通常造集往往都是从区间出发经过一系列和, 通, 差等运算得出的, 而这样的集都是 Borel 集, 当然总是 Lebesgue 可测的, 因此要造不可测集必须从别的方面入手, 下面我们是利用 Lebesgue 测度的平移不变性来造.

我们的想法是这样的: 在直线上造一个集 Z, 要求对于 Z, 可取这样的一列数 $r_1, r_2, r_3, \cdots, r_n, \cdots$, 使得 Z 经平移 τ_{r_n} 后得到的集 $Z_n = \tau_{r_n} Z$ 有下面的性质:

(i) $\bigcup_{n=1}^{\infty} Z_n$ 包含一个区间 (例如 $\bigcup_{n=1}^{\infty} Z_n \supset [0,1]$).

(ii) $\{Z_n\}$ 是一列互不相交的集, 而且 $\bigcup_{n=1}^{\infty} Z_n$ 是有界集 (例如 $\bigcup_{n=1}^{\infty} Z_n \subset [-1,2]$).

如果 Z 具有这样两条性质, 那么 Z 就一定不是 Lebesgue 可测集. 因为如果 Z 是 Lebesgue 可测的, 那么 Z_n 也是 Lebesgue 可测的, 而且 $m(Z_n) = m(Z)$. 由于 Z_n 是两两不交的, 所以

$$m\left(\bigcup_{n=1}^{\infty} Z_n\right) = m(Z_1) + m(Z_2) + \cdots = \sum_{n=1}^{\infty} m(Z), \tag{2.4.6}$$

又因为 $\bigcup_{n=1}^{\infty} Z_n$ 是有界集, 并且它包含一个长度不为零的区间, 因此, 由 m 的单调性可知, 存在正数 α、β, 使得 $\alpha \leqslant m\left(\bigcup_{n=1}^{\infty} Z_n\right) \leqslant \beta$. 从这个式子及 (2.4.6) 式就发现 $m(Z)$ 既必须等于零又必须大于零. 这个矛盾就说明 Z 必定不是 Lebesgue 可测集.

现在我们具体地造这样的集 Z: 对于 $[0,1]$ 中的两个数 ξ 与 η, 如果 $\xi - \eta$ 是有理数, 就称 ξ 与 η 是 "相亲" 的, 否则就称 ξ 与 η 是 "互斥" 的. 显然, 当 ξ 与 η 相亲时 η 与 ξ 相亲, 与同一数相亲的两个数也是相亲的. 对任何 $\xi \in [0,1]$, 把 [0,1] 中与 ξ 相亲的数全体记为 $E(\xi)$, 称它是一个 "相亲集"①. 由上所述, 对于任何两个相亲集 $E(\xi)$ 和 $E(\eta)$, 当 ξ 与 η 相亲时, $E(\xi) = E(\eta)$, 否则, $E(\xi) \bigcap E(\eta) = \varnothing$. 所以不同的相亲集是不相交的. 这样一来, 就把 [0,1] 区间分解成一族两两不交的相亲集的和集, 我们在每个相亲集中取一个代表数组成一个集 Z② (当 $E(\xi) = E(\eta)$ 时, 尽管 ξ 可以不等于 η, 但这是同一个相亲集, 我们只取这集中的一个代表数.) 换句话说, 对任何 $\xi \in [0,1], E(\xi) \bigcap Z$ 是一个单元素集.

接着我们把 $[-1,1]$ 中的有理数全体排成一列 $r_1, r_2, r_3, \cdots$, 并记 $Z_n = \tau_{r_n} Z$. 我们证明这样作出的 Z_n 确实具有前面说的性质 (i) 和 (ii).

(i) 对于任何 $\xi \in [0,1], E(\xi) \bigcap Z$ 是单元素集, 不妨设为 $\{\eta\}$, 其中 $\eta \in Z$. 因此 $\xi - \eta$ 是有理数, 由于 ξ, η 都在 [0,1] 中, 所以 $\xi - \eta \in [-1,1]$, 因此 $\xi - \eta$ 是 $r_1, r_2, \cdots, r_n, \cdots$ 中的某一个, 设 $\xi - \eta = r_{n_0}$. 可见 $\xi \in \tau_{r_{n_0}} Z = Z_{n_0}$. 这样, 我们就证明了任何 $\xi \in [0,1]$ 必在 $\bigcup_{n=1}^{\infty} Z_n$ 中, 即 $[0,1] \subset \bigcup_{n=1}^{\infty} Z_n$.

(ii) Z_n 这一列集是两两不交的, 因为如果存在两个不同的自然数 l 及 n, 使 $\xi \in Z_l \bigcap Z_n$, 那么 $\xi - r_l, \xi - r_n$ 都属于 Z. 但这两个数属于同一个相亲集, 且因

①记 ξ 与 η "相亲" 为 $\xi \sim \eta$, 那么这是 §1.3 中所提到的一种等价关系, $E(\xi)$ 就是等价类 $\widetilde{\xi}$.
②严格说来, 这里要用到第一章中的 Zermelo 选取公理.

$l \neq n$, 必定 $r_l \neq r_n$. 所以 $\xi - r_l$ 与 $\xi - r_n$ 是不同的数, 但由 Z 的作法, 它与每个相亲集的通集只有一个元, 这就产生了矛盾. 这样证明了 $\{Z_n\}$ 这一列集是互不相交的. 另外由 $Z \subset [0,1], r_n \in [-1,1]$ 即知 $Z_n \subset [-1,2]$, 所以 $\bigcup\limits_{n=1}^{\infty} Z_n \subset [-1,2]$.

由性质 (i)(ii) 可知 Z 确是 Lebesgue 不可测的集.

由此可知 $\boldsymbol{H}(\boldsymbol{R}_0)$ 上的外测度 m^* 不具有可列可加性, 因为 $\{Z_n\} \subset \boldsymbol{H}(\boldsymbol{R}_0)$, 如果 m^* 有可列可加性, 那么

$$m^*\left(\bigcup_{n=1}^{\infty} Z_n\right) = \sum_{n=1}^{\infty} m^*(Z_n) = \sum_{n=1}^{\infty} m^*(Z)$$

和前面所说的情况一样, 自然会发生 $m^*(Z)$ 既大于零又等于零的矛盾.

6. n 维实空间中的 Lebesgue 测度 我们考察 n 维实空间

$$E^n = \{(x_1, x_2, \cdots, x_n) | x_1, x_2, \cdots, x_n \in E^1\}$$

中的集. 对于 $2n$ 个实数 $a_1, \cdots, a_n; b_1, \cdots, b_n (-\infty < a_i \leqslant b_i < +\infty, i = 1, 2, \cdots, n)$, 作集

$$\begin{aligned}&(a_1, a_2, \cdots, a_n; b_1, b_2, \cdots, b_n] \\ &= \{(x_1, x_2, \cdots, x_n) | a_i < x_i \leqslant b_i, i = 1, 2, \cdots, n\}.\end{aligned}$$

这种形式的集全体仍记为 $\boldsymbol{P}$, 在 $\boldsymbol{P}$ 上定义集函数 m 如下:

$$m((a_1, a_2, \cdots, a_n; b_1, b_2, \cdots, b_n]) = \prod_{i=1}^{n} (b_i - a_i),$$

它表示 n 维的体积.

由 $\boldsymbol{P}$ 中有限个集的和集全体所成的集类仍记为 $\boldsymbol{R}_0$. 可以像前面一样证明 $\boldsymbol{R}_0$ 是个环, 而且 $\boldsymbol{R}_0$ 中的元可以分解成有限个两两不交的 $\boldsymbol{P}$ 中集的和集, 这样的分解称为初等分解. 对于 $E \in \boldsymbol{R}_0$, 如果 $E = \bigcup\limits_{i=1}^{n} E_i$ 是 E 的初等分解 $(E_i \in \boldsymbol{P} (i = 1, 2, \cdots, n), E_1, \cdots, E_n$ 两两不交). 就令 $m(E) = \sum\limits_{i=1}^{n} m(E_i)$. 这时, $m(E)$ 的值只与 E 有关, 而与 E 的初等分解的方式无关. 这时, m 是环 $\boldsymbol{R}_0$ 上的测度. 由这个测度 m 可引出外测度 m^*, 并有 m^*-可测集的概念. 这样的 m^*-可测集称为 (n 维空间中的) Lebesgue 可测集. 它的测度仍用 m 表示, 仍记 Lebesgue 可测集全体为 $\boldsymbol{L}$. 在第三章中我们将进一步讨论这种 Lebesgue 测度.

习 题 2.4

1. 证明 [0,1] 上 Cantor 集的 Lebesgue 测度是零.

2. 设 $g(x)$ 是 $(-\infty,+\infty)$ 上单调增加右连续函数, $\boldsymbol{L}^g$ 是关于 g 的 Lebesgue-Stieltjes 可测集类, g 是 $\boldsymbol{L}^g$ 上 Lebesgue-Stieltjes 测度. 证明

(i) $g(\{a\}) = g(a) - g(a-0); g((a,b)) = g(b-0) - g(a); g([a,b]) = g(b) - g(a-0); g([a,b)) = g(b-0) - g(a-0)$; 当开集 $O = \bigcup\limits_{\nu}(a_\nu, b_\nu)(\{(a_\nu, b_\nu)\}$ 是 O 的构成区间全体) 时, $g(O) = \sum\limits_{\nu}(g(b_\nu - 0) - g(a_\nu))$.

(ii) 引理 2. 定理 2.4.5—2.4.9 对于 $\boldsymbol{L}^g$、g 也成立.

3. (i) 视 $f(x) = x^3$ 为 $(-\infty,+\infty) \to (-\infty,+\infty)$ 的映照. 证明 $f(x)$ 把直线上 Lebesgue 可测集 (测度是零的集) 映射成 Lebesgue 可测集 (测度是零的集).

(ii) 视 $f(x) = x^2$ 为 $(-\infty,+\infty) \to (-\infty,+\infty)$ 的映照. 证明对于 $f(x)$, (i) 中结论也成立.

4. 设 $g(x)$ 是 $(-\infty,+\infty)$ 上单调增加右连续函数. 证明 $g(x)$ 能够产生出 Lebesgue 可测集类 $\boldsymbol{L}$ 上的测度 g, 并且存在常数 α, 对一切 $E \in \boldsymbol{L}, g(E) = \alpha m(E)$ 成立的充要条件是 $g(x) = \alpha x + c$, 这里 c 是常数.

5. **定义 2.4.4** 设 E 是直线上 Lebesgue 可测集, $x_0 \in E$. 又设 (a,b) 是包含 x_0 的任一开区间. 如果下列极限存在

$$d = \lim_{(a,b)\to x_0} \frac{m((a,b)\bigcap E)}{b-a},$$

称 d 是 E 在点 x_0 的**密度**. 显然 $0 \leqslant d \leqslant 1$. 如果 $d=1$, 称 x_0 是 E 的**全密点**.

(i) 点 a 是否是 $E = [a,b]$ 的有密度的点.

(ii) 作一个集 E, 使它在给定点 x_0 具有密度, 并且密度等于事先给定的值 $c(0<c<1)$.

6. 将习题 5 的定义中的 Lebesgue 测度换为 Lebesgue-Stieltjes 测度 g, 同样引入 (相对于 g 的) 密度

$$d = \lim_{(a,b)\to x_0} \frac{g((a,b)\bigcap E)}{g((a,b))}, \quad (g((a,b)) \neq 0)$$

和 (相对于 g 的) 全密点概念.

试同样讨论习题 5 中的 (i)、(ii).

7. 设 E 是直线上 Lebesgue 可测集, 并且 $m(E) \neq 0$. 证明: 对任何 $c(0<c<1)$, 必存在 (a,b), 使得

$$\frac{m(E\bigcap(a,b))}{b-a} > c.$$

此外, 证明上述结论对 Lebesgue-Stieltjes 测度也有类似结果 (将 $m(E\bigcap(a,b))$ 换成 $g(E\bigcap(a,b)), b-a$ 换成 $g((a,b))$).

8. 设 $g_1(x)$、$g_2(x)$ 是 $(-\infty,+\infty)$ 处处可微的函数, 并且 $0 \leqslant \dfrac{\mathrm{d}}{\mathrm{d}x}g_1(x) \leqslant \dfrac{\mathrm{d}}{\mathrm{d}x}g_2(x)$ 处处成立. 证明 g_2 测度的零集必是 g_1 测度的零集.

9. 举例说明引理 2 中的开集 O 不能换为闭集.

10. 试作一个 Borel 集 E, 使得对任何开区间 (a,b) 都有 $m(E\bigcap(a,b))>0, m(E^c\bigcap(a,b))>0$.

11. 令 $\boldsymbol{O}$ 是直线上开集全体, $\boldsymbol{F}$ 是直线上有界闭集全体. 作 $\boldsymbol{O}\bigcup\boldsymbol{F}$ 上的集函数 μ 如下: 当 $\{(a_\nu,b_\nu)\}$ 是互不相交的开区间时,

$$\mu\left(\bigcup_\nu(a_\nu,b_\nu)\right)=\sum_\nu(b_\nu-a_\nu).$$

当 $F\in\boldsymbol{F}$ 时, 如果 $F\subset(a,b)$, 那么规定 $\mu(F)=b-a-\mu((a,b)-F)$. 对一切直线上的有界集 E, 定义

$$\mu^*(E)=\inf\{\mu(0)|E\subset O,O\in\boldsymbol{O}\},\mu_*(E)=\sup\{\mu(F)|F\subset E,F\in\boldsymbol{F}\}.$$

当 $\mu^*(E)=\mu_*(E)$ 时, 称 E 是可测集. 令 $\boldsymbol{L}'$ 是可测集全体. 证明 $\boldsymbol{L}'$ 是 $\boldsymbol{L}$ 中有界集全体, 而且在 $\boldsymbol{L}'$ 上 $\mu^*=\mu_*=m$.

12. 设 E 是直线上 Lebesgue 可测集, 对每个 E, 作平面上的集 $\widetilde{E}=\{(x,y)|-\infty<x<\infty,y\in E\}$, 令 $\boldsymbol{R}=\{\widetilde{E}|E$ 是直线上 Lebesgue 可测集$\}$. 在 $\boldsymbol{R}$ 上作集函数 $\widetilde{m}$ 如下: 对任何直线上 Lebesgue 可测集 E,

$$\widetilde{m}(\widetilde{E})=m(E).$$

问: $\widetilde{m}$ 是否是完全测度? $\boldsymbol{R}^*$ 是怎样的集类?

13. 证明 Lebesgue 可测集经反射变换 $x\mapsto -x$ 仍是 Lebesgue 可测集, 而且 Lebesgue 测度不变.

14. E 是 Lebesgue 可测集. 如果对一切实数 $a, m(\tau_aE\bigcap E)=0$, 那么 $m(E)=0$.

15. 设 g 是 Borel 集类 $\boldsymbol{B}$ 上的 Lebesgue-Stieltjes 测度, 而且对任何实数 a, 总有

$$g(\tau_aE)=g(E),E\in\boldsymbol{B}.$$

证明必存在非负数 c, 使得对一切 $E\in\boldsymbol{B},g(E)=cm(E)$.

16. 设 m 是平面上的 Lebesgue 测度, u_θ 是平面上的一个映照 (旋转): $(x,y)\mapsto(x',y')$,

$$x'=x\cos\theta+y\sin\theta,y'=-x\sin\theta+y\cos\theta.$$

证明: 对平面上任何 Lebesgue 可测集 $E,u_\theta E$ 也是 Lebesgue 可测集, 而且 $m(u_\theta E)=m(E)$.

第三章　可测函数与积分

§3.1　可测函数及其基本性质

在第二章中, 虽然已经解决了建立新积分方法的首要问题, 把 Riemann 积分中用到的区间长度概念推广, 建立了较一般集上的测度理论. 正如第二章的引言中所说, "积分" 是对函数进行运算, 对于定义在集 E 上的一个函数 f, 先得对它作和式

$$S=\sum_{i=1}^{n}\xi_i\mu(E_i),\quad E_i=E(y_{i-1}\leqslant f(x)<y_i),$$

然后才能研究 S 是否在某种意义下有极限值. 由此可见, 有了测度概念后, 要建立 "积分", 还必须对 E 上的函数 f 加以适当的限制, 即要求每个 E_i 是可测集, 这样和式 S 才有意义, 就是说要求 f 具有这样的性质: 对任何实数 c,d, 集

$$E(c\leqslant f(x)<d)$$

是可测集. 我们只能对具有这种性质的函数来建立 "积分". 后面我们将称具有这种性质的函数为 "可测" 函数. 同时, 我们也应要求当 f、g 都 "可积" 和 α、β 是常数时, $\alpha f+\beta g$ 也可以 "积分" (Riemann 积分就具有这样的性质). 再如, 当 $f_n(n=1,2,3,\cdots)$ 都可 "积分", 并且 $\{f_n\}$ 在某种意义下收敛 (Riemann 积分中常用的是 "一致收敛") 于 f 时, 也希望 f 是可 "积分" 的等. 这样很自然地, 必须考察 "可测" 函数的和、可测函数列的极限是否仍为 "可测" 函数的问题. 这就是这一节的任务.

1. 可测函数

定义 3.1.1 设 X 是基本空间, $\boldsymbol{R}$ 是 X 上的一个 σ-环, 并且

$$X = \bigcup_{E \in \boldsymbol{R}} E,$$

称 $(X, \boldsymbol{R})$ 是**可测空间**, 相应地, 称 $\boldsymbol{R}$ 中的每个元素 E 是 $(X, \boldsymbol{R})$ **上的可测集**, 简称为**可测集**. 特别地, 当 X 是实数直线 $E^1, \boldsymbol{R} = \boldsymbol{L}^g$ 或 $\boldsymbol{L}$ 时, 分别称 $(E^1, \boldsymbol{L}^g)$、$(E^1, \boldsymbol{L})$ 是 Lebesgue-Stieltjes **可测空间**, Lebesgue **可测空间**; 当 X 是 $E^1, \boldsymbol{R} = \boldsymbol{S}(\boldsymbol{R}_0) = \boldsymbol{B}$ 时, 称 $(E^1, \boldsymbol{B})$ 是 **Borel 可测空间.**

Lebesgue 可测空间上可测集称为 Lebesgue 可测集, Borel 可测空间的可测集 (即 Borel 集) 称为 Borel 可测集.

注意, 定义可测空间、可测集时, 严格地说, 并不要求在 $\boldsymbol{R}$ 上已经具有某个测度, 即把可测空间、可测集概念本质上当作是集合论范畴的概念, 这已是通行的看法. 另外, 在很多场合, 把可测空间 $(X, \boldsymbol{R})$ 中的 $\boldsymbol{R}$ 规定为 σ-代数 (在应用中已足够了), 本书中采用规定 $\boldsymbol{R}$ 是 σ-环.

下面引入可测函数的概念.

定义 3.1.2 设 $(X, \boldsymbol{R})$ 是可测空间, E 是 X 的一个子集, f 是定义在 E 上的有限实函数. 如果对一切实数 c, 集 $E(c \leqslant f)$ 都是 $(X, \boldsymbol{R})$ 上可测集 (即 $E(c \leqslant f) \in \boldsymbol{R}$), 那么称 f 是 E **上关于** $(X, \boldsymbol{R})$ **的可测的函数**, 简称是 E **上可测函数**.

特别, 当 $(X, \boldsymbol{R})$ 是 Lebesgue-Stieltjes 可测空间 $(E^1, \boldsymbol{L}^g)$, Lebesgue 可测空间 $(E^1, \boldsymbol{L})$ 或是 Borel 可测空间 $(E^1, \boldsymbol{B})$ 时, 分别称 f 是 E 上 (关于 g 的) Lebesgue-Stieltjes 可测函数, Lebesgue 可测函数或 Borel 可测函数.

可测函数的这个定义与本节一开始所说的 “可测” 函数的概念是等价的.

定理 3.1.1 设 $(X, \boldsymbol{R})$ 是可测空间, f 是定义在 $E \subset X$ 上的有限实函数, f 是 E 上可测函数的充要条件是对一切实数 c 和 d, 集 $E(c \leqslant f < d)$ 是可测集.

证 设 f 是可测函数, 由于 $E(c \leqslant f < d) = E(c \leqslant f) - E(d \leqslant f)$, 而 $E(c \leqslant f)$、$E(d \leqslant f)$ 都是可测集, 所以 $E(c \leqslant f < d)$ 是可测集. 反之, 如果已知对任何 $c, d, E(c \leqslant f < d)$ 是可测集, 那么由

$$E(c \leqslant f) = \bigcup_{n=1}^{\infty} E(c \leqslant f < c + n)$$

立即推出 $E(c \leqslant f)$ 是可测集. 证毕

现在举几个例子.

例 1 定义在 $[a,b]$ 上的任何一个连续函数 f 是 $[a,b]$ 上 Lebesgue 可测函数.

事实上, 对任何实数 c, 由 f 的连续性, 集 $\{x|x\in[a,b],c\leqslant f\}$ 是 $[a,b]$ 中的闭集 (见 §1.4 习题 3), 因此它是可测集. 所以 f 是 $[a,b]$ 上的可测函数.

例 2 设函数 f 是定义在 $(-\infty,+\infty)$ 上, 它分别在互不相交区间 $<a_i,b_i>$ 上取常数 $\alpha_i(i=1,2,\cdots,n)$ 而在 $\bigcup\limits_{i=1}^{n}<a_i,b_i>$ 外函数值为零. 这种函数称为**阶梯函数**, 它是 Lebesgue 可测函数.

事实上, 这是因为对任何实数 $c,\{x|-\infty<x<+\infty,c\leqslant f\}$ 或是全直线, 或是空集, 或是有限个区间的和集. 它们都是 Lebesgus 可测的.

例 3 比例 2 更一般地, 设 $(X,\boldsymbol{R})$ 是可测空间, E、$E_i(i=1,2,\cdots,n)\in\boldsymbol{R},E\supset\bigcup\limits_{i=1}^{n}E_i$, 且 $E_i\bigcap E_j=\varnothing,i\neq j$. $f(x)$ 是定义在 E 上的函数, 它在集 E_i 上取常数 α_i, 而在 $\bigcup\limits_{i=1}^{n}E_i$ 之外为零, 这种函数是 E 上的可测函数.

例 4 不可测函数的例: $(E^1,\boldsymbol{L})$ 是 Lebesgue 可测空间, Z 是 Lebesgue 不可测集 (见 §2.4), $f(x)$ 是 Z 的特征函数 $\chi_Z(x),x\in E^1$. 由于 $\left\{x|x\in E^1,\chi_Z(x)\geqslant\dfrac{1}{2}\right\}=Z$, 所以 E^1 上的函数 $\chi_Z(x)$ 不是 Lebesgue 可测的函数.

例 5 也有这样的可测空间 $(X,\boldsymbol{R})$, 定义在 X 上的所有函数都是可测的. 例如, 取 $\boldsymbol{R}$ 为 X 的所有子集全体. f 是定义在 X 上的任何一个有限实函数, 对任何 c, 显然 $X(c\leqslant f)\in\boldsymbol{R}$, 所以 f 是 X 上的可测函数. 特别地, 当 X 是自然数集 N 时, 定义在 N 上任何函数 f 必是 $(N,\boldsymbol{R})$ 上可测函数.

2. 可测函数的性质

定理 3.1.2 设 $(X,\boldsymbol{R})$ 是可测空间, $E\subset X,f$ 是定义在 E 上的有限的实函数. 下列命题成立:

1° 当 f 是 E 上可测函数时, E 本身必是可测集;

2° 当 f 是 E 上可测函数时, f 作为 E 的任何可测子集 E_1 上函数时, 它是 E_1 上的可测函数;

3° 设 $E_1\bigcap E_2=\varnothing,E=E_1\bigcup E_2,E_1,E_2$ 是可测集, 那么 f 是 E 上的可测函数的充要条件是 f 为 $E_j(j=1,2)$ 上的可测函数;

4° 当 $\boldsymbol{R}$ 是 σ-代数时, 集 E 是可测集的充要条件是定义在 X 上的集 E 的特征函数 $\chi_E(x)$ 为可测函数.

证 1° 因为

$$E=\bigcup_{n=1}^{\infty}E(-n\leqslant f),$$

而根据可测函数的定义, 集 $E(-n\leqslant f)$ 是可测的, 所以 E 是可测集.

2° 对任何实数 c, 由于

$$E_1(c\leqslant f)=E(c\leqslant f)\bigcap E_1,$$

而 $E(c\leqslant f)$ 和 E_1 都是可测集, 所以 $E_1(c\leqslant f)$ 是可测集, 即 f 作为 E_1 上函数时, 它是 E_1 上的可测函数.

3° 设 f 是 E 上可测函数, 由 2°, f 是 E_1, E_2 的可测函数. 反过来, 如果 f 是 E_1, E_2 上可测函数, 对任何实数 c, 由于

$$E(c\leqslant f)=E_1(c\leqslant f)\bigcup E_2(c\leqslant f),$$

所以 $E(c\leqslant f)$ 是可测集, 即 f 是 E 上可测函数.

4° 必要性: 由于

$$X(c\leqslant\chi_E(x))=\begin{cases}\varnothing, & 当\ c>1,\\ E, & 当\ 1\geqslant c>0,\\ X, & 当\ 0\geqslant c,\end{cases}$$

而 $\varnothing, E, X$ 都是可测集, 所以 $\chi_E(x)$ 是 X 上可测函数. 充分性由上面式子即知.

证毕

显然, 性质 3° 可以推广到有限个或可列个可测集 $E_1, E_2, \cdots, E_n \cdots$, 并且 E_i, E_j 可以相交的情况.

为今后讨论的方便, 再介绍可测函数的另外几个等价定义.

定理 3.1.3 设 $(X, \boldsymbol{R})$ 是可测空间, $E\subset X$. 下面三种条件中的任何一个都是 E 上有限的实函数 f 成为可测函数的充要条件:

1° 对任何 c, 集 $E(c<f)$ 是可测集;

2° 对任何 c, 集 $E(f\leqslant c)$ 是可测集;

3° 对任何 c, 集 $E(f<c)$ 是可测集.

证 要证明以上三种条件 1°, 2°, 3° 都是可测函数的充要条件, 只要由函数的可测性推出 1°, 由 1° 推出 2°, 由 2° 又推出 3°, 再证满足条件 3° 的函数一定是可测函数就可以了.

现在证明可测函数有性质 1°: 对任何 c, 由于 (见 (1.1.7))

$$E(c<f)=\bigcup_{n=1}^{\infty}E\left(c+\frac{1}{n}\leqslant f\right),$$

根据函数的可测性, 上式右边的每个 $E\left(c+\frac{1}{n}\leqslant f\right)$ 是可测集, 所以 $E(c<f)$ 是可测集.

$1^\circ \Rightarrow 2^\circ$　设 f 满足1°, 那么 $E(-n<f)$ 是可测集. 因为 $E=\bigcup_{n=1}^{\infty}E(-n<f)$, 所以 E 是可测集. 对任何 c, 由于

$$E(f\leqslant c)=E-E(c<f),$$

再根据 1°, 立即知道 $E(f\leqslant c)$ 是可测集.

$2^\circ \Rightarrow 3^\circ$　设 f 满足条件 2°, 那么 $E\left(f\leqslant c-\frac{1}{n}\right)$ 是可测集. 对任何 c, 由于

$$E(f<c)=\bigcup_{n=1}^{\infty}E\left(f\leqslant c-\frac{1}{n}\right),$$

所以 $E(f<c)$ 是可测集.

最后再证满足 3° 的函数必是可测函数: 设 f 满足条件 3°, 由于

$$E=\bigcup_{n=1}^{\infty}E(f<n),$$

所以 E 是可测集, 再利用等式

$$E(c\leqslant f)=E-E(f<c),$$

便推出 $E(c\leqslant f)$ 是可测集, 所以 f 是可测函数.　　证毕

下面转入可测函数之间的代数运算和函数列极限的讨论.

定理 3.1.4　设 $(X,\boldsymbol{R})$ 是可测空间, $E\subset X$. 又设 f,g 都是 E 上的可测函数, 那么

1°　对任何实数 $\alpha, \alpha f$ 是 E 上的可测函数.

2°　$f+g$ 是 E 上的可测函数.

3°　fg 以及 f/g (假设对每个 $x\in E, g(x)\neq 0$) 都是 E 上的可测函数.

4°　$\max(f,g)$, $\min(f,g)$ 都是 E 上的可测函数.

证　1° 当 $\alpha=0$ 时, $\alpha f\equiv 0$, 显然它是 E 上可测函数. 当 $\alpha>0$ 时, 对任何 c, 由于

$$E(c\leqslant \alpha f)=E\left(\frac{c}{\alpha}\leqslant f\right),$$

而 $E\left(\frac{c}{\alpha}\leqslant f\right)$ 是可测集, 所以 $E(c\leqslant \alpha f)$ 是可测集, 因此 αf 是可测函数. 同样可考察 $\alpha<0$ 的情况.

2° 设 $r_1, r_2, \cdots, r_n, \cdots$ 是有理数全体, 对任何 c, 下面等式成立:

$$E(c < f+g) = \bigcup_{i=1}^{\infty}(E(f > r_i)\bigcap E(g > c - r_i)). \tag{3.1.1}$$

事实上, 对任何 $x_0 \in E(c < f+g)$, 那么

$$f(x_0) > c - g(x_0).$$

因此, 至少有一个有理数 r_i, 使得

$$f(x_0) > r_i > c - g(x_0),$$

所以这个 $x_0 \in E(f > r_i)\bigcap E(g > c - r_i)$. 从而

$$E(c < f+g) \subset \bigcup_{i=1}^{\infty}(E(f > r_i)\bigcap E(g > c - r_i)). \tag{3.1.2}$$

反过来, 对任何 $x_0 \in \bigcup_{i=1}^{\infty}(E(f > r_i)\bigcap E(g > c - r_i))$, 必存在某个 i, 使得 $x_0 \in E(f > r_i)\bigcap E(g > c - r_i)$, 即同时成立着

$$f(x_0) > r_i, g(x_0) > c - r_i,$$

从而 $f(x_0) + g(x_0) > c$, 即 $x_0 \in E(c < f+g)$. 也就是说

$$E(c < f+g) \supset \bigcup_{i=1}^{\infty}(E(f > r_i)\bigcap E(g > c - r_i)), \tag{3.1.3}$$

(3.1.2), (3.1.3) 结合起来就是 (3.1.1).

当 f、g 可测时, (3.1.1) 右边的每个集都是可测集, 所以 $E(c < f+g)$ 是可测集, 即 $f+g$ 是可测函数.

由 1°、2°, 显然可知任意有限个可测函数的线性组合也是可测的.

3° 先证明 f^2 是可测的. 事实上, 对任何非负数 c, 由于 $E(f^2 \geqslant c) = E(f \geqslant \sqrt{c})\bigcup E(f \leqslant -\sqrt{c})$, 所以 $E(f^2 \geqslant c)$ 是可测集. 而当 $c < 0$ 时, $E(f^2 \geqslant c) = E$, 这也是可测集. 这就是说 f^2 是可测函数. 一般情况, 由于

$$fg = \frac{1}{4}\{(f+g)^2 - (f-g)^2\},$$

再根据 1°, 2° 以及刚证明的性质, fg 也是可测函数.

关于 f/g 的可测性可以这样证明: 由于

$$E\left(\frac{1}{g} > c\right) = \begin{cases} E\left(g < \dfrac{1}{c}\right)\bigcap E(g > 0), \text{ 当 } c > 0, \\ E(g > 0)\bigcup\left(E(g < 0)\bigcap E\left(g < \dfrac{1}{c}\right)\right), \text{ 当 } c < 0, \\ E(g > 0), \text{ 当 } c = 0, \end{cases}$$

上式三种情况 $(c>0, c<0, c=0)$ 右边所出现的集都是可测的, 所以 $\frac{1}{g}$ 是可测函数. 因此 $f/g = f\cdot 1/g$ 是可测函数.

4° 对任何 c, 由于

$$E(c\leqslant \max(f,g)) = E(c\leqslant f)\bigcup E(c\leqslant g),$$

所以 $\max(f,g)$ 是可测函数. 由于 $\min(f,g) = -\max(-f,-g)$, 利用 1° 便得到 $\min(f,g)$ 也是可测的.

系 如果 f 在 E 上是可测的, $|f|$ 也在 E 上是可测的.

证 由于

$$|f| = \max(f,-f),$$

根据定理 3.1.4 的 1°、4° 便知道 $|f|$ 是可测函数.

3. 可测函数列的极限 关于可测函数列有如下结果.

定理 3.1.5 设 $(X,\boldsymbol{R})$ 是可测空间, $E\subset X$. 又设 $\{f_n\}$ 是 E 上一列可测函数, 那么当 $\{f_n\}$ 的上确界函数、下确界函数、上限函数、下限函数分别是有限函数时, 它们都是 E 上的可测函数.

证 先证 $\{f_n\}$ 的上确界函数 F 是可测的. 因为

$$F(x) = \lim_{n\to\infty}\max\{f_1(x), f_2(x),\cdots, f_n(x)\},$$

由于 $F_n(x) = \max(f_1(x),\cdots,f_n(x))$ 是可测函数, 而且 $\{F_n(x)\}$ 是函数的单调增加序列, $F(x) = \lim\limits_{n\to\infty}F_n(x)$. 所以对任何 c,

$$E(F>c) = \bigcup_{n=1}^{\infty}E(F_n>c),$$

(见 §1.1 习题 7) 从而 $E(F>c)$ 是可测集.

同样, $\{f_n\}$ 的下确界函数

$$\begin{aligned} f &= \lim_{n\to\infty}\min\{f_1, f_2,\cdots, f_n\}\\ &= -\lim_{n\to\infty}\max\{-f_1,-f_2,\cdots,-f_n\}, \end{aligned}$$

所以 f 是可测函数.

再证 $\{f_n\}$ 的上限函数 $\overline{\lim\limits_{n\to\infty}} f_n$ 是可测的. 记 G_n 为序列 $f_n, f_{n+1},\cdots, f_{n+m},\cdots$ 的上确界函数, 根据上面所证, G_n 为可测的, 根据 (1.5.22, 1.5.23)

$$\varlimsup_{n\to\infty} f_n = \lim_{n\to\infty} G_n.$$

但是 $G_1 \geqslant G_2 \geqslant \cdots \geqslant G_n \geqslant \cdots$, 因此 $\lim\limits_{n\to\infty} G_n$ 又是可测函数列 $\{G_n\}$ 的下确界函数, 它是可测的. 所以 $\overline{\lim\limits_{n\to\infty}} f_n$ 是可测的.

同样可证 $\underline{\lim\limits_{n\to\infty}} f_n$ 是可测的. 证毕

系 设 $\{f_n\}$ 是 E 上一列有限的可测函数, 如果对一切 $x \in E$, $\lim\limits_{n\to\infty} f_n$ 存在, 而且是有限值, 那么极限函数 $\lim\limits_{n\to\infty} f_n$ 是可测的.

证 因为 $\lim\limits_{n\to\infty} f_n = \overline{\lim\limits_{n\to\infty}} f_n = \underline{\lim\limits_{n\to\infty}} f_n$, 所以它是可测的.

定理 3.1.6 设 $(X, \boldsymbol{R})$ 是可测空间, $E \subset X$. 又设 f 是 E 上有限的可测函数, 一定存在一列 $\{f_n\}$, 每个 f_n 是可测集的特征函数的线性组合, 使得 $\{f_n\}$ 在 E 上处处收敛于 f.

这个定理说明用可测集的特征函数线性组合可以逼近可测函数.

证 事实上, 对任何自然数 n, 记

$$E_j^{(n)} = E\left(\frac{j}{n} \leqslant f < \frac{j+1}{n}\right),$$
$$j = -n^2, -n^2+1, \cdots, 0, 1, \cdots, n^2-1,$$

作出函数

$$f_n = \sum_{-n^2}^{n^2-1} \frac{j}{n} \chi_{E_j^{(n)}},$$

显然, 它是 E 上可测集的特征函数的线性组合. 任取 $x_0 \in E$, 由于 $|f(x_0)| < \infty$, 所以存在 N, 使得 $|f(x_0)| < N$, 这时对自然数 $n \geqslant N$, 总有一个整数 $j, -n^2 \leqslant j < n^2-1$, 使得 $\dfrac{j}{n} \leqslant f(x_0) < \dfrac{j+1}{n}$, 即 $x_0 \in E_j^{(n)}$. 然而根据 f_n 作法知道 $f_n(x_0) = \dfrac{j}{n}$, 所以当 $n \geqslant N$ 时,

$$|f_n(x_0) - f(x_0)| < \frac{1}{n}.$$

这就是说 $\{f_n(x_0)\}$ 收敛于 $f(x_0)$. 由于 x_0 是 E 中任意取的, 所以 $\{f_n\}$ 在 E 上处处收敛于 f. 证毕

下面是一个有用的系, 由读者自己证明它.

系 设 f 是 E 上有界的可测函数, 必存在可测集上特征函数的线性组合的函数序列 $\{f_n\}$, 使得 $\{f_n\}$ 在 E 上一致收敛于 f.

4. 允许取 $\pm\infty$ 值的可测函数 前面讨论的可测函数都是限定函数值是有限的. 在某些场合 (特别是出现极限运算时), 如将可测函数概念推广到可取 $\pm\infty$ 值的函数是有一定方便的.

定义 3.1.3 设 $(X,\boldsymbol{R})$ 是可测空间, $E\subset X, f$ 是定义在 E 上的实函数 (允许取值 $\pm\infty$). 如果对任何实数 c (c 可以是 $\pm\infty$), $E(c\leqslant f)\in\boldsymbol{R}$, 那么称 f 是 E 上 (关于 $(X,\boldsymbol{R})$) 的可测函数, 简称是 E 上的可测函数.

取 $c=-\infty$, 从 $E=E(-\infty\leqslant f)$ 知道可测函数 f 的定义域 E 必是可测集.

从定义以及等式

$$E(f=+\infty)=\bigcap_{n=1}^{\infty}E(n\leqslant f),$$

$$E=E(f=-\infty)\bigcup\left(\bigcup_{n=1}^{\infty}E(-n<f)\right),$$

立即又知道 $E(f=+\infty)$、$E(f=-\infty)$ 都是可测集. 从而 $E_1=E-(E(f=+\infty)\bigcup E(f=-\infty))$ 是可测集, 并且 f 是 E_1 上的有限实函数. 又由于 $E_1(f\geqslant c)=E_1\bigcap E(f\geqslant c)$, 所以 f 是 E_1 上有限的可测函数. 允许取 $\pm\infty$ 值的可测函数具有与有限可测函数相仿的代数与极限性质, 而证明方法差不多也是一样的, 有时仅需对取到 $\pm\infty$ 值的那些集作一点单独处理, 不难把本节中的定理 3.1.1—3.1.6 的结果加以推广. 今将它们概括为如下四个定理 (读者自己证明.)

定理 3.1.1′ 设 $(X,\boldsymbol{R})$ 是可测空间, $E\subset X, f$ 是 E 上实函数, 那么

1° 当 f 可测时, E 必是可测集;

2° 当 f 可测时, f 作为 E 的可测子集 E_1 上函数时也是可测的;

3° 当 $E_1\bigcap E_2=\varnothing, E=E_1\bigcup E_2, E_1$、$E_2\in\boldsymbol{R}$ 时, f 在 E 上是可测的充要条件为 f 同时是 E_1、E_2 上的可测函数;

4° f 是 E 上可测函数的充要条件为下面四个中的任何一个成立 (下面"实数"指可取无限大的实数):

(i) $E(f=\infty)\in\boldsymbol{R}$, 并且对任何实数 $c,d, E(c\leqslant f<d)\in\boldsymbol{R}$.

(ii) $E(f=-\infty)\in\boldsymbol{R}$, 并且对任何实数 $c, E(c<f)\in\boldsymbol{R}$.

(iii) 对任何实数 $c, E(f\leqslant c)\in\boldsymbol{R}$.

(iv) $E(f=\infty)\in\boldsymbol{R}$, 并且对任何实数 $c, E(f<c)\in\boldsymbol{R}$.

定理 3.1.2′ 设 $(X,\boldsymbol{R})$ 是可测空间, $E\subset X$, 又设 f、g 是 E 上可测函数, 那么

1° 对任何实数 α, 如果 αf 有意义①, 那么 αf 是 E 上可测函数;

2° 如果 $f+g$ 有意义①, 那么 $f+g$ 是 E 上可测函数;

3° 如果 fg、f/g 是有意义的①, 那么它们都是 E 上可测函数;

4° $\max(f,g)$、$\min(f,g)$ 都是 E 上可测函数;

---

①即 $\alpha f(x), f(x)+g(x), f(x)g(x), f(x)/g(x)$ 等在 x 点不发生 $0\cdot\infty, \infty+(-\infty), 0/0, \infty/\infty$ 等不定情况.

5° $|f|$ 是 E 上可测函数.

定理 3.1.3′ 设 $(X,\boldsymbol{R})$ 是可测空间, $E\subset X$. 又设 $\{f_n\}$ 是 E 上可测函数的序列. 那么 $\{f_n\}$ 的上确界函数、下确界函数、上限函数、下限函数等都是 E 上的可测函数.

定理 3.1.4′ 设 $(X,\boldsymbol{R})$ 是可测空间, $E\subset X$. 又设 f 是 E 上可测函数, 一定存在一列 $\{f_n\}$, 每个 f_n 是可测集的特征函数的线性组合, 使得 $\{f_n\}$ 在 E 上处处收敛于 f.

请读者注意, 除这一小节外, 本书其余地方, 如无特别说明, "函数" 均指 "有限函数", "实数" 均指有限实数.

5. Borel 可测函数 前面讨论了一般可测空间 $(X,\boldsymbol{R})$ 上的可测函数. 它的一个重要的特殊情况就是 Lebesgue 可测空间上的 Lebesgue 可测函数. 现在还要简要介绍一下比 Lebesgue 可测函数更为特殊, 但是却又常常用到的 Borel 可测函数概念.

定义 3.1.4 $\boldsymbol{B}$ 是 E^1 上 Borel 集全体, $(E^1,\boldsymbol{B})$ 是 Borel 可测空间, 设 f 是定义在 E 上的有限实函数, 如果对一切实数 c, 集 $E(c\leqslant f)$ 都是 Borel 集, 那么称 f 是 E 上 **Borel 可测函数**, 也称做 **Baire (贝尔) 函数**[①].

对 $(E^1,\boldsymbol{B})$ 用定理 3.1.2 的 1°, 就知道 Borel 可测函数的定义域 E 必是 Borel 可测集. 例 1、例 2 中函数都是 Borel 可测函数.

记 E 上所有 Borel 可测函数全体为 $\mathscr{B}(E)$, 称 $\mathscr{B}(E)$ 为 Borel可测函数类或 Baire函数类. 根据定理 3.1.4, 3.1.5 及定理 3.1.5 的系便知道 $\mathscr{B}(E)$ 是关于代数运算及极限运算封闭的函数类. 换句话说, 当 $f,h\in\mathscr{B}(E)$ 时, 那么它们的线性组合 $\alpha f+\beta h$, 最大值函数 $\max(f,h)$, 绝对值函数 $|f|$ 等都是 $\mathscr{B}(E)$ 中的函数. 当 $\{f_n\}$ 是 $\mathscr{B}(E)$ 中的一列函数, 那么 $\overline{\lim}\, f_n, \underline{\lim} f_n, \lim f_n$ (如果存在且是有限函数) 都是 $\mathscr{B}(E)$ 中的函数.

Borel 可测函数类 $\mathscr{B}(E)$ 还可以用另一种方式引入. 例如当 $E=[a,b]$(E 为一般 Borel 集情况也一样讨论). E 上所有连续函数全体记为 $\mathscr{B}_0(E)$, 称为第零类. 任取 $\mathscr{B}_0(E)$ 中一列函数 $\{f_n\}$, 如果 $\lim\limits_{n\to\infty} f_n$ 存在, 而且是有限函数, 当 $f=\lim\limits_{n\to\infty} f_n$ 不属于 $\mathscr{B}_0(E)$ 时, 这种 f 的全体记为 $\mathscr{B}_1(E)$, 称为第一类. 然后再从 $\mathscr{B}_0(E)\bigcup\mathscr{B}_1(E)$ 中任取一列函数 $\{f_n\}$, 如果 $\lim\limits_{n\to\infty} f_n$ 存在且是有限函数, $f=\lim\limits_{n\to\infty} f_n$ 不属于 $\mathscr{B}_0(E)\bigcup\mathscr{B}_1(E)$ 时, 这种 f 的全体记为 $\mathscr{B}_2(E)$, 如此一直进行下去所得到的函数全体记为 $\mathscr{B}(E)$. Baire 就曾经是用这种方式引入的, 所以 $\mathscr{B}(E)$ 又称为 Baire 函数类.

①在一般拓扑空间情况下, Borel 函数类与 Baire 函数类是有区别的, 在 n 维欧几里得空间中是没有区别的.

下面是 Borel 可测函数和 Lebesgue 可测函数的关系.

定理 3.1.7 设 E 是直线上点集, f 是定义在 E 上的有限实函数. 如果 f 在 E 上是 Borel 可测的, 那么 f 必是 E 上 Lebesgue 可测函数.

证 因 f 在 E 上是 Borel 可测的, 所以, 对任何实数 $c, E(f \geqslant c) \in \boldsymbol{B}$, 但 $\boldsymbol{B} \subset \boldsymbol{L}$, 因而 f 在 E 上是 Lebesgue 可测的. 证毕

下面是更为深入的结果.

定理 3.1.8 设 E 是直线上的点集, f 是 E 上有限的 Lebesgue 可测函数, 那么一定存在全直线上的 Borel 可测函数 h, 使得 $m(E(f \neq h)) = 0$.

证 根据定理 3.1.6, 存在 E 上一列函数 $\{f_n\}$, 每个 f_n 是 Lebesgue 可测集 (E 的子集) 的特征函数的线性组合, 即 $f_n = \sum\limits_{i=1}^{l_n} \alpha_i^{(n)} \chi_{E_i}^{(n)}$, 使得 $\{f_n\}$ 在 E 上处处收敛于 f.

又根据定理 2.4.9, 对每个 $E_i^{(n)}$, 存在 Borel 集 $B_i^{(n)}$, 使得 $E_i^{(n)} \supset B_i^{(n)}$, 而且 $m(E_i^{(n)} - B_i^{(n)}) = 0$.

作直线上函数

$$h_n = \sum_{i=1}^{l_n} \alpha_i^{(n)} \chi_{B_i}^{(n)}, \quad n = 1, 2, 3, \cdots,$$

显然, $h_n (n = 1, 2, 3, \cdots)$ 都是 Borel 可测的, 而且 $E(f_n \neq h_n) \subset \bigcup\limits_{i=1}^{l_n} (E_i^{(n)} - B_i^{(n)})$, 因此 $m(E(f_n \neq h_n)) = 0$. 记 $E_0 = \bigcup\limits_{n=1}^{\infty} E(f_n \neq h_n)$, 显然 $m(E_0) = 0$.

由于在 E 上, $\lim\limits_{n \to \infty} f_n = f$, 所以

$$\lim_{n \to \infty} h_n(x) = f(x), \quad x \in E - E_0, \tag{3.1.4}$$

再根据定理 2.4.9, 有 Borel 集 $B_0 \supset E_0$, 适合 $m(B_0) = 0$. 令 $B_1 = E^1 - B_0, B_1$ 是 Borel 集. 从 (3.1.4) 得到

$$\chi_{B_1}(x) f(x) = \lim_{n \to \infty} h_n(x) \chi_{B_1}(x), \quad x \in E \bigcap B_1, \tag{3.1.5}$$

当 $x \in E - B_1$ 时, (3.1.5) 式两边在这种点上的值都是零, 因此 (3.1.5) 式实际上是在 E 上成立.

对原来只定义在 E 上的函数 $\tilde{h}(x) = \chi_{B_1}(x) f(x)$ 补充定义它在 $E^1 - E$ 上的值是零, 补充定义后所得的全直线上定义的函数记为 $h(x)$. 显然, 在全直线上有

$$h(x) = \lim_{n \to \infty} h_n(x) \chi_{B_1}(x), \tag{3.1.6}$$

因为 $\{h_n\chi_{B_1}\}$ 是直线上的 Borel 可测函数列, 由定理 3.1.5 的系, h 是直线上的 Borel 可测函数. 显然 $E(f\neq h)\subset B_0$, 因而 $m(E(f\neq h))=0$. 证毕

定理 3.1.8 可以推广到更一般的测度空间上 (见 §3.2 的习题 15).

习 题 3.1

1. 设 $(X,\boldsymbol{R})$ 是可测空间, $E\subset X, f$ 是 E 上可测函数. 证明: 对任何实数 $a, E(f=a)$ 是可测集.

2. 设 $(X,\boldsymbol{R})$ 是可测空间, $E_1,\cdots,E_n$ 是有限个可测集. 证明: f 在 $E=\bigcup\limits_{i=1}^{n}E_i$ 上是可测的充要条件是 f 在每个 $E_i(i=1,2,\cdots,n)$ 上是可测的. 再证上述命题对于 $\{E_i\}$ 是一列可测集也是正确的.

3. 设 $(X,\boldsymbol{R})$ 是可测空间, $E\subset X$. 证明 f 是 E 上可测函数的充要条件是对一切有理数 $r, E(f\geqslant r)$ 是可测集.

4. 设 $(X,\boldsymbol{R})$ 是可测空间, $E\subset X, f$ 是 E 上有界可测函数. 证明必存在可测集的特征函数线性组合形式的函数序列 $\{f_n\}$ 在 E 上一致收敛于 f, 并且 $|f_n(x)|\leqslant \sup\limits_{x\in E}|f(x)|(n=1,2,3,\cdots)$.

5. 设 $(X,\boldsymbol{R})$ 是可测空间, $E\subset X, f$ 是 E 上可测函数. 证明下列命题成立.

(i) 对直线上任何开集 $O, f^{-1}(O)$ 是可测集.

(ii) 对直线上任何闭集 $F, f^{-1}(F)$ 是可测集.

(iii) 对直线上任何 G_δ 型或 F_σ 型集 $M, f^{-1}(M)$ 是可测集.

(iv) 对直线上任何 Borel 集 $M, f^{-1}(M)$ 是可测集.

6. 设 $(X,\boldsymbol{R})$ 是可测空间, $E\subset X, f$ 是 E 上可测函数. 又设 h 是直线上 Borel 可测函数, 证明 $h(f)$ 是 E 上可测函数.

7. 设 $(X,\boldsymbol{R})$ 是可测空间, $E\subset X,\{f_n\}$ 是 E 上一列有限的可测函数, 并且 $\{f_n\}$ 在 E 上处处收敛 (允许极限值是 $\pm\infty$)f. 证明 $E(f=+\infty)$、$E(f=-\infty)$ 都是可测集, 并且对任何实数 $c, E(f\geqslant c)$ 也是可测集.

8. 证明本节的定理 $3.1.1'$, $3.1.2'$, $3.1.3'$, $3.1.4'$.

9. 设 E 是直线上的点集, f 是 E 上 Lebesgue 可测函数, h 是直线上 Lebesgue 可测函数. 问 $h(f)$ 是否必是 E 上 Lebesgue 可测函数.

10. 设 f 是直线上点集 E 上的有限函数, 并且关于 $(E^1,\boldsymbol{L}^g)$ 是可测的. 证明, 必存在全直线上的 Borel 可测函数 h, 使得 $g(E(f\neq h))=0$ (这是定理 3.1.8 在 Lebesgue-Stieltjes 可测函数情况下的推广).

11. 设 $f(x)$ 是直线上 Lebesgue (或 Borel) 可测函数, a 是任一常数. 证明 $f(ax)$ 是直线上 Lebesgue (或 Borel) 可测函数.

12. 设 $f(x)$ 是直线上 Lebesgue (或 Borel) 可测函数. 证明 $f(x^3), f(x^2), f\left(\dfrac{1}{x}\right)$ (当 $x=0$ 时, 规定 $f\left(\dfrac{1}{0}\right)=0$) 等都是 Lebesgue (或 Borel) 可测函数.

13. (i) 当 f 是 $[a,b]$ 上的连续函数、单调函数、阶梯函数时, f 必是 $[a,b]$ 上 Borel 可测函数.

(ii) 当 $f(x)$ 是 $(-\infty,+\infty)$ 上处处可微的函数时, 证明 $\dfrac{\mathrm{d}}{\mathrm{d}x}f(x)$ 必是 $(-\infty,+\infty)$ 上的 Borel 可测函数.

14. 设 X 是一个集, $\{f_\lambda|\lambda\in\Lambda\}$ 是定义在 X 上的一族有限实函数, $\boldsymbol{R}$ 是由 X 的某些子集所成的 σ-环.

证明 $\boldsymbol{R}$ 是使得一切 $f_\lambda(\lambda\in\Lambda)$ 都可测的最小 σ-代数的充要条件是 $\boldsymbol{R}$ 是包含一切 $X(r<f_\lambda)(\lambda\in\Lambda)$ 的最小 σ-代数, 这里 r 遍取有理数.

§3.2 可测函数列的收敛性与 Lebesgue 可测函数的结构

在上一节中, 我们考察了可测函数类对代数运算和极限运算的封闭性, 在那里并未出现测度. 从本节开始, 将在可测空间上引入测度, 讨论可测函数序列的两种与测度有关的重要收敛 —— 几乎处处收敛和依测度收敛. 最后还要讨论在测度观念下的 Lebesgue 可测函数的结构.

1. 测度空间和 "几乎处处"

定义 3.2.1 设 $(X,\boldsymbol{R})$ 是可测空间, μ 是 $\boldsymbol{R}$ 上的测度, 称 $(X,\boldsymbol{R},\mu)$ 是**测度空间**. 当 μ 是 $\boldsymbol{R}$ 上的有限测度, 或是 $\boldsymbol{R}$ 上的全有限测度、σ-有限测度、全 σ-有限测度时, 相应地称 $(X,\boldsymbol{R},\mu)$ 是**有限测度空间**, 或是**全有限测度空间**、**σ-有限测度空间**、**全 σ-有限测度空间**.

例 1 $(E^1,\boldsymbol{L},m)$ 是全 σ-有限测度空间.

通常称 $(E^1,\boldsymbol{L},m)$ 是 Lebesgue **测度空间**.

同样, $(E^1,\boldsymbol{L}^g,g)$ 也是全 σ-有限测度空间. 特别地, 当 $g(+\infty)-g(-\infty)<\infty$ 时, $(E^1,\boldsymbol{L}^g,g)$ 还是全有限的测度空间.

通常称 $(E^1,\boldsymbol{L}^g,g)$ 是 (由 g 导出的) Lebesgue-Stieltjes **测度空间**.

引入测度的目的是在于建立积分, 可以设想, 具有零测度的集在积分中实质上不影响可积性和积分效果, 所以在积分的理论中, "几乎处处" 是重要的观念.

几乎处处 设 $(X,\boldsymbol{R},\mu)$ 是测度空间, $E\subset X$, P 是与 E 中的点有关的某个命题. 如果存在一个测度为零的集 E_0, 当 $x\in E-E_0$ 时, 命题 P 都成立, 我们称命题 P 在 E 上**几乎处处**成立, 或称在 E 上**概**成立.

换言之, 所谓命题 P 在 E 上几乎处处成立, 就是 E 中使得命题 P 不成立的点总是包含在某个测度为零的集中. 注意, 这里 E 本身并不一定是可测集, E_0 也不必要求包含在 E 中, 但当 E 是可测集时, E_0 就可不妨取为 E 的子集 (否则用 $E\bigcap E_0$ 代替 E_0 即可).

例如 "函数 f 和 h 在 E 上是几乎处处相等" 意即 E 中使得 $f(x)\neq h(x)$ 的那些 x 全体是包含在某个测度为零的集 E_0 中, 而对于 $x\in E-E_0$, 总有

$f(x)=h(x)$. 我们用 $f \underset{\mu}{\doteq} h$ 或用 $f=h, a.e.$ 表示 "函数 f 和 h 在 E 上几乎处处相等". 这里 "·" 表示 "几乎处处", 而等号下的 "μ" 表示这里的 "几乎处处" 是对测度 μ 而言的. 因为在一般情况下, 在一个可测空间 $(X, \boldsymbol{R})$ 上可以同时引入许多测度, 一个 $\boldsymbol{R}$ 中的集 E_0 可以是某个测度的零集, 但可能不是另外一个测度的零集. 因而在用 "几乎处处" 这个术语时, 必需要注明是对哪个测度说的. 所以, 在多个测度情况时, "μ" 必须标出. 当然, 在仅出现一个测度的场合, "μ" 自然可以省去.

又如, "在 E 上 f 几乎处处大于 h" 就是 $f(x) \leqslant h(x)$ 的所有 x 全体是包含在某个测度为零的集 E_0 中, 记为 $f \underset{\mu}{>} h$ (或 $f \underset{\mu}{>} h, a.e.$). 再如, "$\{f_n\}$ 在 E 上几乎处处收敛于 f" 就是 $\lim\limits_{n\to\infty} f_n(x)$ 不存在的点、或虽存在但 $\lim\limits_{n\to\infty} f_n(x) \neq f(x)$ 的点 x 的全体是包含在某个测度为零的集 E_0 中, 记为 $\lim\limits_{n\to\infty} f_n \underset{\mu}{\doteq} f$ (或 $\lim\limits_{n\to\infty} f_n \underset{\mu}{=} f, a.e.$), 或简记为 $f_n \underset{\mu}{\dot{\to}} f$ (或 $f_n \underset{\mu}{\to} f, a.e.$).

定理 3.2.1 设 $(X, \boldsymbol{R}, \mu)$ 是测度空间, $\{f_n\}$ 是 E 上一列可测函数. 如果 $\{f_n\}$ 在 E 上几乎处处收敛, 那么必存在 E 上可测函数 f, 使得 $\{f_n\}$ 在 E 上几乎处处收敛于 f.

证 因为 $\{f_n\}$ 在 E 上几乎处处收敛, 所以存在 μ-零集 E_0 (不妨设 $E_0 \subset E$) 使得 $\{f_n\}$ 在 $E-E_0$ 上处处收敛. 因为 $E-E_0$ 是 E 的可测子集, 所以根据定理 3.1.5 的系, $\{f_n\}$ 在 $E-E_0$ 上必收敛于 (在 $E-E_0$ 上的) 可测函数 f_1. 今作 E 上函数

$$f(x)=\begin{cases} f_1(x), x \in E-E_0, \\ 0, \quad x \in E_0, \end{cases}$$

再根据定理 3.1.2 的 3°, f 是 E 上可测函数. 显然

$$\lim_{n\to\infty} f_n(x)=f(x), x \in E-E_0,$$

即除去 μ-零集 E_0 外, $\{f_n\}$ 收敛于 E 上可测函数 f. 证毕

定理 3.2.2 设 $(X, \boldsymbol{R}, \mu)$ 是测度空间, $\{f_n\}$ 是 E 上的可测函数序列. 如果 $\{f_n\}$ 在 E 上几乎处处收敛于 h , 那么必存在 E 上可测函数 f, 使得 $f \doteq h$ (自然 $\lim\limits_{n\to\infty} f_n \doteq f$).

证 因为 $\lim\limits_{n\to\infty} f_n \doteq h$, 所以存在 μ-零集 E_1, 不妨设 $E_1 \subset E$, 使得

$$\lim_{n\to\infty} f_n(x)=h(x), \quad x \in E-E_1,$$

由 $\{f_n\}$ 的几乎处处收敛性, 从定理 3.2.1, 立即知道存在 E 上可测函数 f, μ-零集 $E_0 \subset E$, 使得

$$\lim_{n\to\infty} f_n(x)=f(x), \quad x \in E-E_0,$$

因此 $E(f=h)\supset(E-E_1)\bigcap(E-E_0)$, 从而 $E(f\neq h)\subset E_1\bigcup E_0$. 显然, $\mu(E_1\bigcup E_0)=0$, 所以 $f\doteq h$. 证毕

例 2 取 $X=(0,\infty),\boldsymbol{R}=\boldsymbol{S}(\boldsymbol{E})$, 而 $\boldsymbol{E}=\{(n,n+1],n=0,1,2,\cdots\},\mu$ 是 $\boldsymbol{R}$ 上恒取零的集函数 (显然, 它是一个测度). 设 $f_n(n=1,2,3,\cdots)$ 是在每个区间 $(k,k+1](k=0,1,2,\cdots)$ 上取常数值 $c_k^{(n)}$. 显然, 每个 f_n 是 X 上的 (关于 $(X,\boldsymbol{R})$ 的) 可测函数. 因为 $\mu(X)=0$, 所以对任意选取的定义在 X 上的函数 h, 总有

$$\lim_{n\to\infty}f_n\underset{\mu}{\doteq}h,$$

但应注意, 很多 h 都不是 X 上 (关于 $(X,\boldsymbol{R})$) 的可测函数, 例如 $h(x)=x$ 就不是 X 上 (关于 $(X,\boldsymbol{R})$) 的可测函数. 定理 3.2.2 说明总可以找到可测的函数 f, 使得 $f\doteq h$. 在此例中, 例如我们可取 X 上 $f=0$ 这个函数.

2. 依测度收敛 现在, 我们引进一种用测度描述的函数列的另一重要的收敛概念.

定义 3.2.2 设 $(X,\boldsymbol{R},\mu)$ 是测度空间, $E\subset X,\{f_n\}$ 是 E 上的一列可测函数. 假如有一个有限的函数 f①它和 $\{f_n\}$ 满足下面的关系: 对任何 $\varepsilon>0$,

$$\lim_{n\to\infty}\mu(E(|f-f_n|>\varepsilon))=0,\tag{3.2.1}$$

就称 $\{f_n\}$ (在 E 上) **依测度 μ 收敛**于 f, 或称 $\{f_n\}$ (在 E 上关于测度 μ) **度量收敛**于 f. 记为

$$f_n\underset{\mu}{\Rightarrow}f.$$

依测度收敛的另一个等价定义是

定义 3.2.3 设 $(X,\boldsymbol{R},\mu)$ 是测度空间, $E\subset X,\{f_n\}$ 是 E 上的一列可测函数. 假如有一个有限的函数 f, 它和 $\{f_n\}$ 满足下面的关系: 对任何 $\varepsilon>0$ 以及 $\delta>0$, 存在 (只依赖于 ε 和 δ 的) 自然数 N, 使得当 $n\geqslant N$ 时, 成立着

$$\mu(E(|f_n-f|>\varepsilon))<\delta,\tag{3.2.2}$$

就称 $\{f_n\}$ (在 E 上) 依测度 μ 收敛于 f.

显然, 第二个定义不过是将第一个定义中的表达式

$$\lim_{n\to\infty}\mu(E(|f_n-f|>\varepsilon))=0,$$

改为用 $\delta-N$ 来陈述而已. 所以这两种定义方式的等价性是显然的.

①我们这里并没有假定 f 在 E 上是可测函数, 只假定 $|f-f_n|$ 是可测函数.

这是一种什么样的收敛呢? 用文字来叙述, 就是说, 如果事先给了一个 (误差) $\varepsilon > 0$, 不管这个 ε 有多小, 使得 $|f_n(x) - f(x)|$ 大于 (误差) ε 的点 x 虽然可能很多, 但这种点 x 的全体用测度来衡量, 它的测度却是随着 n 无限地增大而趋向于零.

在概率论中, 常用 μ 表示概率, 这时依测度收敛改称为依概率收敛.

我们先举两个例子, 来说明这种收敛概念和我们所熟悉的处处收敛或几乎处处收敛概念是有很大区别的.

例 3 存在依测度收敛而处处不收敛的函数列: 在 Lebesgue 测度空间 $(E^1, \boldsymbol{L}, m)$ 上, 取 $E = (0,1]$, 将 $(0,1]$ 等分, 定义两个函数;

$$f_1^{(1)} = \begin{cases} 1, & x \in \left(0, \dfrac{1}{2}\right], \\ 0, & x \in \left(\dfrac{1}{2}, 1\right], \end{cases} \qquad f_2^{(1)} = \begin{cases} 0, & x \in \left(0, \dfrac{1}{2}\right], \\ 1, & x \in \left(\dfrac{1}{2}, 1\right], \end{cases}$$

然后, 同样地将 $(0,1]$ 四等分、八等分、$\cdots\cdots$. 一般地, 对每个 n, 作 2^n 个函数:

$$f_j^{(n)}(x) = \begin{cases} 1, & x \in \left(\dfrac{j-1}{2^n}, \dfrac{j}{2^n}\right], \\ 0, & x \overline{\in} \left(\dfrac{j-1}{2^n}, \dfrac{j}{2^n}\right], \end{cases} \qquad j = 1, 2, \cdots, 2^n,$$

我们把 $\{f_j^{(n)}, j = 1, 2, \cdots, 2^n\}$ 先按 n 后按 j 的顺序逐个地排成一列:

$$f_1^{(1)}, f_2^{(1)}, f_1^{(2)}, f_2^{(2)}, f_3^{(2)}, f_4^{(2)}, \cdots, f_1^{(n)}, f_2^{(n)}, \cdots, f_{2^n}^{(n)}, \cdots$$

$f_j^{(n)}$ 在这个序列中是第 $N = 2^n - 2 + j$ 个函数. 我们说, 这个序列是依 Lebesgue 测度 m 收敛于零的. 这是因为对任何 $\varepsilon > 0$,

$$E(|f_j^{(n)} - 0| > \varepsilon)$$

或是空集 (当 $\varepsilon > 1$) 或是 $\left(\dfrac{j-1}{2^n}, \dfrac{j}{2^n}\right]$ (当 $0 < \varepsilon < 1$), 所以

$$m(E(|f_j^{(n)} - 0| > \varepsilon)) = \frac{1}{2^n}.$$

由于当 $N = 2^n - 2 + j (j = 1, 2, \cdots, 2^n)$ 趋于 ∞ 时, $n \to \infty$. 由此可见 $\lim\limits_{n\to\infty} m(E(|f_j^{(n)} - 0| > \varepsilon)) = 0$, 即 $f_j^{(n)} \underset{m}{\Rightarrow} 0$.

但是, 函数列 $\{f_j^{(n)}\}$ 在 $(0, 1]$ 上的任何一点都不收敛! 这是因为对任何 $x_0 \in (0,1]$, 无论 n 多么大, 对这个 n, 必有一个相应的 j, 使

$$x_0 \in \left(\frac{j-1}{2^n}, \frac{j}{2^n}\right],$$

因而 $f_j^{(n)}(x_0)=1$, 然而 $f_{j+1}^{(n)}(x_0)=0$ 或 $f_{j-1}^{(n)}(x_0)=0$. 换句话说, 对任何 $x_0\in(0,1]$ 在 $\{f_j^{(n)}(x_0)\}$ 中必有两个子序列, 一个恒为 1, 另一个恒为零, 所以 $\{f_j^{(n)}(x)\}$ 在 $(0,1]$ 中任何一点 x 上是发散的.

反过来, 是不是一个几乎处处收敛的序列 $\{f_n\}$, 一定是依测度收敛呢? 下面例子说明也不是如此.

例 4 在 Lebesgue 测度空间 $(E^1,\boldsymbol{L},m)$ 上, 取 $E=(0,\infty)$, 作函数列

$$f_n(x)=\begin{cases}1, & x\in(0,n],\\ 0, & x\in(n,\infty),\end{cases}\qquad n=1,2,3,\cdots.$$

显然, $\{f_n\}$ 在 E 上处处收敛于 1. 但是, 当 $0<\varepsilon<1$ 时,

$$E(|f_n-1|>\varepsilon)=(n,\infty),\ 然而\ m((n,\infty))=\infty,$$

所以 $\{f_n\}$ 不依测度收敛于 1.

从上两例看出两种收敛区别很大, 它们的区别正是在于: 假如固定任一个 $\varepsilon>0$, 那么 f_n 处处收敛于 f 的特点是 (i) 对 E 中每点 x_0, 总有一个指标 $n(x_0)$, 对于从 $n(x_0)$ 以后的一切 n, $|f_n(x_0)-f(x_0)|\leqslant\varepsilon$, 即 $x_0\in\bigcap\limits_{n=n(x_0)}^{\infty}E(|f_n-f|\leqslant\varepsilon)$; (ii) 对于每个指标 n 来说, 使得 $|f_n(x)-f(x)|>\varepsilon$ 的点 x 全体却可能有较大的测度, 甚至总是无限大, 如例 4 那样. 而依测度收敛的特点是完全相反, 它的特点是 (i) $E(|f_n-f|>\varepsilon)$ 的测度一定要随 $n\to\infty$ 而趋向零; (ii) 而对每个 x_0 来说, 却未必存在某指标 $n(x_0)$, 使得

$$x_0\in\bigcap_{i=n(x_0)}^{\infty}E(|f_i-f|\leqslant\varepsilon),$$

甚至可能对每个指标 n, 集 $\bigcap\limits_{i=n}^{\infty}E(|f_i-f|\leqslant\varepsilon)$ 始终是空集, 如例 3 那样.

尽管两种收敛区别很大, 但还是有密切联系的. 下面就是两种收敛的联系.

定理 3.2.3 (F. Riesz) 设 $(X,\boldsymbol{R},\mu)$ 是测度空间, $E\subset X$. 如果在 E 上可测函数列 $\{f_n\}$ 依测度收敛于 f, 那么必有子序列 $\{f_{n_\nu}\}$ 在 E 上几乎处处收敛于 f.

证 对任何自然数 ν, 取 $\varepsilon=\dfrac{1}{2^\nu},\delta=\dfrac{1}{2^\nu}$, 根据 $f_n\underset{\mu}{\Rightarrow}f$, 由 (3.2.2), 必然有自然数 n_ν, 使得当 $n\geqslant n_\nu$ 时, $\mu\left(E(|f_n-f|>\dfrac{1}{2^\nu})\right)<\dfrac{1}{2^\nu}$. 因此

$$\mu(E_\nu)<\frac{1}{2^\nu},\nu=1,2,3,\cdots$$

这里 $E_\nu = E\left(|f_{n_\nu} - f| > \dfrac{1}{2^\nu}\right)$. 不妨在逐个取 n_ν 时把 n_ν 取得充分大, 使得 $n_1 < n_2 < \cdots < n_\nu < n_{\nu+1} < \cdots$. 本定理证明的关键在于作通集

$$F_k = \bigcap_{\nu=k}^{\infty} (E - E_\nu).$$

由于 $E - E_\nu = E\left(|f_{n_\nu} - f| \leqslant \dfrac{1}{2^\nu}\right)$, 所以 $F_k = E\left(|f_{n_\nu} - f| \leqslant \dfrac{1}{2^\nu}, \nu = k, k+1, \cdots\right)$. 显然, 在 F_k 上, 序列 $\{f_{n_\nu}\}$ 收敛于 f (其实还是一致收敛于 f). 作 $F = \bigcup\limits_{k=1}^{\infty} F_k$, 那么 $\{f_{n_\nu}\}$ 在 F 上处处收敛于 f.

现在只要证明 $\mu(E - F) = 0$ 就行了. 由于和通关系式

$$E - F = \bigcap_{k=1}^{\infty} (E - F_k) = \bigcap_{k=1}^{\infty} \bigcup_{\nu=k}^{\infty} E_\nu = \varlimsup_{\nu\to\infty} E_\nu$$

以及 $\sum\limits_{\nu=1}^{\infty} \mu(E_\nu) \leqslant \sum\limits_{\nu=1}^{\infty} \dfrac{1}{2^\nu} = 1$. 根据定理 2.2.1 的 (x)

$$E - F = \varlimsup_{\nu\to\infty} E_\nu$$

是个 μ-零集. 证毕

对于我们前面例 3 中的函数列, 它的子序列

$$f_1^{(1)}, f_1^{(2)}, \cdots, f_1^{(n)}, \cdots$$

便是在 (0, 1] 上处处收敛于零的.

下面定理说明几乎处处收敛的序列是在什么条件下, 必然是依测度收敛的.

定理 3.2.4 设 $(X, \boldsymbol{R}, \mu)$ 是测度空间, $E \subset X$, 又设 $\{f_n\}$ 是在 E 上几乎处处收敛于可测函数 f 的可测函数的序列. 如果 $\mu(E) < \infty$, 那么 $\{f_n\}$ 在 E 上必然依测度收敛于 f.

证 根据几乎处处收敛的假设, 存在 μ-零集 E_0, 使得 $\lim\limits_{n\to\infty} f_n(x) = f(x)$ 在 $E_1 = E - E_0$ 上成立. 我们先证明, 对任何固定的 $\varepsilon > 0$, 下式成立

$$E_1 = \bigcup_{k=1}^{\infty} \bigcap_{n=k}^{\infty} E_1(|f_n - f| \leqslant \varepsilon). \tag{3.2.3}$$

事实上, 对任何 $x_0 \in E_1$, 必存在 $N(x_0)$, 使得当 $n \geqslant N(x_0)$ 时, $|f_n(x_0) - f(x_0)| \leqslant \varepsilon$ 成立. 因此 $x_0 \in \bigcap\limits_{n=N(x_0)}^{\infty} E_1(|f_n - f| \leqslant \varepsilon)$. x_0 是任意取的, 所以

$E_1 \subset \bigcup_{k=1}^{\infty}\bigcap_{n=k}^{\infty} E_1(|f_n - f| \leqslant \varepsilon)$. 而 $E_1 \supset \bigcup_{k=1}^{\infty}\bigcap_{n=k}^{\infty} E_1(|f_n - f| \leqslant \varepsilon)$ 是显然的, 所以 (3.2.3) 成立, 即 $E_1 = \varliminf_{n\to\infty} E_1(|f_n - f| \leqslant \varepsilon)$.

根据定理 2.2.1 的 (vii) 得到

$$\mu(E) = \mu(E_1) \leqslant \varliminf_{n\to\infty} \mu(E_1(|f_n - f| \leqslant \varepsilon), \tag{3.2.4}$$

从而 $\varlimsup_{n\to\infty} \mu(E_1(|f_n - f| > \varepsilon)) = \varlimsup_{n\to\infty} [\mu(E_1) - \mu(E_1(|f_n - f| \leqslant \varepsilon)] = 0$. 然而 $E(|f_n - f| > \varepsilon) \subset E_1(|f_n - f| > \varepsilon) \bigcup (E - E_1)$, 所以

$$\lim_{n\to\infty} \mu(E(|f_n - f| > \varepsilon) = 0.$$ 证毕

前面的例 4 已说明定理 3.2.4 中的 $\mu(E) < \infty$ 这个条件是不能去掉的. 定理 3.2.4 告诉我们, 在 $\mu(E) < \infty$ 的条件下, 依测度收敛的要求弱于几乎处处收敛的要求.

系 设 $(X, \boldsymbol{R}, \mu)$ 是测度空间, $E \subset X, E$ 上可测函数列 $\{f_n\}$ (在 E 上) 几乎处处收敛于有限函数 h. 如果 $\mu(E) < \infty$, 那么必存在 E 上的可测函数 f, 使得 $f \doteq h$, 并且 $f_n \Rightarrow f$.

证 根据假设, 从定理 3.2.2 可知, 必存在 E 上可测函数 f, 使得 $f \doteq h$, 并且 $\lim_{n\to\infty} f_n \doteq f$. 再利用定理 3.2.4 立即得本系的结论. 证毕

由定理 3.2.3, 3.2.4 立即可以得到用几乎处处收敛刻画依测度收敛的一个定理如下.

定理 3.2.5 设 $(X, \boldsymbol{R}, \mu)$ 是测度空间, $E \subset X, \mu(E) < \infty, \{f_n\}$ 是 E 上的可测函数列, f 是 E 上可测函数, 那么 $\{f_n\}$ 在 E 上依测度收敛于 f 的充要条件是: 对 $\{f_n\}$ 的任一子序列 $\{f_{n_k}\}$ 都可以从中再找到一个子序列 $\{f_{n_{k_\nu}}\}$ 在 E 上几乎处处收敛于 f.

证 必要性: 如果 $f_n \Rightarrow f$, 那么它的任何子序列 $\{f_{n_k}\}$, 显然也有 $f_{n_k} \Rightarrow f$. 对 $\{f_{n_k}\}$ 和 f 应用定理 3.2.3, 必有子序列 $\{f_{n_{k_\nu}}\}$ 几乎处处收敛于 f.

充分性: 设 $\{f_n\}$ 的任何子序列 $\{f_{n_k}\}$ 都有子序列 $\{f_{n_{k_\nu}}\}$ 几乎处处收敛于 f, 今证 $f_n \Rightarrow f$. 假若不对, 那么存在 $\varepsilon > 0$, 使得

$$\mu(E(|f_n - f| > \varepsilon)),$$

不收敛于零, 因此必有子序列 $\{f_{n_k}\}$, 使得

$$\lim_{k\to\infty} \mu(E(|f_{n_k} - f| > \varepsilon)) > 0, \tag{3.2.5}$$

这样一来, $\{f_{n_k}\}$ 中就不能存在几乎处处收敛于 f 的子序列. 因为如果有子序列 $\{f_{n_{k_\nu}}\}$ 几乎处处收敛于 f, 那么根据定理 3.2.4,

$$\lim_{\nu\to\infty}\mu(E(|f_{n_{k_\nu}}-f|>\varepsilon))=0,$$

这和 (3.2.5) 相矛盾. 证毕

在测度空间上, 依测度收敛还有如下一些基本性质.

定理 3.2.6 设 $(X,\boldsymbol{R},\mu)$ 是测度空间, $E\subset X,\mu(E)<\infty,\{f_n\},\{g_n\}$ 都是 E 上可测函数的序列, 而且 $f_n\Rightarrow f,g_n\Rightarrow g$, 那么

1° f 必几乎处处等于一个 E 上可测函数;

2° 如果又有 $f_n\Rightarrow h$, 那么 $f\doteq h$;

3° 如果 f、g 是 E 上可测的, α,β 是两个数, 那么 $\alpha f_n+\beta g_n\Rightarrow\alpha f+\beta g$;

4° 如果 f、g 是 E 上可测的, 那么 $f_ng_n\Rightarrow fg$;

5° 如果 g_n 和 g 几乎处处不等于零, 且 f、g 都是 E 上可测的, 那么 $f_n/g_n\Rightarrow f/g$ (这里在 g_n,g 为零的一个零集上, 可规定函数 $f_n/g_n,f/g$ 为任意的数值).

读者可以利用定理 3.2.5 等来证明这些性质. 读者应注意, 对于性质 $1^\circ,2^\circ,3^\circ$ 来说, 定理 3.2.6 中的假设 $\mu(E)<\infty$ 是不必要的 (对 4°、5° 是不可少的), 这里假设 $\mu(E)<\infty$ 只是为了证明起来方便.

类似于数学分析中讨论序列收敛性时, 常常用 “基本序列” 这样一个重要概念. 对于依测度收敛的讨论, 也可引入依测度基本序列的概念.

定义 3.2.4 设 $(X,\boldsymbol{R},\mu)$ 是测度空间, $E\subset X,\{f_n\}$ 是 E 上的一列可测函数, 如果对任何 $\varepsilon>0$,

$$\lim_{\substack{m\to\infty\\ n\to\infty}}\mu(E(|f_n-f_m|>\varepsilon))=0,$$

就称 $\{f_n\}$ 是 (在 E 上关于 μ) **依测度基本序列, 或度量基本序列.**

显然, 依测度基本序列的另一个等价定义是

定义 3.2.5 设 $(X,\boldsymbol{R},\mu)$ 是测度空间, $E\subset X,\{f_n\}$ 是 E 上的一列可测函数, 如果对任何 $\varepsilon>0,\delta>0$, 存在只依赖于 ε 和 δ 的 N, 使得当 $n,m\geqslant N$ 时,

$$\mu(E(|f_n-f_m|>\varepsilon))<\delta,$$

就称 $\{f_n\}$ 是 (在 E 上关于 μ) 依测度基本序列.

依测度基本序列与依测度收敛序列的关系如下:

定理 3.2.7 设 $(X,\boldsymbol{R},\mu)$ 是测度空间, $E\subset X,\{f_n\}$ 是 E 上一列可测函数, 它成为 (在 E 上) 依测度基本序列的充要条件是: 存在某个 E 上的可测函数 f, 使得 $\{f_n\}$ (在 E 上) 依测度收敛于 f.

为证明这个定理, 先引入如下引理.

引理 1 设 $(X,\boldsymbol{R},\mu)$ 是测度空间, $E\subset X,\{f_n\}$ 是可测集 E 上的依测度基本序列, 如果有子序列 $\{f_{n_\nu}\}$ 依测度收敛于 E 上的可测函数 f, 那么 $f_n\Rightarrow f$.

证 根据假设, 对任何 $\varepsilon>0,\delta>0$, 有 N, 使当 $n,m\geqslant N,n_\nu>N$ 时,

$$\mu\left(E\left(|f_n-f_m|>\frac{\varepsilon}{2}\right)\right)<\frac{\delta}{2},\mu\left(E\left(|f_{n_\nu}-f|>\frac{\varepsilon}{2}\right)\right)<\frac{\delta}{2},\tag{3.2.6}$$

由于 $|f_n-f|\leqslant|f_n-f_{n_\nu}|+|f_{n_\nu}-f|$, 所以当 $|f_n-f|>\varepsilon$ 时, 必然有 $|f_n-f_{n_\nu}|>\dfrac{\varepsilon}{2}$ 或者 $|f_{n_\nu}-f|>\dfrac{\varepsilon}{2}$, 这就是说

$$E(|f_n-f|>\varepsilon)\subset E\left(|f_n-f_{n_\nu}|>\frac{\varepsilon}{2}\right)\bigcup E\left(|f_{n_\nu}-f|>\frac{\varepsilon}{2}\right),$$

将 (3.2.6) 中 m 取为 n_ν, 便知道当 $n>N$ 时,

$$\begin{aligned}\mu(E(|f_n-f|>\varepsilon))\leqslant&\mu\left(E\left(|f_n-f_{n_\nu}|>\frac{\varepsilon}{2}\right)\right)\\&+\mu\left(E\left(|f_{n_\nu}-f|>\frac{\varepsilon}{2}\right)\right)<\delta,\end{aligned}\tag{3.2.7}$$

这就是说 $f_n\Rightarrow f$. 证毕

定理 3.2.7 的证明 充分性较显然. 由于 $|f_n-f_m|\leqslant|f_n-f|+|f_m-f|$, 完全类似 (3.2.7) 的证明有

$$\begin{aligned}\mu(E(|f_n-f_m|>\varepsilon))\leqslant&\mu\left(E\left(|f_n-f|>\frac{\varepsilon}{2}\right)\right)\\&+\mu\left(E\left(|f_m-f|>\frac{\varepsilon}{2}\right)\right).\end{aligned}$$

根据 $f_n\Rightarrow f$, 当 $n,m\to\infty$ 时, 上式右边趋于零, 所以左边也趋于零, 因为 $\{f_n\}$ 为依测度基本序列.

必要性: 设 $\{f_n\}$ 是依测度基本序列, 现在要证明存在一个可测函数 f, 使得 $f_n\Rightarrow f$. 首先要作出 f. 为此, 用类似定理 3.2.3 的方法, 先证明依测度基本序列必有子序列几乎处处收敛: 取 $\varepsilon=\delta=\dfrac{1}{2^\nu}$, 由于 $\{f_n\}$ 是依测度基本序列, 所以必然存在 n_ν, 使得 $n,m\geqslant n_\nu$ 时,

$$\mu\left(E\left(|f_n-f_m|>\frac{1}{2^\nu}\right)\right)<\frac{1}{2^\nu}.\tag{3.2.8}$$

不妨设 $n_\nu<n_{\nu+1},\nu=1,2,3,\cdots$. 由 (3.2.8) 得到

$$\mu\left(E\left(|f_{n_\nu}-f_{n_{\nu+1}}|>\frac{1}{2^\nu}\right)\right)<\frac{1}{2^\nu},\tag{3.2.9}$$

作通集

$$F_k = \bigcap_{\nu=k}^{\infty} E\left(|f_{n_{\nu+1}} - f_{n_\nu}| \leqslant \frac{1}{2^\nu}\right)$$
$$= E\left(|f_{n_{\nu+1}} - f_{n_\nu}| \leqslant \frac{1}{2^\nu}, \nu \geqslant k\right), \tag{3.2.10}$$

和定理 3.2.3 中证明完全类似地得到

$$\mu(E - F_k) \leqslant \frac{1}{2^{k-1}},$$

从而 $\{f_{n_\nu}\}$ 在 $F = \bigcup_{k=1}^{\infty} F_k$ 上处处收敛, 而且 $\mu(E - F) = 0$.

记 $\{f_{n_\nu}\}$ 在 F 上的极限函数为 f, 把函数 f 延拓到 E 上 (补充在 $E - F$ 上规定 $f = 0$) 后仍记为 f. 显然 f 是 E 上可测函数 $f_{n_\nu} \underset{\mu}{\dot{\to}} f$. 对于 f, 根据 (3.2.10), 有如下的估计式: 对任何 k, 在 F_k 上

$$|f_{n_k} - f| = \lim_{k'\to\infty} |f_{n_k} - f_{n_{k'}}| \leqslant \lim_{k'\to\infty} \sum_{j=k}^{k'-1} |f_{n_{j+1}} - f_{n_j}| \leqslant \sum_{j=k}^{\infty} \frac{1}{2^j}$$
$$= \frac{1}{2^{k-1}}, \tag{3.2.11}$$

所以 $F_k \subset E\left(|f_{n_k} - f| \leqslant \dfrac{1}{2^{k-1}}\right)$. 因此

$$\mu\left(E\left(|f_{n_k} - f| > \frac{1}{2^{k-1}}\right)\right) \leqslant \mu(E - F_k) < \frac{1}{2^{k-1}}. \tag{3.2.12}$$

对任何 $\varepsilon > 0, \delta > 0$, 取自然数 u 使得 $\dfrac{1}{2^u} < \min(\varepsilon, \delta)$, 那么由 (3.2.12), 当 $k > u$ 时,

$$\mu(E(|f_{n_k} - f| > \varepsilon)) \leqslant \mu\left(E|f_{n_k} - f| > \frac{1}{2^{k-1}}\right) < \delta,$$

因此 $f_{n_k} \Rightarrow f$. 再由引理 1 可知 $f_n \Rightarrow f$. 证毕

系 设 $(X, \boldsymbol{R}, \mu)$ 是测度空间, $E \subset X, \{f_n\}$ 是 E 上可测函数序列. 如果存在 E 上有限函数 h, 使得 $f_n \Rightarrow h$, 那么必存在 E 上可测函数 f, 使得 $f \doteq h$, 并且 $f_n \Rightarrow f$.

证 对任何 $\varepsilon > 0$, 由于

$$E(|f_n - f_m| > \varepsilon) \subset \left[E\left(|f_n - h| > \frac{\varepsilon}{2}\right) \bigcup E\left(|f_m - h| > \frac{\varepsilon}{2}\right)\right],$$

因此 $\{f_n\}$ 在 E 上是依测度基本的. 由定理 3.2.7, 存在 E 上可测函数 f, 使得 $f_n \Rightarrow f$. 再由定理 3.2.6 的 2°, 又得到 $f \doteq h$. 证毕

前面讨论了依测度收敛和几乎处处收敛关系, 下面再介绍 Д. Ф. Егоров (爱戈洛夫) 关于收敛的可测函数列的一个重要定理, 它指出了几乎处处收敛与一致收敛之间的联系.

定理 3.2.8 (Егоров) 设 $(X, \boldsymbol{R}, \mu)$ 是测度空间, $E \subset X, \{f_n\}$ 是 E 上一列可测函数, $\mu(E) < \infty$, 如果 $\{f_n\}$ 在 E 上几乎处处收敛于有限函数 f, 那么, 对任何 $\delta > 0$, 必定存在 E 中可测子集 E_δ, 使得 $\mu(E - E_\delta) < \delta$, 而且在 E_δ 上, $\{f_n\}$ 一致收敛于 f.

证 注意结论中只要求在 E 中挖去一个测度小于 δ 的集后 $\{f_n\}$ 一致收敛. 又由于定理 3.2.2, 所以今后不妨设 f 是 E 上可测函数 (否则修改一个 μ-零集上 f 的值, 使 f 可测, 而把这个修改的 μ-零集放入被挖掉的集中就可以了).

又根据假设, 存在 μ-零集 E_0, 使得

$$\lim_{n\to\infty} f_n(x) = f(x), \quad x \in E_1 = E - E_0,$$

将 μ-零集 $E \bigcap E_0$ 放入被挖掉的集中, 由此可知, 我们只要在 E_1 上证明定理成立即可. 记

$$E_{m,k} = E_1\left(|f_m - f| \leqslant \frac{1}{k}\right),$$

作 $B_{n,k} = \bigcap\limits_{m=n}^{\infty} E_{m,k} = E_1\left(|f_m - f| \leqslant \frac{1}{k}, m = n, n+1, \cdots\right)$. 对于任意取的一列趋向无限大的自然数列 $\{n_k\}$, 作集

$$F = \bigcap_{k=1}^{\infty} B_{n_k,k} = E_1\left(|f_m - f| \leqslant \frac{1}{k}, m \geqslant n_k, k = 1, 2, 3, \cdots\right), \tag{3.2.13}$$

那么, 对任何 $\varepsilon > 0$, 只要取 $k_0 > \frac{1}{\varepsilon}$, 当 $m \geqslant n_{k_0}$ 时, 对一切 $x \in F$, 就有

$$|f_m(x) - f(x)| \leqslant \frac{1}{k_0} < \varepsilon, \tag{3.2.14}$$

即 $\{f_n\}$ 在 F 上一致收敛于 f.

剩下的便是要证明: 对处处收敛于 f 的可测函数列 $\{f_n\}$ 和任何 $\delta > 0$, 必可选出 $\{n_k\}$, 使得所作可测集 F 适合 $\mu(E - F) < \delta$. 然后就取 $E_\delta = F$ 便得到定理的结论.

将 (3.2.3) 中 ε 取为 $\frac{1}{k}$, 那么 $\lim\limits_{n\to\infty} B_{n,k} = \bigcup\limits_{n=1}^{\infty} B_{n,k} = \bigcup\limits_{n=1}^{\infty}\bigcap\limits_{m=n}^{\infty} E_{m,k} = E_1$, 再由定理 2.2.1 的 (ix) 得到

$$\lim_{n\to\infty} \mu(B_{n,k}) = \mu(E).$$

因为 $\mu(E)<\infty$, 所以对任何 $\delta>0$, 可以取 n_k 充分大, 使得

$$\mu(E)-\mu(B_{n_k,k})<\frac{\delta}{2^k}, \tag{3.2.15}$$

而且依次取 $n_k>n_{k-1}$, 以子列 $\{n_k\}$ 按 (3.2.13) 作出集 F, 由此得到

$$\mu(E-F)=\mu\left(\bigcup_{k=1}^{\infty}(E-B_{n_k,k})\right)\leqslant\sum_{k=1}^{\infty}\mu(E-B_{n_k,k})\leqslant\delta\sum_{k=1}^{\infty}\frac{1}{2^k}=\delta.$$

证毕

应该注意, 定理中 $\mu(E)<\infty$ 这个条件是不能去掉的. 例如例 4 中的函数列 $\{f_n(x)\}$ 是处处收敛于 1 的. 但是, 对任何正数 δ 以及任何可测集 E_δ, 当 $\mu(E-E_\delta)<\delta$ 时, $\{f_n\}$ 在 E_δ 上不能一致收敛于 1. 事实上, 由于假设 $\mu([0,\infty)-E_\delta)<\delta$, 所以 E_δ 不能全部包含在 $(0,n]$ 中, 因而必有一点 $x_n\in E_\delta\bigcap(n,\infty), f_n(x_n)=0$. 这样, $\{f_n\}$ 在 E_δ 上就不能一致收敛于 1.

3. 完全测度空间上的可测函数列的收敛　从前两小节可以看出, 在讨论可测函数序列的收敛时, 由它们的几乎处处收敛或依测度收敛 (度量收敛) 并不能推出极限函数 f 是可测的, 往往需要在一个 μ-零集的子集上修改函数值后方能成为可测函数. 其原因就是这两种收敛并不关心一个 μ-零集的子集上函数值的情况. 可是在一般测度空间中, μ-零集的子集可以是不可测的, 从函数的可测性来看, 是不能随便改动一个 μ-零集的子集上的函数值的. 在完全测度空间上就不会发生上述问题了.

定义 3.2.6　设 $(X,\boldsymbol{R},\mu)$ 是测度空间, 如果 μ 是 $\boldsymbol{R}$ 上完全测度, 那么称 $(X,\boldsymbol{R},\mu)$ 是**完全测度空间**.

定理 3.2.9　设 $(X,\boldsymbol{R},\mu)$ 是完全测度空间.

1° 如果 E_0 是 μ-零集, 那么定义在 E_0 上任何有限函数都是 E_0 上的可测函数.

2° 设 f、h 是 E 上的两个有限函数, 如果存在某个 μ-零集 E_0, 当 $x\in E-E_0$ 时, $f(x)=h(x)$. 那么 f 是 E 上可测的充要条件为 h 是 E 上可测函数.

证　1° 对任何实数 $c, E_0(f>c)\subset E_0$. 利用测度 μ 的完全性, 从 $\mu(E_0)=0$ 立即可以推出 $E_0(f>c)$ 也是 μ-零集, 所以 f 是可测的.

2° 因为 μ 是完全测度, 显然 $E\bigcap E_0$ 也是 μ-零集, 因此 $E(f\neq h)(\subset(E\bigcap E_0))$ 也是 μ-零集. 由此可知, 2° 中假设的 μ-零集 E_0 不妨就认为是 $E(f\neq h)$, 即 $E_0=E(f\neq h)$. 记 $E_1=E-E_0$.

如果 f 是 E 上可测函数, 那么 E 是可测集, 从而 E_1 也是可测集, 在 E_1 上

$f = h$, 从而 h 是 E_1 上可测函数. 由于 $\mu(E_0) = 0$, 由 $1^\circ, h$ 在 E_0 上是可测的. 因而 h 是 $E = E_1 \bigcup E_0$ 上可测的.

f 和 h 地位是对称的, 所以 2° 成立. 证毕

利用定理 3.2.9 以及第一、二小节的结果, 很容易获得完全测度空间上如下结果 (读者自己证明).

定理 3.2.1′ 设 $(X, \boldsymbol{R}, \mu)$ 是完全测度空间. 如果 E 上可测函数序列几乎处处收敛于有限函数 f, 那么 f 必是 E 上可测函数.

定理 3.2.2′ 设 $(X, \boldsymbol{R}, \mu)$ 是完全测度空间, $\{f_n\}$、$\{h_n\}$ 是 E 上两个可测函数序列.

(i) 如果 $f_n \Rightarrow f$ (有限函数), 那么必有子序列 $\{f_{n_\nu}\}$ 在 E 上几乎处处收敛于 f, 从而 f 必是 E 上可测函数.

(ii) 如果 $\mu(E) < \infty$, 并且 $f_n \underset{\mu}{\dot{\to}} f$ (有限函数), 那么 $f_n \Rightarrow f$.

(iii) 如果 $\mu(E) < \infty$, 那么 $f_n \Rightarrow f$ (有限函数) 的充要条件是: 对任何 $\{f_n\}$ 的子序列 $\{f_{n_\nu}\}$, 必可再从中找出子序列在 E 上几乎处处收敛于 f.

(iv) 如果 $\mu(E) < \infty, f_n \Rightarrow f, h_n \Rightarrow h$($f$、$h$ 都是有限函数), 那么

1° 如果又有 $f_n \Rightarrow k$, 那么必有 $k \doteq f$;

2° $\alpha f_n + \beta h_n \Rightarrow \alpha f + \beta h$ (这里 α、β 是常数);

3° $f_n h_n \Rightarrow fh$;

4° 当 h_n 和 h 几乎处处不等于零时, $f_n/h_n \Rightarrow f/h$.

当然, 定理 3.2.7, 3.2.8 在完全测度空间上也成立.

4. Lebesgue 可测函数的构造 前面 (包括 §3.1) 讨论了可测函数的一般性质. 显然, 由于可测空间或测度空间本身的结构不同, 随之, 有些情况下可测函数的结构就简单, 而有些情况下就很复杂. 对一般分析数学来说, Lebesgue 测度空间 $(E^1, \boldsymbol{L}, m)$ 有着特别重要的地位, 它上面的可测函数的结构就很复杂. 在 §3.1 第 5 小节中, 我们曾用 Borel 可测函数来描述它 (参见定理 3.1.8). Borel 可测函数本身也还是很复杂的, 在本小节中, 我们要用熟悉的 "连续函数" 来描述 Lebesgue 可测函数. 为此, 先介绍直线上任意集 E 上连续函数概念.

设 E 是直线上的点集, f 是 E 上的一个函数. 设 $x_0 \in E$, 如果对任何一个 $\varepsilon > 0$, 必有 $\delta > 0$, 使得当 $x \in E$, 而且 $|x - x_0| < \delta$ 时, 有

$$|f(x) - f(x_0)| < \varepsilon,$$

就称 x_0 是 f 的**连续点**. 和数学分析中一样, x_0 是 f 的连续点等价于: 对 E 中任何一个收敛于 x_0 的点列 $\{x_n\}$, 成立着

$$\lim_{n\to\infty} f(x_n) = f(x_0).$$

如果 E 中每个点都是 f 的连续点, 就说 f 是 E **上的连续函数**①.

例 5 区间 $[0,1]$ 上的 Dirichlet 函数,

$$D(x)=\begin{cases}1, & x\text{为有理数},\\ 0, & x\text{为无理数},\end{cases}$$

它在 $[0,1]$ 上没有一个连续点. 但如果用 E 表示 $[0,1]$ 中无理数全体, 而将 $D(x)$ 限制在 E 上时, 所得到的函数 $D(x)|_E$ 便是 E 上的常数函数零, 因而它是连续函数. 然而, $D(x)|_E$ 与 $D(x)$, 这两个函数的定义域不同, 不是同一函数.

例 6 设 $F_1,\cdots,F_m$ 是直线上 m 个互不相交的闭集, 作 $F=\bigcup\limits_{i=1}^{m}F_i$ 上函数

$$f(x)=\alpha_i,\quad x\in F_i,$$

其中 α_i 为常数, 那么 f 是 F 上的连续函数.

证 任取 $x_0\in F_j$, 今证 x_0 是 f 的连续点. 任取 $\{x_n\}\in F$, 且 $x_n\to x_0$.$\{x_n\}$ 中最多只有有限个点落在 $F-F_j$ 中. 否则 x_0 将成为闭集 $F-F_j=\bigcup\limits_{i\neq j}F_i$ 的极限点, 因而 $x_0\in F-F_j$. 这与假设 $x_0\in F_j$ 矛盾. 既然 $\{x_n\}$ 中除有限个点外都属于 F_j, 所以数列 $\{f(x_n)\}$ 中除去有限个值外, $f(x_n)=\alpha_i=f(x_0)$, 即 $\lim\limits_{n\to\infty}f(x_n)=f(x_0)$. 因而 f 是 F 上的连续函数.

可同数学分析中一样地证明: 如果 $\{f_n\}$ 是 E 上一列连续函数, 而且 $\{f_n\}$ 在 E 上一致收敛于 f 时, 那么 f 必是 E 上的连续函数.

下面是 Lebesgue 可测函数构造定理.

定理 3.2.10 (鲁津 Н. Н. Лузин) 设 E 是直线上的 Lebesgue 可测集, f 是 E 上 Lebesgue 可测函数. 那么, 对任何 $\delta>0$, 必有 E 的闭子集 F_δ, 使得 $m(E-F_\delta)<\delta$, 而且 f 是 F_δ 上的连续函数.

证 先设 $m(E)<\infty$. 对每个自然数 k, 作可测集

$$E_{n,k}=E\left(\frac{n}{k}\leqslant f<\frac{n+1}{k}\right),n=0,\pm1,\pm2,\cdots$$

显然 $E=\bigcup\limits_{n=-\infty}^{+\infty}E_{n,k}$, 而且当 $n\neq n'$ 时, $E_{n,k}\bigcap E_{n',k}=\varnothing$. 因此 $m(E)=\sum\limits_{n=-\infty}^{+\infty}m(E_{n,k})$. 因为 $m(E)<\infty$, 所以必有自然数 n_k, 使得 $\left(\sum\limits_{n=-\infty}^{-n_k-1}+\right.$

①如果一个函数 f 的定义域是 $E_1, E\subset E_1$, 我们说 f 是 E 上的连续函数是指把 f 限制在 E 上时, E 中每个点都是连续点. 如例 5 中 $D(x)$ 就是 E 上的连续函数.

$\left.\sum_{n=n_k+1}^{+\infty}\right) m(E_{n,k}) < \frac{\delta}{2^{k+1}}$. 当 $|n| \leqslant n_k$ 时, 再作闭集 $F_{n,k} \subset E_{n,k}$, 使得

$$\sum_{n=-n_k}^{n_k} m(E_{n,k} - F_{n,k}) < \frac{\delta}{2^{k+1}},$$

记 $F_k = \bigcup_{n=-n_k}^{n_k} F_{n,k}$, 那么 $E - F_k = \left(\bigcup_{n=-\infty}^{-n_k-1} E_{n,k}\right) \cup \left(\bigcup_{n=n_k+1}^{+\infty} E_{n,k}\right) \cup \left(\bigcup_{n=-n_k}^{n_k} (E_{n,k} - F_{n,k})\right)$. 因此

$$m(E - F_k) < \frac{\delta}{2^k}.$$

作 F_k 上的连续函数 f_k 如下: 当 $x \in F_{n,k}$ 时, $f_k(x) = \frac{n}{k}$. 由例 6 知道 f_k 在 F_k 上是连续函数. 由 f_k 的定义, 易知当 $x \in F_k$ 时,

$$0 \leqslant f(x) - f_k(x) \leqslant \frac{1}{k},$$

因此, 在 $F_\delta = \bigcap_{k=1}^{\infty} F_k$ 上连续函数列 f_k 一致收敛于 f. 由和通关系式 $E - F_\delta = \bigcup_{k=1}^{\infty}(E - F_k)$, 利用 $m(E - F_k) < \frac{\delta}{2^k}$, 就得到 $m(E - F_\delta) < \delta$.

对于 $m(E) = \infty$ 的情况留作习题. 证毕

然而, 直线上任何闭集上的连续函数, 必可延拓成全直线上的连续函数.

引理 2 设 F 是直线上的闭集, 函数 f 在 F 上连续, 那么必有直线上的连续函数 h, 使得当 $x \in F$ 时, $f = h$.

证 当 $x \in F$ 时, 规定 $h = f$. 把 F 的余集记为 $O, O = \bigcup_{\nu}(a_\nu, b_\nu), \{(a_\nu, b_\nu)\}$ 是 O 的构成区间集. 如果 (a_ν, b_ν) 是有限区间, 那么 $a_\nu, b_\nu \in F$. 在 (a_ν, b_ν) 上规定

$$h(x) = f(a_\nu)\frac{b_\nu - x}{b_\nu - a_\nu} + f(b_\nu)\frac{x - a_\nu}{b_\nu - a_\nu}.$$

如果 (a_ν, b_ν) 是无限区间, 例如 $a_\nu = -\infty$, 那么 $b_\nu \in F$, 在 $(-\infty, b_\nu)$ 上规定 $h(x) = f(b_\nu)$. 如果是 (a_ν, ∞) 类型的余区间, 便在它的上面规定 $h(x) = f(a_\nu)$.

现在证明 $h(x)$ 是全直线上的连续函数: 显然 O 中的每个点都是 h 的连续点. 再证 F 中的点也是 h 的连续点就可以了. 事实上, 任取 $x_0 \in F$, 对任何 $\varepsilon > 0$, 必有 $\delta > 0$, 使当 $x \in (x_0 - \delta, x_0 + \delta) \bigcap F$ 时

$$|f(x) - f(x_0)| < \varepsilon,$$

如果 $(x_0-\delta,x_0)$ 中不含 F 中的点, 那么 x_0 必是某构成区间 (a_ν,b_ν) 的右端点. 又因为 h 在 $(x_0-\delta,x_0)$ 中是线性函数, 所以必存在 η, 使得当 $x\in(\eta,x_0)$ 时

$$|h(x)-h(x_0)|<\varepsilon,$$

如果 $(x_0-\delta,x_0)$ 中含有 F 中的点, 例如 η, 那么当 $x\in[\eta,x_0)\bigcap F$ 时, $h(x)=f(x),h(x_0)=f(x_0)$, 因此

$$|h(x)-h(x_0)|<\varepsilon.$$

如果 $x\in[\eta,x_0)-F$, 那么必有 F 的余区间 $(a_\nu,b_\nu),x\in(a_\nu,b_\nu)\subset(\eta,x_0)$, 由于 $a_\nu,b_\nu\in[\eta,x_0]\bigcap F$, 所以由上式有

$$|h(a_\nu)-h(x_0)|<\varepsilon,|h(b_\nu)-h(x_0)|<\varepsilon,$$

然而 $h(x)$ 的值介于 $h(a_\nu),h(b_\nu)$ 之间, 因此 $|h(x)-h(x_0)|<\varepsilon$. 这就证明了 x_0 是 h 的左连续点. 同样, 可以证明 x_0 也是 h 的右连续点, 因此 x_0 是 h 的连续点. 证毕

利用这个引理, 就得到 Лузин 定理的另一种形式:

定理 3.2.11 (Лузин) 设 E 是直线上的 Lebesgue 可测集, f 是 E 上 Lebesgue 可测函数. 那么对任何 $\delta>0$, 必然有直线上的连续函数 h, 使得

$$m(E(f\neq h))<\delta.$$

证 因为对每个 $\delta>0$, 存在 E 的闭子集 F_δ, 使得 $m(E-F_\delta)<\delta$, 而且 f 在 F_δ 上是连续的, 把 f 延拓成直线上的连续函数 h, 那么 $E(f\neq h)\subset E-F_\delta$, 因此 $m(E(f\neq h))<\delta$. 证毕

系 设 E 是直线上 Lebesgue 可测集, f 是 E 上 Lebesgue 可测函数, 并且存在常数 $M>0$, 使得 $|f|\leqslant M$ 在 E 上成立. 那么对任何 $\delta>0$, 必存在直线上连续函数 h, 满足 $|h|\leqslant M,m(E(f\neq h))<\delta$.

证 从引理 2 中 h 的作法立即可知 $|h|\leqslant M$. 再由定理 3.2.11 便知本系成立. 证毕

读者注意, 这一小节中的 Лузин 定理的证明中用到连续函数、闭集以及闭集上连续函数可以延拓成全空间上连续函数, 所以 Лузин 定理是不能在一般测度空间中推广的.

习 题 3.2

1. 设 $(X,\boldsymbol{R},\mu)$ 是完全测度空间, $E\subset X,\{f_n\}$ 和 $\{h_n\}$ 是 E 上两列可测函数, 并且 $f_n\Rightarrow f$、$h_n\Rightarrow h$(f、h 是 E 上有限函数). 证明

(i) f 是 E 上可测函数;

(ii) 对任何常数 α、β, $\alpha f_n+\beta h_n \Rightarrow \alpha f+\beta h$;

(以下再假设 $\mu(E)<\infty$)

(iii) $f_n h_n \Rightarrow fh$;

(iv) 当 h_n、h 在 E 上均几乎处处不是零时, $f_n/h_n \Rightarrow f/h$.

举例说明当 $\mu(E)=\infty$ 时, (iii)、(iv) 不成立.

2. 设 $(X,\boldsymbol{R},\mu)$ 是测度空间, $E\subset X, \mu(E)<\infty, \{f_n\}$ 是 E 上可测函数的序列. 证明当 $f_n \Rightarrow f$ (有限函数) 时, 对任何 $p>0$,

(i) $|f_n|^p \Rightarrow |f|^p$;

(ii) 对任何 E 上可测函数 $h, |f_n-h|^p \Rightarrow |f-h|^p$.

3. 设 f 是直线上 Lebesgue 可测集 $E(m(E)<\infty)$ 上的 Lebesgue 可测函数. 证明必存在一列阶梯函数 (在有限个有限区间上为非零常数, 其余地方为零的函数) $\{\varphi_n\}$, 使得下面两式同时成立

$$\varphi_n \underset{m}{\Rightarrow} f, \varphi_n \underset{m}{\dot{\longrightarrow}} f,$$

在 $m(E)=\infty$ 时, $\varphi_n \underset{m}{\dot{\longrightarrow}} f$ 成立, 并举例说明 $\varphi_n \Rightarrow f$ 不成立.

4. 设 $(X,\boldsymbol{R},\mu)$ 是测度空间, $E\subset X, \{f_n\}$ 是 E 上一列可测函数, $\mu(E)<\infty$, 而且 $f_n \underset{m}{\dot{\longrightarrow}} \infty$. 证明: 对任何 $\delta>0$, 必存在 E 的可测子集 E_δ, 使得 $\mu(E-E_\delta)<\delta$, 并且 $\{f_n\}$ 在 E_δ 上均匀发散于 ∞ (即对任何数 $M>0$, 必存在自然数 N, 使得当 $n\geqslant N$ 时, 对一切 $x\in E_\delta, f_n(x)\geqslant M$).

5. 证明 Лузин 定理在 $\mu(E)=\infty$ 情况成立.

6. 将 Лузин 定理中的连续函数改为多项式, 成立不成立? 为什么? 将 Лузин 定理中的 δ 换为零, 结论对不对? 为什么?

7. 设 E 是勒贝格可测集, $\{f_n\}$ 是 E 上 Lebesgue 可测函数序列, 并且 $f_n \underset{m}{\Rightarrow} f$ (有限函数). 又设 h 是直线上连续函数. 问是否有 $h(f_n) \underset{m}{\Rightarrow} h(f)$? 为什么?

又问 $f_n\left(\dfrac{1}{x}\right) \underset{m}{\Rightarrow} f\left(\dfrac{1}{x}\right)$? 为什么?

8. 证明 f 是 $[a,b]$ 上 Lebesgue 可测函数的充要条件是下面几个条件中的任何一个.

(i) 存在多项式序列 $\{p_n(x)\}$, 在 $[a,b]$ 上 $p_n(x) \underset{m}{\dot{\longrightarrow}} f(x)$.

(ii) 当 $[a,b]\subset(0,2\pi)$ 时, 存在三角多项式序列 $\{T_n(x)\}$, 在 $[a,b]$ 上 $T_n(x) \underset{m}{\dot{\longrightarrow}} f(x)$.

9. 设 f 是 $(-\infty,+\infty)$ 上 Lebesgue 可测函数, 而且对一切 t_1、$t_2\in(-\infty,+\infty)$,

$$f(t_1+t_2)=f(t_1)+f(t_2,)$$

证明必有常数 c, 使得 $f(t)=ct$.

10. Лузин 定理对于 Lebesgue-Stieltjes 测度是否仍成立. 为什么?

11. 习题 8 中 Lebesgue 测度换成 Lebesgue-Stieltjes 测度后是否仍成立. 为什么?

12. 设 $(X,\boldsymbol{R},\mu)$ 是测度空间, $E\subset X, \{f_n\}$ 是 E 上可测函数序列, 并且 $f_n \Rightarrow f$ (有限函数). 证明必存在子序列 $\{f_{n_\nu}\}$, 使得对任何 $\delta>0$, 总存在 $E_\delta\subset E, \mu(E-E_\delta)<\delta$, 并且 $\{f_{n_\nu}\}$ 在 E_δ 上一致收敛于 f.

13. 设 $X=[a,b]\subset(0,2\pi)$, 记 $[a,b]$ 上使得 $\{1,x,x^2,\cdots,x^n,\cdots\}$ 都可测的最小 σ-环为 $\boldsymbol{R}_P$, 使得 $\{1,\cos x,\sin x,\cdots,\cos nx,\sin nx,\cdots\}$ 都可测的最小 σ-环为 $\boldsymbol{R}_T$, 证明 $\boldsymbol{R}_P=\boldsymbol{R}_T$, 并且它们是 $[a,b]$ 上的 σ-代数.

14. 证明存在 $[a,b]$ 上一列连续函数 $\{f_n\}$, 使得形式级数 $f_1+f_2+\cdots+f_n+\cdots$ 在不打乱顺序, 但可将其中插入括号分段求和后所成的函数项级数 (关于 m) 几乎处处收敛于任何事先给定的任何 Lebesgue 可测函数.

15. 将定理 3.1.8, (i) 推广到 Lebesgue-Stieltjes 测度的情况; (ii) 推广到一般测度空间, 即: 设 $(X,\boldsymbol{R},\mu)$ 是 σ-有限的测度空间, $(X,\boldsymbol{R}^*,\mu)$ 是 $(X,\boldsymbol{R},\mu)$ 的完全化的测度空间, $E\subset X$. 如果 f 是 E 上关于 $(X,\boldsymbol{R}^*,\mu)$ 的可测函数, 那么必存在 $(X,\boldsymbol{R},\mu)$ 上的可测集 D (即 $D\in\boldsymbol{R}$), $D\supset E$, 以及 D 上关于 $(X,\boldsymbol{R},\mu)$ 可测的函数 h, 使得 f 和 h 在 E 上按 $(X,\boldsymbol{R}^*,\mu)$ 几乎处处相等.

16. 设 f 是直线上 Lebesgue 可测函数, 又设有常数 a,b, 使对一切不全为零的整数 l、n, $la+nb\neq 0$, 而且

$$f(x)\underset{m}{\doteq}f(x+a),\ f(x)\underset{m}{\doteq}f(x+b),$$

证明存在常数 c, 使得 $f\underset{m}{\doteq}c$.

§3.3 积分及其性质

在这一节中, 主要任务是利用第二章中介绍的测度和 §3.1, §3.2 的可测函数来建立积分. 在数学分析中, 一般是先建立有限区间上有界函数的 Riemann 积分, 然后再讨论无界区间或无界函数的广义黎曼积分. 现在, 新积分建立的顺序也是如此: 1. 在测度有限的集上有界可测函数的积分; 2. 在测度 σ-有限的集上可测函数的积分.

此外, 因为讨论的是积分, 所以本节中的 "函数", 如无特别申明, 总是指有限函数.

1. 在测度有限的集上有界可测函数的积分 我们先按照第二章开始时所说的那种做法给出新积分的定义.

定义 3.3.1 设 $(X,\boldsymbol{R},\mu)$ 是测度空间, E 是一个可测集, $\mu(E)<\infty$, f 是定义在 E 上的可测函数, 又设 f 是有界的, 就是说存在实数 l 及 u 使得 $f(E)\subset(l,u)$. 在 $[l,u]$ 中任取一分点组 $D: l=l_0<l_1<\cdots<l_n=u$. 记

$$\delta(D)=\max_k(l_k-l_{k-1}),\ E_k=E(l_{k-1}\leqslant f<l_k),$$

并任取 $l_{k-1}\leqslant\xi_k\leqslant l_k$ 作和式

$$S(D)=\sum_{k=1}^{n}\xi_k\mu(E_k),$$

称它为 f 在分点组 D 下的一个 "和数". 如果存在数 s, 它满足如下条件: 对任何 $\varepsilon>0$, 总有 $\delta>0$, 使得对任何分点组 D, 当 $\delta(D)<\delta$ 时,

$$|S(D)-s|<\varepsilon, \tag{3.3.1}$$

那么就说

$$s=\lim_{\delta(D)\to 0} S(D). \tag{3.3.1'}$$

这时就称 f 在 E 上关于测度 μ 是 **可积 (分)** 的, 并称 s 是 f 在 E 上关于 μ 的 **积分**①, 记作

$$s=\int_E f\mathrm{d}\mu.$$

特别地, 当测度空间 $(X,\boldsymbol{R},\mu)$ 是 Lebesgue 测度空间 $(E^1,\boldsymbol{L},m)$ (或 Lebesgue-Stieltjes 测度空间 $(E^1,\boldsymbol{L}^g,g)$), f 关于 m (或 g) 可积时, 称 f 是 Lebesgue 可积 (或 (关于 g)Lebesgue-Stieltjes 可积) 函数, 又称 s 是 f 在 E 上的 Lebesgue 积分 (或 (关于 g 的)Lebesgue-Stieltjes 积分), 记作 $(L)\int_E f\mathrm{d}x$ (或 $\int_E f\mathrm{d}g$). 通常就简写为 $\int_E f\mathrm{d}x$. 当 $E=[a,b]$ 时, Lebesgue 积分又写成 $\int_a^b f\mathrm{d}x$. 如果讨论中还要用到 Riemann 积分, 我们便把 Riemann 积分写为 $(R)\int_a^b f\mathrm{d}x$. 对于分点组 D, 我们称

$$\overline{S}(D)=\sum_{k=1}^{n} l_k\mu(E(l_{k-1}\leqslant f<l_k)),$$

$$\underline{S}(D)=\sum_{k=1}^{n} l_{k-1}\mu(E(l_{k-1}\leqslant f<l_k)),$$

分别为函数 f 在分点组 D 下的 "大和数" 与 "小和数".

先举几个可积函数的例子.

例 1 设 $(X,\boldsymbol{R},\mu)$ 是测度空间. E 是 μ-零集, 那么 E 上任何有界可测函数 f 是可积的, 而且积分是零.

(当 $(X,\boldsymbol{R},\mu)$ 是完全测度空间时, 那么 μ-零集 E 上的任何有界函数都是可测的, 所以 f 是可积的, 而且积分是零)

事实上, 这时一切 $\mu(E_k)=0$, 所以一切 "和数" $S(D)=0$, 因此 f 是可积的而且

$$\int_E f\mathrm{d}\mu=0.$$

①在这里函数 f 的可积性和积分的定义从表面上来看与满足条件 $f(E)\subset(l,u)$ 的数 l 和 u 的选取有关, 但是不难证明实际上它们与 l 及 u 的选取无关.

例 2 设 $X=[0,1]$, $\boldsymbol{R}$ 是 X 的一切子集所成的 σ-代数, $\boldsymbol{R}$ 上测度 μ 定义如下:

$$\mu(E_1)=\begin{cases}1, & 0\in E_1,\\ 0, & 0\overline{\in} E_1,\end{cases}\quad E_1\in\boldsymbol{R},$$

在测度空间 $(X,\boldsymbol{R},\mu)$ 上, 显然, 任何定义在 $E=X$ 上的有界函数 f 都是可积的, 而且

$$\int_E f\mathrm{d}\mu=f(0).$$

事实上, 设 $f(E)\subset(l,u)$ 对 $[l,u]$ 上的任何分点组 D, 必有唯一的 k:

$$l_{k-1}\leqslant f(0)<l_k,$$

当 $i\neq k$ 时, $\mu(E_i)=0$, 因此 $S(D)=\xi_k, l_{k-1}\leqslant\xi_k\leqslant l_k$, 即

$$\lim_{\delta(D)\to 0}S(D)=f(0).$$

例 3 在 Lebesgue 测度空间 $(E^1,\boldsymbol{L},m)$ 中, 我们考察 [0, 1] 上的 Dirichlet 函数 $D(x)$ (见第二章引言中有关 Riemann 积分的分析) 的积分. 对于分点组 D, 当 $l_{k-1}\leqslant 0<l_k$ 时, $m(E_k)=1$. 但这时 $l_{k-1}\leqslant\xi_k<l_k, |\xi_k|\leqslant\delta(D)$. 而对别的 E_k 都有 $m(E_k)=0$. 所以 $S(D)=\xi_k, |\xi_k|\leqslant\delta(D)$. 因此 $D(x)$ 是 Lebesgue 可积的而且

$$\int_0^1 D(x)\mathrm{d}x=0.$$

$D(x)$ 在 Riemann 积分意义下是不可积的, 而按 Lebesgue 积分意义是可积的. 这说明这两种积分的可积函数类是有区别的.

对于我们这一节所引入的积分, 究竟哪些函数是可积的呢? 下面的定理回答了这个问题. 这是新积分理论很基本的结果.

定理 3.3.1 设 $(X,\boldsymbol{R},\mu)$ 是测度空间, $E\in\boldsymbol{R}$, 且 $\mu(E)<\infty$, 那么 E 上一切有界可测函数 f (关于测度 μ) 必是可积的.

证 按照函数可积的定义, 便要证明存在一个数 s, 使得对任何分点组 D, (3.3.1′) 成立.

作所有分点组 "小和" 的上确界 $\underline{S}=\sup\limits_D\underline{S}(D)$, "大和" 的下确界 $\overline{S}=\inf\limits_D\overline{S}(D)$.

第一步, 先证 $\underline{S}\leqslant\overline{S}$. 事实上, 如果 D', D'' 是两个分点组, 将 D', D'' 的分点合并起来构成一个新分点组 $\overline{D}$, $\overline{D}$ 可以看成在 D' 或 D'' 中又增加了一些分点, 例如当 D' 中的相邻分点是 l_{i-1}, l_i 时, 相应的 $\underline{S}(D')$ 中的项是 $l_{i-1}\mu(E(l_{i-1}\leqslant f<l_i))$, 如果把它们看成 $\overline{D}$ 的分点时, 它们就不一定再相邻了, 假设其中增加了某些分点 $\bar{l}_j,\cdots,\bar{l}_{k-1}$:

$$l_{i-1}=\bar{l}_{j-1}<\bar{l}_j<\cdots<\bar{l}_k=l_i,$$

那么相应的 $\underline{S}(\overline{D})$ 中的项是

$$\sum_{p=j}^{k}\bar{l}_{p-1}\mu(E(\bar{l}_{p-1}\leqslant f<\bar{l}_p))\geqslant l_{i-1}\sum_{p=j}^{k}\mu(E(\bar{l}_{p-1}\leqslant f<\bar{l}_p))$$
$$=l_{i-1}\mu(E(l_{i-1}\leqslant f<l_i)),$$

所以
$$\underline{S}(D')\leqslant\underline{S}(\overline{D}).$$
类似地有 $\overline{S}(\overline{D})\leqslant\overline{S}(D')$, 即在一个分点组中如果增加了分点, 那么 "小和" 不减, "大和" 不增. 从而, 对任何两个分点组 D', D'' 都有

$$\underline{S}(D')\leqslant\underline{S}(\overline{D})\leqslant\overline{S}(\overline{D})\leqslant\overline{S}(D''),$$

即

$$\underline{S}(D')\leqslant\overline{S}(D'').$$

因此数集 $\{\underline{S}(D)\}$ 中一切数不超过数集 $\{\overline{S}(D)\}$ 中任何一个数. 这就得到

$$\underline{S}\leqslant\overline{S}.$$

第二步, 证明 $\underline{S}=\overline{S}$: 事实上, 设 D 为任一分点组, 由于

$$\underline{S}(D)\leqslant\underline{S}\leqslant\overline{S}\leqslant\overline{S}(D), \tag{3.3.2}$$

所以

$$0\leqslant\overline{S}-\underline{S}\leqslant\overline{S}(D)-\underline{S}(D)=\sum_{k=1}^{n}(l_k-l_{k-1})\mu(E_k)\leqslant\delta(D)\mu(E). \tag{3.3.3}$$

特别地, 如果取一列分点组 $\{D_n\},\delta(D_n\}\to 0$, 那么, 由 (3.3.3) 便得到 $\underline{S}=\overline{S}$.

第三步, 取 $s=\underline{S}=\overline{S}$, 现在来证明 s 满足 (3.3.1): 对任何 $\varepsilon>0$, 取 $\delta=\dfrac{\varepsilon}{\mu(E)+1}$. 对任何分点组 D, 当 $\delta(D)<\delta$ 时, 根据 (3.3.2)、(3.3.3) 式, 并注意到 $s=\underline{S}=\overline{S},\underline{S}(D)\leqslant S(D)\leqslant\overline{S}(D)$, 我们就得到

$$s-S(D)\leqslant\overline{S}(D)-\underline{S}(D)\leqslant\delta(D)\mu(E)<\varepsilon,$$
$$S(D)-s\leqslant\overline{S}(D)-\underline{S}(D)\leqslant\delta(D)\mu(E)<\varepsilon.$$

证毕

下面介绍积分的性质.

引理 1 设 $(X,\boldsymbol{R},\mu)$ 是测度空间, $E\in\boldsymbol{R}$, 并且 $\mu(E)<\infty, f$ 是 E 上有界可测函数, 且 $l\leqslant f\leqslant u$, 那么

$$l\mu(E)\leqslant\int_E f\mathrm{d}\mu\leqslant u\mu(E). \tag{3.3.4}$$

证 任取正数 ε, 那么 $f(E)\subset(l-\varepsilon,u+\varepsilon)$, 任取一分点组 $l-\varepsilon=l_0<l_1<\cdots<l_n=u+\varepsilon$, 那么

$$(l-\varepsilon)\mu(E)\leqslant S(D)=\sum_{k=1}^{n}\xi_k\mu(E_k)\leqslant(u+\varepsilon)\mu(E),$$

先令 $\delta(D)\to 0$, 再令 $\varepsilon\to 0$, 就得到 (3.3.4). 证毕

定理 3.3.2 设 $(X,\boldsymbol{R},\mu)$ 是测度空间, $E\in\boldsymbol{R}$, 并且 $\mu(E)<\infty, f$ 是 E 上有界可测函数. 如果 E 分解成有限个互不相交的可测集 $\{E_i\}$ 的和: $E=\bigcup\limits_{i=1}^{m}E_i$, 那么

$$\int_E f\mathrm{d}\mu=\sum_{i=1}^{m}\int_{E_i}f\mathrm{d}\mu. \tag{3.3.5}$$

这个定理称为积分的**有限可加性**定理.

证 设 D 是任一分点组 $l_0<l_1<\cdots<l_n$. 记 $E_k=E(l_{k-1}\leqslant f<l_k), E_{ik}=E_i(l_{k-1}\leqslant f<l_k), i=1,2,\cdots,m$. 显然 $E_k=\bigcup\limits_{i=1}^{m}E_{ik}$, 而且当 $i\neq i'$ 时, $E_{ik}\bigcap E_{i'k}=\varnothing$, 因此

$$\sum_{k=1}^{n}\xi_k\mu\left(\bigcup_{i=1}^{m}E_{ik}\right)=\sum_{k=1}^{n}\sum_{i=1}^{m}\xi_k\mu(E_{ik})=\sum_{i=1}^{m}\sum_{k=1}^{n}\xi_k\mu(E_{ik}), \tag{3.3.6}$$

(3.3.6) 式左边是 f 作为 E 上的函数, 在分点组 D 下的 "和数", 而 (3.3.6) 右边的和 $\sum\limits_{k=1}^{n}\xi_k\mu(E_{ik})$ 正是把 f 看做 E_i 上函数时, 在分点组 D 下的 "和数". 令 $\delta(D)\to 0$, 便得到 (3.3.5). 证毕

积分的有限可加性是 Riemann 积分中的有限可加性

$$(R)\int_a^b f\mathrm{d}x=(R)\int_a^c f\mathrm{d}x+(R)\int_c^b f\mathrm{d}x$$

的发展. 以后我们还要证明积分有可列可加性.

例 4 设 f 是 $[a,b]$ 上的函数, $a=x_0<x_1<\cdots<x_n=b, f$ 在 $[x_0,x_1]$, $(x_{i-1},x_i](i=2,3,\cdots,n)$ 上取常数值 α_i, 那么 f 在 $[a,b]$ 上是 Lebesgue 可积的, 而且

$$(L)\int_a^b f\mathrm{d}x=\sum_{i=1}^{n}\alpha_i(x_i-x_{i-1})=(R)\int_a^b f\mathrm{d}x. \tag{3.3.7}$$

事实上, 由 Lebesgue 积分的定义, f 在 $[x_0,x_1]$ 及 $(x_{i-1},x_i]$ 上是 Lebesgue 可积的, 而且

$$(L)\int_{(x_{i-1},x_i]}f\mathrm{d}x=\alpha_i(x_i-x_{i-1})=(R)\int_{x_{i-1}}^{x_i}f\mathrm{d}x$$

在 $[x_0,x_1]$ 上的积分也可得类似的等式, 再由定理 3.3.2 所述的积分的有限可加性就得到 (3.3.7).

例 5　在 Lebesgue-Stieltjes 测度空间 $(E^1,\boldsymbol{L}^g,g)$ 上, 取 f 仍如例 4 中函数. 那么 f 在 $[a,b]$ 上关于 g 是可积的, 而且

$$\int_E f\mathrm{d}g=\sum_{i=1}^{n}\alpha_i(g(x_i)-g(x_{i-1}))+\alpha_1(g(x_0+0)-g(x_0)),\tag{3.3.8}$$

其中 $E=[a,b]$, 而 $\int_{[a,b]}f\mathrm{d}g$ 又常写成 $\int_a^b f\mathrm{d}g$.

利用引理 1 和定理 3.3.2 就得到积分的**线性**.

定理 3.3.3　设 $(X,\boldsymbol{R},\mu)$ 是测度空间, $E\in\boldsymbol{R}$, 并且 f、g 是 E 上两个有界可测函数, $\mu(E)<\infty$. 那么,

(i) 对任何两个数 α,β,

$$\int_E(\alpha f+\beta g)\mathrm{d}\mu=\alpha\int_E f\mathrm{d}\mu+\beta\int_E g\mathrm{d}\mu.$$

(ii) 当 $\alpha\geqslant 0$ 时 (α 的非负性假设以后可去掉, 见 §3.8)

$$\int_E f\mathrm{d}\alpha\mu=\alpha\int_E f\mathrm{d}\mu,$$

这里 $(\alpha\mu)(E)=\alpha\mu(E)(E\in\boldsymbol{R})$.

证　(i) 从积分的定义, 容易证明对任何常数 α,

$$\int_E \alpha f\mathrm{d}\mu=\alpha\int_E f\mathrm{d}\mu.$$

所以定理证明的关键是在于证明当 $\alpha=\beta=1$ 时 (i) 的结论成立. 今证明于下:

设 $f(E)\subset(l,u),g(E)\subset(l',u')$, 对任何正数 δ, 分别取 (l,u)、(l',u') 中分点组 $D:l=l_0<l_1<\cdots<l_n=u;D':l'=l'_0<l'_1<\cdots<l'_m=u'$, 使得 $\delta(D)<\delta,\delta(D')<\delta$. 作 $e_{ij}=E(l_{i-1}\leqslant f<l_i,l'_{j-1}\leqslant g<l'_j)$. 那么 E 分解为互不相交的有限个可测集的和: $E=\bigcup\limits_{i,j=1}^{n,m}e_{ij}$. 根据引理 1,

$$\begin{aligned}\int_{e_{ij}}(f+g)\mathrm{d}\mu&\leqslant(l_i+l'_j)\mu(e_{ij})\leqslant(2\delta+l_{i-1}+l'_{j-1})\mu(e_{ij})\\&\leqslant 2\delta\mu(e_{ij})+\int_{e_{ij}}f\mathrm{d}\mu+\int_{e_{ij}}g\mathrm{d}\mu.\end{aligned}$$

利用积分的有限可加性, 对上式中 i,j 求和就得到

$$\int_E(f+g)\mathrm{d}\mu\leqslant 2\delta\mu(E)+\int_E f\mathrm{d}\mu+\int_E g\mathrm{d}\mu,$$

令 $\delta \to 0$, 就得到

$$\int_E (f+g)\mathrm{d}\mu \leqslant \int_E f\mathrm{d}\mu + \int_E g\mathrm{d}\mu, \tag{3.3.9}$$

可以类似地证明

$$\int_E (f+g)\mathrm{d}\mu \geqslant \int_E f\mathrm{d}\mu + \int_E g\mathrm{d}\mu. \tag{3.3.10}$$

从 (3.3.9)、(3.3.10) 便知在 $\alpha = \beta = 1$ 时 (i) 成立.

(ii) 只要注意到 $\alpha\mu$ 也是可测空间 $(X, \boldsymbol{R})$ 上测度, 并且对一切 $E \in \boldsymbol{R}$, $(\alpha\mu)(E) = \alpha\mu(E)$. 再从积分的定义, 易知 (ii) 成立. 证毕

定理 3.3.4 (积分的单调性) 设 $(X, \boldsymbol{R}, \mu)$ 是测度空间, $E \in \boldsymbol{R}, \mu(E) < \infty$. 又设 f 和 g 是 E 上的两个有界可测函数, 而且 $f \dot{\geqslant} g$, 那么

$$\int_E f\mathrm{d}\mu \geqslant \int_E g\mathrm{d}\mu. \tag{3.3.11}$$

特别地, 当 $f \doteq g$ 时,

$$\int_E f\mathrm{d}\mu = \int_E g\mathrm{d}\mu.$$

证 记 $h = f - g$, 那么 $h \dot{\geqslant} 0$. 由积分的有限可加性

$$\int_E h\mathrm{d}\mu = \int_{E(h\geqslant 0)} h\mathrm{d}\mu + \int_{E(h<0)} h\mathrm{d}\mu, \tag{3.3.12}$$

由于 $\mu(E(h<0)) = 0$, 根据例 1, (3.3.12) 中右边的第二个积分为零, 而第一个积分不小于零. 因此 $\int_E h\mathrm{d}\mu \geqslant 0$. 由积分的线性立即得到 (3.3.11). 证毕

系 设 f 是有界可测函数, $\mu(E) < \infty$, 那么

$$\left|\int_E f\mathrm{d}\mu\right| \leqslant \int_E |f|\mathrm{d}\mu.$$

证 由于 $-|f| \leqslant f \leqslant |f|$, 利用 (3.3.11), 得到

$$-\int_E |f|\mathrm{d}\mu \leqslant \int_E f\mathrm{d}\mu \leqslant \int_E |f|\mathrm{d}\mu.$$

证毕

定理 3.3.5 设 $(X, \boldsymbol{R}, \mu)$ 是测度空间, $E \in \boldsymbol{R}, \mu(E) < \infty$. 又设 f 是 E 上有界可测函数, 而且 $f \dot{\geqslant} 0$. 如果 $\int_E f\mathrm{d}\mu = 0$, 那么 $f \doteq 0$.

证 任取一正数 $\alpha>0$, 那么由积分的有限可加性,

$$\int_E f\mathrm{d}\mu=\int_{E(f<\alpha)}f\mathrm{d}\mu+\int_{E(f\geqslant\alpha)}f\mathrm{d}\mu, \tag{3.3.13}$$

但是由 $f\geqslant 0$ 得到

$$\int_{E(f<\alpha)}f\mathrm{d}\mu\geqslant 0, \tag{3.3.14}$$

又由单调性

$$\int_{E(f\geqslant\alpha)}f\mathrm{d}\mu\geqslant\alpha\mu(E(f\geqslant\alpha)), \tag{3.3.15}$$

因此

$$0\leqslant\alpha\mu(E(f\geqslant\alpha))\leqslant\int_E f\mathrm{d}\mu=0.$$

这只可能是 $\mu(E(f\geqslant\alpha))=0$, 因此 $E(f>0)=\bigcup\limits_{n=1}^{\infty}E\left(f\geqslant\dfrac{1}{n}\right)$ 是可列个零集的和集, 它当然是零集. 由此得到 $f\doteq 0$. 证毕

虽然我们还可以进一步介绍积分的一些重要性质, 为了避免与无界函数及无限测度情况下积分的性质在叙述上太多重复, 所以我们将有界可测函数积分就介绍到此.

我们来讨论读者自然是很关心的问题, 就是上述积分的特别情形 —— Lebesgue 积分, 它究竟和 Riemann 积分是什么关系. 下面的定理说明 Lebesgue 积分是比 Riemann 积分更为普遍的一种积分.

定理 3.3.6 设 f 是定义在 $[a,b]$ 上的函数, 如果它是 Riemann 可积函数, 那么, 它必是 Lebesgue 可积的, 而且

$$(L)\int_a^b f\mathrm{d}x=(R)\int_a^b f\mathrm{d}x. \tag{3.3.16}$$

证 首先证明 f 是有界的: 事实上, 因为 f Riemann 可积, 所以对 $\varepsilon>0$, 存在 $\delta>0$, 使得 $[a,b]$ 上任一分点组 $D: a=x_0<x_1<\cdots<x_n=b$. 当 $\delta(D)=\max\limits_k(x_k-x_{k-1})<\delta$ 时,

$$\left|\sum_{i=1}^n f(\xi_i)(x_i-x_{i-1})-(R)\int_a^b f\mathrm{d}x\right|<\varepsilon, \tag{3.3.17}$$

其中 ξ_i 是在 $[x_{i-1},x_i]$ 中任意取的. 特别取 $\varepsilon=1$, 并取一个分点组 D, 使 $\delta(D)$ 小于相应于 $\varepsilon=1$ 的 δ. 取定 D 后, 记 $\eta=\min\limits_k(x_k-x_{k-1})>0$. 而对每个 i, 取 $\xi_k=x_k, k\neq i$. 那么, 由于 (3.3.17), 得到估计式 $|f(\xi_i)(x_i-x_{i-1})|\leqslant$

$1 + \left|(R)\int_a^b f\mathrm{d}x\right| + \sum_{k\neq i}|f(x_k)|(x_k - x_{k-1})$, 所以

$$|f(\xi_i)| \leqslant \left[1 + \left|(R)\int_a^b f\mathrm{d}x\right| + \sum_{k=1}^n |f(x_k)|(x_k - x_{k-1})\right] \Big/ \eta.$$

但上式右边是与 i 无关的定数, 而 ξ_i 是 $[a,b]$ 中任何一点, 所以 f 是有界的. 或者说: 有常数 $M, |f| \leqslant M$.

再证 f 是 Lebesgue 可积的, 并且 (3.3.16) 成立: 因为 f 是 Riemann 可积的, 取一列分点组 $\{D_n\}, D_n \subset D_{n+1}, \delta(D_n) \to 0$. 且 $a = x_0^{(n)} < x_1^{(n)} < x_2^{(n)} < \cdots < x_{i_n}^{(n)} = b$, 用 $m_k^{(n)}, M_k^{(n)}$ 表示 f 在 $[x_{k-1}^{(n)}, x_k^{(n)}]$ 中的下确界、上确界. 由 Riemann 积分定义, 容易看出

$$\begin{aligned}\lim_{n\to\infty}\sum_k m_k^{(n)}(x_k^{(n)} - x_{k-1}^{(n)}) &= \lim_{n\to\infty}\sum_k M_k^{(n)}(x_k^{(n)} - x_{k-1}^{(n)}) \\ &= (R)\int_a^b f\mathrm{d}x.\end{aligned} \tag{3.3.18}$$

作两个函数列 $\{\varphi_n\}, \{\psi_n\}$:

$$\varphi_n = \begin{cases} m_k^{(n)}, x \in (x_{k-1}^{(n)}, x_k^{(n)}]; \\ f(a), x = a. \end{cases} \qquad \psi_n = \begin{cases} M_k^{(n)}, x \in (x_{k-1}^{(n)}, x_k^{(n)}]; \\ f(a), x = a. \end{cases}$$

由于 $D_n \subset D_{n+1}$, 当区间缩小时, 上确界不增, 下确界不减, 所以

$$\psi_1 \geqslant \psi_2 \geqslant \cdots \geqslant \psi_n \geqslant \cdots \geqslant f,$$
$$\varphi_1 \leqslant \varphi_2 \leqslant \cdots \leqslant \varphi_n \leqslant \cdots \leqslant f,$$

记 $\bar{f} = \lim_{n\to\infty}\psi_n, \underline{f} = \lim_{n\to\infty}\varphi_n$. 显然 $\bar{f}$、$\underline{f}$ 是有界可测函数, $|\bar{f}| \leqslant M, |\underline{f}| \leqslant M$. 而且

$$\underline{f} \leqslant f \leqslant \bar{f}, \tag{3.3.19}$$

根据积分的单调性和例 4 我们得到

$$\begin{aligned}\sum_k m_k^{(n)}(x_k^{(n)} - x_{k-1}^{(n)}) &= (L)\int_a^b \varphi_n\mathrm{d}x \leqslant (L)\int_a^b \underline{f}\mathrm{d}x \\ \leqslant (L)\int_a^b \bar{f}\mathrm{d}x &\leqslant (L)\int_a^b \psi_n\mathrm{d}x = \sum_k M_k^{(n)}(x_k^{(n)} - x_{k-1}^{(n)}),\end{aligned}$$

令 $n \to \infty$, 利用 (3.3.18) 得到

$$(L)\int_a^b \underline{f}\mathrm{d}x = (L)\int_a^b \bar{f}\mathrm{d}x = (R)\int_a^b f\mathrm{d}x. \tag{3.3.20}$$

由 (3.3.19), $\bar{f}-\underline{f}\geqslant 0$, 和 $(L)\int_a^b(\bar{f}-\underline{f})\mathrm{d}x=0$, 从定理 3.3.5 得到 $\underline{f}\doteq\bar{f}$. 再由 (3.3.19) 得到 $f\underset{m}{\doteq}\bar{f}\underset{m}{\doteq}\underline{f}$, 因为 $(E^1,\boldsymbol{L},m)$ 是完全测度空间, 所以 f 也是可测函数. 由定理 3.3.4 就得到

$$(L)\int_a^b f\mathrm{d}x=(R)\int_a^b f\mathrm{d}x.$$

证毕

2. 在测度 σ-有限集上 (有限的) 可测函数的积分 先说明两个常用的记号. 设 f 是 E 上一个实函数. 作函数 $f^+=\max(f,0)$ (如图 3.1 (1)), $f^-=\max(-f,0)$ (如图 3.1 (2)), f^+、f^- 是由 f 产生的两个非负函数, 分别称为 f 的**正部与负部**, 而 f 也可用 f^+、f^- 表示: $f=f^+-f^-$. 又设 N 为任何一个非负实数. 我们用 $[f]_N(x)$ 来表示函数 $\max(\min(f(x),N),-N)$ (如图 3.2), 即 $[f]_N(x)$ 是由 $f(x)$ 和 N 决定的一个函数, 在使 $|f(x)|\leqslant N$ 的点 x 上, 它的函数值就是 $f(x)$; 而在 $f(x)>N$, 或 $f(x)<-N$ 的点 x 上, 它的函数值分别是 N 或 $-N$.$[f]_N$ 是用 N 把 f 截断出来的新函数. 特别地, 当 $f\geqslant 0$ 时, $[f]_N=\min(f,N)$.

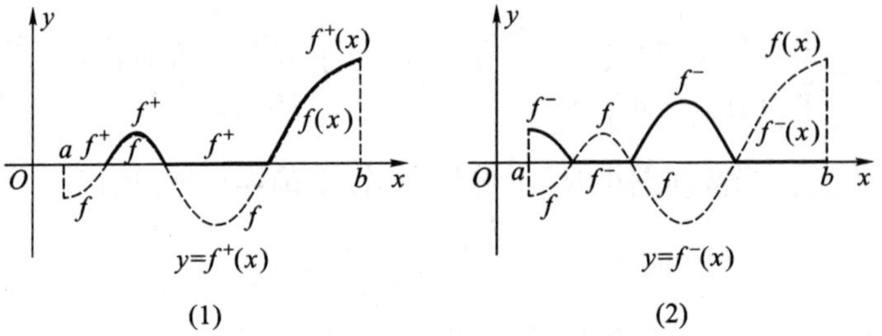

图 3.1

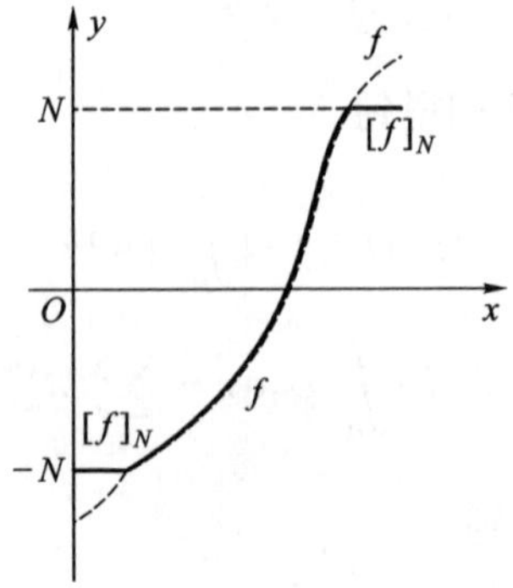

图 3.2

设 E 是一个 μ 测度的 σ-有限集, 如果 $E_1 \subset E_2 \subset \cdots \subset E_n \subset \cdots$ 是 E 的一列可测子集, 而且 $\mu(E_n) < \infty, E = \bigcup_{n=1}^{\infty} E_n$. 那么称 $\{E_n\}$ 是 E 的一列**测度有限单调覆盖**.

定义 3.3.2 设 $(X, \boldsymbol{R}, \mu)$ 是测度空间, $E \in \boldsymbol{R}$, 并且 E 是 σ-有限的, 又设 f 是 E 上非负的可测函数, $\{E_n\}$ 是 E 的一列测度有限单调覆盖. 如果极限

$$\lim_{N\to\infty} \int_{E_N} [f]_N \mathrm{d}\mu < \infty, \tag{3.3.21}$$

我们就称 f 是关于 μ**可积**的, 这个极限值就规定为 f 的**积分**, 记为

$$\int_E f \mathrm{d}\mu.$$

我们要说明这样定义的积分是确定的. 换句话说, 函数 f 在 E 上的可积性以及积分的值与测度有限单调覆盖列 $\{E_n\}$ 的选取无关.

首先我们注意, 当 f 是 E 上的非负可测函数, $\{E_n\}$ 是 E 的一列测度有限单调覆盖时, 由有界函数积分的单调性和有限可加性, 容易看出 $\left\{\int_{E_n} [f]_n \mathrm{d}\mu\right\}$ 是单调增加数列, 因此 $\lim\limits_{n\to\infty} \int_{E_n} [f]_n \mathrm{d}\mu$ 存在, 但有可能是 ∞.

下面我们证明更一般的结果.

引理 2 设 $(X, \boldsymbol{R}, \mu)$ 是测度空间, $E \in \boldsymbol{R}$, 并且 E 是 σ-有限的. 又设 f 是 E 上可测函数, 并且 $f \geqslant 0$.$\{E_n^{(j)}\}(j=1,2)$ 是 E 的两列测度有限单调覆盖, $\{M_n^{(i)}\}(i=1,2)$ 是两列趋向 $+\infty$ 的单调增加正数列, 如果

$$\lim_{n\to\infty} \int_{E_n^{(1)}} [f]_{M_n^{(1)}} \mathrm{d}\mu < \infty,$$

那么必然有

$$\lim_{n\to\infty} \int_{E_n^{(2)}} [f]_{M_n^{(2)}} \mathrm{d}\mu = \lim_{n\to\infty} \int_{E_n^{(1)}} [f]_{M_n^{(1)}} \mathrm{d}\mu. \tag{3.3.22}$$

证 记 $s = \lim\limits_{n\to\infty} \int_{E_n^{(1)}} [f]_{M_n^{(1)}} \mathrm{d}\mu$, 由于 $\left\{\int_{E_n^{(1)}} [f]_{M_n^{(1)}} \mathrm{d}\mu\right\}$ 是单调增加数列, 所以对一切自然数 n,

$$\int_{E_n^{(1)}} [f]_{M_n^{(1)}} \mathrm{d}\mu \leqslant s.$$

今证 (3.3.22). 设 A 是 E 的任一测度有限的可测子集, M 是任取的正数. 当

$M_n^{(1)} > M$ 时, 有下式

$$\begin{aligned}\int_A [f]_M \mathrm{d}\mu &= \int_{A\bigcap E_n^{(1)}} [f]_M \mathrm{d}\mu + \int_{A-E_n^{(1)}} [f]_M \mathrm{d}\mu \\ &\leqslant \int_{E_n^{(1)}} [f]_{M_n^{(1)}} \mathrm{d}\mu + M\mu(A - E_n^{(1)}) \qquad (3.3.23)\\ &\leqslant s + M\mu(A - E_n^{(1)}),\end{aligned}$$

由于 $\{A - E_n^{(1)}\}$ 是单调下降序列, 并且 $\bigcap\limits_{n=1}^{\infty}(A - E_n^{(1)}) = A - \bigcup\limits_{n=1}^{\infty} E_n^{(1)} = A - E = \varnothing$, 又有 $\mu(A) < \infty$, 所以根据定理 2.2.1 的 (vi) 得到 $\lim\limits_{n\to\infty} \mu(A - E_n^{(1)}) = 0$. 特别再取 $A = E_k^{(2)}, M = M_k^{(2)}$, 就得到

$$\int_{E_k^{(2)}} [f]_{M_k^{(2)}} \mathrm{d}\mu \leqslant \lim_{n\to\infty} \int_{E_n^{(1)}} [f]_{M_n^{(1)}} \mathrm{d}\mu,$$

对一切 k 成立. 再令 $k \to \infty$, 就有

$$\lim_{k\to\infty} \int_{E_k^{(2)}} [f]_{M_k^{(2)}} \mathrm{d}\mu \leqslant \lim_{n\to\infty} \int_{E_n^{(1)}} [f]_{M_n^{(1)}} \mathrm{d}\mu.$$

对调 $\{E_k^{(2)}, M_k^{(2)}\}$ 和 $\{E_n^{(1)}, M_n^{(1)}\}$ 的地位, 立即得到 (3.3.22).　　证毕

特别取 $M_n^{(1)} = n, M_k^{(2)} = k$ 时, (3.3.22) 就表示 (3.3.21) 引入积分的定义是确当的. 如果 $M_n^{(1)} = n, M_k^{(2)}$ 仍为一般单调趋向 ∞ 数列时, 引理说明积分也可以定义为

$$\int_E f \mathrm{d}\mu = \lim_{n\to\infty} \int_{E_n} [f]_{M_n} \mathrm{d}\mu. \qquad (3.3.24)$$

这里 $\{E_n\}$ 是 E 的测度有限单调覆盖, $\{M_n\}$ 是趋向 ∞ 的单调正数列.

当 f 是有界的函数, $\mu(E) < \infty$ 时, 显然, 现在的定义和前面定义是一致的.

现在举一些非负可积函数的例子.

例 6　考察 $(0, \infty)$ 上的函数

$$f(x) = \begin{cases} \dfrac{1}{x^{\frac{1}{2}}}, & x \in (0, 1], \\ \dfrac{1}{x^2}, & x \in (1, \infty), \end{cases}$$

关于 Lebesgue 测度的积分.

显然, 对任何自然数 N (如图 3.3),

$$[f]_N(x) = \begin{cases} N, & x \in \left(0, \dfrac{1}{N^2}\right], \\ \dfrac{1}{x^{\frac{1}{2}}}, & x \in \left(\dfrac{1}{N^2}, 1\right], \\ \dfrac{1}{x^2}, & x \in [1, \infty), \end{cases}$$

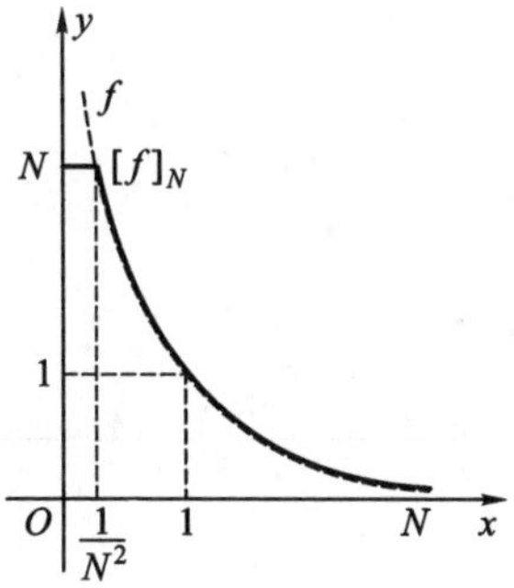

图 3.3

对 $E=(0,\infty)$, 取 $E_n=(0,n)(n=1,2,3,\cdots)$ 作为 E 的测度有限的单调覆盖似乎最为自然. 但考虑到积分 $\int_{E_N}[f]_N\mathrm{d}x$ 的计算, 我们改取 $E_n=\left[\frac{1}{n^2},n\right]$ 作为 E 的测度有限的单调覆盖将更为方便. 由于 $[f]_N$ 在 $\left[\frac{1}{N^2},N\right]$ 上是 Riemann 可积的, 所以

$$\begin{aligned}\int_{E_N}[f]_N\mathrm{d}x&=(R)\int_{\frac{1}{N^2}}^{1}\frac{1}{x^{\frac{1}{2}}}\mathrm{d}x+(R)\int_1^N\frac{1}{x^2}\mathrm{d}x\\&=2x^{\frac{1}{2}}\Big|_{\frac{1}{N^2}}^{1}-\frac{1}{x}\Big|_1^N=3-\frac{3}{N},\end{aligned}$$

所以 $(L)\int_0^{\infty}f\mathrm{d}x=3$.

例 7 设 $E=X=\left\{n\middle|n=1,2,3,\cdots\right\}\bigcup\left\{\frac{1}{m}\middle|m=2,3,4,\cdots\right\}$, $\boldsymbol{R}$ 是 X 的一切子集全体, 在 $\boldsymbol{R}$ 上定义测度 μ 如下: 对任何自然数 n, 单元素的集 $\{n\}$ 和 $\left\{\frac{1}{n}\right\}$ 的测度分别为 $\mu(\{n\})=\frac{1}{n+1}, \mu\left(\left\{\frac{1}{n}\right\}\right)=\frac{1}{n^2(n+1)}$. 对于 E 的别的子集, 利用 μ 的可列可加性来定义它的测度的值、易知 $(X,\boldsymbol{R},\mu)$ 是全 σ-有限的测度空间. 我们考察 E 上如下的函数 f (如图 3.4): 对任何自然数 n,m,

$$\begin{cases}f(n)=\dfrac{1}{n}, & n=1,2,3,\cdots\\ f\left(\dfrac{1}{m}\right)=m, & m=2,3,4,\cdots\end{cases}$$

当取 $E_n=\left[\frac{1}{n},\frac{1}{n-1},\cdots,\frac{1}{2},1,2,\cdots,n\right]$ $(n=1,2,\cdots)$ 作为 E 的测度有限单调

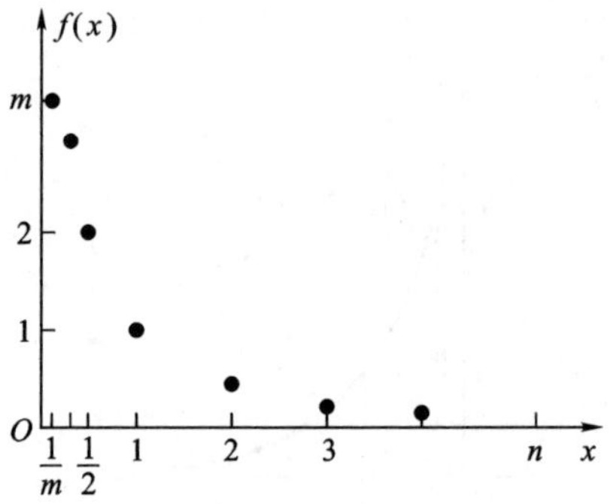

图 3.4

覆盖时, 计算积分 $\int_{E_N}[f]_N\mathrm{d}\mu$ 最方便, 这时

$$\begin{aligned}\int_{E_N}[f]_N\mathrm{d}\mu &= \sum_{n=1}^{N} f(n)\mu(\{n\}) + \sum_{m=2}^{N} f\left(\frac{1}{m}\right)\mu\left(\left\{\frac{1}{m}\right\}\right)\\ &= \sum_{n=1}^{N}\frac{1}{n}\frac{1}{n+1} + \sum_{m=2}^{N} m\frac{1}{m^2(m+1)} = \frac{3}{2} - \frac{2}{N+1},\end{aligned}$$

所以 $\int_E f\mathrm{d}\mu = \dfrac{3}{2}$.

在数学分析中, 有奇点的函数的广义积分和无穷区间上的广义积分是分别定义的. 对一般测度的积分虽然也可以分成两种情况分别定义和讨论 (参见 [8]), 但为了减少过多重复, 我们才采取了把两种情况统一起来的形式加以讨论. 不过上面只是对非负函数给了积分定义. 我们还要介绍一般函数 (函数值有正、有负) 的积分概念.

定义 3.3.3 设 $(X,\boldsymbol{R},\mu)$ 是测度空间, $E\in\boldsymbol{R}$, E 是 σ-有限的. 又设 f 是 E 上可测函数. 如果 f 的正部 f^+、负部 f^- 都是关于 μ 可积的, 我们就称 f 关于 μ 是**可积**的, 并规定 $\int_E f^+\mathrm{d}\mu - \int_E f^-\mathrm{d}\mu$ 是 f 在 E 上的**积分**, 记它为 $\int_E f\mathrm{d}\mu$.

下面我们介绍积分的一些重要性质, 先证明一个引理.

引理 3 设 E 是测度空间 $(X,\boldsymbol{R},\mu)$ 上的 σ-有限集, 如果 f 是 E 上的可积函数, h 是 E 上可测函数, 而且 $|h|\leqslant f$, 那么 h 也是可积的.

证 由于 $|h|\leqslant f$, 所以有 $h^+\leqslant f$, $h^-\leqslant f$. 现在证 h^+ 是可积的; 设 $\{E_n\}$

是测度有限单调覆盖, 对任何自然数 n, 显然有

$$\int_{E_n}[h^+]_n\mathrm{d}\mu \leqslant \int_{E_n}[f]_n\mathrm{d}\mu \leqslant \int_E f\mathrm{d}\mu.$$

所以单调增加数列 $\left\{\int_{E_n}[h^+]_n\mathrm{d}\mu\right\}$ 的极限是有限的, 因此 h^+ 是可积的. 同理 h^- 也是可积的. 证毕

引理 3 常常被用来证明可测函数的可积性.

定理 3.3.7 (有限可加性) 设 E 是测度空间 $(X,\boldsymbol{R},\mu)$ 上的 σ-有限的, f 是 E 上可测函数, 如果 $E=E_1\bigcup E_2, E_1\bigcap E_2=\varnothing$, 并且 E_1、E_2 是可测的. 那么, f 在 E 上可积的充要条件是 f 在 E_1、E_2 上可积. 当 f 可积时,

$$\int_E f\mathrm{d}\mu = \int_{E_1} f\mathrm{d}\mu + \int_{E_2} f\mathrm{d}\mu. \tag{3.3.25}$$

证 设 $\{F_n\}$ 是 E 的测度有限单调覆盖, 那么 $\{E_1\bigcap F_n\}$、$\{E_2\bigcap F_n\}$ 分别是 E_1、E_2 的测度有限单调覆盖. 并且 $F_n=(E_1\bigcap F_n)\bigcup(E_2\bigcap F_n)$.

当 $f\geqslant 0$ 时, 利用有界函数的积分的有限可加性, 对任何 N 有

$$\int_{F_N}[f]_N\mathrm{d}\mu = \int_{E_1\bigcap F_N}[f]_N\mathrm{d}\mu + \int_{E_2\bigcap F_N}[f]_N\mathrm{d}\mu. \tag{3.3.26}$$

因为 f 是可积的, 以及 $[f]_N\geqslant 0$, 从 (3.3.26) 立即推出

$$\lim_{N\to\infty}\int_{E_1\bigcap F_N}[f]_N\mathrm{d}\mu \leqslant \int_E f\mathrm{d}\mu,$$

$$\lim_{N\to\infty}\int_{E_2\bigcap F_N}[f]_N\mathrm{d}\mu \leqslant \int_E f\mathrm{d}\mu.$$

因此 f 在 E_1、E_2 上是可积的. 在 (3.3.26) 中令 $N\to\infty$, 便得到 (3.3.25). 反过来, 如果 f 在 E_1、E_2 上可积, 又从 (3.3.26) 推出

$$\int_{F_N}[f]_N\mathrm{d}\mu \leqslant \int_{E_1} f\mathrm{d}\mu + \int_{E_2} f\mathrm{d}\mu,$$

即 f 在 E 上可积.

当 f 是一般可测函数时, 如果 f 在 E 上可积, 那么 f^+、f^- 在 E 上可积, 从而 f^+, f^- 在 E_1, E_2 上可积. (当我们把 E 上函数 f 的正部 f^+、负部 f^- 限制在 $E_i(i=1,2)$ 上时, 它们也分别是 f 作为集 E_i 上函数时的正部、负部.) 所以 $f=f^+-f^-$ 在 E_1, E_2 上也可积, 而且

$$\begin{aligned}\int_E f\mathrm{d}\mu &= \int_E f^+\mathrm{d}\mu - \int_E f^-\mathrm{d}\mu = \left(\int_{E_1} f^+\mathrm{d}\mu + \int_{E_2} f^+\mathrm{d}\mu\right)\\ &\quad - \left(\int_{E_1} f^-\mathrm{d}\mu + \int_{E_2} f^-\mathrm{d}\mu\right) = \int_{E_1} f\mathrm{d}\mu + \int_{E_2} f\mathrm{d}\mu.\end{aligned}$$

反过来, 假如 f 在 E_1 与 E_2 上可积, 那么 f^+、f^- 在 E_1 与 E_2 上就可积, 从而 f^+、f^- 在 E 上可积, 并且 f 在 E 上也可积. 证毕

定理 3.3.7 显然可以推广到当集 E 分解成有限个互不相交的可测集时的情况. 所以定理 3.3.7 又称为积分的有限可加性. 稍后, 我们要证明积分具有可列可加性.

为了证明积分具有线性, 先证一个引理.

引理 4 设 f,g 是集 E 上两个非负实函数, 那么, 对任何自然数 N,

$$[f+g]_N \leqslant [f]_N + [g]_N \leqslant [f+g]_{2N}. \tag{3.3.27}$$

证 先证左端不等式: 设 $x_0 \in E$. 如果 $f(x_0) < N, g(x_0) < N$, 显然, $[f(x_0)+g(x_0)]_N \leqslant f(x_0)+g(x_0) = [f(x_0)]_N + [g(x_0)]_N$; 如果 $f(x_0), g(x_0)$ 中至少有一个不小于 N, 例如 $f(x_0) \geqslant N$, 那么 $[f(x_0)+g(x_0)]_N = N \leqslant N + [g(x_0)]_N \leqslant [f(x_0)]_N + [g(x_0)]_N$.

再证右端不等式: 由于 $[f]_N + [g]_N \leqslant f+g, [f]_N + [g]_N \leqslant 2N$, 所以 $[f]_N + [g]_N \leqslant \mathrm{mim}(f+g, 2N) = [f+g]_{2N}$. 证毕

定理 3.3.8 (线性) 设 E 是测度空间 $(X, \boldsymbol{R}, \mu)$ 上 σ-有限的, f 与 g 是 E 上两个可积函数, 那么, 对任何两个常数 α、β, $\alpha f + \beta g$ 也是可积函数, 而且

$$\int_E (\alpha f + \beta g) \mathrm{d}\mu = \alpha \int_E f \mathrm{d}\mu + \beta \int_E g \mathrm{d}\mu.$$

证 设 $\alpha \geqslant 0$, 由于 $(\alpha f)^+ = \alpha f^+$, 从 f^+ 可积性, 先证明 $(\alpha f)^+$ 也是可积的, 而且

$$\int_E (\alpha f)^+ \mathrm{d}\mu = \alpha \int_E f^+ \mathrm{d}\mu.$$

当 $\alpha = 0$ 时, 上述结论显然成立. 对于 $\alpha > 0$, 由于 $[\alpha f]_n = \alpha [f]_{\frac{n}{\alpha}}$, 根据 (3.3.24) $\left(取\ M_n = \dfrac{n}{\alpha}\right)$, 便有

$$\begin{aligned}\int_E (\alpha f)^+ \mathrm{d}\mu &= \lim_{n\to\infty} \int_{E_n} [(\alpha f)^+]_n \mathrm{d}\mu = \alpha \lim_{n\to\infty} \int_{E_n} [f^+]_{\frac{n}{\alpha}} \mathrm{d}\mu \\ &= \alpha \int_E f^+ \mathrm{d}\mu,\end{aligned}$$

对 $(\alpha f)^-$ 也类似地讨论. 因此, αf 可积, 且

$$\int_E (\alpha f) \mathrm{d}\mu = \alpha \int_E f \mathrm{d}\mu.$$

当 $\alpha < 0$ 时, 也可类似讨论.

所以只要就 $\alpha=\beta=1$ 的情况来证明定理成立便可以了.

如果 $f\geqslant 0, g\geqslant 0$. 设 $\{E_n\}$ 是 E 的测度有限单调覆盖, 根据 (3.3.27) 以及有界函数积分的单调性、有限可加性得到

$$\int_{E_N}[f+g]_N\mathrm{d}\mu\leqslant\int_{E_N}([f]_N+[g]_N)\mathrm{d}\mu\leqslant\int_{E_N}[f+g]_{2N}\mathrm{d}\mu. \tag{3.3.28}$$

根据有界可积函数的线性,

$$\int_{E_N}([f]_N+[g]_N)\mathrm{d}\mu=\int_{E_N}[f]_N\mathrm{d}\mu+\int_{E_N}[g]_N\mathrm{d}\mu.$$

由于假设 f,g 可积, 令 $N\to\infty$, 得到

$$\lim_{N\to\infty}\int_{E_N}([f]_N+[g]_N)\mathrm{d}\mu=\int_E f\mathrm{d}\mu+\int_E g\mathrm{d}\mu<\infty. \tag{3.3.29}$$

又从 (3.3.28) 的左边一个不等式 (令 $N\to\infty$) 知道 $f+g$ 是可积的, 并且

$$\int_E(f+g)\mathrm{d}\mu\leqslant\int_E f\mathrm{d}\mu+\int_E g\mathrm{d}\mu, \tag{3.3.30}$$

再在 (3.3.28) 的不等式 $\int_{E_N}([f]_N+[g]_N)\mathrm{d}\mu\leqslant\int_{E_N}[f+g]_{2N}\mathrm{d}\mu$ 中, 令 $N\to\infty$, 并用 (3.3.29) 便得到

$$\int_E f\mathrm{d}\mu+\int_E g\mathrm{d}\mu\leqslant\int_E(f+g)\mathrm{d}\mu, \tag{3.3.31}$$

(3.3.30), (3.3.31) 结合起来便得到当 $f\geqslant 0, g\geqslant 0$ 时,

$$\int_E(f+g)\mathrm{d}\mu=\int_E f\mathrm{d}\mu+\int_E g\mathrm{d}\mu. \tag{3.3.32}$$

当 f、g 是一般可积函数时, 由于

$$(f+g)^+\leqslant f^++g^+, (f+g)^-\leqslant f^-+g^-,$$

所以由引理 3, $f+g$ 是可积的. 又由于

$$(f+g)^+-(f+g)^-=f+g=(f^++g^+)-(f^-+g^-),$$

从而得到

$$(f+g)^++f^-+g^-=f^++g^++(f+g)^-.$$

对这个函数应用 (3.3.32), 就得到

$$\begin{aligned}&\int_E(f+g)^+\mathrm{d}\mu+\int_E f^-\mathrm{d}\mu+\int_E g^-\mathrm{d}\mu\\&=\int_E f^+\mathrm{d}\mu+\int_E g^+\mathrm{d}\mu+\int_E(f+g)^-\mathrm{d}\mu,\end{aligned}$$

移项后就知道 (3.3.32) 对一般可积函数 f、g 也成立. 证毕

定理 3.3.9　设 E 是测度空间 $(X, \boldsymbol{R}, \mu)$ 上 σ-有限的, f、g 是 E 上两个可测函数, 那么 E 上的积分有如下的性质:

1° 如果 $f \doteq 0$, 那么 f 是可积的, 并且

$$\int_E f \mathrm{d}\mu = 0. \tag{3.3.33}$$

反之, 如果 f 在 E 上满足 $f \dot{\geqslant} 0$, 并且 (3.3.33) 成立, 那么 $f \doteq 0$.

2° **单调性**: 设 f、g 是 E 上可积函数, 又如果 $f \dot{\geqslant} g$, 那么

$$\int_E f \mathrm{d}\mu \geqslant \int_E g \mathrm{d}\mu. \tag{3.3.34}$$

3° **绝对可积性:** f 在 E 上可积时, $|f|$ 在 E 上可积, 并且

$$\left| \int_E f \mathrm{d}\mu \right| \leqslant \int_E |f| \mathrm{d}\mu. \tag{3.3.35}$$

证　1° 第一部分是显然的. 第二部分的证法和定理 3.3.5 的证法相同.

2° 当 $f \dot{\geqslant} g$ 时, $f - g \dot{\geqslant} 0$. 设 $\{E_n\}$ 是 E 的一个测度有限单调覆盖, 那么

$$\int_{E_n} [f-g]_n \mathrm{d}\mu \geqslant 0. \text{ 因此 } \int_E (f-g) \mathrm{d}\mu \geqslant 0. \text{ 再由定理 3.3.8,}$$

$$\int_E (f-g) \mathrm{d}\mu = \int_E f \mathrm{d}\mu - \int_E g \mathrm{d}\mu,$$

立即得到 (3.3.34).

3° 当 f 可积时, f^+、f^- 可积, 所以 $|f| = f^+ + f^-$ 也可积. 由于 $-|f| \leqslant f \leqslant |f|$, 根据 (3.3.34) 得到

$$-\int_E |f| \mathrm{d}\mu \leqslant \int_E f \mathrm{d}\mu \leqslant \int_E |f| \mathrm{d}\mu,$$

即 (3.3.35) 成立.　　证毕

定理 3.3.9 中 3° 的绝对可积性 (即可积函数 f 的绝对值函数 $|f|$ 一定也可积), 在广义 Riemann 积分中是没有的, 举例如下.

例 8　考察 $[0, 1]$ 上的函数

$$f(x) = \begin{cases} \dfrac{1}{x} \sin \dfrac{1}{x}, & 0 < x \leqslant 1, \\ 0, & x = 0, \end{cases}$$

读者熟知, 它是广义 Riemann 可积函数, 但是 $|f|$ 不是广义 Riemann 可积的.

我们注意, 这个函数 f 在 $[0, 1]$ 上的 Lebesgue 积分是不存在的! 因为如果它 Lebesgue 可积, 由定理 3.3.9 的性质 3°, $|f|$ 应该是 Lebesgue 可积的, 而 $\dfrac{1}{x}\left|\sin \dfrac{1}{x}\right|$

在 $\left[\frac{1}{n},1\right]$ 上 Riemann 可积, 所以

$$
\begin{aligned}
(L)\int_0^1 |f|\mathrm{d}x &\geqslant (L)\int_{\frac{1}{n}}^1 |f|\mathrm{d}x \\
&= (R)\int_{\frac{1}{n}}^1 \frac{1}{x}\left|\sin\frac{1}{x}\right|\mathrm{d}x \to \infty(\text{当 } n\to\infty \text{ 时}).
\end{aligned}
$$

这说明 $|f|$ 不是 Lebesgue 可积, 因而 f 也不是 Lebesgue 可积的.

下面定理 3.3.10 所说的积分性质称为积分的**全连续性** (或称做绝对连续性):

定理 3.3.10 (全连续性) 设 E 是测度空间 $(X,\boldsymbol{R},\mu)$ 上 σ-有限的, f 是 E 上可积函数. 那么对任何 $\varepsilon>0$, 必存在 $\delta>0$, 当 e 是 E 的任何一个可测子集, 而且 $\mu(e)<\delta$ 时, 就成立着

$$
\left|\int_e f\mathrm{d}\mu\right|<\varepsilon \tag{3.3.36}
$$

证 设 $\{E_n\}$ 是 E 的测度有限单调覆盖, 由定理 3.3.9 的 3°, $|f|$ 是可积的. 这时必有自然数 N_0, 使得

$$
\int_E |f|\mathrm{d}\mu-\int_{E_{N_0}}[|f|]_{N_0}\mathrm{d}\mu<\frac{\varepsilon}{2}.
$$

由于 $\int_{E_{N_0}}[|f|]_{N_0}\mathrm{d}\mu\leqslant\int_E[|f|]_{N_0}\mathrm{d}\mu$, 因此

$$
\int_E(|f|-[|f|]_{N_0})\mathrm{d}\mu<\frac{\varepsilon}{2}.
$$

取 $\delta=\frac{\varepsilon}{2(N_0+1)}$, 由 (3.3.35) 得到

$$
\begin{aligned}
\left|\int_e f\mathrm{d}\mu\right| &\leqslant \int_e |f|\mathrm{d}\mu=\int_e(|f|-[|f|]_{N_0})\mathrm{d}\mu+\int_e[|f|]_{N_0}\mathrm{d}\mu \\
&\leqslant \int_E(|f|-[|f|]_{N_0})\mathrm{d}\mu+\frac{\varepsilon N_0}{2(N_0+1)}<\frac{\varepsilon}{2}+\frac{\varepsilon}{2}=\varepsilon.
\end{aligned}
$$

证毕

下面证明积分的可列可加性.

定理 3.3.11 (可列可加性) 设 E 是测度空间 $(X,\boldsymbol{R},\mu)$ 上 σ-有限的, f 是 E 上可测函数, 如果 $E=\bigcup_{i=1}^{\infty}E_i$, 而且 $\boldsymbol{E}_i\in\boldsymbol{R}, E_i\bigcap E_j=\varnothing, i\neq j$. 那么, f 在 E 上可积的充要条件是

(i) f 在 E_i 上可积;

(ii) $\sum\limits_{i=1}^{\infty}\int_{E_i}|f|\mathrm{d}\mu<\infty$.

当 f 可积时,

$$\int_E f\mathrm{d}\mu=\sum_{i=1}^{\infty}\int_{E_i}f\mathrm{d}\mu. \tag{3.3.37}$$

证　必要性: 设 f 是可积的, 由于

$$E=\left(\bigcup_{i=1}^{m}E_i\right)\bigcup\left(E-\bigcup_{i=1}^{m}E_i\right),$$

根据积分的有限可加性, f 在 E_i 上可积 (所以 (i) 是必要的), 且

$$\int_E f\mathrm{d}\mu=\sum_{i=1}^{m}\int_{E_i}f\mathrm{d}\mu+\int_{E-\bigcup\limits_{i=1}^{m}E_i}f\mathrm{d}\mu, \tag{3.3.38}$$

将 (3.3.38) 中 f 换成 $|f|$ (它是可积的), 立即得到

$$\int_E|f|\mathrm{d}\mu\geqslant\sum_{i=1}^{m}\int_{E_i}|f|\mathrm{d}\mu, \tag{3.3.39}$$

令 $m\to\infty$, 便得到定理的条件 (ii) 也是必要的.

充分性: 设 $\{F_n\}$ 是 E 的测度有限单调覆盖, 那么易知

$$\left\{F_n\bigcap\left(\bigcup_{i=1}^{n}E_i\right)\right\}$$

也是 E 的测度有限单调覆盖, 由有界可测函数在测度有限集

$$F_n\bigcap\left(\bigcup_{i=1}^{n}E_i\right)$$

上的积分有限可加性 (定理 3.3.2) 得到

$$\int_{F_n\bigcap\left(\bigcup\limits_{i=1}^{n}E_i\right)}[|f|]_n\mathrm{d}\mu=\sum_{i=1}^{n}\int_{F_n\bigcap E_i}[|f|]_n\mathrm{d}\mu\leqslant\sum_{i=1}^{\infty}\int_{E_i}|f|\mathrm{d}\mu, \tag{3.3.40}$$

右边不依赖于 n, 所以令 $n\to\infty$, 便知 $|f|$ 在 E 上可积, 从而 f 在 E 上可积.

最后, 再证 (3.3.37) 成立. 当 f 可积时, 将 (3.3.39) 中 $m\to\infty$, 再将 (3.3.40) 中 $n\to\infty$, 便得到

$$\int_E|f|\mathrm{d}\mu=\sum_{i=1}^{\infty}\int_{E_i}|f|\mathrm{d}\mu, \tag{3.3.41}$$

即对 $|f|$, (3.3.37) 成立.

由 (3.3.38)、(3.3.41) 和积分的有限可加性得到

$$\begin{aligned}\left|\int_E f\mathrm{d}\mu-\sum_{i=1}^{m}\int_{E_i} f\mathrm{d}\mu\right|&=\left|\int_{E-\bigcup\limits_{i=1}^{m}E_i} f\mathrm{d}\mu\right|\\&\leqslant\int_{E-\bigcup\limits_{i=1}^{m}E_i}|f|\mathrm{d}\mu=\sum_{m=1}^{\infty}\int_{E_i}|f|\mathrm{d}\mu,\end{aligned}$$

从 $\sum\limits_{i=1}^{\infty}\int_{E_i}|f|\mathrm{d}\mu<\infty$, 在上式中令 $m\to\infty$, 便得到

$$\int_E f\mathrm{d}\mu=\sum_{i=1}^{\infty}\int_{E_i} f\mathrm{d}\mu.$$

证毕

3. Lebesgue-Stieltjes (勒贝格 – 斯蒂尔切斯) 积分 前面建立的是一般测度空间 $(X,\boldsymbol{R},\mu)$ 上积分概念. 由于一般分析数学、数学物理和概率论等常用的积分除 Lebesgue 积分外, 便是 n 维欧几里得空间上关于 Lebesgue-Stieltjes 测度的积分, 特别是直线上关于 Lebesgue-Stieltjes 测度的积分, 由于对 Lebesgue-Stieltjes 测度本书中很少系统叙述, 在此对其产生过程和一般测度论中没有的性质作一概述, 以便查考.

设 g 是直线上单调增加右连续函数 (又称为 E^1 上**分布**) 根据 §2.2, 由 g 可产生 $(E^1,\boldsymbol{R}_0)$ 上一个测度 g, 满足 $g((a,b])=g(b)-g(a)$. 继而在 $\boldsymbol{H}(\boldsymbol{R}_0)$ (就是直线上一切子集全体) 上引出外测度 g^*, 再把 $\boldsymbol{H}(\boldsymbol{R}_0)$ 中满足 Caratheodory 条件

$$g^*(F)=g^*(F\bigcap E)+g^*(F-E), F\in\boldsymbol{H}(\boldsymbol{R}_0)$$

的集 E 称为 g^*-可测集 (即 (关于 g 的) Lebesgue-Stieltjes 可测集), g^*-可测集全体记为 $\boldsymbol{L}^g, g^*$ 是 $\boldsymbol{L}^g$ 上完全测度, 仍记 g^* 为 g, 称 $(E^1,\boldsymbol{L}^g,g)$ 是 Lebesgue-Stieltjes 测度空间. 除有作为一般测度的性质外, 主要有下面性质 (可对比 §2.4 中 Lebesgue 测度的性质):

(i) $\boldsymbol{L}^g$ 是 E^1 上的 σ-代数, $\boldsymbol{L}^g\supset\boldsymbol{B}(=\boldsymbol{S}(\boldsymbol{R}_0))$.

(ii) $(E^1,\boldsymbol{L}^g,g)$ 是全 σ-有限的完全测度空间.

(iii) 对每个 $E\in\boldsymbol{L}^g$, 必有 $A\in\boldsymbol{B}$、$B\in\boldsymbol{B}$, 使得

$$A\supset E\supset B,\ 并且\ g(A-E)=0=g(E-B).$$

(iv) $E\in\boldsymbol{H}(\boldsymbol{R}_0)$, 那么 $E\in\boldsymbol{L}^g$ 的充要条件是下面三个中的一个成立:

1°　对任何 $\varepsilon>0$, 存在开集 $O\supset E$, 使得 $g^*(O-E)<\varepsilon$.

2°　对任何 $\varepsilon>0$, 存在闭集 $F\subset E$, 使得 $g^*(E-F)<\varepsilon$.

3°　对任何 $\varepsilon>0$, 存在开集 O、闭集 F, 使得 $O\supset E\supset F$, 并且 $g(O-F)<\varepsilon$.

如果 $E\in\boldsymbol{L}^g, f$ 是 E 上 (关于 g) 的可测函数, 按本节第一、二小节方式建立关于 g 测度的积分, 记为 $\int_E f\mathrm{d}g$, 称为 f 在 E 上 (关于 g 的) Lebesgue-Stieltjes 积分. 如果 E 是区间的情况, 通常又记为

$$\int_{[a,b]} f\mathrm{d}g=\int_a^b f\mathrm{d}g, \int_{(a,b]} f\mathrm{d}g=\int_{a^+}^b f\mathrm{d}g \quad (a^+ \text{ 又常写成 } a+ \text{ 或 } a+0)$$

$$\int_{(a,b)} f\mathrm{d}g=\int_{a^+}^{b^-} f\mathrm{d}g \quad (b^- \text{ 又常写成 } b- \text{ 或 } b-0)$$

由于 Lebesgue-Stieltjes 测度是一般测度的特殊情况, 所以一般测度空间上积分性质它都具有, 这里不拟复述.

如果 g_1、g_2 是 E^1 上两个不同的单调增加右连续函数, 那么 $\boldsymbol{L}^{g_1}$ 和 $\boldsymbol{L}^{g_2}$ 是不一定相同的, 而且 $(E^1,\boldsymbol{L}^{g_1},g_1)$ 和 $(E^1,\boldsymbol{L}^{g_2},g_2)$ 上的可测函数类和可积函数类不一定相同, 下面我们再举一些例子来说明这个问题. 这些例子本身也具有典型意义.

例 9　作 Heaviside (赫维赛德) 函数:

$$\theta(x)=\begin{cases}0, & x<0,\\ 1, & x\geqslant 0.\end{cases}$$

显然, 这时直线上一切子集 E 都是完全测度空间 $(E^1,\boldsymbol{L}^\theta,\theta)$ 的可测集. 因而定义在 E^1 上任何一个有限实函数 f 都是 $(E^1,\boldsymbol{L}^\theta,\theta)$ 上可测函数, 并且是可积函数. 其积分为

$$\int_E f\mathrm{d}\theta=\begin{cases}0, & \text{当 } 0\notin E,\\ f(0), & \text{当 } 0\in E.\end{cases}$$

例 10　记 $E(x)$ 是不超过 x 的最大整数. $E(x)$ 是 E^1 上单调增加的右连续函数 (如图 3.5). 显然, 这时直线上一切子集 M 都是完全测度空间 $(E^1,\boldsymbol{L}^E,E)$ 的可测子集, $E(M)$ 等于 M 中所含整数的个数, 因而定义在 E^1 上的任何一个有限实函数 f 都是 $(E^1,\boldsymbol{L}^E,E)$ 上的可测函数, f 在 E^1 上可积的充要条件是

$$\sum_{n=-\infty}^{+\infty}|f(n)|<\infty.$$

当这个条件满足时,

$$\int_{-\infty}^{+\infty} f\mathrm{d}E=\sum_{n=-\infty}^{+\infty} f(n).$$

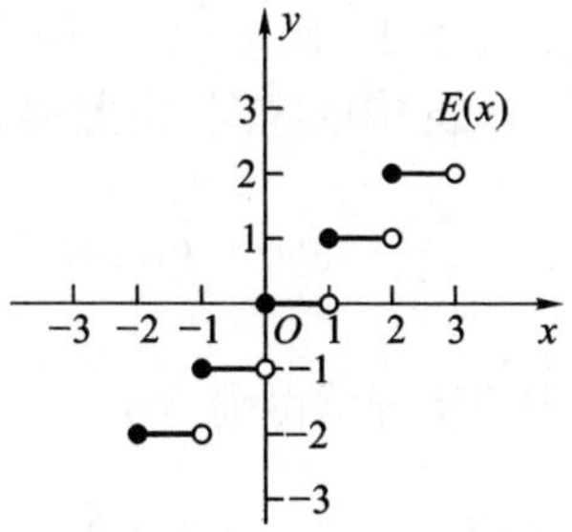

图 3.5

事实上, 取 $E_n=(-n,n], n=1,2,3,\cdots$,

$$\int_{E_n} f^{\pm}\mathrm{d}E=\sum_{i=-n}^{n-1}\int_{(i,i+1]} f^{\pm}\mathrm{d}E=\sum_{i=-n}^{n-1} f^{\pm}(i+1),$$

根据 f 在 E^1 上可积的充要条件是 $f^{\pm}$ 同时在 E^1 上可积, 立即得到 f 在 E^1 上可积的充要条件是两个正项级数 $\sum\limits_{-\infty}^{+\infty} f^{\pm}(i)$ 收敛, 也即 $\sum\limits_{-\infty}^{+\infty}|f(i)|<\infty$. 当这个级数收敛时,

$$\begin{aligned}\int_{-\infty}^{+\infty} f\mathrm{d}E&=\int_{-\infty}^{+\infty} f^{+}\mathrm{d}E-\int_{-\infty}^{+\infty} f^{-}\mathrm{d}E\\&=\lim_{n\to\infty}\int_{E_n}[f^{+}]_n\mathrm{d}E-\lim_{n\to\infty}\int_{E_n}[f^{-}]_n\mathrm{d}E=\sum_{-\infty}^{+\infty} f(i),\end{aligned}$$

上面最后等式的成立是因为 $\sum\limits_{-\infty}^{+\infty}|f(i)|<\infty$, 所以对每个 i, 当 $n>|f(i)|$ 时 $[f^{\pm}]_n(i)=f^{\pm}(i)$ 的缘故.

由此可知, 当 $f\equiv c$ (常数), $c\neq 0$ 时, f 在 E^1 上 (关于 E) 是不可积的.

例 11 设 g 是 E^1 上一个单调增加右连续函数, 取 $[a,b]$ 的特征函数 $\chi_{[a,b]}(x)$, 由于 $[a,b]\in \boldsymbol{L}^g$, 所以 $\chi_{[a,b]}$ 是 (关于 g 的) 可测函数, 显然它关于 Lebesgue-Stieltjes 测度 g 是可积的, 且

$$\int_{-\infty}^{+\infty}\chi_{[a,b]}\mathrm{d}g=g([a,b])=g(b)-g(a-0).$$

例 12 设 g 是 E^1 上连续可导函数, 而且存在常数 α, 使得 $g'(x)\geqslant\alpha>0$. 这时 g 是单调增加连续函数, 在 $(E^1,\boldsymbol{L}^g,g)$ 上存在不可测的函数.

事实上, 如果 E_0 是 $[0,1]$ 上一个 Lebesgue 不可测集, 我们证明它也是 $(E^1,\boldsymbol{L}^g,g)$ 上不可测集. 为此, 先证明如果 $g(E)=0$, 必有 $m(E)=0$. 这是因为对任

何 $\varepsilon>0$, 一定存在开集 $O_\varepsilon, O_\varepsilon\supset E$, 而 $g(O_\varepsilon-E)<\varepsilon\alpha$. 由于 $g(E)=0$, 所以 $g(O_\varepsilon)<\varepsilon\alpha$. 设 $\{(a_\nu,b_\nu)\}$ 是 O_ε 的构成区间, 由此得到

$$g(O_\varepsilon)=\sum_\nu(g(b_\nu)-g(a_\nu))<\varepsilon\alpha.$$

根据假设 $g'(x)\geqslant\alpha>0$, 用中值定理就得到

$$\alpha\varepsilon>\sum_\nu(g(b_\nu)-g(a_\nu))\geqslant\alpha\sum_\nu(b_\nu-a_\nu),$$

即 $m(O_\varepsilon)<\varepsilon$. 因此 $m(E)\leqslant m(O_\varepsilon)<\varepsilon$, 令 $\varepsilon\to 0$ 得到 $m(E)=0$, 现在利用这个事实来证明 E_0 不是 $((E^1,\boldsymbol{L}^g,g)$ 上可测集. 假若不对, E_0 是关于 g 可测, 必存在 Borel 集 $B_0, B_0\supset E_0, g(B_0-E_0)=0$. 因此 $m(B_0-E_0)=0$. 但 B_0 是 Lebesgue 可测集, 所以 $E_0=B_0-(B_0-E_0)$ 也是 Lebesgue 可测集. 这和假设 E_0 不是 Lebesgue 可测集矛盾. 所以 E_0 不可能是 $(E^1,\boldsymbol{L}^g,g)$ 上可测集. 证毕

这些例子说明, 由于 g 的不同, 一个函数在 $(E^1,\boldsymbol{L}^g,g)$ 上的可测性和可积性与 g 有极为密切的关系. 但我们有如下结果.

定理 3.3.12 Borel 集上的 Baire 函数对任何 Lebesgue-Stieltjes 测度空间是可测的函数. 而有界 Borel 集上有界 Baire 函数的一切 Lebesgue-Stieltjes 积分都存在.

证 设 $(E^1,\boldsymbol{L}^g,g)$ 是由单调增加右连续函数 g 产生的完全测度空间, 设 E 是 Borel 集, f 是 E 上的 Baire 函数, 那么 $E(f\leqslant c)\in\boldsymbol{B}\subset\boldsymbol{L}^g$, 所以 f 是 E 上 $(E^1,\boldsymbol{L}^g)$ 可测的函数. 又设 E 是有界的, $E\subset[a,b]$, 那么 $g(E)\leqslant g([a,b])$, 按例 11, 所以 $g([a,b])=g(b)-g(a-0)<\infty$. 这样, f 便是 (关于 g) 测度有限的可测集 E 上的有界可测函数. 根据定理 3.3.1, f 关于 g 的 Lebesgue-Stieltjes 积分存在. 证毕

因为 $\boldsymbol{B}\subset\boldsymbol{L}^g$, 所以在直线上 (或 n 维欧几里得空间上) 如果有多个 Lebesgue-Stieltjes 测度场合, 一般都采用 Borel 可测函数 (即 Baire 函数).

下面是 Lebesgue-Stieltjes 积分的逼近定理.

定理 3.3.13 设 f 是 $[a,b]$ (可以 $a=-\infty, b=+\infty$) 上关于 g Lebesgue-Stieltjes 可积的. 那么, 对任何 $\varepsilon>0$, 必定存在 $[a,b]$ 上连续函数 φ, 使得

$$\int_a^b|f-\varphi|\mathrm{d}g<\varepsilon.$$

我们下面只证明当 g 是 Lebesgue 测度的情况, 一般的 g 的情况, 给读者作为练习.

证 对任何 $\varepsilon>0$, 由 f^+ 和 f^- 的积分定义可知, 存在 N, 使得

$$\int_a^b |f-[f]_N|\mathrm{d}x=\int_a^b (f^+-[f^+]_N)\mathrm{d}x+\int_a^b (f^--[f^-]_N)\mathrm{d}x<\frac{\varepsilon}{3},$$

取 $\delta=\dfrac{\varepsilon}{3N+1}$, 对函数 $[f]_N$ 用 Лузин 定理, 就存在 $[a,b]$ 上连续函数 $\varphi:|\varphi|\leqslant N$, 和 $[a,b]$ 的可测子集 E_δ, 且 $m(E_\delta)<\delta$, 当 $x\in[a,b]-E_\delta$ 时 $[f]_N(x)=\varphi(x)$. 因此

$$\int_a^b |[f]_N-\varphi|\mathrm{d}x=\int_{E_\delta}|[f]_N-\varphi|\mathrm{d}x\leqslant\frac{2\varepsilon N}{3(N+1)}<\frac{2\varepsilon}{3}.$$

由此得到

$$\begin{aligned}\int_a^b |f-\varphi|\mathrm{d}x&\leqslant\int_a^b |f-[f]_N|\mathrm{d}x+\int_a^b |[f]_N-\varphi|\mathrm{d}x\\&<\frac{\varepsilon}{3}+\frac{2\varepsilon}{3}=\varepsilon.\end{aligned}$$

证毕

4. 积分的变数变换 在 Riemann 积分中, 一个很有用的工具就是积分的变数变换. 现在我们也来研究一般测度空间上的 "变数变换" 问题. 为此先引进可测映照概念.

定义 3.3.4 设 $(X_i,\boldsymbol{R}_i)(i=1,2)$ 是两个可测空间, φ 是 $X_1\to X_2$ 的一个映照, 如果对每个 $E\in\boldsymbol{R}_2,\varphi^{-1}(E)=\{x|x\in X_1,\varphi(x)\in E\}$ 属于 $\boldsymbol{R}_1$, 那么称 φ 是 $(X_1,\boldsymbol{R}_1)$ 到 $(X_2,\boldsymbol{R}_2)$ 的**可测映照**, 或简称做**可测映照**, 并记 $\varphi^{-1}(\boldsymbol{R}_2)=\{\varphi^{-1}(E)|E\in\boldsymbol{R}_2\}$.

例如, 当 X_2 是实直线 $E^1,\boldsymbol{R}_2$ 是直线上 Borel 集 (即 $\boldsymbol{R}_2=\boldsymbol{B}$) 时, $(X_1,\boldsymbol{R}_1)$ 到 $(E^1,\boldsymbol{B})$ 的可测映照 φ 就是 $(X_1,\boldsymbol{R}_1)$ 上的可测函数. 这是因为 $\varphi^{-1}((-\infty,c])=X_1(\varphi\leqslant c)$ 是可测集. 反过来, 也可以证明: 当 φ 是 X_1 上的 $(X_1,\boldsymbol{R}_1)$ 上可测函数时, φ 就是 $(X_1,\boldsymbol{R}_1)$ 到 $(E^1,\boldsymbol{B})$ 的可测映照 (参见 §3.1 习题 6), 因此可测映照是可测函数概念的推广.

下面我们考察一个较简单的情况.

定义 3.3.5 设 $(X_i,\boldsymbol{R}_i)(i=1,2)$ 是两个可测空间, φ 是 X_1 上到 X_2 上的双射 (即一一对应), 而且是 $(X_1,\boldsymbol{R}_1)$ 到 $(X_2,\boldsymbol{R}_2)$ 的可测映照, 同时 $\boldsymbol{R}_1=\varphi^{-1}(\boldsymbol{R}_2)$, 那么我们就称 φ 是 $(X_1,\boldsymbol{R}_1)$ 到 $(X_2,\boldsymbol{R}_2)$ 的**可测同构映照.**

例 13 设 $X_i=E^1,\boldsymbol{R}_i=\boldsymbol{B}(i=1,2),\varphi$ 是 E^1 上严格单调增加的函数, 并且是 E^1 上的双射 (必连续), 例如 $\varphi(x)=x,x^3,e^x-e^{-x}$ 等. 显然, φ^{-1} 也是 E^1 上的双射, 并且是严格单调增加函数. 因此, φ、φ^{-1} 都是 Borel 可测函数 (§3.1 习题 13), 从而对任何 $E\in\boldsymbol{B},\varphi^{-1}(E)\in\boldsymbol{B}$, 同样, $(\varphi^{-1})^{-1}(E)\in\boldsymbol{B}$, 即 φ 是 $(E^1,\boldsymbol{B})$ 到 $(E^1,\boldsymbol{B})$ 的可测同构.

例 14　设 $X_1 = E^1, \boldsymbol{R}_1 = \boldsymbol{B}; X_2 = (a,b), \boldsymbol{R}_2 = \boldsymbol{B} \bigcap (a,b)$. 又设 φ 是 $(a,b) \to (-\infty, +\infty)$ 的双射, 并且是单调增加的函数, 例如 $\varphi(x) = \tan\dfrac{\pi}{2}\dfrac{2x-(a+b)}{b-a}, \lg\dfrac{x-a}{b-x}$ 等. 类似例 13 中的理由, φ 是 $((a,b), \boldsymbol{B}\bigcap(a,b))$ 到 $(E^1, \boldsymbol{B})$ 的可测同构.

显然, 当 φ 是可测同构映照时, φ^{-1} 也是可测同构映照.

φ 是 $(X_1, \boldsymbol{R}_1)$ 到 $(X_2, \boldsymbol{R}_2)$ 的可测同构, 这时, 如果在 $(X_2, \boldsymbol{R}_2)$ 上有测度 μ, 我们可作 $\boldsymbol{R}_1$ 上集函数 ν 如下: 当 $E \in \boldsymbol{R}_1$ 时, $\nu(E) = \mu(\varphi(E))$. 容易证明 ν 是 $(X_1, \boldsymbol{R}_1)$ 上的测度, 就记 $\nu(\cdot)$ 为 $\mu(\varphi(\cdot))$.

下面就是积分的一种变数变换定理 (更一般的变数变换定理见定理 3.3.15).

定理 3.3.14　设 $(X_i, \boldsymbol{R}_i)(i=1,2)$ 是两个可测空间, φ 是 $(X_1, \boldsymbol{R}_1)$ 到 $(X_2, \boldsymbol{R}_2)$ 的可测同构映照, μ 是 $(X_2, \boldsymbol{R}_2)$ 上一个测度, $E \in \boldsymbol{R}_2$. 那么 E 上的函数 f 关于 μ 可积的充要条件是 $\varphi^{-1}(E)$ 上的函数 $f(\varphi(x_1))$ 关于测度 $\nu(\cdot) \equiv \mu(\varphi(\cdot))$ 可积, 而且当 f 关于 μ 可积时,

$$\int_E f(x_2)\mathrm{d}\mu(x_2) = \int_{\varphi^{-1}(E)} f(\varphi(x_1))\mathrm{d}\mu(\varphi(x_1)). \tag{3.3.42}$$

证　设 f 是 E 上 (关于 $(X_2, \boldsymbol{R}_2)$) 有界可测函数, $\mu(E) < \infty$. 由于 φ 是可测映照, 那么

$$\begin{aligned}&\{x_1 | x_1 \in \varphi^{-1}(E), f(\varphi(x_1)) \leqslant c\}\\ =\ &\varphi^{-1}(\{y | y \in E, f(y) \leqslant c\})\end{aligned} \tag{3.3.43}$$

是可测集, 所以 $\varphi^{-1}(E)$ 上的函数 $f(\varphi(x_1))$ 是关于 $(X_1, \boldsymbol{R}_1)$ 可测的, 显然 $\nu(\varphi^{-1}(E)) = \mu(\varphi(\varphi^{-1}(E))) = \mu(E) < \infty$. 因而 $f(\varphi(x_1))$ 是关于 ν 可积的. 在 f 的值域中任取一分点组 $D: l_0 < l_1 < \cdots < l_n$, 那么由 (3.3.43) 得到

$$\begin{aligned}&\sum_{k=1}^{n} \xi_k \mu(\{y | y \in E, l_{k-1} \leqslant f(y) < l_k\})\\ =&\sum_{k=1}^{n} \xi_k \mu(\varphi(\{x | x \in \varphi^{-1}(E), l_{k-1} \leqslant f(\varphi(x) < l_k\}).\end{aligned}$$

因此函数 f 关于 μ 以及函数 $f(\varphi(x))$ 关于 $\mu(\varphi(\cdot))$ 在同一分点组下和数是一样的. 再令 $\delta(D) = \max\limits_i(l_i - l_{i-1}) \to 0$, 这样在函数 f 有界、$\mu(E) < \infty$ 的情况下就证明了 (3.3.42).

设函数 f 是无界的, 而且 $f \geqslant 0, E$ 关于 μ 为 σ-有限的. 取 E 的 (μ) 测度有限单调覆盖 $\{E_n\}$, 容易知道 $\{\varphi^{-1}(E_n)\}$ 便是 $\varphi^{-1}(E)$ 的关于测度 ν 的测度有限单调覆盖. 在等式

$$\int_{E_N} [f]_N(x_2)\mathrm{d}\mu(x_2) = \int_{\varphi^{-1}(E_N)} [f]_N(\varphi(x_1))\mathrm{d}\mu(\varphi(x_1))$$

中. 令 $N\to\infty$, 根据左边极限存在而且有限, 就推出右边极限也存在而且有限, 同时两个极限相等, 即 (3.3.42) 式成立.

对于一般的函数 f, 可以分别考察 f^+,f^- 就行了.

由于当 φ 是可测同构时, φ^{-1} 也是可测同构. 因而由 $f(\varphi(\cdot))$ 关于 $\mu(\varphi(\cdot))$ 的可积性也可推出 f 关于 μ 的可积性. 证毕

应用这个定理于 Lebesgue-Stieltjes 测度就得到下面的系.

系 1 设 $(E^1,\boldsymbol{L}^g,g)$ 是直线上的 Lebesgue-Stieltjes 测度空间, φ 是 E^1 上到 E^1 上的严格单调增加连续函数, f 是 Baire 函数. f 在 Borel 集 E 上关于 g 可积的充要条件是 $f(\varphi(x))$ 在集 $\varphi^{-1}(E)$ 上关于 $g(\varphi(x))$ 可积. 当 f 可积时, 下式成立

$$\int_E f(x)\mathrm{d}g(x)=\int_{\varphi^{-1}(E)}f(\varphi(x))\mathrm{d}g(\varphi(x)).\tag{3.3.44}$$

证 显然 φ 是 E^1 上到 E^1 上一一对应, 而且 $\varphi^{-1}((a,b])=(\varphi^{-1}(a),\varphi^{-1}(b)]$. 所以 $\varphi^{-1}(\boldsymbol{R}_0)=\boldsymbol{R}_0$. 令 $M=\{E|E\in\boldsymbol{S}(\boldsymbol{R}_0),\varphi^{-1}(E)\in\boldsymbol{S}(\boldsymbol{R}_0)\}$ 容易证明 M 是一个 σ-环, 并且 $\boldsymbol{S}(\boldsymbol{R}_0)\supset\boldsymbol{M}\supset\boldsymbol{R}_0$, 但 $\boldsymbol{S}(\boldsymbol{R}_0)$ 是包含 $\boldsymbol{R}_0$ 最小 σ-环, 所以 $\boldsymbol{M}=\boldsymbol{S}(\boldsymbol{R}_0)=\boldsymbol{B}$, 即 $\varphi^{-1}\boldsymbol{B}\subset\boldsymbol{B}$. 用 φ 换 φ^{-1}, 便得到 $\boldsymbol{B}\subset\varphi^{-1}\boldsymbol{B}$. 所以 φ 是可测同构映照. 运用变数变换定理 3.3.14 就得到系 1 的结论.

系 2 设 f 是 $(-\infty,+\infty)$ 上 Lebesgue 可测函数, 那么对任何 t,

$$\int_{-\infty}^{+\infty}f(x)\mathrm{d}x=\int_{-\infty}^{+\infty}f(x+t)\mathrm{d}x.\tag{3.3.45}$$

证 对任何给定的 t, 作 $E^1\to E^1$ 的映照 $\tau_t:x\mapsto t+x$, 将系 1 应用于 Lebesgue 测度, 并且 $E=E^1$. 就得到

$$\int_{-\infty}^{+\infty}f(x)\mathrm{d}x=\int_{-\infty}^{+\infty}f(x+t)\mathrm{d}(x+t).\tag{3.3.46}$$

但是 Lebesgue 测度是平移不变的. 对任何 Lebesgue 可测集 $E,m(\tau_t(E))=m(E)$. 所以对任何可积函数 h,

$$\int_{-\infty}^{+\infty}h(x)\mathrm{d}m(\tau_t(x))=\int_{-\infty}^{+\infty}h(x)\mathrm{d}x.\tag{3.3.47}$$

在 (3.3.47) 中取 $h(x)=f(x+t)$. 再将 (3.3.47) 代入 (3.3.46) 右边就得到 (3.3.45)
证毕

显然, 定理 3.3.14 可以推广. 从定理 3.3.14 证明过程可见, 积分要能进行 "变数变换", 主要依靠变换 φ 有某种可测性, 其次变换前后的两个 (分别各自可测空间上的) 可测集的测度相等. 在 "变数变换" 中下面概念是常用的.

定义 3.3.6 设 $(X_i, \boldsymbol{R}_i, \mu_i)(i=1,2)$ 是两个测度空间, φ 是 $X_1 \to X_2$ 的映照, 如果对任何 $E_i \in \boldsymbol{R}_i(i=1,2), \varphi(E_1) \in \boldsymbol{R}_2, \varphi^{-1}(E_2) \in \boldsymbol{R}_1$, 并且 $\mu_2(\varphi(E_1)) = \mu_1(E_1), \mu_1(\varphi^{-1}(E_2)) = \mu_2(E_2)$. 那么, 称 φ 是 $(X_1, \boldsymbol{R}_1, \mu_1)$ 到 $(X_2, \boldsymbol{R}_2, \mu_2)$ 的保持测度不变的变换, 简称为**保测变换**.

仿定理 3.3.14 证明过程, 易知有下面的定理.

定理 3.3.15 设 $(X_i, \boldsymbol{R}_i, \mu_i)$ 是测度空间, φ 是 $(X_1, \boldsymbol{R}_1, \mu_1)$ 到 $(X_2, \boldsymbol{R}_2, \mu_2)$ 的保测变换, $E \subset X_2$. 那么 E 上函数 f 关于 μ_2 可积的充要条件是 $f \circ \varphi$ 是 $\varphi^{-1}(E)$ 上关于 μ_1 可积的. 当可积时,

$$\int_E f(x_2)\mathrm{d}\mu_2(x_2) = \int_{\varphi^{-1}(E)} f(\varphi(x_1))\mathrm{d}\mu_1(x_1).$$

习 题 3.3

1. 证明, 对 $[a,b]$ 上非负连续函数 f, 如果 $\int_a^b f(x)\mathrm{d}x = 0$, 那么 $f(x) \equiv 0$. 如果 Lebesgue 积分换成 Lebesgue-Stieltjes 积分, 结果如何?

2. 设 f, g 是 $(X, \boldsymbol{R}, \mu)$ 上可积函数, 那么 $\sqrt{f^2+g^2}$ 也是 $(X, \boldsymbol{R}, \mu)$ 上可积函数.

3. 证明定理 3.3.13 中 $-\infty < a, b < +\infty$, 而 φ 换为 $[a,b]$ 上多项式 $p(x)$ 或三角多项式也是可以的, 但如果 $[a,b]$ 为 $(-\infty, +\infty)$ 时, 问阶梯函数类、多项式函数类、三角多项式函数类中哪一个类能使定理 3.3.13 成立? 哪些类不能成立? 为什么?

4. 设 f 是 $[a,b]$ 上 Lebesgue 可积, 证明

$$\lim_{n\to\infty} \frac{\pi}{2} \int_a^b f(x)|\sin nx|\mathrm{d}x = \int_a^b f(x)\mathrm{d}x,$$
$$\lim_{n\to\infty} \frac{\pi}{2} \int_a^b f(x)|\cos nx|\mathrm{d}x = \int_a^b f(x)\mathrm{d}x.$$

5. 如果

$$f(x) = \begin{cases} \dfrac{\sin \frac{1}{x}}{x^a}, & 0 < x \leqslant 1, \\ 0, & x = 0, \end{cases} \quad (a > 0)$$

讨论 a 为何值时, f 是 $[0,1]$ 上 Lebesgue 可积函数或不可积函数.

如果

$$f(x) = \begin{cases} \dfrac{\sin \frac{1}{x}}{|x|^a}, & |x| > 0, \\ 0, & x = 0, \end{cases} \quad (a > 0)$$

讨论 a 为何值时, f 是 $(-\infty, +\infty)$ 上 Lebesgue 可积或不可积.

6. 当 $f(x)$ 是 $(-\infty, +\infty)$ 上 Lebesgue 可积函数时, 证明对任何 t, $f(x+t)$ 也是 Lebesgue 可积的, 但如果 f 是 $(E^1, \boldsymbol{L}^g, g)$ 上可积函数时, 问 $f(x+t)$ 是否在 $(E^1, \boldsymbol{L}^g, g)$ 上可积? 为什么?

7. 当 f 是 $(-\infty,+\infty)$ 上 Lebesgue 可积函数时, 证明

$$\lim_{h\to 0}\int_a^b |f(x+h)-f(x)|\mathrm{d}x=0.$$

如果 f 是 $(E^1,\boldsymbol{L}^g,g)$ 上可积函数时, 上式是否成立? 为什么?

8. 设 $(X_1,\boldsymbol{R}_1)$、$(X_2,\boldsymbol{R}_2)$ 是两个可测空间, φ 是 $X_1\to X_2$ 的可测映照, 记 $\widetilde{\boldsymbol{R}}=\varphi^{-1}(\boldsymbol{R}_2)$. (i) 证明 $\widetilde{\boldsymbol{R}}$ 也是一个 $\boldsymbol{R}_1$ 的 σ-子环; (ii) 如果 f 是 E 上关于 $(X_2,\boldsymbol{R}_2,\mu)$ 可积函数, 那么 $f(\varphi(\cdot))$ 是 $\varphi^{-1}(E)$ 上 $(X,\widetilde{\boldsymbol{R}},\nu(\cdot))$ 的可积函数, 其中 $\nu(\cdot)=\mu(\varphi(\cdot))$, 并且

$$\int_E f(x_2)\mathrm{d}\mu(x_2)=\int_{\varphi^{-1}(E)} f(\varphi(x_1))\mathrm{d}\mu(\varphi(x_1)).$$

9. 证明引理 2 中的数列 $\{M_n^{(i)}\}$ 换成一般的趋向无限大的数列时仍成立.

10. 设 E 是测度空间 $(X,\boldsymbol{R},\mu)$ 上测度有限的集. 证明 f 在 E 上可积的充要条件是 $\sum\limits_{n=1}^{\infty} n\mu(E_n)<\infty$, 其中 $E_n=E(n\leqslant|f|<n+1)$.

11. 设 f 是 Lebesgue 可测函数, q 是大于 1 的某个数. 证明, 如果对任何满足 $|h|^q$ Lebesgue 可积的可测函数 h, fh 是 Lebesgue 可积的, 那么 $|f|^p$ 必是 Lebesgue 可积的, 这里 p 是满足 $\dfrac{1}{p}+\dfrac{1}{q}=1$ 的正数.

12. 设 μ_1、μ_2 是可测空间 $(X,\boldsymbol{R})$ 上两个测度, 并且对一切 $E\in\boldsymbol{R}$, $\mu_1(E)\leqslant\mu_2(E)$. 证明: 如果 f 在 E 上关于 μ_2 可积, 那么 f 在 E 上关于 μ_1、$\mu_1+\mu_2$ 也可积, 并且

$$\int_E f\mathrm{d}(\mu_1+\mu_2)=\int_E f\mathrm{d}\mu_1+\int_E f\mathrm{d}\mu_2.$$

§3.4 积分的极限定理

在这一节里读者将会看到新的积分在处理积分和极限交换顺序时, 所要求的条件比 Riemann 积分要弱得多. 所以本节中一些基本定理在一般分析数学中被经常引用.

1. 控制收敛定理 在本节中所讨论的可测集, 如果没有特别申明, 都是指某个测度空间 $(X,\boldsymbol{R},\mu)$ 上的测度 σ-有限的集. 设 $\{f_n\}$ 是 E 上一列函数, 如果 E 上有一个非负函数 F, 使得

$$|f_n(x)|\dot{\leqslant}F(x)$$

对一切 n 在 E 上成立, 就称 F 是 $\{f_n\}$ 的**控制函数**. 下面的定理称为 Lebesgue 的控制收敛定理. 它首先是由 Lebesgue 在 Lebesgue 积分的情况下证明的.

定理 3.4.1 设 $\{f_n\}$ 是可测集 E 上的一列可测函数, F 是它的一个可积的控制函数 (即在 E 上 $|f_n|\dot{\leqslant}F$, $n=1,2,3,\cdots$, 而 F 在 E 上可积). 如果 $\{f_n\}$ 依测

度收敛于可测函数 f, 那么 f 在 E 上是可积的, 并且

$$\lim_{n\to\infty}\int_E f_n\mathrm{d}\mu=\int_E f\mathrm{d}\mu. \tag{3.4.1}$$

证 由于 $f_n\Rightarrow f, f$ 是可测的. 由 §3.2 知, 存在子序列 $\{f_{n_\nu}\}$ 几乎处处收敛于 f, 因此从 $|f_{n_\nu}|\leqslant F$ 得到 $|f|\leqslant F$. 由 F 的可积性和 §3.3 引理 3 便知道 $|f|$ 是可积的, 所以 f 也可积. 剩下的是证明等式 (3.4.1) 成立.

先证 $\mu(E)<\infty$ 情况下成立. 对任何 $\varepsilon>0$, 记 $H_n=E\left(|f_n-f|\geqslant\dfrac{\varepsilon}{2(\mu(E)+1)}\right)$. 考察

$$\int_E(f_n-f)\mathrm{d}\mu=\int_{E-H_n}(f_n-f)\mathrm{d}\mu+\int_{H_n}(f_n-f)\mathrm{d}\mu,$$

右边第一个积分利用被积函数很小 $\left(E-H_n=E(|f_n-f|<\dfrac{\varepsilon}{2(\mu(E)+1)}\right)$ 得到

$$\begin{aligned}\left|\int_{E-H_n}(f_n-f)\mathrm{d}\mu\right|&\leqslant\int_{E-H_n}|f_n-f|\mathrm{d}\mu\\&<\frac{\varepsilon}{2(\mu(E)+1)}\cdot\mu(E-H_n)<\frac{\varepsilon}{2},\end{aligned} \tag{3.4.2}$$

利用 F 的积分的全连续性, 即存在 $\delta>0$, 对任何 $e\subset E, \mu(e)<\delta$,

$$\int_e F\mathrm{d}\mu<\frac{\varepsilon}{4}. \tag{3.4.3}$$

对于这个 δ, 再利用 $f_n\Rightarrow f$, 便知必存在 N, 当 $n\geqslant N$ 时, $\mu(H_n)<\delta$. 从而得到右边第二个积分 (用 H_n 代替 (3.4.3) 中 e) 的估计

$$\left|\int_{H_n}(f_n-f)\mathrm{d}\mu\right|\leqslant 2\int_{H_n}F\mathrm{d}\mu<\frac{\varepsilon}{2},\quad n\geqslant N. \tag{3.4.4}$$

由 (3.4.2)、(3.4.3) 立即得到 (3.4.1) 在 $\mu(E)<\infty$ 时成立.

现在利用在 $\mu(E)<\infty$ 情况下 (3.4.1) 成立这个事实来证明 E 是 σ-有限时, (3.4.1) 也成立: 对任何 $\varepsilon>0$, 由积分定义, 存在 $E_k\subset E, \mu(E_k)<\infty$, 并且

$$\int_E F\mathrm{d}\mu<\int_{E_k}[F]_k\mathrm{d}\mu+\frac{\varepsilon}{4},$$

从上式得到

$$\int_{E-E_k}F\mathrm{d}\mu=\int_E F\mathrm{d}\mu-\int_{E_k}F\mathrm{d}\mu\leqslant\int_E F\mathrm{d}\mu-\int_{E_k}[F]_k\mathrm{d}\mu<\frac{\varepsilon}{4}.$$

由此得到

$$\begin{aligned}\left|\int_E (f_n - f)\mathrm{d}\mu\right| &\leqslant \left|\int_{E_k} (f_n - f)\mathrm{d}\mu\right| + \left|\int_{E-E_k} (f_n - f)\mathrm{d}\mu\right| \\ &\leqslant \left|\int_{E_k} (f_n - f)\mathrm{d}\mu\right| + \int_{E-E_k} 2F\mathrm{d}\mu < \left|\int_{E_k} (f_n - f)\mathrm{d}\mu\right| + \frac{\varepsilon}{2},\end{aligned}$$

但 E_k 是满足 $\mu(E_k) < \infty$. 对 E_k, (3.4.1) 成立, 所以必存在 N, 当 $n \geqslant N$ 时, $\left|\int_{E_k} (f_n - f)\mathrm{d}\mu\right| < \frac{\varepsilon}{2}$. 从而当 $n \geqslant N$ 时,

$$\left|\int_E (f_n - f)\mathrm{d}\mu\right| < \varepsilon.$$

证毕

仿照这个定理. 可以得到几乎处处收敛函数列的控制收敛定理.

定理 3.4.1′ 设 $\{f_n\}$ 是 E 上一列可测函数, F 是它的控制函数, 并且是可积的. 又如果 $\{f_n\}$ 几乎处处收敛于可测函数 f, 那么 f 在 E 上必是可积的, 并且

$$\lim_{n\to\infty} \int_E f_n \mathrm{d}\mu = \int_E f\mathrm{d}\mu.$$

证 与定理 3.4.1 一样, f 的可积性是显然的. 主要是证明积分与极限交换顺序. 证明过程和定理 3.4.1 相仿. 对于 σ-有限集 E, 用定理 3.4.1 方法, 同样化为只要证明在测度有限的情况下 (3.4.1) 成立. 而在 $\mu(E) < \infty$ 情况下, 利用几乎处处收敛必度量收敛, 因而也可以得到 (3.4.1). 由此可知定理 3.4.1′ 是成立的.

证毕

控制收敛定理的特殊情况便是下面的有界控制收敛定理:

系 1 设 E 是可测集, $\mu(E) < \infty$, $\{f_n\}$ 是 E 上一列可测函数, 且存在常数 K, 使得 $|f_n| \leqslant K, n = 1, 2, 3, \cdots$. 如果 $\{f_n\}$ 在 E 上几乎处处收敛 (或依测度收敛) 于可测函数 f, 那么

$$\lim_{n\to\infty} \int_E f_n \mathrm{d}\mu = \int_E f\mathrm{d}\mu.$$

证 这时取 $F \equiv K$ 作为定理 3.4.1 中控制函数, 由于 $\mu(E) < \infty$, F 便是可积的. 根据定理 3.4.1, 系显然成立.

证毕

系 2 设 $(X, \boldsymbol{R}, \mu)$ 是完全测度空间, $\{f_n\}$ 是 E 上一列可测函数, F 是 $\{f_n\}$ 的控制可积函数. 如果 $f_n \Rightarrow f$ 或 $f_n \dot{\to} f$, 那么 f 必是 E 上可积函数, 并且

$$\lim_{n\to\infty} \int_E f_n \mathrm{d}\mu = \int_E f\mathrm{d}\mu.$$

证　因为 $(X, \boldsymbol{R}, \mu)$ 是完全的, 所以 f 是可测的 (无论 $f_n \Rightarrow f$ 或 $f_n \dot{\to} f$). 利用定理 3.4.1 和定理 3.4.1′ 立即得证.

下面我们举一些控制收敛定理的具体应用的例子.

定理 3.4.2　有界函数 f 在区间 $[a,b]$ 上 Riemann 可积的充要条件是 f 在 $[a,b]$ 上有界且 (关于 m) 几乎处处连续 (或者说, f 的不连续点全体是一个 m-零集).

证　这里所用的一切记号采用定理 3.3.6. 在那里, 对任一列单调分点组 $\{D_n\}: D_n \subset D_{n+1}, \delta(D_n) \to 0$, 引入两列简单函数 $\{\varphi_n\}$ 和 $\{\psi_n\}$: $\{\varphi_n\}$ 是单调增加的函数列, 极限函数为 $\underline{f}$; $\{\psi_n\}$ 是单调下降的函数列, 极限函数为 $\overline{f}$, 并且

$$\underline{f} \leqslant f \leqslant \overline{f}, \tag{3.3.19}$$

这些事实, 对任何 $[a,b]$ 上有界函数都是对的.

设 f 是 Riemann 可积的, 由定理 3.3.6 知道 f 是有界的. 并且从证明过程得到

$$\underline{f} \underset{m}{\dot{=}} f \underset{m}{\dot{=}} \overline{f}, \tag{3.4.5}$$

记 $E_1 = \{x | \underline{f} \neq f \text{ 或 } \overline{f} \neq f, x \in [a,b]\}$, 根据 (3.4.5), $m(E_1) = 0$. E_2 是分点组 $\{D_n\}$ 中所有分点全体, 它是可列集, 所以是 m-零集. 因此 $E_0 = E_1 \bigcup E_2$ 是 m-零集. 今证明当 $x_0 \overline{\in} E_0$ 时, 必是 f 的连续点: 事实上, 对任何 $\varepsilon > 0$, 根据 (3.4.5), 必有自然数 N

$$f(x_0) - \varphi_N(x_0) < \varepsilon, \quad \psi_N(x_0) - f(x_0) < \varepsilon \tag{3.4.6}$$

(如图 3.6), 又因为 $x_0 \overline{\in} E_1 \bigcup D_N$, 设 x_0 落在 D_N 的分点 $x_k^{(N)}, x_{k+1}^{(N)}$ 之间, 这时取 $\delta = \min(x_{k+1}^{(N)} - x_0, x_0 - x_k^{(N)})$. 对任何 $x' \overline{\in} (x_0 - \delta, x_0 + \delta)$, 由于

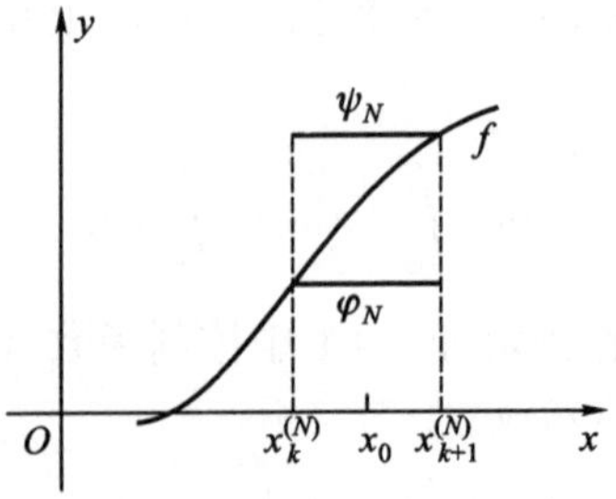

图 3.6

$$f(x') \leqslant \psi_N(x') = \psi_N(x_0), \quad f(x') \geqslant \varphi_N(x') = \varphi_N(x_0), \tag{3.4.7}$$

从 (3.4.6)、(3.4.7) 立即得到

$$f(x') \leqslant f(x_0) + \varepsilon, \quad f(x') \geqslant f(x_0) - \varepsilon, \tag{3.4.8}$$

即 $|f(x') - f(x_0)| < \varepsilon$, 也就是说 x_0 是 f 的连续点.

反过来, 假设 f 在 $[a, b]$ 上有界且几乎处处连续. 记 f 的连续点全体为 E_3, $m(E_3) = b-a$. 当 $x_0 \in E_3$ 时, 对任何 $\varepsilon > 0$, 必存在 $\delta > 0$, 使得 $x' \in (x_0-\delta, x_0+\delta)$ 时, (3.4.8) 成立. 因此, 如果取一列分点组 $\{D_n\} : D_n \subset D_{n+1}, \delta(D_n) \to 0$. 只要 $\delta(D_n) < \delta$ 时, 相应于这个分点组, 所作的相应的函数 φ_n、ψ_n, 根据 (3.4.8) 便有

$$f(x_0) \geqslant \varphi_n(x_0) \geqslant f(x_0) - \varepsilon, \quad f(x_0) \leqslant \psi_n(x_0) \leqslant f(x_0) + \varepsilon, \tag{3.4.9}$$

即 $\psi_n(x_0) - \varphi_n(x_0) < 2\varepsilon$. 这样便得到

$$\overline{f}(x_0) = \lim_{n\to\infty} \psi_n(x_0) = f(x_0), \quad \underline{f}(x_0) = \lim_{n\to\infty} \varphi_n(x_0) = f(x_0),$$

即对任何 $x_0 \in E_3, \overline{f}(x_0) = f(x_0) = \underline{f}(x_0)$, 也就是 $\overline{f} \underset{m}{\doteq} \underline{f}$.

由于 f 是有界的, 所以存在常数 K, 使得 $|f| \leqslant K$. 因而 $|\varphi_n| \leqslant K, |\psi_n| \leqslant K$. 并且注意到 $\varphi_n \to \underline{f}, \psi_n \to \overline{f}$. 利用系 1, 便得到 Riemann 大小和

$$\begin{aligned} \underline{S}(D_n) &= (R)\int_a^b \varphi_n \mathrm{d}x = (L)\int_a^b \varphi_n \mathrm{d}x \to (L)\int_a^b \underline{f} \mathrm{d}x, \\ \overline{S}(D_n) &= (R)\int_a^b \psi_n \mathrm{d}x = (L)\int_a^b \psi_n \mathrm{d}x \to (L)\int_a^b \overline{f} \mathrm{d}x, \end{aligned} \tag{3.4.10}$$

但因为 $\overline{f} \underset{m}{\doteq} f$, 所以

$$\lim_{n\to\infty} (\overline{S}_n - \underline{S}_n) = 0. \tag{3.4.11}$$

从 (3.4.11) 立即知道 f 的 Darboux (达布) 的大小和相等, 因而 f 是 Riemann 可积的.

证毕

现在再举一些控制收敛定理的应用.

定理 3.4.3 设 $f(x, t)$ 是定义在矩形 $\{(x, t) | a \leqslant x \leqslant b, \alpha \leqslant t \leqslant \beta\}$ 上的函数 (此地 $[a, b]$, $[\alpha, \beta]$ 可以是无限的), 如果对于 $[\alpha, \beta]$ 中任何一个固定的 t, $f(x, t)$ 关于 x 在 $[a, b]$ 上是 Lebesgue 可测的, 而当 $t' \to t$ 时, $f(x, t')$ 在 $[a, b]$ 上关于 m 几乎处处收敛于 $f(x, t)$, 并且存在 $[a, b]$ 上 Lebesgue 可积函数 F, 使得 $|f(x, t)| \underset{m}{\leqslant} F(x)$. 那么, 当 $t \in [\alpha, \beta]$ 时, 积分

$$I(t) = \int_a^b f(x, t) \mathrm{d}x,$$

不仅存在, 而且是 t 的连续函数.

证 对任何固定的 t, 由 F 的可积性, 立即推知 $f(x,t)$ 也是 x 的可积函数, 因而 $I(t)$ 存在. 今再证 $I(t)$ 是 t 的连续函数: 设 $t_0 \in [\alpha,\beta]$, 任取 $[\alpha,\beta]$ 中一列 $\{t_n\}$, 如果 $t_n \to t_0$, 这时作为 x 的函数序列 $\{f(x,t_n)\}$ 有控制可积函数 $F(x)$, 由定理 3.4.1, 得到

$$\lim_{n\to\infty} I(t_n) = I(t_0).$$

这就是说 t_0 是 $I(t)$ 的连续点. t_0 是任意的, 所以 $I(t)$ 是连续函数. 证毕

再研究 $I(t)$ 的可微性:

定理 3.4.4 设 $f(x,t)$ 是矩形 $\{(x,t)|a \leqslant x \leqslant b, \alpha \leqslant t \leqslant \beta\}$ 上的二元函数, 固定 $t \in [\alpha,\beta], f(x,t)$ 是 x 的 Lebesgue 可积函数. 如果关于 m 对几乎所有 x, 函数 $f(x,t)$ 对 t 有偏导数, 并且存在 $[a,b]$ 上 Lebesgue 可积函数 $F(x)$, 使得

$$\left|\frac{f(x,t+h)-f(x,t)}{h}\right| \dot{\leqslant} F(x), \tag{3.4.12}$$

那么 $I(t)$ 在 $[\alpha,\beta]$ 上具有导函数, 并且

$$\frac{\mathrm{d}}{\mathrm{d}t}\int_a^b f(x,t)\mathrm{d}x = \int_a^b \frac{\partial}{\partial t} f(x,t)\mathrm{d}x. \tag{3.4.13}$$

证 先任取一列 $h_n \to 0 (h_n \neq 0)$, 使 $t+h_n \in [\alpha,\beta]$, 那么, 当 $n\to\infty$ 时, 对于 $[a,b]$ 中几乎所有 x, 成立着

$$\frac{f(x,t+h_n)-f(x,t)}{h_n} \to \frac{\partial}{\partial t} f(x,t),$$

且由于 (3.4.12), 利用定理 3.4.1, 便知

$$\lim_{n\to\infty}\int_a^b \frac{1}{h_n}[f(x,t+h_n)-f(x,t)]\mathrm{d}x = \int_a^b \frac{\partial}{\partial t} f(x,t)\mathrm{d}t,$$

即 (3.4.13) 成立. 证毕

关于 $I(t)$ 的可积性的研究, 已涉及二次积分交换顺序问题, 这将放在重积分中讨论.

2. Levi 引理和 Fatou 引理 下面介绍两个与控制收敛定理同等重要而且也是常用的收敛定理.

定理 3.4.5 (Levi (莱维) 引理) 设 $\{f_n\}$ 是 E 上可积函数的单调增加序列, 如果它的积分序列有上界, 那么 f_n 必几乎处处收敛于一可积函数 f, 而且

$$\lim_{n\to\infty}\int_E f_n \mathrm{d}\mu = \int_E f\mathrm{d}\mu. \tag{3.4.14}$$

证 不妨设 $f_n \geqslant 0$, 不然考察 $\{f_n - f_1\}$ 好了. 记 $A = \sup\limits_n \int_E f_n \mathrm{d}\mu$. 由于 $\{f_n\}$ 单调增加, 所以极限函数 (这里暂时允许极限函数取无限大值) 处处存在, 记为 h.

今先证 $E(h=\infty)$ 是可测集, 并且是 μ-零集: 对任何自然数 N, 显然

$$0 \leqslant [f_1]_N \leqslant [f_2]_N \leqslant \cdots \leqslant [f_n]_N \leqslant \cdots \to [h]_N,$$

令 $\{E_n\}$ 是 E 的测度有限单调覆盖. 由于 $0 \leqslant [h]_N \leqslant N$, 且 $\mu(E_N) < \infty$, 根据控制收敛定理,

$$\int_{E_N} [h]_N \mathrm{d}\mu = \lim_{n\to\infty} \int_{E_N} [f_n]_N \mathrm{d}\mu \leqslant A. \qquad (3.4.15)$$

因为 $E_\infty = E(h=\infty) = \bigcap\limits_{N=1}^{\infty} E([h]_N = N)$, 而 $E([h]_N = N)$ 是可测集, 所以 $E(h=\infty)$ 是可测集. 并且

$$N\mu(E_\infty \bigcap E_N) = \int_{E_\infty \bigcap E_N} N \mathrm{d}\mu = \int_{E_N \bigcap E_\infty} [h]_N \mathrm{d}\mu \leqslant A.$$

因此 $\mu(E_\infty \bigcap E_N) \leqslant \dfrac{A}{N}$. 对任何 $N > n, E_n \subset E_N$, 从而

$$\mu(E_\infty \bigcap E_n) \leqslant \mu(E_\infty \bigcap E_N) \leqslant \frac{A}{N},$$

令 $N \to \infty$, 立即得到 $E_\infty \bigcap E_n$ 是 μ-零集. 再令 $n \to \infty$, 就知道 E_∞ 也是 μ-零集. 作 f 如下:

$$f(x) = \begin{cases} h(x), & h(x) < \infty, \\ 0, & h(x) = \infty, \end{cases}$$

显然 f 是 E 上有限函数, $f \doteq h$ (因此 $\lim\limits_{n\to\infty} f_n \doteq f$), $[f]_N \doteq [h]_N$. 由 (3.4.15) 立即可知

$$\int_{E_N} [f]_N \mathrm{d}\mu \leqslant A,$$

从而 f 是 E 上可积函数. 再用 f 作为序列 $\{f_n\}$ 的控制可积函数, 由控制收敛定理知 (3.4.14) 成立. 证毕

Levi 引理的另一个形式如下:

定理 3.4.5′ (Levi 引理) 设 $\{f_n\}$ 是 E 上可积函数的单调下降序列, 又设 $\lim\limits_{n\to\infty} \left\{ \int_E f_n \mathrm{d}\mu \right\} > -\infty$, 那么 $\{f_n\}$ 在 E 上必几乎处处收敛于一可积函数, 而且 (3.4.14) 成立.

证 只要考察 $\{-f_n\}$ 序列, 对 $\{-f_n\}$ 用定理 3.4.5 就得到定理 3.4.5$'$.

本引理还有一种常用的级数形式:

定理 3.4.5$''$ (Levi 引理) 设 $\{u_n\}$ 是 E 上非负的可积函数序列, 并且 $\sum\limits_{n=1}^{\infty}\int_E u_n \mathrm{d}\mu < \infty$. 那么函数项级数 $\sum\limits_{n=1}^{\infty} u_n$ 必几乎处处收敛于 E 上一个可积函数 f, 并且

$$\int_E f\mathrm{d}\mu = \sum_{n=1}^{\infty}\int_E u_n \mathrm{d}\mu.$$

这个定理由读者自己证明.

定理 3.4.6 (Fatou (法图) 引理) 设 $\{f_n\}$ 是 E 上一列可积函数, 如果有 E 上一可积函数 h, 使 $f_n \geqslant h, n = 1, 2, 3, \cdots$, 而且

$$\varliminf_{n\to\infty}\int_E f_n \mathrm{d}\mu < \infty.$$

那么函数 $\varliminf\limits_{n\to\infty} f_n$ 是 E 上可积函数①, 而且

$$\int_E \varliminf_{n\to\infty} f_n \mathrm{d}\mu \leqslant \varliminf_{n\to\infty}\int_E f_n \mathrm{d}\mu. \tag{3.4.16}$$

证 对任何两个自然数 m, n, 作函数

$$F_{mn} = \min(f_m, f_{m+1}, \cdots, f_{m+n}),$$

显然 $F_{mn} \geqslant h$. 又当 m 固定时, $\{F_{mn}\}$ 是随 n 增加而单调下降的可积函数, 而依据积分的单调性,

$$\int_E h\mathrm{d}\mu \leqslant \int_E F_{mn}\mathrm{d}\mu \leqslant \min\left(\int_E f_m \mathrm{d}\mu, \int_E f_{m+1}\mathrm{d}\mu, \cdots, \int_E f_{m+n}\mathrm{d}\mu\right). \tag{3.4.17}$$

固定 m, 根据 (3.4.17), 对 $\{F_{mn}\}$ 应用定理 3.4.5$'$, 得到极限函数 $\lim\limits_{n\to\infty} F_{mn}$ (可能在一个 μ-零集上取值为 $-\infty$), 记它为 F_m (在 $\lim\limits_{n\to\infty} F_{mn} = -\infty$ 的集上规定为零), F_m 是可积的, 而且

$$\lim_{n\to\infty}\int_E F_{mn}\mathrm{d}\mu = \int_E F_m \mathrm{d}\mu. \tag{3.4.18}$$

再在 (3.4.17) 中令 $n \to \infty$, 我们得到

$$\int_E F_m \mathrm{d}\mu \leqslant \inf_{k\geqslant m}\int_E f_k \mathrm{d}\mu. \tag{3.4.19}$$

① 当函数在一个零集的子集上函数值为 $\pm\infty$ 时, 可任意改变这个零集上的函数值为有限常数.

显然, $\{F_m\}$ 是单调增加序列, 又根据 (3.4.19), 便知道积分序列 $\left\{\int_E F_m \mathrm{d}\mu\right\}$ 的上确界不超过 $\lim\limits_{m\to\infty}\inf\limits_{k\geqslant m}\int_E f_k\mathrm{d}\mu$, 然而

$$\lim_{m\to\infty}\inf_{k\geqslant m}\int_E f_k\mathrm{d}\mu=\varliminf_{n\to\infty}\int_E f_n\mathrm{d}\mu<\infty.$$

这样, 对序列 $\{F_m\}$, 又可引用定理 3.4.5 的结论, 得到 $\{F_m\}$ 有可积的极限函数 F, 而且

$$\int_E F\mathrm{d}\mu=\int_E\lim_{m\to\infty}F_m\mathrm{d}\mu=\lim_{m\to\infty}\int_E F_m\mathrm{d}\mu\leqslant\varliminf_{n\to\infty}\int_E f_n\mathrm{d}\mu. \tag{3.4.20}$$

但是 $F\doteq\lim\limits_{m\to\infty}F_m\doteq\lim\limits_{m\to\infty}\inf\limits_{k\geqslant m}f_k=\varliminf\limits_{m\to\infty}f_n$. 由 (3.4.20) 便得到 (3.4.16).

证毕

同 Levi 引理一样, Fatou 引理也有另一种形式.

定理 3.4.6′ (Fatou 引理) 设 $\{f_n\}$ 是 E 上一列可积函数, 如果有 E 上的另一个可积函数 h, 使得 $f_n\dot{\leqslant}h$, 而且

$$\varlimsup_{n\to\infty}\int_E f_n\mathrm{d}\mu>-\infty,$$

那么, 函数 $\varlimsup\limits_{n\to\infty}f_n$ 在 E 上是可积函数, 而且

$$\int_E\varlimsup_{n\to\infty}f_n\mathrm{d}\mu\geqslant\varlimsup_{n\to\infty}\int_E f_n\mathrm{d}\mu. \tag{3.4.21}$$

证 读者可以考察 $\{-f_n\}$, 利用定理 3.4.6 来推出本定理.

3. 极限定理的注 上面是介绍三种极限定理的内容本身及某些应用. 此外, 我们还要说明两个问题:

第一, 控制收敛定理、Levi 定理以及 Fatou 定理三者是等价的. 所谓 “等价”, 就是指如果其中有一个定理用某种途径先被证明, 那么其他两个便可由它推出. 本教材是采用先证控制收敛定理, 然后推出 Levi 定理, 最后再推出 Fatou 定理. 读者如果有兴趣, 可自行假设另一个定理成立. 而推出其他两个定理.

第二, 这些收敛定理的基本条件是不可缺少的. 下面举一些例来说明这个问题.

例 1 控制收敛定理中控制函数的可积性是不可缺少的, 例如, 在 $(E',\boldsymbol{L},m)$ 上, 取 $E=(0,\infty)$ 函数

$$f_n(x)=\begin{cases}1 & x\in[0,n],\\ 0, & x\in(n,\infty),\end{cases}\qquad n=1,2,3,\cdots$$

显然, 控制 $\{f_n\}$ 的函数 F, 必须 $F \underset{m}{\dot{\geqslant}} 1$, 它在 $[0,\infty)$ 上不是 Lebesgue 可积的. $\{f_n\}$ 的极限函数 $f \equiv 1$, 在 $[0,\infty)$ 上不是 Lebesgue 可积的.

再举一个控制收敛函数的可积性不可缺少的例子.

例 2　$(0,\infty)$ 上函数列

$$f_n(x) = \frac{1}{n}\frac{1}{\left(\dfrac{1}{n}\right)^2 + x^2}, \quad n = 1, 2, 3, \cdots$$

显然, 在 $(0,\infty)$ 上 $\lim\limits_{n\to\infty} f_n(x) = 0$, 但是

$$\lim_{n\to\infty}\int_0^{\infty} \frac{\dfrac{1}{n}}{\left(\dfrac{1}{n}\right)^2 + x^2}\mathrm{d}x = \frac{\pi}{2} \neq \int_0^{\infty} 0\mathrm{d}x.$$

虽处处收敛, 但不能逐项积分, 其原因是在于不存在可积分的控制函数.

例 3　Levi 引理中 $\{f_n\}$ 的积分序列 $\left\{\displaystyle\int_E f_n\mathrm{d}\mu\right\}$ 有上界这个条件是不可缺少的. 例如作函数

$$f_n(x) = \begin{cases} \dfrac{\left|\sin\dfrac{1}{x}\right|}{x} & x \in \left[\dfrac{1}{n}, 1\right], \\ 0, & x \in \left[0, \dfrac{1}{n}\right), \end{cases}$$

显然 $\{f_n\}$ 是可积的单调增加序列, 而 $\displaystyle\int_0^1 f_n\mathrm{d}x \to \infty$. f_n 的极限函数是

$$f(x) = \begin{cases} \dfrac{\left|\sin\dfrac{1}{x}\right|}{x}, & x \in (0,1], \\ 0, & x = 0, \end{cases}$$

这是熟知的 Lebesgue 不可积函数.

此外, 例 1 中函数列 $\{f_n\}$ 也可作为 Levi 定理中有上界这个条件不可少的反例.

Fatou 引理中存在可积的 h, 使 $h \leqslant f_n$, 以及 $\varliminf\limits_{n\to\infty}\displaystyle\int f_n\mathrm{d}\mu < \infty$. 希望读者自己作出这两个条件不可少的例子.

第三, 当积分概念推广到可以取无限大值时, 那么在应用 Levi 和 Fatou 引理的时候, 将有一定的方便之处.

设 f 是 E 上非负的 $(X,\boldsymbol{R},\mu)$ 可测函数, $\{E_n\}$ 为 E 上测度有限单调覆盖, $\{M_n\}$ 是趋向 ∞ 的正数列, 记极限 (允许是无限大) $\lim\limits_{n\to\infty}\int_{E_n}[f]_{M_n}\mathrm{d}\mu$ 为 $\int_E f\mathrm{d}\mu$. 显然 $\int_E f\mathrm{d}\mu$ (可取无限大) 不依赖于 $\{E_n\}$、$\{M_n\}$ 的选取 (可参见 §3.3 引理 2 的讨论和 (3.3.24) 式). 对于一般函数 f, 总有分解 $f=f^+-f^-$, 如果 $\int_E f^+\mathrm{d}\mu$、$\int_E f^-\mathrm{d}\mu$ 中至少有一个是有限的 (即至少有一个是可积的), 那么记

$$\int_E f\mathrm{d}\mu=\int_E f^+\mathrm{d}\mu-\int_E f^-\mathrm{d}\mu.$$

$\int_E f\mathrm{d}\mu$ 有下列一些性质: 例如

1° $\int_E f\mathrm{d}\mu$、$\int_E h\mathrm{d}\mu$ 中有一个是有限时, 那么

$$\int_E(f\pm h)\mathrm{d}\mu=\int_E f\mathrm{d}\mu\pm\int_E h\mathrm{d}\mu.$$

2° 对任何有限数 α,

$$\int_E \alpha f\mathrm{d}\mu=\alpha\int_E f\mathrm{d}\mu.$$

3° 单调性, 当 $f\leqslant h$ 时, 那么

$$\int_E f\mathrm{d}\mu\leqslant\int_E h\mathrm{d}\mu.$$

代数性质不再一一例举.

Levi 和 Fatou 引理最一般的形式可以叙述如下:

定理 3.4.7 (Levi) 设 $\{f_n\}$ 是 E 上一列可积函数, 并且 $f_1\leqslant f_2\leqslant\cdots\leqslant f_n\leqslant\cdots$ (或 $f_1\geqslant f_2\geqslant\cdots\geqslant f_n\geqslant\cdots$), 而 f_1 是 E 上积分有限的函数 (即 $\int_E f_1\mathrm{d}\mu$ 是有限值), 那么

$$\int_E\lim_{n\to\infty}f_n\mathrm{d}\mu=\lim_{n\to\infty}\int_E f_n\mathrm{d}\mu. \tag{3.4.22}$$

证 分两种情况: (i) 如果 $\lim\limits_{n\to\infty}\int_E f_n\mathrm{d}\mu<\infty$. 这时, 因 f_1 是 E 上积分有限的函数, 由单调性 3°, 一切 f_n 在 E 上都是积分有限的. 这样, 满足定理 3.4.5 条件, 因而 (3.4.22) 成立.

(ii) 如果 $\lim\limits_{n\to\infty}\int_E f_n\mathrm{d}\mu=\infty$, 这时只要证 $\int_E\lim\limits_{n\to\infty}f_n\mathrm{d}\mu=\infty$. 假如相反, 即 $\int_E f\mathrm{d}\mu<\infty$, $f=\lim\limits_{n\to\infty}f_n$. 因为 $f\geqslant f_n(n=1,2,3,\cdots)$ 再由积分的单调性, 就应

有

$$\lim_{n\to\infty}\int_E f_n\mathrm{d}\mu \leqslant \int_E \lim_{n\to\infty} f_n\mathrm{d}\mu < \infty,$$

这与假设矛盾. 所以 (3.4.22) 成立.

单调下降情况类似可证. 证毕

Levi 引理说明: 对于单调的可积函数序列 $\{f_n\}$, 只要唯一的条件, 即 $\int_E f_1\mathrm{d}\mu$ 是有限值, 那么积分就与极限可以交换顺序.

注意: $\int_E f_1\mathrm{d}\mu$ 是有限的条件不能少.

例 4 设

$$f_n(x)=\begin{cases}-1 & x\in(-\infty,-n)\bigcup(n,+\infty),\\ 0, & x\in[-n,n],\end{cases}\qquad n=1,2,3,\cdots$$

显然 $f_1\leqslant f_2\leqslant\cdots\leqslant f_n\leqslant\cdots$, $\int_{-\infty}^{+\infty} f_n\mathrm{d}x=-\infty$. 然而 $\lim\limits_{n\to\infty} f_n=f$, f 在 $(-\infty,+\infty)$ 上恒为零, 因而 $\int_{-\infty}^{+\infty} f\mathrm{d}x=0$, 所以 (3.4.22) 不成立.

定理 3.4.8 (Fatou) 设 $\{f_n\}$ 是 E 上一列可积函数, 如果存在 E 上积分有限的函数 h, 使得 $h\leqslant f_n, n=1,2,3,\cdots$, 那么

$$\int_E \varliminf_{n\to\infty} f_n\mathrm{d}\mu \leqslant \varliminf_{n\to\infty}\int_E f_n\mathrm{d}\mu. \tag{3.4.23}$$

证 沿用定理 3.4.6 的证明路子: 作 $F_{mn}=\min(f_m,f_{m+1},\cdots,f_{m+n})$, 易知 (3.4.17) 在此也成立:

$$\begin{aligned}\int_E h\mathrm{d}\mu &\leqslant \int_E F_{mn}\mathrm{d}\mu\\ &\leqslant \min\left(\int_E f_m\mathrm{d}\mu, \int_E f_{m+1}\mathrm{d}\mu,\cdots,\int_E f_{m+n}\mathrm{d}\mu\right),\end{aligned} \tag{3.4.24}$$

记 $F_m=\lim\limits_{n\to\infty}F_{mn}$. 当 $\inf\limits_{k\geqslant m}\int_E f_k\mathrm{d}\mu$ 是无限大 (显然只能是正无限大) 下式自动成立

$$\int_E F_m\mathrm{d}\mu \leqslant \inf_{k\geqslant m}\int_E f_k\mathrm{d}\mu. \tag{3.4.25}$$

如果 $\inf\limits_{k\geqslant m}\int_E f_k\mathrm{d}\mu<\infty$, 那么至少有 n_0, 使得 $\int_E f_{m+n_0}\mathrm{d}\mu<\infty$. 固定 m, 对单调下降函数列 $\{F_{mn}\}$ 可以 (从 n_0 标号以后) 用定理 3.4.5′ 得到 (3.4.25) 仍成立.

取 $F_0=h$, 对 $F_0\leqslant F_1\leqslant\cdots\leqslant F_m\leqslant\cdots$ 利用 Levi 引理便得到

$$\begin{aligned}\int_E \varliminf_{n\to\infty} f_n\mathrm{d}\mu &= \int_E \lim_{n\to\infty} F_n\mathrm{d}\mu = \lim_{n\to\infty}\int_E F_n\mathrm{d}\mu \\ &\leqslant \sup_n \inf_{k\geqslant n}\int_E f_k\mathrm{d}\mu = \varliminf_{n\to\infty}\int_E f_n\mathrm{d}\mu.\end{aligned}$$

证毕

Fatou 引理说明: (3.4.23) 成立的唯一条件是可积函数列 $\{f_n\}$ 有积分有限的函数 h 从下面控制 $\{f_n\}$. 这个条件是不可少的. 例 4 就可以作为一个例子. 同样, 当 $\{f_n\}$ 有从上面控制的积分有限的函数时, 就有上限的 Fatou 引理.

当然 "积分" 还可以推广到可取 $\pm\infty$ 值的可测函数上, 并建立类似的一系列结果, 读者可以仿照进行.

4. 复函数的积分与极限定理的应用 最后, 我们再把积分推广到复函数的情况.

设 F 是 E 上的复函数, 对每个 $x\in E$, 分别记 $F(x)$ 的实部、虚部为 $F_1(x),F_2(x)$, 如果 F_1、F_2 关于 μ 都是在 E 上可积, 那么就称 F 在 E 上关于 μ 是可积的, 这时定义 F 的积分是

$$\int_E F_1\mathrm{d}\mu+\mathrm{i}\int_E F_2\mathrm{d}\mu,$$

记作 $\int_E F\mathrm{d}\mu$, 就是说

$$\int_E F\mathrm{d}\mu=\int_E F_1\mathrm{d}\mu+\mathrm{i}\int_E F_2\mathrm{d}\mu.$$

对于复函数的积分, §3.3 以及本节中关于实函数的积分性质照样成立. 这里不再一一详细讨论. 只举一个定理作为例.

定理 3.4.9 设 F 是 E 上的可积函数, 那么 $|F|$ 是可积的, 并且

$$\left|\int_E F\mathrm{d}\mu\right|\leqslant\int_E |F|\mathrm{d}\mu. \tag{3.4.26}$$

证 设 F_1、F_2 为 F 的实部、虚部. 由 F 的可积性, 按定义, F_1、F_2 都是可积的. 因为

$$|F|=\sqrt{F_1^2+F_2^2}\leqslant|F_1|+|F_2|,$$

立即得知 $|F|$ 是可积的. 记

$$\int_E F_1\mathrm{d}\mu+\mathrm{i}\int_E F_2\mathrm{d}\mu.$$

为 $r(\cos\theta+\mathrm{i}\sin\theta), 0\leqslant r<\infty, 0\leqslant\theta<2\pi$, 由此得到

$$\begin{aligned}\left|\int_E F\mathrm{d}\mu\right| = r &= \int_E F_1\mathrm{d}\mu\cos\theta+\int_E F_2\mathrm{d}\mu\sin\theta\\ &= \int_E (F_1\cos\theta+F_2\sin\theta)\mathrm{d}\mu\\ &= \int_E \mathrm{Re}(Fe^{-\mathrm{i}\theta})\mathrm{d}\mu\leqslant\int_E |F|\mathrm{d}\mu.\end{aligned}$$

证毕

下面举一些收敛定理的应用.

例 5　$L(-\infty,+\infty)$ 上 Fourier 变换, 设 f 是 $(-\infty,+\infty)$ 上 Lebesgue 可积函数 (可以是复的), 那么

$$\widetilde{f}(\alpha)=\int_{-\infty}^{+\infty}e^{\mathrm{i}\alpha x}f(x)\mathrm{d}x$$

是 α 在 $(-\infty,+\infty)$ 上的连续函数, 而且

$$\widetilde{f}(\alpha)=\frac{\mathrm{d}}{\mathrm{d}\alpha}\int_{-\infty}^{+\infty}\frac{e^{\mathrm{i}\alpha x}-1}{\mathrm{i}x}f(x)\mathrm{d}x, \tag{3.4.27}$$

函数 $\widetilde{f}(\alpha)$ 称为 $f(x)$ 的 **Fourier 变换**, 有时简记为 $\widetilde{f}$.

证　由于 $|f(x)e^{\mathrm{i}\alpha x}|=|f(x)|$, 而且 $e^{\mathrm{i}\alpha x}$ 是 α 的连续函数, 取 $|f(x)|$ 作为 $\{e^{\mathrm{i}\alpha x}f(x)|\alpha\in(-\infty,+\infty)\}$ 的控制函数时, 立即由控制收敛定理知道 $\widetilde{f}(\alpha)$ 是 α 的连续函数. 另一方面,

$$f_{\alpha,h}(x)=\left|\frac{e^{\mathrm{i}(\alpha+h)x}-1}{\mathrm{i}x}-\frac{e^{\mathrm{i}\alpha x}-1}{\mathrm{i}x}\right|=\frac{|e^{\mathrm{i}hx}-1|}{|x|}=\frac{\left|2\sin\dfrac{h}{2}x\right|}{|x|}\leqslant|h|, \tag{3.4.28}$$

当 $|h|\leqslant1$ 时, 函数族 $\{f_{\alpha,h}\}$ 的控制函数可以取为 $|f(x)|$, 由控制收敛定理知道, 关于 α 的微分号可以和积分号交换顺序, 由此得到

$$\frac{\mathrm{d}}{\mathrm{d}\alpha}\int_{-\infty}^{+\infty}\frac{e^{\mathrm{i}\alpha x}-1}{\mathrm{i}x}f(x)\mathrm{d}x=\int_{-\infty}^{+\infty}\frac{\mathrm{d}}{\mathrm{d}\alpha}\frac{e^{\mathrm{i}\alpha x}-1}{\mathrm{i}x}f(x)\mathrm{d}x=\int_{-\infty}^{+\infty}e^{\mathrm{i}\alpha x}f(x)\mathrm{d}x.$$

证毕

设 $(E^1,\boldsymbol{L}^g,g)$ 是 Lebesgue-Stieltjes 测度空间, 当 $(-\infty,+\infty)$ 上的函数 f 关于 g 可积时, 称

$$\widetilde{f}(\alpha)=\int_{-\infty}^{+\infty}e^{\mathrm{i}\alpha x}f(x)\mathrm{d}g$$

是 f 的 **Fourier-Stieltjes 变换**. 这时 $\widetilde{f}(\alpha)$ 也是 α 的连续函数, 而且也有

$$\widetilde{f}(\alpha)=\frac{\mathrm{d}}{\mathrm{d}\alpha}\int_{-\infty}^{+\infty}\frac{e^{\mathrm{i}\alpha x}-1}{\mathrm{i}x}f(x)\mathrm{d}g.$$

它的证明过程完全与 Lebesgue 积分情况一样.

例 6 设 $f(x)$ 是直线 E^1 上, 但在某个区间 $[-M,M]$ 外为零的有界 Baire 函数, $P(x)$ 是任何一个实或复系数多项式, 那么

$$P\left(\frac{\mathrm{d}}{\mathrm{d}\alpha}\right)\widetilde{f}(\alpha)=\widetilde{P(\mathrm{i}x)f(x)},\tag{3.4.29}$$

其中 $P\left(\frac{\mathrm{d}}{\mathrm{d}\alpha}\right)$ 是将 $P(x)$ 中的 x 以及 x 的 k 次幂相应地换成 $\frac{\mathrm{d}}{\mathrm{d}\alpha}$ 以及 $\frac{\mathrm{d}^k}{\mathrm{d}\alpha^k}$.

事实上, 类似于 (3.4.28) 得到

$$f_{\alpha,h}(x)=\left|\frac{e^{\mathrm{i}(\alpha+h)x}-e^{\mathrm{i}\alpha x}}{h}\right|=\left|\frac{e^{\mathrm{i}hx}-1}{h}\right|\leqslant|x|,$$

由于 $f(x)$ 是在 $[-M,M]$ 外为零的有界 Baire 函数, 所以 $|x||f|$ 是 $(-\infty,+\infty)$ 上可积函数. $|x||f|$ 可以作为 $\{f_{\alpha,h}(x)\}$ 的可积控制函数. 由此得到

$$\begin{aligned}\left(\frac{\mathrm{d}}{\mathrm{d}\alpha}\right)\widetilde{f}(\alpha)&=\int_{-\infty}^{+\infty}\frac{\mathrm{d}}{\mathrm{d}\alpha}e^{\mathrm{i}\alpha x}f(x)\mathrm{d}x=\int_{-\infty}^{+\infty}e^{\mathrm{i}\alpha x}(\mathrm{i}x)f(x)\mathrm{d}x\\&=\widetilde{(\mathrm{i}x)f(x)}\ .\end{aligned}$$

如果用 $(\mathrm{i}xf(x))$ 代替原来的 $f(x)$ 重复使用上述结论, 就得到

$$\left(\frac{\mathrm{d}}{\mathrm{d}\alpha}\right)^k\widetilde{f}(\alpha)=\int_{-\infty}^{+\infty}e^{\mathrm{i}\alpha x}(\mathrm{i}x)^kf(x)\mathrm{d}x=\widetilde{(\mathrm{i}x)^kf(x)},$$

再利用 Fourier 变换 $f\mapsto\widetilde{f}$ 的线性, 立即得到 (3.4.29).

例 7 设 $f(x)$ 定义在 E^1 上, 但在某个区间 $[-M,M]$ 外 $f(x)$ 为零, 而且在整个 E^1 上有直到 n 阶连续的导函数, $P(x)$ 是任何一个 n 阶多项式, 那么

$$P(\alpha)\widetilde{f}(\alpha)=\widetilde{P\left(\mathrm{i}\frac{\mathrm{d}}{\mathrm{d}x}\right)f(x)}.\tag{3.4.30}$$

证 显然 $f(x),\frac{\mathrm{d}}{\mathrm{d}x}f(x),\cdots,\frac{\mathrm{d}^n}{\mathrm{d}x^n}f(x)$ 都是有界连续函数. 我们只要考虑

Riemann 积分, 由于

$$\int_{-\infty}^{+\infty} e^{\mathrm{i}\alpha x}\left(\mathrm{i}\frac{\mathrm{d}}{\mathrm{d}x}\right) f(x)\mathrm{d}x = (R)\int_{-M}^{M} \mathrm{i}e^{\mathrm{i}\alpha x}\mathrm{d}f(x)$$

$$= \mathrm{i}e^{\mathrm{i}\alpha x} f(x)\Big|_{-M}^{M} + (R)\int_{-M}^{M} \alpha e^{\mathrm{i}\alpha x} f(x)\mathrm{d}x$$

$$= \int_{-\infty}^{+\infty} \alpha e^{\mathrm{i}\alpha x} f(x)\mathrm{d}x = \alpha\widetilde{f}(\alpha),$$

所以重复应用上述分部积分步骤就得到

$$\alpha^k\widetilde{f}(\alpha) = \int_{-\infty}^{+\infty} e^{\mathrm{i}\alpha x}\left(\mathrm{i}\frac{\mathrm{d}}{\mathrm{d}x}\right)^k f(x)\mathrm{d}x, \quad k = 1, 2, \cdots, n,$$

即 (3.4.30) 成立.

注 如果例 7 中 $f(x)$ 在 E^1 上无限次可微, 那么 (3.4.30) 对所有多项式 $P(x)$ 成立.

显然, 例 6 的结论对一般的 Fourier–Stieltjes 变换也成立. 但例 7 的结论一般说不能成立. 要把例 7 的结论推广到 Fourier–Stieltjes 变换情况, 必需要先推广关于一般测度的导数概念.

例 8 设 N 是自然数集, $\boldsymbol{R}$ 是 N 的一切子集全体, $M \in \boldsymbol{R}$ 时, 规定测度 $\mu(M) = M$ 中含有自然数的个数. 显然, 定义在 N 上任何函数 f 都是 $(N, \boldsymbol{R})$ 上的可测函数. 和 §3.3 例 10 一样, 可以证明 f 在 $(N, \boldsymbol{R}, \mu)$ 上可积的充要条件是

$$\sum_{n=1}^{\infty} |f(n)| < \infty.$$

如果记 $f_i = f(i), i = 1, 2, 3, \cdots$, 这样 N 上一个函数 f 就和数列 $(f_1, f_2, \cdots, f_i, \cdots)$ 相对应, 这时 f 在 N 上可积性就化为级数 $\sum\limits_{i=1}^{\infty} f_i$ 的绝对收敛性. 易知 f 关于 $(N, \boldsymbol{R}, \mu)$ 的积分 (值) 就是级数 $\sum\limits_{i=1}^{\infty} f_i$ 的和. 反过来, 如果有一列数 $(f_1, f_2, \cdots, f_i, \cdots)$, 用上述对应, 也可把它看作 N 上的一个函数. 这样级数的绝对收敛性以及级数的和等就化为相应函数关于 μ 的可积性以及积分值. 由此可见, 有了一般测度概念, 就用关于一般测度的积分的观念可以将过去数学分析中的 "积分" 和 "级数" 问题统一起来处理. 例如利用控制收敛定理就得到数学分析中级数求和与极限交换顺序的如下命题:

设 $\sum\limits_{n=1}^{\infty} x_{m,n} (m = 1, 2, 3, \cdots)$ 是一列级数, 并且 $\lim\limits_{m\to\infty} x_{m,n}$ 存在, 记 $x_n =$

$\lim\limits_{m\to\infty} x_{m,n}$. 如果又存在另外一个正项收敛级数 $\sum\limits_{n=1}^{\infty} y_n$, 使得对每个 n, $|x_{m,n}| \leqslant y_n(m=1,2,3,\cdots)$ 成立, 那么, 对每个 m, $\sum\limits_{n=1}^{\infty} x_{m,n}$ 绝对收敛, $\sum\limits_{n=1}^{\infty} x_n$ 也绝对收敛且

$$\lim_{m\to\infty}\sum_{n=1}^{\infty} x_{m,n} = \sum_{n=1}^{\infty}\lim_{m\to\infty} x_{m,n}.$$

现在来证明它: 作 N 上的函数 F, f_m, f 如下: 当 $n\in N$ 时

$$F(n) = y_n, f_m(n) = x_{mn}, f(n) = x_n,$$

通过上述对应, 在测度空间 $(N,\boldsymbol{R},\mu)$ 上, F 是可积函数, 函数列 $\{f_m\}$ 在 N 上处处收敛于 f, 并且 $|f_m|\leqslant F$ 在 N 上处处成立.

由 F 的可积性, 以及 $|f_m|\leqslant F, |f|\leqslant F$, 立即推出 f_m, f 在 $(N,\boldsymbol{R},\mu)$ 上可积, 再由控制收敛定理就得到

$$\lim_{m\to\infty}\int_N f_m \mathrm{d}\mu = \int_N f\mathrm{d}\mu.$$

把上述关于函数积分的结论再化成级数的形式就是所要证明的.

在今后 (例如 §3.5 和 §4.3 等处) 还要利用积分来处理级数问题.

习 题 3.4

1. 证明级数形式的 Levi 引理 (即课文中的定理 3.4.5″).

2. 设 $f(x)$ 是 $(-\infty,+\infty)$ 上满足 $f(0)=0$ 的 Lebesgue 可积函数, 证明 $\sum\limits_{n=-\infty}^{\infty} f(n^2x)$ 必在 $(-\infty,+\infty)$ 上几乎处处 (按 Lebesgue 测度) 等于一个 Lebesgue 可积函数.

3. 设 $f(x)$ 是 $(-\infty,+\infty)$ 上满足 $f(0)=0$ 而关于 $(E^1,\boldsymbol{L}^g,g)$ 的可积函数. 试举出一个 g, 说明习题 2 对于 g 测度是不成立的.

4. 证明

$$\lim_{n\to\infty}\int_0^{\infty}\frac{\mathrm{d}x}{\left(1+\dfrac{t}{n}\right)^n t^{\frac{1}{n}}} = 1,\ \lim_{n\to\infty}\int_0^{\infty}\frac{\log^p(x+n)}{n}e^{-x}\cos x\mathrm{d}x = 0,$$

p 为任意固定正数.

5. 设 $f(x)$ 在 $(0,\infty)$ 上 Lebesgue 可积, 并且均匀连续, 那么 $\lim\limits_{n\to\infty} f(x)=0$. 举例说明均匀连续条件不可去掉.

6. 设 $f(x)$ 在 $(-\infty,+\infty)$ 上 Lebesgue 可测, 并且在任何有限区间 (a,b) 上可积, 而且 $h(x)$ 在 $(-\infty,+\infty)$ 上有 n 阶连续导函数, 在 $[-M,M]$ 外为零. 证明下面的函数

$$(f*h)(t) = \int f(x+t)h(x)\mathrm{d}x$$

是 t 的具有 n 阶导数的函数.

7. 证明 Riemann-Lebesgue 引理: 当 f 在 $(-\infty,+\infty)$ 上是 Lebesgue 可积函数时,

$$\lim_{\alpha\to\pm\infty}\widetilde{f}(\alpha)=0.$$

8. 设 f 是 $(-\infty,+\infty)$ 上复值函数, 并且 Lebesgue 可积, 证明

$$h(\alpha)=\int_0^{\infty}e^{\mathrm{i}\alpha x}\widetilde{f}(x)\mathrm{d}x.$$

在 α 的上半平面 (即 $\mathrm{Im}\alpha>0$) 是 α 的连续函数, 并且是 α 的解析函数.

9. 在假设 Fatou 引理已被证明的情况下, 证明由它可以推出控制收敛定理 3.4.1 和 3.4.1′.

10. 设 $\{f_n\}$ 是测度空间 $(X,\boldsymbol{R},\mu)$ 的集 E 上可测函数列, 如果 (i) 存在 E 上可积函数 F, 使得 $|f_n|\dot{\underset{\mu}{\leqslant}}F(n=1,2,3,\cdots)$; (ii) $\{f_n\}$ 在 E 上几乎处处收敛于可测函数 f. 那么必有 $f_n\underset{\mu}{\Rightarrow}f$.

11. 在全有限的测度空间中, 举例说明 Levi 引理中第一个函数 f_1 的可积性这个条件是不能少的.

12. 设 $(X,\boldsymbol{R},\mu)$ 是全 σ-有限测度空间, $f(x)$ 是 $(X,\boldsymbol{R})$ 上非负实可测函数. 如果允许 "积分" 取无限大值, 那么

$$\nu(E)=\int_E f\mathrm{d}\mu, E\in\boldsymbol{R}$$

是 $(X,\boldsymbol{R})$ 上全 σ-有限测度, 并且对每个 E, 如果 $\mu(E)=0$, 必有 $\nu(E)=0$.

§3.5 重积分和累次积分

在这一节里, 我们将建立重积分的概念, 并研究重积分和累次积分的关系, 以及累次积分中交换积分顺序的问题. 不失一般性, 只要讨论二重积分和二次积分就够了. 为此, 我们先建立乘积测度.

1. 乘积空间 设 X,Y 是任何两个集, 一切有序的点对 $(x,y),x\in X,y\in Y$ 全体组成的集, 记为 $X\times Y$, 称它为空间 X,Y 的**乘积空间** (又称为 Cartesian 乘积). 例如实平面 E^2 就可以看成实数直线 E^1 和 E^1 的乘积空间, $E^2=E^1\times E^1$. 为了今后叙述方便起见, 我们引入一些术语: 设 $A\subset X,B\subset Y$, 称 $A\times B$ 是 $X\times Y$ 中的 "矩形", A,B 称为矩形 $A\times B$ 的 "边".

定理 3.5.1 如果 $\boldsymbol{S},\boldsymbol{T}$ 分别是 X,Y 的某些子集构成的环, 那么, 由各式各样有限个互不相交的矩形 $A\times B(A\in\boldsymbol{S},B\in\boldsymbol{T})$ 的和集所组成的 $X\times Y$ 的子集类 $\boldsymbol{R}$ 是环.

证 首先由 $\boldsymbol{R}$ 的定义, 知道 $\boldsymbol{R}$ 中任何有限个互不相交的集的和集属于 $\boldsymbol{R}$. 根据 §2.1 习题, 只要证明 $\boldsymbol{R}$ 中任何两个集的差也属于 $\boldsymbol{R}$ 就可以了. 记

$\boldsymbol{P}=\{A\times B|A\in\boldsymbol{S},B\in\boldsymbol{T}\}$, 对任何 $E_i=A_i\times B_i\in\boldsymbol{P}(i=1,2)$ 由于 $\boldsymbol{S}$、$\boldsymbol{T}$ 是环, 而且

$$E_1\bigcap E_2=(A_1\bigcap A_2)\times(B_1\bigcap B_2),$$

立即知道 $E_1\bigcap E_2\in\boldsymbol{R}$. 由此可知 $\boldsymbol{R}$ 中任何两个集 $\bigcup\limits_{i=1}^{m}E_i,\bigcup\limits_{j=1}^{n}F_j$ 的通集 $\bigcup\limits_{i,j}^{mn}(E_i\bigcap F_j)\in\boldsymbol{R}$. 因而 $\boldsymbol{R}$ 中有限个集的通集也属于 $\boldsymbol{R}$. 又因为 (如图 3.7)

$$A_1\times B_1-A_2\times B_2=[(A_1\bigcap A_2)\times(B_1-B_2)]\bigcup[(A_1-A_2)\times B_1]$$

所以 $\boldsymbol{P}$ 中任何两个集的差属于 $\boldsymbol{R}$. 对 $\boldsymbol{R}$ 中任何两个集 $\bigcup\limits_{i=1}^{m}E_i(E_i\bigcap E_j=\varnothing,i\neq j,E_i\in\boldsymbol{P})$、$\bigcup\limits_{j=1}^{n}F_j(F_j\bigcap F_k=\varnothing,j\neq k,F_j\in\boldsymbol{P})$ 有

$$\bigcup_{i=1}^{m}E_i-\bigcup_{j=1}^{m}F_j=\bigcup_{i=1}^{m}\bigcap_{j=1}^{m}(E_i-F_j).$$

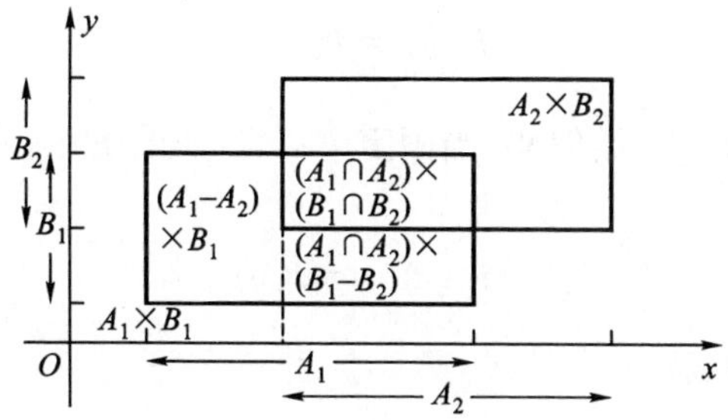

图 3.7

由上所述, $E_i-F_j\in\boldsymbol{R}$, 因而有限个通 $\bigcap\limits_{j=1}^{m}(E_i-F_j)\in\boldsymbol{R}$, 并且

$$\left\{\bigcap_{j=1}^{m}(E_i-F_j)\right\}$$

是互不相交的, 所以 $\bigcup\limits_{i=1}^{m}E_i-\bigcup\limits_{j=1}^{m}F_j\in\boldsymbol{R}$. 证毕

把定理 3.5.1 中的环记为 $\widehat{\boldsymbol{S}\times\boldsymbol{T}}$.

定义 3.5.1 设 $(X,\boldsymbol{S})$、$(Y,\boldsymbol{T})$ 是两个可测空间, 记 $\boldsymbol{P}=\{A\times B|A\in\boldsymbol{S},B\in\boldsymbol{T}\}$, 而用 $\boldsymbol{S}\times\boldsymbol{T}$ 表示包含 $\boldsymbol{P}$ 的最小 σ-环, 称 $(X\times Y,\boldsymbol{S}\times\boldsymbol{T})$ 为 $(X,\boldsymbol{S})$、$(Y,\boldsymbol{T})$ 的**乘积 (可测) 空间**, 称 $\boldsymbol{P}$ 中的集为**可测矩形**.

系 设 $(X,\boldsymbol{S})$、$(Y,\boldsymbol{T})$ 是两个可测空间, 那么

$$\boldsymbol{S}(\widehat{\boldsymbol{S}\times\boldsymbol{T}})=\boldsymbol{S}(\boldsymbol{P})=\boldsymbol{S}\times\boldsymbol{T}. \tag{3.5.1}$$

证 由定理 3.5.1, 环 $\widehat{\boldsymbol{S}\times\boldsymbol{T}}$ 是包含 $\boldsymbol{P}$ 的最小环, 所以 $\widehat{\boldsymbol{S}\times\boldsymbol{T}}\subset\boldsymbol{S}(\boldsymbol{P})$, 因而 $\boldsymbol{S}(\widehat{\boldsymbol{S}\times\boldsymbol{T}})\subset\boldsymbol{S}(\boldsymbol{P})$. 另一方面, 由于 $\widehat{\boldsymbol{S}\times\boldsymbol{T}}\supset\boldsymbol{P}$, 所以又有 $\boldsymbol{S}(\widehat{\boldsymbol{S}\times\boldsymbol{T}})\supset\boldsymbol{S}(\boldsymbol{P})$. 从而 $\boldsymbol{S}(\widehat{\boldsymbol{S}\times\boldsymbol{T}})=\boldsymbol{S}(\boldsymbol{P})$. 证毕

2. 截口 设 $(X,\boldsymbol{S})$、$(Y,\boldsymbol{T})$ 是可测空间, $(X\times Y,\boldsymbol{S}\times\boldsymbol{T})$ 是它们的乘积空间. 如果 E 是 $X\times Y$ 的一个子集, 称集 $E_x=\{y|(x,y)\in E\}$ 为被 x 决定的 E 的截口, 它有时也写成 S_xE (注意, 对每个 x 来说, E_x (或 S_xE) 是 Y 的子集, 并不是 $X\times Y$ 的子集). E_x 有时也说成 x-截口. 同样集 $S^yE=E^y=\{x|(x,y)\in E\}$ 是 y-截口.

如果 f 是定义在 $X\times Y$ 的子集 E 上的函数, 当固定 $x\in X$ 时, 如果 E_x 不是空集, 称定义在 E_x 上的函数

$$f_x(y)=f(x,y)$$

为 f (被 x 决定)的截口. 类似地, 当固定 $y\in Y$, 如果 E^y 不空, 称定义在 E^y 上的函数

$$f^y(x)=f(x,y)$$

为 f (被 y 决定) 的截口.

定理 3.5.2 在乘积可测空间 $(X\times Y,\boldsymbol{S}\times\boldsymbol{T})$ 上, 可测集的截口是可测的, 可测函数的截口是可测的.

证 令 $\boldsymbol{E}$ 是由 $X\times Y$ 中每个 x-截口和 y-截口都是可测的集 $\boldsymbol{E}$ 所组成的一个类. 注意 "求截口" 运算满足下列规则:

(i) 对任何一族集 $\{\boldsymbol{E}_\lambda,\lambda\in\Lambda\}(E_\lambda\subset\boldsymbol{X}\times\boldsymbol{Y})$, 以及任何 $x_0\in\boldsymbol{X}$,

$$\left(\bigcup_{\lambda\in\Lambda}E_\lambda\right)_{x_0}=\bigcup_{\lambda\in\Lambda}E_{\lambda x_0}.$$

(ii) 对任何 E、$F\subset X\times Y$, 以及任何 $x_0\in X$,

$$(E-F)_{x_0}=E_{x_0}-F_{x_0}.$$

由此, 容易证明 $\boldsymbol{E}$ 是 σ-环, 显然 $\boldsymbol{P}\subset\boldsymbol{E}$, 由系知 $\boldsymbol{S}\times\boldsymbol{T}\subset\boldsymbol{E}$. 因此, $\boldsymbol{S}\times\boldsymbol{T}$ 中每个元素的截口都是可测的.

设 $\boldsymbol{E}\in\boldsymbol{S}\times\boldsymbol{T}$, f 是 E 上可测函数, 对任何数 c 和任何给定的 $x_0\in X$,

$$\begin{aligned}E_{x_0}(f_{x_0}>c)&=\{y|f_{x_0}(y)>c,y\in E_{x_0}\}\\&=\{y|f(x_0,y)>c,(x_0,y)\in E\}\\&=\{y|(x_0,y)\in E(f>c)\}=S_{x_0}E(f>c),\end{aligned}$$

由于 $\boldsymbol{E}(f>c)$ 是可测集, 所以它的截口 $S_{x_0}E(f>c)$ 是 $(Y,\boldsymbol{T})$ 上可测集, 即 f_{x_0} 是集 E_{x_0} 上 y 的可测函数. 类似可以证明 f^y 是 E^y 上 x 的可测函数. 证毕

3. 乘积测度 设空间 $(X,\boldsymbol{S},\mu),(Y,\boldsymbol{T},\nu)$ 是测度空间, 在这段里的目标是由它们建立 $(X\times Y,\boldsymbol{S}\times\boldsymbol{T})$ 上的乘积测度 "$\mu\times\nu$". 为此我们先证明一个引理.

引理 1 设 $(\boldsymbol{X},\boldsymbol{S},\mu),(Y,\boldsymbol{T},\nu)$ 是两个全有限的测度空间, 如果 E 是 $(X\times Y,\boldsymbol{S}\times\boldsymbol{T})$ 的可测子集, 那么 $\nu(E_x)$ 和 $\mu(E^y)$ 分别是 $(X,\boldsymbol{S},\mu),(Y,\boldsymbol{T},\nu)$ 上的可测函数, 而且

$$\int_X\nu(E_x)\mathrm{d}\mu=\int_Y\mu(E^y)\mathrm{d}\nu.\tag{3.5.2}$$

证 令 $\boldsymbol{M}$ 是使 $\nu(E_x),\mu(E^y)$ 为可测函数, 并且 (3.5.2) 成立的 $\boldsymbol{S}\times\boldsymbol{T}$ 中可测集 E 的全体所成的类. 今证 $\boldsymbol{M}=\boldsymbol{S}\times\boldsymbol{T}$.

当 $\boldsymbol{E}=A\times B\in\boldsymbol{P}$ 时, 由于

$$E_x=\begin{cases}B, & x\in A,\\ \varnothing, & x\overline{\in}A,\end{cases}$$

显然 $\nu(E_x)=\nu(B)\chi_A(x)$, 此地 χ_A 为集 A 的特征函数. 类似地 $\mu(E^y)=\mu(A)\chi_B(y)$. 因为 μ、ν 是全有限的, 所以 $\boldsymbol{S}$、$\boldsymbol{T}$ 必是 σ-代数, 所以 $\nu(E_x),\mu(E^y)$ 分别是 $(X,\boldsymbol{S})$, $(Y,\boldsymbol{T})$ 的可测函数. 而且

$$\int_X\nu(E_x)\mathrm{d}\mu=\mu(A)\nu(B)=\int_Y\mu(E^y)\mathrm{d}\nu,$$

因此 $E\in\boldsymbol{M}$. 从而 $\boldsymbol{P}\subset\boldsymbol{M}$.

再证 $\boldsymbol{M}$ 是包含环 $\boldsymbol{R}$ 的单调类: 如果 $E_1,\cdots,E_n\in\boldsymbol{M},E_i\bigcap E_j=\varnothing,i\neq j$. 记 $E=\bigcup\limits_{j=1}^n E_j$, 显然 $E_x=\bigcup\limits_{j=1}^n E_{jx},E_{jx}\bigcap E_{ix}=\varnothing,i\neq j$. 因此

$$\nu(E_x)=\sum_{j=1}^n\nu(E_{jx}).$$

类似地, $\mu(E^y)=\sum_{j=1}^{n}\mu(E_j^y)$. 由积分的线性容易知道 $E\in \boldsymbol{M}$. 再根据 $\boldsymbol{P}\subset\boldsymbol{M}$, 便得到 $\boldsymbol{R}\subset\boldsymbol{M}$ (因为 $\boldsymbol{R}$ 中的每个集必可表示成 $\boldsymbol{P}$ 中有限个互不相交的集的和). 下面再证 $\boldsymbol{M}$ 是单调类. 设 $E_1\subset E_2\subset\cdots\subset E_n\subset\cdots$ 是 $\boldsymbol{M}$ 中一列单调增加集, 记 $E=\bigcup_{n=1}^{\infty}E_n$, 由于 $E_{1x}\subset E_{2x}\subset\cdots\subset E_{nx}\subset\cdots, E_x=\bigcup_{n=1}^{\infty}E_{nx}$, 所以 $\nu(E_x)=\lim_{n\to\infty}\nu(E_{nx})$. 又因为 $\{\nu(E_{nx}),n=1,2,3,\cdots\}$ 是 $(X,\boldsymbol{S},\mu)$ 上的可积函数的单调序列, 并且

$$\int_X \nu(E_{nx})\mathrm{d}\mu\leqslant\int_X\nu(Y)\mathrm{d}\mu=\nu(Y)\mu(X)<\infty,$$

由 Levi 引理, $\nu(E_x)$ 是可积函数, 且

$$\lim_{n\to\infty}\int_X\nu(E_{nx})\mathrm{d}\mu=\int_X\nu(E_x)\mathrm{d}\mu. \tag{3.5.3}$$

对 $\mu(E^y)$ 也进行类似讨论, 有

$$\lim_{n\to\infty}\int_Y\mu(E_n^y)\mathrm{d}\nu=\int_Y\mu(E^y)\mathrm{d}\nu. \tag{3.5.4}$$

从假设 $\int_X\nu(E_{nx})\mathrm{d}\mu=\int_Y\mu(E_n^y)\mathrm{d}\nu$, 并根据 (3. 5. 3), (3.5.4) 便知

$$\int_X\nu(E_x)\mathrm{d}\mu=\int_Y\mu(E^y)\mathrm{d}\nu.$$

因此 $E\in\boldsymbol{M}$. 类似地, 当 $E_1\supset E_2\supset\cdots\supset E_n\supset\cdots$ 时, 集 $\bigcap_{n=1}^{\infty}E_n\in\boldsymbol{M}$. 根据定理 2.1.4 的系可知 $\boldsymbol{S}\times\boldsymbol{T}\subset\boldsymbol{M}$. 从而 $\boldsymbol{S}\times\boldsymbol{T}=\boldsymbol{M}$.　　证毕

系　设 $(X,\boldsymbol{S},\mu)$、$(Y,\boldsymbol{T},\nu)$ 是两个测度空间, $E_0=A_0\times B_0(A_0\in\boldsymbol{S},B_0\in\boldsymbol{T})$, 而且 $\mu(A_0)<\infty,\nu(B_0)<\infty$. 那么, 当 $E\in\boldsymbol{S}\times\boldsymbol{T}$, 而且 $E\subset E_0$ 时, 函数 $\nu(E_x),\mu(E^y)$ 分别是 A_0,B_0 上可测函数①, 并且

$$\int_{A_0}\nu(E_x)\mathrm{d}\mu=\int_{B_0}\mu(E^y)\mathrm{d}\nu. \tag{3.5.2$'$}$$

证　对任何 $A\in\boldsymbol{S},B\in\boldsymbol{T}$, 先证等式 $\boldsymbol{S}\times\boldsymbol{T}\bigcap A\times B=(\boldsymbol{S}\bigcap A)\times(\boldsymbol{T}\bigcap B)$.

记 $\boldsymbol{S}\times\boldsymbol{T}$ 的可测矩形全体为 $\boldsymbol{P}$, $(\boldsymbol{S}\bigcap A)\times(\boldsymbol{T}\bigcap B)$ 的可测矩形全体为 $\boldsymbol{Q}$. 因为 $\boldsymbol{S}\bigcap A\subset\boldsymbol{S},\boldsymbol{T}\bigcap B\subset\boldsymbol{T}$, 显然, 当 $E\times F\in\boldsymbol{Q}$ 时, $E\subset A,F\subset B$, 且 $E\in\boldsymbol{S},F\in\boldsymbol{T}$, 所以 $E\times F\in\boldsymbol{S}\times\boldsymbol{T}\bigcap A\times B$, 即 $\boldsymbol{Q}\subset\boldsymbol{S}\times\boldsymbol{T}\bigcap A\times B$. 但 $\boldsymbol{S}\times\boldsymbol{T}\bigcap A\times B$ 是

① 如果, $\boldsymbol{S}$、$\boldsymbol{T}$ 是 σ-代数, 那么 $\mu(E^y),\nu(E_x)$ 分别是 Y,X 上可测函数.

$A\times B$ 上 σ-代数 (§2.1 习题 9) 所以 $(\boldsymbol{S}\bigcap A)\times(\boldsymbol{T}\bigcap B)=\boldsymbol{S}(\boldsymbol{Q})\subset\boldsymbol{S}\times\boldsymbol{T}\bigcap A\times B$. 反之, 对任何 $E\times F\in\boldsymbol{P}$, 因为 $(E\times F)\bigcap(A\times B)=(E\bigcap A)\times(F\bigcap B)\in\boldsymbol{Q}$, 所以 $\boldsymbol{P}\bigcap A\times B\subset(\boldsymbol{S}\bigcap A)\times(\boldsymbol{T}\bigcap B)$. 记 $\boldsymbol{M}$ 为 $\boldsymbol{S}\times\boldsymbol{T}$ 中一切 $\boldsymbol{M}\bigcap A\times B\in(\boldsymbol{S}\bigcap A)\times(\boldsymbol{T}\bigcap\boldsymbol{B})$ 的 M 全体, 显然 $\boldsymbol{M}$ 是 σ-环, 并且 $\boldsymbol{M}\supset\boldsymbol{P}$. 所以 $\boldsymbol{M}=\boldsymbol{S}\times\boldsymbol{T}$, 即 $\boldsymbol{S}\times\boldsymbol{T}\bigcap A\times B\subset(\boldsymbol{S}\bigcap A)\times(\boldsymbol{T}\bigcap B)$. 从而 $\boldsymbol{S}\times\boldsymbol{T}\bigcap A\times B=(\boldsymbol{S}\bigcap A)\times(\boldsymbol{T}\bigcap B)$.

作 $(A_0,\boldsymbol{S}\bigcap A_0)$、$(B_0,\boldsymbol{T}\bigcap B_0)$ 上测度

$$\mu_{A_0}(A)=\mu(A), A\in\boldsymbol{S}\bigcap A_0,$$
$$\nu_{B_0}(B)=\nu(B), B\in\boldsymbol{T}\bigcap B_0,$$

对 $(A_0,\boldsymbol{S}\bigcap A_0,\mu_{A_0})$、$(B_0,\boldsymbol{T}\bigcap B_0,\nu_{B_0})$ 用引理, 对任何 $E\in\boldsymbol{S}\times\boldsymbol{T}\bigcap A\times B$, 有

$$\int_{A_0}\nu(E_x)\mathrm{d}\mu=\int_{A_0}\nu_{B_0}(E_x)\mathrm{d}\mu_{A_0}=\int_{B_0}\mu_{A_0}(E^y)\mathrm{d}\nu_{B_0}=\int_{B_0}\mu(E^y)\mathrm{d}\nu.$$

证毕

利用引理 1 及其系, 给出乘积测度的定义.

定义 3.5.2 设 $(X,\boldsymbol{S},\mu),(Y,\boldsymbol{T},\nu)$ 是两个 σ-有限的测度空间, 作乘积可测空间 $(X\times Y,\boldsymbol{S}\times\boldsymbol{T})$ 上集函数 λ 如下: 如果 $E\in\boldsymbol{S}\times\boldsymbol{T}$ 而且有矩形 $A\times B\in\boldsymbol{S}\times\boldsymbol{T},\mu(A)<\infty,\nu(B)<\infty$ 使 $E\subset A\times\boldsymbol{B}$ 时, 规定

$$\lambda(E)=\int_A\nu(E_x)\mathrm{d}\mu=\int_B\mu(E^y)\mathrm{d}\nu, \tag{3.5.5}$$

对一般的 $E\in\boldsymbol{S}\times\boldsymbol{T}$, 必有一列矩形① $E_n\in\boldsymbol{S}\times\boldsymbol{T},E_n=A_n\times B_n,\mu(A_n)<\infty,\nu(B_n)<\infty,E_1\subset E_2\subset\cdots\subset E_n\subset\cdots$, 使 $E\subset\bigcup\limits_{n=1}^{\infty}E_n$. 这时定义

$$\lambda(E)=\lim_{n\to\infty}\lambda(E\bigcap E_n), \tag{3.5.6}$$

那么 λ 是 $(X\times Y,\boldsymbol{S}\times\boldsymbol{T})$ 上的 σ-有限测度 (见定理 3.5.3). 称它为 μ 和 ν 的**乘积测度**, 记为 $\mu\times\nu$.

定理 3.5.3 设 $(X,\boldsymbol{S},\mu),(Y,\boldsymbol{T},\nu)$ 是 σ-有限测度空间, 那么由 (3.5.5)、(3.5.6) 规定的集函数 λ 是 $(X\times Y,\boldsymbol{S}\times\boldsymbol{T})$ 上的 σ-有限测度. 而且是在 $(X\times Y,\boldsymbol{S}\times\boldsymbol{T})$ 上满足条件

$$\lambda(A\times B)=\mu(A)\nu(B)^{②}, A\in\boldsymbol{S},B\in\boldsymbol{T} \tag{3.5.7}$$

的唯一的 σ-有限测度.

①这列矩形的存在性见下面定理 3.5.3 的证明.

②我们讨论的是 σ-有限测度, 其实这个等式只要假定对 $\mu(A)<\infty,\nu(B)<\infty$ 的矩形满足就可以了.

证 分成下面几步:

I. 先证唯一性. 如果有两个 σ-有限测度 λ、λ' 在 $\boldsymbol{P}$ 上都满足 (3.5.7), 即对一切 $E \in \boldsymbol{P}, \lambda(E) = \lambda'(E)$. 因为 λ、λ' 都具有可列可加性, 所以在 $\boldsymbol{S}(\boldsymbol{P})$ 上 $\lambda = \lambda'$. 根据 §2.3 有关 σ 有限测度唯一性定理 2.3.8, 立即得到 λ 和 λ' 在 $\boldsymbol{S}(\boldsymbol{R}(\boldsymbol{P})) = \boldsymbol{S} \times \boldsymbol{T}$ 上一致.

II. 在 $\mu(X) < \infty, \nu(Y) < \infty$ (即 $(X, \boldsymbol{S}, \mu)$、$(Y, \boldsymbol{T}, \nu)$ 都是全有限测度空间) 情况下证明 λ 是测度: 显然 λ 是 $\boldsymbol{S} \times \boldsymbol{T}$ 上非负的, 今只要证 $\lambda(E)$ 具有可列可加性. 设 $F_n \in \boldsymbol{S} \times \boldsymbol{T} (n = 1, 2, 3, \cdots)$ 而且 $F_n \bigcap F_{n'} = \varnothing, n \neq n'$. 记 $E_n = \bigcup\limits_{j=1}^{n} F_j$. 由于 $E_{nx} = \bigcup\limits_{j=1}^{n} F_{jx}$ 以及积分的可加性得到

$$\lambda(E_n) = \int_X \nu(E_{nx}) \mathrm{d}\mu = \int_X \sum_{j=1}^{n} \nu(F_{jx}) \mathrm{d}\mu = \sum_{j=1}^{n} \lambda(F_j),$$

记 $E = \bigcup\limits_{j=1}^{\infty} F_j$, 再根据 (3.5.3), 又得到

$$\begin{aligned}\lambda(E) = \int_X \nu(E_x) \mathrm{d}\mu = \int_X \sum_{j=1}^{\infty} \nu(F_{jx}) \mathrm{d}\mu &= \lim_{n \to \infty} \int_X \sum_{j=1}^{n} \nu(F_{jx}) \mathrm{d}\mu. \\ &= \lim_{n \to \infty} \sum_{j=1}^{n} \lambda(F_j) = \sum_{j=1}^{\infty} \lambda(F_j),\end{aligned}$$

即 λ 是可列可加的.

下面对 μ、ν 为 σ-有限的情况加以证明.

III. 设 $E \in \boldsymbol{S} \times \boldsymbol{T}$, 并且存在边是测度有限的矩形 $A \times B$、$C \times D$, 使得 $E \subset A \times B, E \subset C \times D$. 那么, 对任何 $(x, y) \in E$, 必有 $x \in A \bigcap C, y \in B \bigcap D$. 从而 $E \subset A_0 \times B_0$, 这里 $A_0 = A \bigcap C, B_0 = B \bigcap D$. 利用这一点, 证明对于这种 $E, \lambda(E)$ 不依赖 $A \times B, C \times D$ 的选取: 事实上, 因为当 $x \in (A - A_0) \bigcup (C - A_0)$ 时, $\nu(E_x) = 0$, 所以

$$\lambda(E) = \int_A \nu(E_x) \mathrm{d}\mu = \int_{A_0} \nu(E_x) \mathrm{d}\mu = \int_C \nu(E_x) \mathrm{d}\mu.$$

同样,

$$\lambda(E) = \int_B \mu(E^y) \mathrm{d}\nu = \int_{B_0} \mu(E^y) \mathrm{d}\nu = \int_D \mu(E^y) \mathrm{d}\nu.$$

IV. 证明对任何 $E \in \boldsymbol{S} \times \boldsymbol{T}$, 它必包含在边是测度有限的矩形单调序列 $\{E_n\}$ 中. 事实上, 如果 $E \in \boldsymbol{P}, E = A \times B, A \in \boldsymbol{S}, B \in \boldsymbol{T}$, 这时由 $(X, \boldsymbol{S}, \mu), (Y, \boldsymbol{T}, \nu)$

的 σ-有限性, 必有 $\{A_n\} \subset \boldsymbol{S}, \mu(A_n) < \infty, \{B_n\} \subset \boldsymbol{T}, \nu(B_n) < \infty$, 使 $A \subset \bigcup_{n=1}^{\infty} A_n, B \subset \bigcup_{n=1}^{\infty} B_n$. 取 $E_n = \left(\bigcup_{i=1}^{n} A_i\right) \times \left(\bigcup_{i=1}^{n} B_i\right)$, 那么 $\{E_n\}$ 便是边是测度有限的矩形单调序列, 而且 $E \subset \bigcup_{n=1}^{\infty} E_n$. 对于一般的 $E \in \boldsymbol{S}\times\boldsymbol{T}$, 由于 $\boldsymbol{S}\times\boldsymbol{T} = \boldsymbol{S}(\boldsymbol{P})$, 所以必有 $\boldsymbol{P}$ 中的单调序列 $\{F_n\}$, 使得 $E \subset \bigcup_{n=1}^{\infty} F_n = \lim_{n\to\infty} F_n$ (习题 2.1.12). 而每个 F_n, 根据前面已经证明, 有边是测度有限的矩形单调序列 $\{E_{nk}\}, \bigcup_{k=1}^{\infty} E_{nk} \supset F_n$. 记 $E_{nk} = A_{nk} \times B_{nk}$, 如果取

$$E_n = \left(\bigcup_{i,j=1}^{n} A_{ij}\right) \times \left(\bigcup_{i,j=1}^{n} B_{ij}\right),$$

那么 $\{E_n\}$ 便是边是测度有限的矩形单调序列, 并且 $\bigcup_{n=1}^{\infty} E_n \supset E$. 这说明定义中的矩形序列确实存在. 容易看出 $\{\lambda(E_n \bigcap E)\}$ 是单调增加数列, 因此 (3.5.6) 中极限存在 (可以允许是 ∞).

V. 证极限与矩形序列的选取无关, 事实上, 如果另有一列边是测度有限的矩形单调序列 $\{F_n\}, \bigcup_{n=1}^{\infty} F_n \supset E, F_n = C_n \times D_n$. 记 $\lambda'(E) = \lim_{n\to\infty} \lambda(E \bigcap F_n)$. 由于 $E \bigcap F_n = \lim_{m\to\infty} (E \bigcap E_m) \bigcap F_n$, 所以

$$\lambda(E{\textstyle\bigcap}F_n) = \lim_{m\to\infty} \lambda(E{\textstyle\bigcap}E_m{\textstyle\bigcap}F_n) \leqslant \lim_{m\to\infty} \lambda(E{\textstyle\bigcap}E_m),$$

即 $\lambda(E \bigcap F_n) \leqslant \lambda(E)$, 再令 $n \to \infty$ 就得到 $\lambda'(E) \leqslant \lambda(E)$. 如果将 $\{E_n\}$ 和 $\{F_n\}$ 的位置对调就得到 $\lambda(E) \leqslant \lambda'(E)$. 因此 (3.5.6) 唯一地确定了 $\lambda(E)$ 的值.

VI. 证 λ 是可列可加的测度. 因为极限具有可加性, 所以通过极限定义的 λ 具有有限可加性. 任取 $\{F_n\} \subset \boldsymbol{S} \times \boldsymbol{T}, F_n \bigcap F_m = \varnothing (n \neq m)$, 记 $E = \bigcup_{n=1}^{\infty} F_n$, 由 λ 的非负、有限可加性 (因而有单调性), 显然 $\lambda(E) \geqslant \sum_{j=1}^{n} \lambda(F_j)$, 令 $n \to \infty$, 得到

$$\lambda(E) \geqslant \sum_{j=1}^{\infty} \lambda(F_j).$$

另一方面, 按定义, $\lambda(E)=\lim\limits_{n\to\infty}\lambda(E\bigcap E_n)$. 然而对每个 n, 由于

$$\begin{aligned}\lambda(E\bigcap E_n)&=\lambda\left((E\bigcap E_n)\bigcap\left(\bigcup_{j=1}^{\infty}F_j\right)\right)\leqslant\lambda\left(E_n\bigcap\left(\bigcup_{j=1}^{\infty}F_j\right)\right)\\&=\lambda\left(\bigcup_{j=1}^{\infty}(F_j\bigcap E_n)\right)=\sum_{j=1}^{\infty}\lambda(F_j\bigcap E_n)\leqslant\sum_{j=1}^{\infty}\lambda(F_j),\end{aligned}$$

令 $n\to\infty$, 又得到 $\lambda(E)\leqslant\sum\limits_{j=1}^{\infty}\lambda(F_j)$. 因此 $\lambda(E)=\sum\limits_{j=1}^{\infty}\lambda(F_j)$, 所以 λ 是可列可加的 σ-有限测度. 证毕

以后我们所讨论的乘积测度空间 $(X\times Y,\boldsymbol{S}\times\boldsymbol{T},\mu\times\nu)$ 都是指由 σ-有限的测度空间 $(X,\boldsymbol{S},\mu)$、$(Y,\boldsymbol{T},\nu)$ 所产生的 σ-有限的乘积测度空间.

下面是非常重要的积分交换顺序定理.

4. Fubini (富必尼) 定理 现在讨论重积分和累次积分的关系以及累次积分的交换顺序问题.

设 $(X,\boldsymbol{S},\mu),(Y,\boldsymbol{T},\nu)$ 是两个 σ-有限测度空间, $(X\times Y,\boldsymbol{S}\times\boldsymbol{T},\mu\times\nu)$ 是它们的乘积测度空间. 假设 $E\in\boldsymbol{S}\times\boldsymbol{T},E=A\times B,A\in\boldsymbol{S},B\in\boldsymbol{T}$. 又设 f 是定义在 E 上的函数, 如果 f 是 E 上关于 $\mu\times\nu$ 是可积的, 积分

$$\int_E f(x,y)\mathrm{d}\mu\times\nu(x,y)$$

就称作 f 在 E 上的**重积分** , 其实, 它不过是测度空间 $(X\times Y,\boldsymbol{S}\times\boldsymbol{T},\mu\times\nu)$ 上的积分. 积分号中 $\mathrm{d}\mu\times\nu(x,y)$ 常简写为 $\mathrm{d}\mu\times\nu$. 积分前特别冠以 "重" 字是表明它是相对于下面的二次积分 (又称累次积分) 所讲的. 如果存在一个 ν-零集 $B_0\subset B$, 当 $y\in B-B_0$ 时, $f^y(x)$ 在 A 上关于 μ 是可积的, 记

$$h(y)=\int_A f^y(x)\mathrm{d}\mu(x),y\in B-B_0. \tag{3.5.8}$$

如果又存在 B 上的可积 (关于 ν) 函数 $\widetilde{h}(y)$, 使得 $\widetilde{h}(y)$ 与 $h(y)$ 在 $B-B_0$ 上几乎处处 (关于 ν) 相等, 那么 (在多元积分中) 就称 $h(y)=\int_A f^y(x)\mathrm{d}\mu(x)$ 是 B 上可积函数, 并规定 $\int_B h(y)\mathrm{d}\nu(y)=\int_B\widetilde{h}(y)\mathrm{d}y$ (即不区分 $h(y)$ 和 $\widetilde{h}(y)$), 这就是说,

$$\int_B\widetilde{h}(y)\mathrm{d}\nu(y)=\iint\limits_{BA}f\mathrm{d}\mu\mathrm{d}\nu=\int_B\left(\int_A f(x,y)\mathrm{d}\mu(x)\right)\mathrm{d}\nu(y), \tag{3.5.9}$$

积分 $\iint\limits_{BA} f\mathrm{d}\mu\mathrm{d}\nu$ 称作 f 在 E 上的**二次积分**. 类似地定义

$$\iint\limits_{AB} f\mathrm{d}\nu\mathrm{d}\mu = \int_A \left(\int_B f(x,y)\mathrm{d}\nu(y)\right)\mathrm{d}\mu(x). \tag{3.5.10}$$

它也是 f 在 E 上的二次积分.

显然, 这里的重积分和二次积分概念是普通数学分析中的重积分和二次积分概念的一般化.

定理 3.5.4 (Fubini) 设 E 是 $(X\times Y, \boldsymbol{S}\times\boldsymbol{T}, \mu\times\nu)$ 上的 σ-有限的可测矩形 $E=A\times B$, f 是 E 上的有限函数.

(i) 当 f 是 E 上关于 $\mu\times\nu$ 可积函数时, 那么 f 在 E 上的两个二次积分 (3.5.9)、(3.5.10) 存在, 并且

$$\int\limits_E f\mathrm{d}\mu\times\nu = \iint\limits_{AB} f\mathrm{d}\nu\mathrm{d}\mu = \iint\limits_{BA} f\mathrm{d}\mu\mathrm{d}\nu. \tag{3.5.11}$$

(ii) 反之, 如果 f 是 E 上关于 $(X\times Y, \boldsymbol{S}\times\boldsymbol{T})$ 可测函数, 而且 $|f|$ 的两个二次积分 $\iint\limits_{AB}|f|\mathrm{d}\nu\mathrm{d}\mu$, $\iint\limits_{BA}|f|\mathrm{d}\mu\mathrm{d}\nu$ 中有一个存在, 那么它的另一个二次积分以及二重积分 $\int_E f\mathrm{d}\mu\times\nu$ 也存在, 并且 (3.5.11) 成立.

证 先对 $\mu(A)<\infty, \nu(B)<\infty$ 的情况来加以证明, 并且不妨假设 $A=X, B=Y$. 不然考虑 $(A, \boldsymbol{S}\bigcap A, \mu_A)$、$(B, \boldsymbol{T}\bigcap B, \nu_B)$ 的乘积空间 $(A\times B, (\boldsymbol{S}\bigcap A)\times(\boldsymbol{T}\bigcap B), \mu_A\times\nu_B)$ 就可以了, 其中 μ_A、ν_B 是把 μ、ν 分别限制在 A、B 上的测度 (见引理 1 的系).

(i) 第一步, 假设 f 是 $(X\times Y, \boldsymbol{S}\times\boldsymbol{T})$ 上某个可测集 E 的特征函数 χ_E. 根据 $\mu\times\nu$ 的定义, 显然

$$\begin{aligned}\int_{X\times Y}\chi_E\mathrm{d}\mu\times\nu = \mu\times\nu(E) = \int_X \nu(E_x)\mathrm{d}\mu = \iint\limits_{XY}\chi_{E_x}(y)\mathrm{d}\nu(y)\mathrm{d}\mu(x)\\ = \iint\limits_{XY}\chi_E(x,y)\mathrm{d}\nu(y)\mathrm{d}\mu(x).\end{aligned} \tag{3.5.12}$$

同样可证 χ_E 的重积分等于另一个二次积分.

第二步, 假设 f 是 $(X\times Y, \boldsymbol{S}\times\boldsymbol{T}, \mu\times\nu)$ 上非负的可积函数. 这时, 对任何自然数 k, 记 $Z=X\times Y, E_{kn}=Z\left(\dfrac{n-1}{2^k}\leqslant f<\dfrac{n}{2^k}\right)(n=1,2,\cdots,2^{2k})$. 显然

$\varphi_k = \sum\limits_{n=1}^{2^{2k}} \frac{n-1}{2^k}\chi_{E_{kn}}$ 是一列非负的有界函数, 而且 $\varphi_k \leqslant \varphi_{k+1}(k = 1,2,3,\cdots)$ $\lim\limits_{k\to\infty} \varphi_k(x,y) = f(x,y)$. 由 Levi 引理

$$\int_{X\times Y} f \mathrm{d}\mu\times\nu = \lim_{k\to\infty}\int_{X\times Y}\varphi_k \mathrm{d}\mu\times\nu. \tag{3.5.13}$$

利用 (3.5.12) 和积分的线性, 知道当 x 固定时, $\varphi_{kx}(y) = \varphi_k(x,y)$ 是 $(Y,\boldsymbol{T},\nu)$ 上可积函数, $\psi_k(x) = \int\varphi_k(x,y)\mathrm{d}\nu(y)$ 是 $(X,\boldsymbol{S},\mu)$ 上可积函数, 而且

$$\int_{X\times Y}\varphi_k \mathrm{d}\mu\times\nu = \int_X\left(\int_Y\varphi_k \mathrm{d}\nu\right)\mathrm{d}\mu = \int_X\psi_k \mathrm{d}\mu. \tag{3.5.14}$$

由于 $\{\psi_k\}$ 是非负、有界函数的单调增加序列, 而且由 (3.5.13), (3.5.14) 又有

$$\lim_{k\to\infty}\int_X\psi_k \mathrm{d}\mu = \int_{X\times Y} f \mathrm{d}\mu\times\nu,$$

由 Levi 引理, $\{\psi_k(x)\}$ (关于 μ) 几乎处处收敛于可积函数 $\psi(x)$, 而且

$$\int_X\psi \mathrm{d}\mu = \int_{X\times Y} f \mathrm{d}\mu\times\nu. \tag{3.5.15}$$

设 $E = X(\psi(x) = \lim\limits_{k\to\infty}\psi_k(x) < \infty)$, 固定 $x\in E$ 时, $\varphi_{kx} = \varphi_k(x,y)(k = 1,2,3,\cdots)$ 是 $(Y,\boldsymbol{T},\nu)$ 上非负、可积函数的单调增加序列, 并且 $\int_Y\varphi_{kx}(y)\mathrm{d}\nu(y) = \psi_k(x)(k = 1,2,3,\cdots)$ 有上确界 $\psi(x) < \infty$, 因此再由 Levi 引理知道 $\{\varphi_{kx}(y)\}$ 的极限函数 $f_x(y) = f(x,y)$ 是 $(Y,\boldsymbol{T},\nu)$ 上可积函数, 而且

$$\int f(x,y)\mathrm{d}\nu(y) = \lim_{k\to\infty}\int\varphi_k(x,y)\mathrm{d}\nu(y) = \psi(x),$$

所以 $\int f(x,y)\mathrm{d}\nu(y)$ 几乎处处等于 $(X,\boldsymbol{S},\mu)$ 上可积函数 $\psi(x)$. 而且由 (3.5.15) 得到

$$\int_{X\times Y} f \mathrm{d}\mu\times\nu = \int_X\left(\int_Y f \mathrm{d}\nu\right)\mathrm{d}\mu. \tag{3.5.16}$$

第三步, 假设 f 是一般可积函数. 这时只要对 f^+, f^- 分别讨论, 因为 $\int_Y f^+(x,y)\mathrm{d}\nu(y), \int_Y f^-(x,y)\mathrm{d}\nu(y)$ 都是 $(X,\boldsymbol{S},\mu)$ 上的可积函数, 而且相应地 (3.5.16) 成立. 再利用积分 (重积分和二次积分) 的线性, 从 $f = f^+ - f^-$ 便得到 (3.5.16) 对一般的 f 也成立.

同样, 可以证明 $\int_X f(x,y)\mathrm{d}\mu(x)$ 是 $(Y,\boldsymbol{T},\nu)$ 上可积函数, 而且

$$\int_{X\times Y} f \mathrm{d}\mu\times\nu = \int_Y\left(\int_X f \mathrm{d}\mu\right)\mathrm{d}\nu.$$

(ii) (注意, 也假设 $\mu(x)<\infty,\nu(Y)<\infty$) 如果非负二元可测函数 f 的一个二次积分 —— 例如 $\int_Y\left(\int_X f\mathrm{d}\mu\right)\mathrm{d}\nu$ 存在, 这时, 对任何自然数 N, 作 $[f]_N=\min(N,f)$, 它便是有界的二元可测函数, 由于 $\mu\times\nu(X\times Y)<\infty$, 所以它的重积分存在, 由 (i) 及 $[f]_N\leqslant f$ 便得到

$$\int_{X\times Y}[f]_N\mathrm{d}\mu\times\nu=\int_Y\left(\int_X[f]_N\mathrm{d}\mu\right)\mathrm{d}\nu\leqslant\int\limits_Y\int\limits_X f\mathrm{d}\mu\mathrm{d}\nu. \tag{3.5.17}$$

由 (3.5.17), $\{[f]_N\}$ 的重积分序列有上界. 对二元函数列 $\{[f]_N\}$ 应用 Levi 引理, 便得到 $[f]_N(x,y)$ 的极限函数 $f(x,y)$ 的重积分存在. 再由 (i), 另一个二次积分 $\int_X\left(\int_Y f(x,y)\mathrm{d}\nu(y)\right)\mathrm{d}\mu(x)$ 也就存在了, 并且二次积分等于重积分.

对于一般的二元可积函数 f, 分成 f^+,f^- 来讨论就行了. 这样, 在 $\mu(x)<\infty,\nu(Y)<\infty$ 情况下证明了 (ii).

对于一般情况, 即对于 $E=A\times B$ 是 σ-有限的情况. 容易知道, 存在 $\{A_n\}\subset\boldsymbol{S},\{B_n\}\subset\boldsymbol{T},\mu(A_n)<\infty,\nu(B_n)<\infty$, 且 $A_i\bigcap A_j=\varnothing,B_i\bigcap B_j=\varnothing(i\neq j),\bigcup\limits_{i=1}^{\infty}A_i=A,\bigcup\limits_{i=1}^{\infty}B_i=B$. 因此 $E=\bigcup\limits_{ij}A_i\times B_j$ (如图 3.8), 并且 $(A_i\times B_j)\bigcap(A_k\times B_l)=\varnothing$, 只要 $i\neq k,j\neq l$ 中有一个成立. 在每个 $A_i\times B_j$ 上定理的结论已成立. 再利用积分 (重积分和二次积分中的每次积分) 的可列可加性不难证明定理的结论在 E 上也成立. 希望读者自己完成这部分证明.

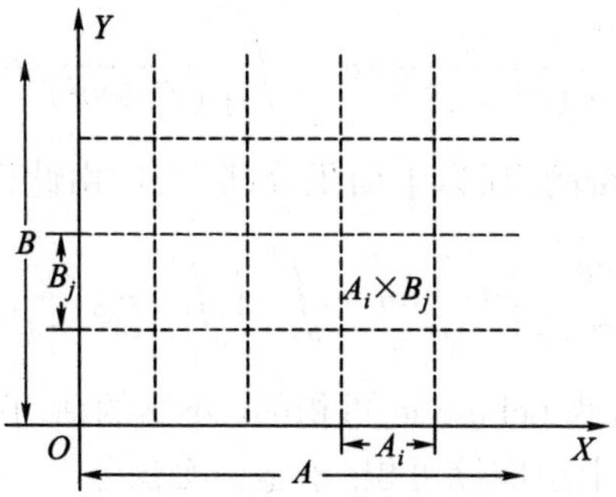

图 3.8

系 设 E 是 $(X\times Y,\boldsymbol{S}\times\boldsymbol{T},\mu\times\nu)$ 的 $\mu\times\nu$-零集, 那么对几乎所有的 x, 截口 E_x 是 $(Y,\boldsymbol{T},\nu)$ 上的零集. 对几乎所有的 y, 截口 E^y 是 $(X,\boldsymbol{S},\mu)$ 上的零集.

证 由于 $E\in\boldsymbol{S}\times\boldsymbol{T}$, 所以必有可测矩形 $A\times B$, 使得 $E\subset A\times B$, 并且 A,B 分别是 μ、ν 的 σ-有限集. 又由于 E 是零集, 所以它的特征函数 $\chi_E(x,y)$

在 $A\times B$ 上的重积分为零, 由 Fubini 定理和 $\nu(E_x)=\int_B \chi_E(x,y)\mathrm{d}\nu(y), \mu(E^y)=\int_A \chi_E(x,y)\mathrm{d}\mu(y)$ 得到

$$0=\mu\times\nu(E)=\int_A \nu(E_x)\mathrm{d}\mu(x)=\int_B \mu(E^y)\mathrm{d}\nu(y).$$

因为被积函数 $\nu(E_x)$、$\mu(E^y)$ 是非负的, 所以 $\mu\times\nu(E)=0$ 的充要条件是 $\nu(E_x)$ 关于 μ 几乎处处为零或者 $\mu(E^y)$ 关于 ν 几乎处处为零. 证毕

显然, Fubini 定理可以推广到多个测度空间 $(X_i,\boldsymbol{S}_i,\mu_i)(i=1,2,\cdots,k)$ 的乘积测度空间 $(X_1\times\cdots\times X_k,\boldsymbol{S}_1\times\cdots\times\boldsymbol{S}_k,\mu_1\times\cdots\times\mu_k)$ 的情况, 这里不再讨论.

此外, 读者还必须注意, Fubini 定理中 (ii) 的假设: f 的绝对值函数 $|f|$ 是二次可积, 这个条件是不能换为仅仅 f 的二次积分存在这个条件的 (可看下面的例 1). 甚至 f 的两个二次积分均存在, 并且两个二次积分的值也相等, 也不能断言 f 的重积分是存在的.

例 1 设 $E=[-1,1]\times[-1,1],\mu,\nu$ 都取为 Lebesgue 测度. 作

$$f(x,y)=\begin{cases}\dfrac{xy}{(x^2+y^2)^2}, & x^2+y^2>0,\\ 0, & x=y=0,\end{cases}$$

容易知道 $f(x,y)$ 是 E 上 Lebesgue (二重) 可测的, 如果将两个变量 x,y 中的一个固定, $f(x,y)$ 是另一个变量的连续函数, 所以积分

$$\int_{-1}^{1}\frac{xy}{(x^2+y^2)^2}\mathrm{d}y,\quad \int_{-1}^{1}\frac{xy}{(x^2+y^2)^2}\mathrm{d}x.$$

存在, 由于被积函数是奇的, 所以上面积分都为零. 由此得到

$$\int_{-1}^{1}\left(\int_{-1}^{1}\frac{xy}{(x^2+y^2)^2}\mathrm{d}x\right)\mathrm{d}y=\int_{-1}^{1}\left(\int_{-1}^{1}\frac{xy}{(x^2+y^2)^2}\mathrm{d}y\right)\mathrm{d}x=0.$$

但 $f(x,y)$ 在 E 上并不是 Lebesgue 可积的. 不然的话, 由 f 在 E 上可积性; 便得到 f 在 $[0,1]\times[0,1]$ 上也应该可积, 于是二次积分

$$\int_0^1\left(\int_0^1\frac{xy}{(x^2+y^2)^2}\mathrm{d}y\right)\mathrm{d}x$$

就应该存在. 但这是不对的, 因为当 $x\neq 0$ 时,

$$\int_0^1\frac{xy}{(x^2+y^2)^2}\mathrm{d}y=\frac{1}{2x}-\frac{x}{2(x^2+1)},$$

它在 $[0,1]$ 上不是 Lebesgue 可积函数.

例 2 设 $(N, \boldsymbol{R}, \mu)$ 是 §3.4 例 8 中的测度空间, 那么 $(N\times N, \boldsymbol{R}\times\boldsymbol{R}, \mu\times\mu)$ 上任何函数 f 必是可测, 而 f 可积的充要条件是

$$\sum_{(i,j)\in N\times N} |f(i,j)| < \infty.$$

当 f 可积时, 有

$$\int_{N\times N} f\mathrm{d}\mu\times\mu = \sum_{i,j=1}^{\infty} f(i,j). \tag{3.5.18}$$

证 因为 $\boldsymbol{R}$ 是 N 的一切子集所组成的 σ-代数, 易知 $\boldsymbol{R}\times\boldsymbol{R}$ 是 $N\times N$ 的一切子集所组成的 σ-代数, 所以任何函数 $f(m,n)$ 必是可测的.

如果取 $E_n = [1, 2, \cdots, n]$, 易知 $E_n \times E_n (n = 1, 2, 3, \cdots)$ 是 $N\times N$ 的测度有限的单调覆盖, 仿 §3.4 例 7 易知

$$\begin{aligned} \int_{E_n\times E_n} f^+\mathrm{d}\mu\times\mu &= \sum_{i,j=1}^{n} f^+(i,j), \\ \int_{E_n\times E_n} f^-\mathrm{d}\mu\times\mu &= \sum_{i,j=1}^{n} f^-(i,j), \end{aligned} \tag{3.5.19}$$

其中 $f^+(i,j) = \max(f(i,j), 0), f^-(i,j) = \max(-f(i,j), 0)$. 所以 f 在 $N\times N$ 上可积等价于 $\sum\limits_{i,j=1}^{\infty} f^+(i,j), \sum\limits_{i,j=1}^{\infty} f^-(i,j)$ 都收敛, 即等价于

$$\sum_{i,j=1}^{\infty} |f(i,j)| < \infty.$$

当 f 可积时, 在 (3.5.19) 中令 $n\to\infty$ 便得到 (3.5.18).

显然, 如果作下面的对应:

$$f \leftrightarrow \{f(i,j) | i, j = 1, 2, 3, \cdots\},$$

那么 f 在 $(N\times N, \boldsymbol{R}\times\boldsymbol{R}, \mu\times\mu)$ 上的可积性等价于二重级数 $\sum\limits_{i,j} f(i,j)$ 的绝对收敛性, 并且 f 在 $N\times N$ 上的积分就是二重级数 $\sum\limits_{i=j} f(i,j)$ 的和.

在上述对应之下, 由 Fubini 定理立即可以得到二重级数求和的如下命题.

如果二重级数 $\sum\limits_{m,n=1}^{\infty} x_{m,n}$ 绝对收敛, 那么级数

$$\sum_{n=1}^{\infty}\sum_{m=1}^{\infty} |x_{m,n}|、\sum_{m=1}^{\infty}\sum_{n=1}^{\infty} |x_{m,n}|$$

都收敛, 并且

$$\sum_{m,n=1}^{\infty} x_{m,n}=\sum_{n=1}^{\infty}\sum_{m=1}^{\infty} x_{m,n}=\sum_{m=1}^{\infty}\sum_{n=1}^{\infty} x_{m,n}. \tag{3.5.20}$$

反之, 如果 $\sum\limits_{n=1}^{\infty}\sum\limits_{m=1}^{\infty}|x_{m,n}|$、$\sum\limits_{m=1}^{\infty}\sum\limits_{n=1}^{\infty}|x_{m,n}|$ 中有一个收敛, 那么二重级数 $\sum\limits_{m,n=1}^{\infty} x_{m,n}$ 必绝对收敛, 自然 (3.5.20) 就成立.

这里所谓二重级数绝对收敛, 就是指级数 $\sum\limits_{m,n=1}^{k}|x_{m,n}|$ 当 $k\to\infty$ 时有极限.

如果从积分的观点看二重级数的绝对收敛性还可以得到下面的命题.

设 $\{E_k|k=1,2,3,\cdots\}$ 是 $N\times N$ 中任何一个集的单调序列, 并且 $N\times N=\bigcup\limits_{k=1}^{\infty}E_k$, 那么, 绝对收敛的二重级数 $\sum\limits_{m,n=1}^{\infty}x_{m,n}$ 的 $\lim\limits_{k\to\infty}\sum\limits_{(m,n)\in E_k}|x_{m,n}|$ 不依赖于 $\{E_k\}$ 的选取.

因此, 二重级数的绝对收敛定义, 可以从任何一个满足 $N\times N=\bigcup\limits_{k=1}^{\infty}E_k$ 的单调序列 $\{E_k\}$ 出发. 显然一个绝对收敛的二重级数 $\sum\limits_{m,n=1}^{\infty}x_{m,n}$ 的和 A 也是不依赖 $\{E_k\}$ 的选取的, 即

$$A=\lim_{k\to\infty}\sum_{(m,n)\in E_k}x_{m,n}.$$

例如, 当取 $E_k=[1,2,\cdots,k]\times[1,2,\cdots,k]$ 时, 称为二重级数的正方形求和法; 当取 $E_k=\{(m,n)|m^2+n^2\leqslant k^2\}$ 时, 称为圆形求和法; 当取

$$E_k=\{(m,n)|m+n\leqslant k\}$$

时, 称为三角形求和法等.

5. 乘积测度的完全性 我们注意, 即使 $(X,\boldsymbol{S},\mu)$、$(Y,\boldsymbol{T},\nu)$ 都是完全测度空间, 但是 $(X\times Y,\boldsymbol{S}\times\boldsymbol{T},\mu\times\nu)$ 未必是完全的.

例如, 在二重 Lebesgue 测度空间 $(E^1\times E^1,\boldsymbol{L}\times\boldsymbol{L},m\times m)$ 上取集 $A\times E$, 其中 A 是 [0, 1] 中 Lebesgue 测度为零的集, E 是 $[0,1]$ 中 Lebesgue 不可测集. 显然 $A\times E\subset A\times[0,1]\in\boldsymbol{L}\times\boldsymbol{L}$, 即 $A\times E$ 是零集 $A\times[0,1]$ 的子集. 但是当 $x\in A$ 时, $S_x(A\times E)=E$, 即集 $A\times E$ 存在不可测的截口, 所以 $A\times E\overline{\in}\boldsymbol{L}\times\boldsymbol{L}$. 在 §2.4 中所讲的平面 Lebesgue 测度却是完全测度. 所以二重 Lebesgue 测度 $m\times m$ 和平面 Lebesgue 测度之间是有差别的. 又显然这两个测度在 $\boldsymbol{L}\times\boldsymbol{L}$ 的每个集上是一致的.

这两个测度的差别就是在于一个是完全的, 另一个是不完全的. 将乘积测度完全化以后, 就是平面 Lebesgue 测度了.

一般说来, $(X \times Y, \boldsymbol{S} \times \boldsymbol{T}, \mu \times \nu)$ 并不完全. 我们可以仿照 §2.3 的方法把它扩张成完全测度. 记扩张后的可测集全体为 $(\boldsymbol{S} \times \boldsymbol{T})^*$, 而把扩张后的测度仍记为 $\mu \times \nu$, 这时 $(X \times Y, (\boldsymbol{S} \times \boldsymbol{T})^*, \mu \times \nu)$ 就是完全的测度空间.

定理 3.5.5 设 $(X, \boldsymbol{S}, \mu)$、$(Y, \boldsymbol{T}, \nu)$ 都是 σ-有限的完全测度空间, 如果 $E \in (\boldsymbol{S} \times \boldsymbol{T})^*$, 那么, (关于 μ) 几乎所有的 $x \in \boldsymbol{X}$, 截口 $E_x \in \boldsymbol{T}$. 同样, (关于 ν) 几乎所有的 y, 截口 $E^y \in \boldsymbol{S}$.

证 (1) 先设 $\mu \times \nu(E) = 0$. 由于 $\boldsymbol{S}(\boldsymbol{S} \times \boldsymbol{T}) = \boldsymbol{S} \times \boldsymbol{T}$, 根据定理 2.3.4, 必有 $A \in \boldsymbol{S} \times \boldsymbol{T}$, 使得 $\mu \times \nu(A) = 0$, 而且 $E \subset A$. 由于 $E \subset A, E_x \subset A_x$. 从 $\mu \times \nu(A) = 0$, 根据定理 3.5.4 的系就得到 (关于 μ) 几乎所有的 $x \in X$, 截口 A_x 的 ν 测度为零. 但是 ν 是完全的, 所以 $E_x \in \boldsymbol{T}$. 同样地 (关于 ν) 几乎所有 $y \in Y, E^y \in \boldsymbol{S}$.

(2) 对一般的 $E \in (\boldsymbol{S} \times \boldsymbol{T})^*$, 根据定理 2.3.4, 必有 $B \in \boldsymbol{S} \times \boldsymbol{T}$, 使得 $E \subset B$, $\mu \times \nu(B - E) = 0$. 这时 $A = B - E \in (\boldsymbol{S} \times \boldsymbol{T})^*$, 而且 $\mu \times \nu(A) = 0$. 由 (1), 对几乎所有 $x \in X, A_x \in \boldsymbol{T}$, 但是 $B \in \boldsymbol{S} \times \boldsymbol{T}$, 所以对一切 $x, B_x \in \boldsymbol{T}$. 由于 $E = B - A$, 所以 $E_x = B_x - A_x$, 因此对几乎所有 $x, E_x \in \boldsymbol{T}$.

y-截口的情况完全类似. 证毕

系 设 $(X, \boldsymbol{S}, \mu)$、$(Y, \boldsymbol{T}, \nu)$ 是两个 σ-有限的测度空间, $f(x, y)$ 是 $(X \times Y, (\boldsymbol{S} \times \boldsymbol{T})^*, \mu \times \nu)$ 上的 E 上可测函数, 那么 (关于 μ) 几乎所有的 x, 截口 f_x 是 E_x 上可测函数, 同样 (关于 ν) 几乎所有的 y, 截口 f^y 是 (E^y) 上可测函数.

证 (i) 先设 f 是 E 的某个可测子集 E_1 的特征函数: 由定理 3.5.5, 存在 μ-零集 A_0, 当 $x \overline{\in} A_0$ 时, E_x 是 $(Y, \boldsymbol{T})$ 上的可测集, 又存在 μ-零集 A_1, 当 $x \overline{\in} A_1$ 时, E_{1x} 是 $(Y, \boldsymbol{T})$ 上的可测集. 对于 $x \overline{\in} A_0 \bigcup A_1$($\mu$-零集), 因为 $f_x(y) = f(x, y)$ 是可测集 E_{1x} 的特征函数, 因而是可测集 E_x 上的可测函数.

同样可证除去一个 ν-零集, $f^y(x) = f(x, y)$ 是 E^y 上的可测函数.

(ii) 由 (i) 易知, 当 f 是 E 的某些可测子集 $E_1, \cdots, E_n$ 的特征函数线性组合函数时, 系成立.

(iii) 对 E 上一般可测函数 f, 必存在 E 的可测子集的特征函数线性组合的序列 $\{f_n\}$, 使得 $\lim\limits_{n \to \infty} f_n = f$ (处处收敛). 对每个 n, 由 (ii), 存在 μ-零集 A_n, 当 $x \overline{\in} A_n$ 时, $f_{nx}(y) - f_n(x, y)$ 是 E_x 上可测函数. 因而当 $x \overline{\in} \bigcup\limits_{n=1}^{\infty} A_n$($\mu$-零集), E_x 上可测函数列 $\{f_{nx}\}$ 处处收敛于 f_x, 因此 f_x 是 E_x 上可测函数. 同样可证对几乎所有 y, f^y 是 E^y 上可测函数. 证毕

由此立即得到

定理 3.5.4′ (Fubini) 将定理 3.5.4 中 $(X\times Y,\boldsymbol{S}\times\boldsymbol{T},\mu\times\nu)$ 换为完全测度空间 $(X\times Y,(\boldsymbol{S}\times\boldsymbol{T})^*,\mu\times\nu)$, 其余假设不变时, 定理 3.5.4 的结论都成立.

6. 平面上 Lebesgue-Stieltjes 测度和积分 设 g_1、g_2 都是直线上单调增加右连续函数, X,Y 分别表示平面上的 x-轴和 y-轴. 按 §2.4 和 §3.3, 易知 $(X,\boldsymbol{L}^{g_1},g_1)$、$(Y,\boldsymbol{L}^{g_2},g_2)$ 不仅是两个完全测度空间, 而且可在它们上面建立积分. 如再按本节中第 1 – 4 小节的办法, 那么就可引入 $(X\times Y,\boldsymbol{L}^{g_1}\times\boldsymbol{L}^{g_2},g_1\times g_2)$ (通常称做**乘积 Lebesgue-Stieltjes 测度空间**) 及其上积分, 并有相应的结论. 再按本节第 5 小节就得到 $(X\times Y,(\boldsymbol{L}^{g_1}\times\boldsymbol{L}^{g_2})^*,g_1\times g_2)$ (通常称做**完全的乘积 Lebesgue-Stieltjes 测度空间**). 一般说来, 自然有 $\boldsymbol{L}^{g_1}\times\boldsymbol{L}^{g_2}\neq(\boldsymbol{L}^{g_1}\times\boldsymbol{L}^{g_2})^*$.

特别地, 当 g_1、g_2 都是直线上 Lebesgue 测度 (即 $g_1(x)=x,g_2(y)=y$) 时, 相应地称 $(X\times Y,\boldsymbol{L}\times\boldsymbol{L},m\times m)$、$(X\times Y,(\boldsymbol{L}\times\boldsymbol{L})^*,m\times m)$ 为**乘积 Lebesgue 测度空间**和**完全的乘积 Lebesgue 测度空间**. 容易证明 $(X\times Y,(\boldsymbol{L}\times\boldsymbol{L})^*,m\times m)$ 就是 §2.4 的第 6 小节中 ($n=2$ 的情况) 所介绍的平面 $\boldsymbol{R}_0$ 类上 Lebesgue 测度, 再经 Caratheodory 条件扩张后所得到的完全测度空间.

另外, 就平面上 Lebesgue-Stieltjes 积分而言, 除了上述建立在乘积 Lebesgue-Stieltjes 测度空间基础上的积分外, 还有一种更一般的 Lebesgue-Stieltjes 积分:

设 $\psi(x,y)$ 是二元函数, 固定一个变元, 是另一个变元的右连续函数, 并且对平面上任意有限矩形 $\boldsymbol{E}=(a,b]\times(c,d]$ 满足

$$\Delta=\psi(b,d)-\psi(b,c)-\psi(a,d)+\psi(a,b)\geqslant 0.$$

如规定 $\psi(E)=\Delta$, 可仿直线情况证明 (当然要用平面开覆盖定理), $\psi(E)$ 是平面上环 $\boldsymbol{R}_0$ 上的测度 ψ, 因而由第二章测度延拓定理又可得平面的完全测度空间 $(E^2,\boldsymbol{R}^*,\psi)$, 其中 $E^2=X\times Y$.

特别地, 当 $\psi(x,y)=g_1(x)g_2(y)$ 时, $(E^2,\boldsymbol{R}^*,\psi)=(X\times Y,(\boldsymbol{L}^{g_1}\times\boldsymbol{L}^{g_2})^*,g_1\times g_2)$. 但必须注意, 对一般的 $\psi(x,y)$, 在 $(E^2,\boldsymbol{R}^*,\psi)$ 上没有累次积分概念, 因而不存在 Fubini 定理.

习 题 3.5

1. 证明矩形满足下面性质:

(i) 矩形 E 是空集的充要条件是它的边至少有一个是空集.

(ii) 如果 $E_i=A_i\times B_i(i=1,2)$ 都是非空矩形, 那么 $E_1\subset E_2$ 的充要条件是 $A_1\subset A_2,B_1\subset B_2$. 特别地, $E_1=E_2$ 的充要条件是 $A_1=A_2,B_1=B_2$.

(iii) 如果 $E=A\times B,E_i=A_i\times B_i(i=1,2)$ 都是非空矩形, 那么 $E=E_1\bigcup E_2$ 而且 $E_1\bigcap E_2=\varnothing$ 的充要条件是下面两个情况之一必然发生: $1^\circ.A=A_1\bigcup A_2,A_1\bigcap A_2=\varnothing$, 且 $B=B_1=B_2$; $2^\circ.B=B_1\bigcup B_2,B_1\bigcap B_2=\varnothing$, 且 $A=A_1=A_2$.

2. 证明定理 3.5.2 的证明中所列 "截口" 运算的性质 (i), (ii).

3. 设 A 是直线上 Lebesgue 可测集, 证明平面 $E^1\times E^1$ 上的集 $E=\{(x,y)|x-y\in A\}$ 是 $(E^1\times E^1,(\boldsymbol{L}\times\boldsymbol{L})^*,m\times m)$ 的可测集. 特别当 $m(A)=0$ 时, 那么 $m\times m(E)=0$.

4. 证明: 将习题 3 中集 E 换为 $E_1=\{(x,y)|x-\alpha y\in A\}$ (α 是常数) 时, 习题 3 的结论仍成立. 如果将 Lebesgue 测度换为直线上一般测度时如何? 为什么?

5. 当 f,h 是直线上 Lebesgue 可积函数时, 证明函数

$$(f*h)(t)=\int_{-\infty}^{+\infty}f(t-x)h(x)\mathrm{d}x$$

是 $(-\infty,+\infty)$ 上 Lebesgue 可积函数, 并且 $\widetilde{f*h}=\widetilde{f}\cdot\widetilde{h}$. 又如果当 f,h 中有一个是有界 (不一定可积), 另一个可积, 那么 $(f*h)(t)$ 是 t 的连续函数.

又问, 如果将 Lebesgue 测度换为一般测度, 上述结论是否成立? 为什么?

6. 如果 $f(s,t)$ 是有限矩形 $[a,b]\times[c,d]$ 上的 Lebesgue 可积函数. 证明必可用 (i) 平面上阶梯函数①, (ii) 平面上多项式, (iii) 平面上三角多项式按积分逼近, 即对任何 $\varepsilon>0$ 必有上述三类函数中的每一个类中的一个函数 φ, 使得

$$\int_c^d\int_a^b|f-\varphi|\mathrm{d}x\mathrm{d}y<\varepsilon.$$

7. 设 $\boldsymbol{P}$ 是平面上左下开右上闭矩形全体, $\boldsymbol{R}_0=\boldsymbol{S}(\boldsymbol{P}),\boldsymbol{S}(\boldsymbol{P})$ 称为平面 Borel 集. 证明, 平面上开圆、闭圆、三角形、开平行四边形、可列集、扇形等均为 Borel 集.

8. 用 §3.2 习题 15 来证明定理 3.5.5 的系.

9. 设 $k(x,y)$ 是按平面 Lebesgue 测度在 $[0,1]\times[0,1]$ 上的可积函数, 固定 $y,k(x,y)$ 是 x 的连续函数, 问函数

$$\varphi(y)=\int_0^1k(x,y)\mathrm{d}x$$

是否是 $[0,1]$ 上连续函数?

10. 习题 6 对于无限矩形是否正确?

11. 习题 6 如何推广到两个 Lebesgue-Stieltjes 测度的乘积测度的情况?

12. 证明 $(E^1\times E^1,(\boldsymbol{L}\times\boldsymbol{L})^*,m\times m)$ 就是 §2.4 第 6 小节中 ($n=2$ 的情况) 所引入的平面 $\boldsymbol{R}_0$ 上 Lebesgue 测度按 Carathérdory 条件扩张所得的平面上完全测度空间.

13. 设 ψ 是 $E^1\times E^1$ 上二元函数, 固定一个变元时, 它是另一个变元的右连续函数, 并且对平面上任何有限矩形 $E=(a,b]\times(c,d]$, 满足

$$\Delta=\psi(b,d)-\psi(b,c)-\psi(a,d)+\psi(a,b)\geqslant 0,$$

证明: 当规定 $\psi(E)=\Delta$ 时, $\psi(E)$ 是 $\boldsymbol{R}_0$ 上测度.

①在有限个有限矩形上分别为常数.

§3.6　单调函数与有界变差函数

在这一节中我们将讨论两个密切相关的函数类 —— 单调函数类及有界变差函数类. 一方面是由于经常用到它们, 同时也是为 §3.7 讨论积分与微分的 Newton–Leibniz 公式做准备. 下面将从连续性、可微性以及可积性方面来讨论这两个函数类.

1. 单调函数　单调函数是一类重要函数, 在第二章测度论中我们就用过它了.

定义 3.6.1　设 f 是定义在实直线 $\boldsymbol{E}^1$ 中点集 A 上的有限函数, 如果对 A 中的任何两点 x_1, x_2, 当 $x_1 < x_2$ 时, 不等式

$$f(x_1) \leqslant f(x_2) \tag{3.6.1}$$

成立. 就称 f 是 A 上的**单调增加函数**. 如果 $f(x_1) < f(x_2)$ 成立, 就称 f 是 A 上**严格单调增加函数**. 如果当 $x_1 < x_2$ 时, 不等式

$$f(x_1) \geqslant f(x_2) \tag{3.6.2}$$

成立. 就称 f 是 A 上的**单调下降函数**. 类似有**严格单调下降函数**的概念. 单调增加或单调下降的函数, 统称为**单调函数**.

和数学分析中一样, 对任一函数 (不必单调)f, 如果 f 在 x_0 点的右方极限 $f(x_0+0)$ 存在, 就称 $f(x_0+0)-f(x_0)$ 为 f 在 x_0 点的**右方跳跃度**, 类似地定义**左方跳跃度**. 如果右 (左) 方跳跃度为 0, 称 f 在 x_0 点右 (左) 方连续. 又称 x_0 为 f 的右 (左) 连续点. 如果 $f(x_0+0), f(x_0-0)$ 都存在, 但 $f(x_0+0), f(x_0-0), f(x_0)$ 不全相等, 就称 x_0 是 f 的**第一类不连续点**. 如果 f 的一个不连续点不是第一类的, 就称为**第二类不连续点**.

下面是有关单调函数连续性的定理.

定理 3.6.1　设 f 是 $[a,b]$ 上单调增加函数, 那么

1°　f 的不连续点全是第一类不连续点;

2°　f 的不连续点全体最多是可列集;

3°　f 在不连续点的左、右方跳跃度都是非负的, 并且所有跳跃度的总和不超过 $f(b)-f(a)$.

证　1° 对 $[a,b)$ 中任何点 x_0, 证明 $f(x_0+0)$ 存在: 因为 $x_0 \in [a,b)$, 所以总存在自然数 N, 使得当 $n \geqslant N$ 时, $x_0+\dfrac{1}{n} \in [a,b)$, 由函数单调性, 便知道 $\{f(x_0+\dfrac{1}{n})\}$ 是单调下降数列, 并且有下界 $\left(例如 f(x_0+\dfrac{1}{n}) \geqslant f(x_0)\right)$, 因而有极

限, 记它为 τ, 显然 $\tau \geqslant f(x_0)$. 现在来证明 τ 就是 $f(x_0+0)$. 事实上, 对任何 $\varepsilon>0$, 必存在 N_0, 使得

$$0 \leqslant f\left(x_0+\frac{1}{N_0}\right)-\tau<\varepsilon,$$

因此对任何 $x \in \left(x_0, x_0+\dfrac{1}{N_0}\right)$,

$$0 \leqslant f(x)-\tau \leqslant f\left(x_0+\frac{1}{N_0}\right)-\tau<\varepsilon,$$

这就是说 $f(x_0+0)=\tau$.

类似可以证明, 对任何 $x_0 \in(a, b], f(x_0-0)$ 存在.

2° 从 1° 的证明中可以看出 $f(x-0) \leqslant f(x) \leqslant f(x+0)$ 对 (a, b) 中一切 x 成立, 而 $f(a) \leqslant f(a+0), f(b-0) \leqslant f(b)$ 成立. 所以对 $[a, b]$ 上任何一点, 它的左、右方跳跃度总是非负的. 记 f 的不连续点全体为 E. 设 $c>0, E_c= E(f(x+0)-f(x-0) \geqslant c)$. 现在来证明 E_c 是有限集: 任取 E_c 中 p 个点 $x_1, \cdots, x_p$, 不妨设

$$a \leqslant x_1<\cdots<x_p \leqslant b, \tag{3.6.3}$$

再取分点 $\{\xi_i\}$, 使得 $x_i<\xi_i<x_{i+1}(i=1,2,3, \cdots), p-1, \xi_0=a, \xi_p=b$. 由函数 f 的单调性和 $\xi_{i-1}<x_i<\xi_i$, 显然有 $f(\xi_{i-1}) \leqslant f(x_i-0) \leqslant f(x_i+0) \leqslant f(\xi_i)$, 所以

$$f(\xi_i)-f(\xi_{i-1}) \geqslant f(x_i+0)-f(x_i-0). \tag{3.6.4}$$

于是

$$\begin{aligned} cp & \leqslant \sum_{i=1}^p(f(x_i+0)-f(x_i-0)) \leqslant \sum_{i=1}^p(f(\xi_i)-f(\xi_{i-1})) \\ & =f(\xi_p)-f(\xi_0)=f(b)-f(a), \end{aligned}$$

因此 $p \leqslant \dfrac{1}{c}(f(b)-f(a))$, 所以 E_c 中点的个数必是有限的. 又因为对任何 $x \in E$, 必存在自然数 n, 使得 $f(x+0)-f(x-0) \geqslant \dfrac{1}{n}$. 所以 $x \in E_{\frac{1}{n}}$, 这就是说 $E=\bigcup\limits_{n=1}^{\infty} E_{\frac{1}{n}}$ 是可列个有限集的和集, 因此, E 最多是可列集.

3° 将 E 中点全部编号成 $\{u_n\}$, 对任何自然数 p, 将 $u_1, \cdots, u_p$ 按大小顺序排列, 并改记为 $x_1, \cdots, x_p$, 和 (3.6.3), (3.6.4) 一样, 得到

$$\begin{aligned} \sum_{i=1}^p[f(u_i+0)-f(u_i-0)] & =\sum_{i=1}^p[f(x_i+0)-f(x_i-0)] \\ & \leqslant f(b)-f(a), \end{aligned}$$

再令 $p\to\infty$, 就得到跳跃度的总和

$$\sum_{x_i\in E}[f(x_i+0)-f(x_i-0)]\leqslant f(b)-f(a).$$

证毕

关于单调函数的可积性, 有如下定理.

定理 3.6.2　设 f 是 $[a,b]$ 上单调增加函数, 那么, f 在 $[a,b]$ 上必是 Riemann 可积函数.

证　因为 f 的不连续点全体是可列集, 因而是 Lebesgue 测度的零集, 根据 Riemann 可积的充要条件 (参见定理 3.4.2) 便知道 f 是 Riemann 可积的. 证毕

系　设 f 是 $[a,b]$ 上的单调增加函数, 那么 f 是 Lebesgue 可积函数.

对于单调下降函数也有类似结果, 这里不再复述了.

2. 单调增加的跳跃函数　为了更好地描述单调函数的不连续点的情况, 我们引入一种典型的不连续的单调函数 —— 跳跃函数.

Heaviside 函数 $\theta(x)$

$$\theta(x)=\begin{cases}1, & x>0,\\ 0, & x\leqslant 0,\end{cases}$$

这个函数在 $x=0$ 点是左方连续的, 但并不是右方连续的, 在 $x=0$ 点的右方跳跃度为 1 (如图 3.9 (1)).

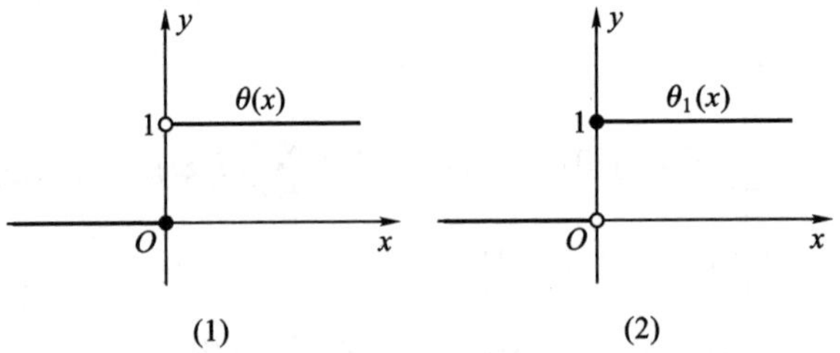

图 3.9

另作函数

$$\theta_1(x)=\begin{cases}1, & x\geqslant 0,\\ 0, & x<0,\end{cases}$$

$\theta_1(x)$ 在 $x=0$ 点是右方连续的, 而不是左方连续的, 左方跳跃度也是 1 (如图 3.9 (2)). 这两个函数适合关系:

$$\theta_1(x)=1-\theta(-x).$$

定义 3.6.2 设 $\{\lambda_n|n=1,2,\cdots,p\},\{\mu_n|n=1,2,\cdots,p\}$ 是两个给定的数组, 其中 p 是有限的或是无限的 (当 $p=\infty$ 时, $\{\lambda_n\}$、$\{\mu_n\}$ 表示数列), 而且 $\sum\limits_{n=1}^{p}(|\lambda_n|+|\mu_n|)<\infty$. 又设 $\{x_n|n=1,2,\cdots,p\}$ 是在 $[a,b]$ 中给定的 p 个点, 称由函数项级数所表示的函数

$$\varphi(x)=\sum_{n=1}^{p}\lambda_n\theta(x-x_n)+\sum_{n=1}^{p}\mu_n\theta_1(x-x_n) \tag{3.6.5}$$

为**跳跃函数**.

容易看出, 级数 (3.6.5) 是一致收敛的. 特别地, 如果 $\lambda_n\geqslant 0,\mu_n\geqslant 0(n=1,2,\cdots,p)$, 由于级数中每项都是单调增加函数, 所以 $\varphi(x)$ 也是单调增加函数.

一般地, 若对任何数 a, 记 $a^+=\max(a,0),a^-=\max(-a,0)$, 那么 $a=a^+-a^-$. 对给定的级数 (3.6.5), 作

$$\varphi_1(x)=\sum_{n=1}^{p}\lambda_n^+\theta(x-x_n)+\sum_{n=1}^{p}\mu_n^+\theta_1(x-x_n),$$

$$\varphi_2(x)=\sum_{n=1}^{p}\lambda_n^-\theta(x-x_n)+\sum_{n=1}^{p}\mu_n^-\theta_1(x-x_n),$$

那么, φ_1、φ_2 都是单调增加函数, 而且 $\varphi=\varphi_1-\varphi_2$. 也就是说, 任何一个跳跃函数 φ 总可以表示成两个增加的跳跃函数的差.

定理 3.6.3 设 $\varphi(x)=\sum\limits_{n=1}^{p}\lambda_n\theta(x-x_n)+\sum\limits_{n=1}^{p}\mu_n\theta_1(x-x_n)$ 是 $[a,b]$ 的上跳跃函数. 如果 $|\lambda_n|+|\mu_n|\neq 0(n=1,2,\cdots,p)$, 那么

1° φ 的不连续点全体 $E=\{x_n|n=1,2,\cdots,p\}$;

2° 每个 x_n 都是 φ 的第一类不连续点, 并且 φ 在 x_n 的右方跳跃度是 λ_n, 左方跳跃度是 μ_n.

证 整个证明的关键是证: 当 $x\neq x_n(n=1,2,\cdots,p)$ 时, x 必是 φ 的连续点. 这一点证明如下: 当 $p<\infty$ 时是显然的. 不妨设 $p=\infty$.

记 $\varphi_N=\sum\limits_{n=1}^{N}\lambda_n\theta(x-x_n)+\sum\limits_{n=1}^{N}\mu_n\theta_1(x-x_n)(N=1,2,3,\cdots)$. 由于 $\{\varphi_N\}$ 一致收敛于 φ, 所以对任何 $\varepsilon>0$, 存在 N_0, 当 $N\geqslant N_0$ 时,

$$|\varphi_N(x)-\varphi(x)|<\frac{\varepsilon}{3},\quad x\in[a,b], \tag{3.6.6}$$

又由于 $x\neq x_n(n=1,2,3,\cdots)$, 所以存在 $\delta>0$, 当 $|x'-x|<\delta$ 时,

$$|\varphi_{N_0}(x)-\varphi_{N_0}(x')|<\frac{\varepsilon}{3}. \tag{3.6.7}$$

由 (3.6.6), (3.6.7) 立即得到

$$\begin{aligned}|\varphi(x)-\varphi(x')| &\leqslant |\varphi(x)-\varphi_{N_0}(x)|+|\varphi_{N_0}(x)-\varphi_{N_0}(x')|\\ &\quad +|\varphi_{N_0}(x')-\varphi(x')|\\ &< \frac{\varepsilon}{3}+\frac{\varepsilon}{3}+\frac{\varepsilon}{3}=\varepsilon,\end{aligned}$$

即 x 是 $\varphi(x)$ 的连续点.

利用这个事实, 立即得到 1°, 2°. 事实上, 对任何 n,

$$\begin{aligned}&\varphi(x)-\lambda_n\theta(x-x_n)-\mu_n\theta_1(x-x_n)\\ &=\sum_k{}'(\lambda_k\theta(x-x_k)+\mu_k\theta_1(x-x_k)),\end{aligned}$$

其中 $\sum\limits_k{}'$ 表示除去第 n 项外的一切项求和. 根据前面所证, 点 x_n 是跳跃函数 $\varphi_n'(x)=\sum\limits_k{}'(\lambda_k\theta(x-x_k)+\mu_k\theta_1(x-x_k))$ 的连续点. 可是 x_n 不是 $\lambda_n\theta(x-x_n)+\mu_n\theta_1(x-x_n)$ 的连续点, 所以 x_n 不是 φ 的连续点. 又由于 $\varphi_n'(x_n+0)=\varphi_n'(x_n)=\varphi_n'(x_n-0)$, 所以 $\varphi(x_n+0),\varphi(x_n-0)$ 必存在. 并且由于 $\lambda_n\theta(x-x_n)+\mu_n\theta_1(x-x_n)$ 在点 x_n 的右 (左) 方跳跃度为 $\lambda_n(\mu_n)$. 所以 $\varphi(x)=\lambda_n\theta(x-x_n)+\mu_n\theta_1(x-x_n)+\varphi_n'(x)$ 在 x_n 点的右 (左) 方跳跃度也为 $\lambda_n(\mu_n)$. 证毕

下面是单调函数与跳跃函数的关系.

定理 3.6.4 设 f 是 $[a,b]$ 上的单调增加函数, $\{x_n\}$ 为 f 的所有不连续点, 作

$$\begin{aligned}\varphi(x)=&\sum_n(f(x_n+0)-f(x_n))\theta(x-x_n)\\ &+\sum_n(f(x_n)-f(x_n-0))\theta_1(x-x_n),\end{aligned}$$

那么 φ 是单调增加函数, 而且 $g(x)=f(x)-\varphi(x)$ 是 $[a,b]$ 上的单调增加的连续函数.

证 根据定理 3.6.1 的性质 3°,

$$\begin{aligned}&\sum_n(f(x_n+0)-f(x_n))+\sum_n(f(x_n)-f(x_n-0))\\ &\leqslant f(b)-f(a),\end{aligned}$$

所以 φ 是一个单调增加的跳跃函数. 又根据定理 3.6.3, φ 的不连续点全体就是 $\{x_n\}$, 而且 $\varphi(x_n+0)-\varphi(x_n)=f(x_n+0)-f(x_n),\varphi(x_n)-\varphi(x_n-0)=$

$f(x_n)-f(x_n-0)$. 因此

$$g(x_n+0)-g(x_n)=f(x_n+0)-f(x_n)-(\varphi(x_n+0)-\varphi(x_n))=0,$$
$$g(x_n)-g(x_n-0)=f(x_n)-f(x_n-0)-(\varphi(x_n)-\varphi(x_n-0))=0,$$

即 x_n 是 g 的连续点. 然而除 $\{x_n\}$ 外的点都是 f 和 φ 的连续点, 自然也是 g 的连续点. 所以 g 是 $[a,b]$ 上连续函数.

再证 g 是单调增加函数. 设 $\xi\in[a,b]$, 显然, 当 $\xi<x_n$ 时, $\theta(\xi-x_n)=\theta_1(\xi-x_n)=0$. 而当 $\xi=x_n$ 时, $\theta(\xi-x_n)=0,\theta_1(\xi-x_n)=1$, 因此

$$\begin{aligned}\varphi(\xi)=&\sum_{x_n<\xi}(f(x_n+0)-f(x_n))\theta(\xi-x_n)\\&+\sum_{x_n\leqslant\xi}(f(x_n)-f(x_n-0))\theta_1(\xi-x_n).\end{aligned}$$

这就是说 $\varphi(\xi)$ 的值就是 f 在 $[a,\xi]$ 上所有不连续点跳跃度的总和 (当 ξ 是 f 的不连续点时, 这时只计算在 ξ 点的左方跳跃度), 因此, 当 $\zeta<\xi$ 时, $\varphi(\xi)-\varphi(\zeta)$ 正是 f 在 $[\zeta,\xi]$ 上所有不连续点跳跃度的总和 (当 ζ 是 f 的不连续点时, 只计算 ζ 点的右方跳跃度), 又根据定理 3.6.1 的 3°, 便得到

$$\varphi(\xi)-\varphi(\zeta)\leqslant f(\xi)-f(\zeta),$$

这个不等式等价于 $g(\zeta)\leqslant g(\xi)$, 即 $g(x)$ 是 $[a,b]$ 上单调增加函数. 证毕

3. 导数、单调函数的导数 现在转到单调函数的微分性质的讨论. 为此先将数学分析中在一点的导数概念作更细致地考察.

定义 3.6.3 设 f 是 $[a,b]$ 上的有限函数, $x_0\in[a,b]$, 对任何收敛于零的数列 $\{h_n\}$, 如果极限

$$\lim_{n\to\infty}\frac{f(x_0+h_n)-f(x_0)}{h_n}$$

存在 (这里极限值可取 $\pm\infty$), 记为 $D_{\{h_n\}}f(x_0)$, 称它是 f 在 x_0 点的一个**导出数**, 特别地, 当 $h_n>0(n=1,2,3,\cdots)$ 时, 称 $D_{\{h_n\}}f(x_0)$ 是 f 在 x_0 点的一个**右方导出数**; 当 $h_n<0(n=1,2,3,\cdots)$ 时, 称 $D_{\{h_n\}}f(x_0)$ 是 f 在 x_0 点的一个**左方导出数**. 记 f 在 x_0 点的右方导出数的上确界为 $D^+f(x_0)$, 下确界为 $D_+f(x_0)$, 分别称 $D^+f(x_0)$、$D_+f(x_0)$ 为 f 在 x_0 点的**右方上导数、右方下导数**. 类似地定义在 x_0 点的左方上、下导数, 记左方上、下导数为 $D^-f(x_0)$、$D_-f(x_0)$.

例 1 作函数

$$f(x)=\begin{cases}\sin\dfrac{1}{x}, & x\neq 0,\\ 0, & x=0,\end{cases}$$

这个函数在 $x=0$ 点有不止一个导出数, 如果取 $h_n=\dfrac{1}{2n\pi+\dfrac{\pi}{2}}$, 易知 $D_{\{h_n\}}f(0)=\infty$; 如果取 $h_n'=\dfrac{1}{2n\pi-\dfrac{\pi}{2}}$, 易知 $D_{\{h_n'\}}f(0)=-\infty$, 事实上, 可以证明, 对任何 $\lambda, -\infty\leqslant\lambda\leqslant+\infty$, 我们总可以取适当 $\{h_n\}$, 使得 $D_{\{h_n\}}f(0)=\lambda$. 也就是说, f 在 $x=0$ 点导出数全体是 $[-\infty,+\infty]$. f 在 $x=0$ 点的左方或右方导出数全体也是 $[-\infty,+\infty]$.

对于一般的函数, 有如下导出数的定理.

定理 3.6.5 (导出数存在定理) 设 f 是 (a,b) 上任意一个有限函数, 对任何 $x\in(a,b)$, 函数 f 在 x 点的左 (或右) 方导出数存在.

证 设 $\{h_n\}$ 是一列收敛于零的正数, 考察数集

$$\left\{\frac{f(x+h_n)-f(x)}{h_n}\right\},$$

如果它有界, 根据 Weierstrass 定理, 必可从 $\{h_n\}$ 中抽出子序列 $\{h_{n_\nu}\}$, 使得极限

$$\lim_{\nu\to\infty}\frac{f(x+h_{n_\nu})-f(x)}{h_{n_\nu}} \tag{3.6.8}$$

存在而且为有限值. 它就是 $D_{\{h_{n_\nu}\}}f(x)$. 如果上述数集无界, 也可从 $\{h_n\}$ 中抽出子序列 $\{h_{n_\nu}\}$, 使得 (3.6.8) 的极限为 $+\infty$ 或 $-\infty$, 这时, f 在 x 点存在一个无限的右方导出数.

同样可以证明左方导出数也存在. 证毕

读者还可以证明函数 f 在一点的左 (右) 方导出数全体成为一个闭集, 因此 $D^+f(x), D_+f(x), D^-f(x), D_-f(x)$ 都是 x 点的右、左方的导出数.

定义 3.6.4 设 f 是 $[a,b]$ 上的有限函数, 如果在 x 点的一切导出数相等, 就称 f 在 x 点**具有导数**, 记导出数的公共值为 $f'(x)$. 并称 $f'(x)$ 为 f 在 x 点的**导数**. 如果在 x 点导数存在并且导数是有限值, 称 x 为 f 的**可微分的点**.

显然, 函数 f 在 x 点导数存在的充要条件是 $D^+f(x)=D_+f(x)=D^-f(x)=D_-f(x)$.

例 2 符号函数 $f(x)=\operatorname{sgn}x$, 在 $x=0$ 点具有导数, $f'(0)=\infty$. 读者注意, 此时 f 在 $x=0$ 点并不连续.

由此可见, 我们这里的导数概念和数学分析中导数概念略有差别. 数学分析中所说的导数存在的含义是不仅要求导数存在, 而且要求导数是有限的, 即可微.

定理 3.6.6 设 f 是 $[a,b]$ 上的有限函数, 点 $x \in [a,b]$, 那么 f 在点 x 具有有限导数的充要条件是存在有限数 $f'(x)$, 使得对任何 $\varepsilon > 0$, 存在 $\delta > 0$, 当 $x' \in [a,b], 0 \neq |x'-x| < \delta$ 时, 有不等式

$$\left|\frac{f(x)-f(x')}{x-x'} - f'(x)\right| < \varepsilon. \tag{3.6.9}$$

读者可以自行证明这个定理.

现在考察单调函数的可微性. 我们要引入一个概念, 为简单起见, 先考察连续函数情况.

定义 3.6.5 设 g 是 $[a,b]$ 上的连续函数, $x \in (a,b)$, 如果有 $\xi \in (x,b)$, 使得

$$g(x) < g(\xi), \tag{3.6.10}$$

称 x 是 g 的右受控点, 简称为右控点. 同样可定义 x 是 g 的左受控点, 简称为左控点.

例如, 当 g 是 $[a,b]$ 上严格单调增加连续函数时, (a,b) 中所有点都是 g 的右控点; 当 g 是 $[a,b]$ 上严格单调下降函数时, (a,b) 中所有点都是 g 的左控点. 又如 $[-1,1]$ 上的函数 $g(x)=x^2, x=0$ 是它的左控点, 又是它的右控点.

引理 1 (F. Riesz (里斯)) 设 $g(x)$ 在 $[a,b]$ 上连续, 那么 g 的右控点 (相应地左控点) 全体是一开集. 又如果 $\{(a_k,b_k)\}$ 是构成区间集, 那么 (如图 3.10)

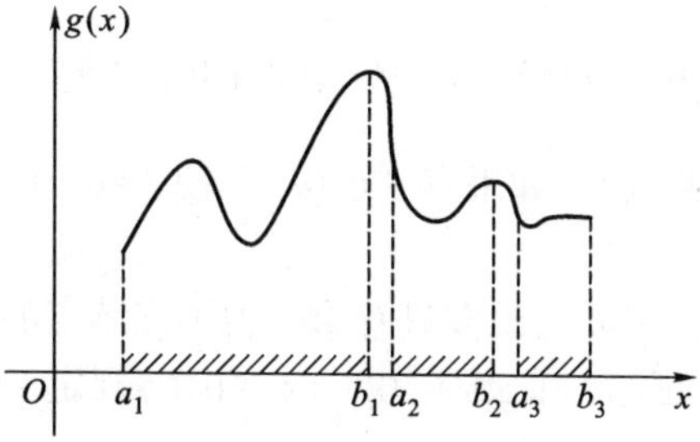

图 3.10 F. Riesz 引理示意图

$$g(a_k) \leqslant g(b_k). \tag{3.6.11}$$

(相应地

$$g(b_k) \leqslant g(a_k)). \tag{3.6.12}$$

证　记 g 的右控点全体为 E. 任取 $x_0 \in E$, 必有 $\xi > x_0$, 使 (3.6.10) 成立. 由 g 的连续性知道, 必存在 $\delta > 0$, 使得 $a < x_0 - \delta < x_0 + \delta < \xi$, 而且当 $x \in (x_0 - \delta, x_0 + \delta)$ 时,

$$g(x) < g(\xi). \tag{3.6.13}$$

所以 $(x_0 - \delta, x_0 + \delta)$ 中一切点都是右控点. 即 x_0 是 E 的内点. 因此 E 是开集.

设 $\{(a_k, b_k)\}$ 是 E 的构成区间集, 我们证明: 当 $x \in (a_k, b_k)$ 时,

$$g(x) \leqslant g(b_k). \tag{3.6.14}$$

假如不对, 必有 $x_0 \in (a_k, b_k)$, 使得 $g(x_0) > g(b_k)$. 由于 x_0 是右控点, 所以有 $\xi > x_0, g(x_0) < g(\xi)$. 在 (x_0, b) 中这种 ξ 的上确界记为 x_1. 显然 $g(x_1) \geqslant g(x_0)$, 所以 $x_1 \neq b_k$. 我们说不会有 $b_k < x_1$, 不然便有 $g(b_k) < g(x_0) \leqslant g(x_1)$, 就有 $b_k < \xi < b$, 使得 $g(b_k) < g(\xi)$. 从而 b_k 是右控点, 这就与假设 b_k 是 E 的构成区间端点 (从而 $b_k \overline{\in} E$) 相矛盾. 但又不能有 $x_1 < b_k$. 不然由 $x_0 < x_1 < b_k$, 得到 $x_1 \in E$, 因而又要存在 $\xi > x_1$, 使得 $g(x_0) \leqslant g(x_1) < g(\xi)$, 这又与假设 x_1 是适合 $g(x_0) < g(\xi), x_0 < \xi$ 的 ξ 的上确界矛盾. 所以 (3.6.14) 成立.

在 (3.6.14) 中令 $x \to a_k$. 便得到 (3.6.11). 同样可证左控点全体是开集, 并且 (3.6.12) 成立.　　证毕

我们后面要用到的实际上并不限于 g 为连续函数, 因此要有下面的概念.

定义 3.6.6　设 g 是 $[a, b]$ 上函数, 不连续点都是第一类的. 对于 $x \in (a, b)$, 如果有 $\xi \in (x, b)$, 使得

$$\max(g(x), g(x-0), g(x+0)) < g(\xi), \tag{3.6.10$'$}$$

称 x 是 g 的右控点; 类似地, 如果有 $\xi \in (a, x)$ 使 (3.6.10$'$) 成立, 就称 x 是 g 的左控点.

为了方便起见, 对 $[a, b]$ 上最多只有第一类不连续点的函数 g, 作 $\widehat{g}$ 如下: 当 $x \in (a, b)$ 时 $\widehat{g}(x) = \max(g(x), g(x-0), g(x+0))$. 规定 $\widehat{g}(a) = g(a+0), \widehat{g}(b) = g(b-0)$.

引理 1$'$ (F. Riesz (里斯))　设 g 是 $[a, b]$ 上最多只有第一类不连续点的函数, 那么 g 的右控点 (相应地左控点) 全体 E 是开集. 又如果 $\{(a_k, b_k)\}$ 是 E 的构成区间, 那么

$$g(a_k + 0) \leqslant \widehat{g}(b_k) \tag{3.6.11$'$}$$

(相应地

$$g(b_k - 0) \leqslant \widehat{g}(a_k)). \tag{3.6.12$'$}$$

证 任取 $x_0 \in E$, 必有 $\xi > x_0$, 使得 (3.6.10′) 成立. 取 $0 < \varepsilon < g(\xi) - \widehat{g}(x_0)$, 由 $g(x_0+0)$, $g(x_0-0)$ 存在性知道, 必存在 $\delta > 0$, 使得 $a < x_0 - \delta < x_0 + \delta < \xi$, 而且当 $x \in (x_0-\delta, x_0+\delta)$ 时,

$$g(x) < \widehat{g}(x_0) + \varepsilon.$$

因此, 对任何 $x \in (x_0-\delta, x_0+\delta)$, 有

$$\widehat{g}(x) = \max(g(x), g(x+0), g(x-0)) \leqslant \widehat{g}(x_0) + \varepsilon < g(\xi).$$

这就是说 $(x_0-\delta, x_0+\delta)$ 中每点都是右控点, 由此可知 E 是开集.

设 (a_k, b_k) 是 E 的构成区间, 我们来证明: 当 $x \in (a_k, b_k)$ 时,

$$g(x) \leqslant \widehat{g}(b_k). \tag{3.6.14′}$$

假如不对, 必有点 $x_0 \in (a_k, b_k)$, 使得 $g(x_0) > \widehat{g}(b_k)$. 由于 x_0 是右控点, 所以必有 $\xi > x_0$, $\widehat{g}(x_0) < g(\xi)$. 记 (x_0, b) 中这种 ξ 的上确界为 x_1. 取一列这种 $\xi_n \to x_1$, 显然 $\widehat{g}(x_0) \leqslant \lim\limits_{n\to\infty} g(\xi_n) \leqslant \widehat{g}(x_1)$. 由于 $\widehat{g}(x_0) \geqslant g(x_0) > \widehat{g}(b_k)$, 得到 $\widehat{g}(x_1) > \widehat{g}(b_k)$, 所以 $x_1 \neq b_k$. 我们说不会有 $b_k < x_1$, 不然便有某个 ξ_n, 使得 $\widehat{g}(b_k) < g(x_0) < g(\xi_n)$, 而且 $b_k < \xi_n < b$, 即 $b_k \in E$. 这就与 b_k 是 E 的构成区间端点的假设矛盾. 但是也不会有 $x_1 < b_k$, 不然由 $x_0 < x_1 < b_k$ 推出 $x_1 \in E$, 因而存在 $\xi > x_1$, 使得 $\widehat{g}(x_1) < g(\xi)$, 即有 $x_0 < x_1 < \xi$, $\widehat{g}(x_0) \leqslant \widehat{g}(x_1) < g(\xi)$. 这又与假设 x_1 是 (x_0, b) 中适合 $x_0 < \xi$, $\widehat{g}(x_0) < g(\xi)$ 的 ξ 的上确界相矛盾, 所以 (3.6.14′) 成立. 注意, 尽管 $\widehat{g}(x)$ 的值在 $x = b$ 和 $x \in (a, b)$ 点的定义方式有点差别, 但对 b 也是某个构成区间 (a_k, b_k) 的右端点时, 这种情况的 (3.6.14′) 的证明已被包含在上面的证明中了.

在 (3.6.14′) 中令 $x \to a_k$, 便得到 (3.6.11′). 同样可讨论左控点情况. 证毕

定理 3.6.7 单调函数 (关于 Lebesgue 测度[①]) 几乎处处有有限导数.

证 我们不妨假设 f 是 $[a, b]$ 上单调增加函数. 如果 f 是单调下降函数, 我们考虑 $-f$ 就可以了.

记 E 是 (a, b) 上单调增加函数 $f(x)$ 的连续点全体. 由于 f 是单调增加的, 一切导出数都是非负的. 因此我们只要证明: 使得

$$D_+ f = D^+ f = D_- f = D^- f < \infty \tag{3.6.15}$$

不成立的点全体是零集. 证明分如下几步.

①本节中所讲的测度都是指 Lebesgue 测度.

第一步, 记 $E_\infty^+ = E(D^+f=\infty)$①, 证 E_∞^+ 是零集: 取 $c>0$, 作

$$E_c = E(D^+f>c)^{①},$$

如果 $x\in E_c$, 那么必有 $\xi>x$, 使得

$$\frac{f(\xi)-f(x)}{\xi-x}>c, \tag{3.6.16}$$

记 $g(x)=f(x)-cx$, 显然 $g(x)$ 最多只有第一类不连续点, 而且当 $x<b$, $\widehat{g}(x)=g(x+0)$, $\widehat{g}(b)=g(b-0)$, (3.6.16) 等价于 $g(x)<g(\xi)$. 由于 $x\in E_c, x$ 是 g 的连续点, 所以 $g(x)=\widehat{g}(x)$, 由此 x 是 g 的右控点. 所以 E_c 包含在 g 的右控点集 O 中, 由 Riesz 引理 1′, $O=\bigcup\limits_k(a_k,b_k)$, 其中 (a_k,b_k) 是 O 的构成区间. 根据 (3.6.11′) 及 f 的单调增加性,

$$f(a_k+0)-ca_k\leqslant f(b_k+0)-cb_k, \tag{3.6.17}$$

当 $b_k=b$ 时, $f(b+0)$ 应换成 $f(b-0)$. 由此得到

$$\begin{aligned}m^*(E_c)\leqslant m(O)&=\sum_k(b_k-a_k)\\&\leqslant\frac{1}{c}\sum_k(f(b_k+0)-f(a_k+0)).\end{aligned}$$

因为 $E_\infty^+\subset E_c$, 所以 $m^*(E_\infty^+)\leqslant m^*(E_c)\leqslant\dfrac{1}{c}(f(b)-f(a))$. 令 $c\to\infty$, 便得到 $m^*(E_\infty^+)=0$, 即 E_∞^+ 是 m-零集.

第二步, 证 $M=E(D^+f>D_-f)$ 也是零集: 将 M 进行分类, 设 c,r 为两个有理数, $c>r$. 记 $M_{c,r}=E(D^+f>c>r>D_-f)$. 显然 $M=\bigcup M_{c,r}$, 其中 $\bigcup$ 是对一切 $c>r$ 的有理数组 (c,r) 求和. 因此只要证明每个 $M_{c,r}$ 的 Lebesgue 测度是零就可以了. 当 $x\in M_{c,r}$ 时, 必有如下的 ξ, 使得

$$\frac{f(\xi)-f(x)}{\xi-x}<r,\quad \xi<x,$$

作函数 $g(x)=f(x)-rx$, 上式便是 $g(x)<g(\xi),\xi<x$. x 是左控点, 利用 Riesz 引理 1′, $M_{c,r}$ 必包含在一个开集 $\bigcup(a_k,b_k)$ 中, 并且 $g(b_k-0)\leqslant\widehat{g}(a_k)$. 由于 $\widehat{g}(a_k)=g(a_k+0)$, 所以

$$f(b_k-0)-f(a_k+0)\leqslant r(b_k-a_k). \tag{3.6.18}$$

① $E(D^+f=\infty)$ 表示所有 E 中使得 $D^+f=\infty$ 的全体, 同样 $E(D^+f>c)$ 表示 E 中所有使得 $D^+f>c$ 的点全体.

现在考察每个小区间 (a_k, b_k) 中的 $M_{c,r}$ 点 x. 由于 $D^+f > c$, 利用第一步证明中有关 E_c 的结果, 便得到 $M_{c,r}\bigcap(a_k, b_k)$ 必包含在 (a_k, b_k) 的某个开子集 $\bigcup\limits_{l}(a_{kl}, b_{kl})$ 中, 并且

$$c(b_{kl} - a_{kl}) \leqslant f(b_{kl} + 0) - f(a_{kl} + 0), \tag{3.6.19}$$

但当发生 $b_{kl} = b_k$ 时, $f(b_{kl} + 0)$ 应改为 $f(b_k - 0)$, 所以

$$\sum_{l}(f(b_{kl} + 0) - f(a_{kl} + 0)) \leqslant f(b_k - 0) - f(a_k + 0).$$

结合 (3.6.18)、(3.6.19), 我们便得到 $M_{c,r}$ 包含在开集

$$\bigcup_{k,l}(a_{kl}, b_{kl})$$

中, 并且

$$\begin{aligned}
m(M_{c,r}) &\leqslant m\left(\bigcup_{k,l}(a_{kl}, b_{kl})\right) \\
&= \sum_{k,l}(b_{kl} - a_{kl}) \leqslant \sum_{k,l}\frac{1}{c}(f(b_{kl} + 0) - f(a_{kl} + 0)) \\
&\leqslant \frac{1}{c}\sum_{k}(f(b_k - 0) - f(a_k + 0)) \\
&\leqslant \frac{r}{c}\sum_{k}(b_k - a_k) \leqslant \frac{r}{c}(b - a).
\end{aligned}$$

这样我们得到如下重要事实: 对 $[a, b]$ 上单调增加函数, 开始只知道 $M_{c,r}$ 分布在 (a, b) 中, 对 r, c 分别用一次 Riesz 引理 $1'$, 便知道 $M_{c,r}$ 只能分布在 $\bigcup\limits_{k,l}(a_{kl}, b_{kl})$ 中, 并且

$$m\left(\bigcup_{k,l}(a_{kl}, b_{kl})\right) \leqslant \frac{r}{c}(b - a).$$

由此可见, 如果用 $[a_{kl}, b_{kl}]$ 代替 $[a, b]$, 重复上面的讨论, 便知道

$$(a_{kl}, b_{kl})\bigcap M_{c,r},$$

只能包含在开集 $O_{kl} = \bigcup\limits_{m,n}(a_{kl,mn}, b_{kl,mn}) \subset (a_{kl}, b_{kl})$ 中, 而且

$$m(O_{kl}) \leqslant \frac{r}{c}(b_{kl} - a_{kl}),$$

从而 $m^*(M_{c,r}) \leqslant \sum_{k,l} m(O_{kl}) \leqslant \left(\frac{r}{c}\right)^2 (b-a)$. 这样地重复 n 次, 就得到

$$m^*(M_{c,r}) \leqslant \left(\frac{r}{c}\right)^n (b-a),$$

由于 $\frac{r}{c} < 1$, 令 $n \to \infty$, 就得到 $m(M_{c,r}) = 0$. 因此

$$m(E(D^+ f > D_- f)) = 0.$$

第三步, 证 $E(D^- f > D_+ f)$ 也是零集. 由于 $h(x) = -f(-x)$ 是 $[-b, -a]$ 上单调增加函数, 当记 $y = -x$ 时, 由于

$$\begin{aligned}\frac{h(y+h_n) - h(y)}{h_n} &= \frac{-f(-(y+h_n)) - (-f(-y))}{h_n} \\ &= \frac{f(x-h_n) - f(x)}{-h_n},\end{aligned}$$

我们得到

$$\begin{cases} D^+ h(y) = D^- f(x), & y = -x, \\ D_- h(y) = D_+ f(x), & y = -x, \end{cases}$$

因此 $E(D^- f > D_+ f) = \{y | D^+ h(y) > D_- h(y),\ y$ 是 h 的连续点$\}$. 由第二步知道 $\{y | D^+ h > D_- h, y$ 是 h 的连续点$\}$ 是零集, 但是 Lebesgue 测度 m 在 "反射变换" $x \to -x$ 下测度保持不变, 所以

$$m(E(D^- f > D_+ f)) = 0.$$

第四步, 证明 (3.6.15) 式: 利用第一、二、三步结果得到

$$D^+ f \leqslant D_- f \leqslant D^- f \leqslant D_+ f \leqslant D^+ f < \infty$$

在 E 上几乎处处成立. 所以除一个零集外,

$$D^+ f = D_- f = D^- f = D_+ f < \infty$$

成立. 证毕

对于单调增加函数, 不仅有上述深刻的导数定理, 而且由它还可以得到很有用的逐项求导定理.

定理 3.6.8 (Fubini (富必尼)) 设 $f_1, f_2, \cdots$ 都是 $[a, b]$ 上的单调增加函数, 并且函数项级数 $\sum_{n=1}^{\infty} f_n$ 在区间 $[a, b]$ 上处处收敛于 f. 那么

$$f' = \sum_{n=1}^{\infty} f_n'$$

几乎处处成立.

证 不妨设 $f_1(a)=f_2(a)=\cdots=0$, 不然的话, 改记

$$f_n(x)-f_n(a)$$

为 $f_n(x)$ 就行了. 作函数级数的部分和 $S_n(x)=\sum_{i=1}^{n}f_i(x)$. 显然, $S_n(x), f(x)$ 都是单调增加函数, 因此除去一个零集 E 外, 导数

$$f_1'(x), f_2'(x), \cdots, f'(x)$$

都存在. 由于 $S_n(x)-S_{n-1}(x)=f_n(x), f(x)-S_n(x)$ 都是单调增加函数, 它们的导数是非负的, 所以当 $x\overline{\in}E$ 时,

$$S_{n-1}'(x)\leqslant S_n'(x)\leqslant f'(x). \tag{3.6.20}$$

由 (3.6.20), 级数 $\sum_{n=1}^{\infty}f_n'(x)=\lim_{n\to\infty}S_n'(x)$ 是几乎处处收敛的. 如果我们能证明存在一个子序列 $\{S_{n_\nu}'(x)\}$, 使得

$$\lim_{\nu\to\infty}S_{n_\nu}'(x)=f'(x) \tag{3.6.21}$$

几乎处处成立, 定理就证明了.

由于 $\lim_{n\to\infty}S_n(b)=f(b)$, 对于每个自然数 k, 取 n_k, 使得

$$f(b)-S_{n_k}(b)<\frac{1}{2^k}.$$

但是 $f(x)-S_{n_k}(x)$ 也是 x 的单调增加函数, 而且

$$f(a)=S_{n_k}(a)=0,$$

所以

$$\begin{aligned}0\leqslant\sum_{k=1}^{\infty}\{f(x)-S_{n_k}(x)\}&\leqslant\sum_{k=1}^{\infty}\{f(b)-S_{n_k}(b)\}\\&<\sum_{k=1}^{\infty}\frac{1}{2^k}=1.\end{aligned}$$

这就是说, 级数 $\sum_{k=1}^{\infty}\{f(x)-S_{n_k}(x)\}$ 也是由单调增加函数列

$$f(x)-S_{n_k}(x),\quad k=1,2,3,\cdots$$

所构成的收敛级数, 它和级数 $\sum_{n=1}^{\infty} f_n(x)$ 具有同样的性质, 把关于 $\sum_{n} f_n(x)$ 已经得到的结论用到 $\sum_{k}\{f(x)-S_{n_k}(x)\}$ 上去, 便得到

$$\sum_{k}\{f'(x)-S'_{n_k}(x)\}<\infty$$

几乎处处成立. 收敛级数的一般项收敛于零, 因此

$$\lim_{k\to\infty}(f'(x)-S'_{n_k}(x))\underset{m}{\doteq}0,$$

即 (3.6.21) 成立.　　证毕

注　定理 3.6.8 中级数 $\sum_{n=1}^{\infty} f_n$ 在 $[a,b]$ 上处处收敛这个条件可以减弱为在端点 a 和 b 处 $\sum_{n=1}^{\infty} f_n(a)$ 和 $\sum_{n=1}^{\infty} f_n(b)$ 收敛. 因为 $\sum_{n=1}^{\infty}(f_n(x)-f_n(a))$ 是非负单调增加函数项级数, 由于它在 $x=b$ 点收敛, 立即就推出对任何 $x\in(a,b)$, 级数 $\sum_{n=1}^{\infty}(f_n(x)-f_n(a))$ 收敛, 从而级数 $\sum_{n=1}^{\infty} f_n(x)$ 处处收敛.

系　φ 是 $[a,b]$ 上跳跃函数, 那么 $\varphi'\underset{m}{\doteq}0$.

证　因为 $\varphi=\varphi_1-\varphi_2, \varphi_1$、$\varphi_2$ 是 $[a,b]$ 上单调增加的跳跃函数, 注意到

$$\theta'(x-x_n)\underset{m}{\doteq}0,\quad \theta'_1(x-x_n)\underset{m}{\doteq}0\quad (n=1,2,\cdots,p),$$

由 Fubini 定理立即得到系的结论.

定理 3.6.9　设 f 是 $[a,b]$ 上的单调增加函数, 那么 f' 必是 Lebesgue 可积函数[①], 而且

$$\int_a^b f'\mathrm{d}x\leqslant f(b)-f(a). \tag{3.6.22}$$

证　设在 $(b,b+1]$ 上规定 $f(t)=f(b)$. 对任何自然数 n, 作函数

$$\varphi_n(t)=\frac{f\left(t+\dfrac{1}{n}\right)-f(t)}{\dfrac{1}{n}},$$

---

①凡 $f(x)$ 的导数不存在的点 x, 就规定 $f'(x)$ 为任意的值.

它是 Lebesgue 可积函数, 而且 $\varphi_n(t) \geqslant 0$. 由于

$$\begin{aligned}\lim_{n\to\infty}\int_a^b \varphi_n(t)\mathrm{d}t &= \lim_{n\to\infty} n\left[\int_a^b \left(f\left(t+\frac{1}{n}\right)-f(t)\right)\mathrm{d}t\right]\\ &= \lim_{n\to\infty} n\left[\int_b^{b+\frac{1}{n}} f(t)\mathrm{d}t - \int_a^{a+\frac{1}{n}} f(t)\mathrm{d}t\right]\\ &= f(b)-f(a+0) \leqslant f(b)-f(a) < \infty,\end{aligned}$$

由 Fatou 引理得到

$$\begin{aligned}\int_a^b f'(t)\mathrm{d}t &= \int_a^b \lim_{n\to\infty}\varphi_n(t)\mathrm{d}t\\ &\leqslant \varliminf_{n\to\infty}\int_a^b \varphi_n(t)\mathrm{d}t \leqslant f(b)-f(a).\end{aligned}$$

证毕

一般说来, 不等式 (3.6.22) 是不能变成等式的. 例如 $[-1,1]$ 上的 Heaviside 函数 $\theta(x), \theta'(x)=0$ (除 $x=0$ 外成立). 因而

$$\int_{-1}^1 \theta'(x)\mathrm{d}x = 0.$$

然而 $\theta(1)-\theta(-1)=1$. 甚至假设 $f(x)$ 是连续的单调增加函数, 也不能做到使不等式 (3.6.22) 变成等式.

例 3 存在 $[0,1]$ 上严格单调增加连续函数 f, 但 $f' \underset{m}{\doteq} 0$.

取定 $(0,1)$ 中一个数 λ, 在 $[0,1]$ 上用归纳法作如下单调增加连续函数的序列 $\{f_n\}$: 设 $f_0(x)=x$. 假如 $f_n(x)$ 已经按如下方式定义好, 并且它在区间 (为方便, 称为第 n 级区间)

$$(\alpha,\beta)=\left(\frac{k}{2^n},\frac{k+1}{2^n}\right) \quad (k=0,1,2,\cdots,2^n-1)$$

中是一次函数, 那么定义 $f_{n+1}(\alpha)=f_n(\alpha), f_{n+1}(\beta)=f_n(\beta)$. 而在 $x=\dfrac{\alpha+\beta}{2}$, 定义

$$f_{n+1}\left(\frac{\alpha+\beta}{2}\right)=\frac{1-\lambda}{2}f_n(\alpha)+\frac{1+\lambda}{2}f_n(\beta), \tag{3.6.23}$$

而在第 $n+1$ 级区间 $\left(\alpha,\dfrac{\alpha+\beta}{2}\right),\left(\dfrac{\alpha+\beta}{2},\beta\right)$ 上 (如图 3.11 所示), 延拓 $f_{n+1}(x)$ 分别成为一次的函数.

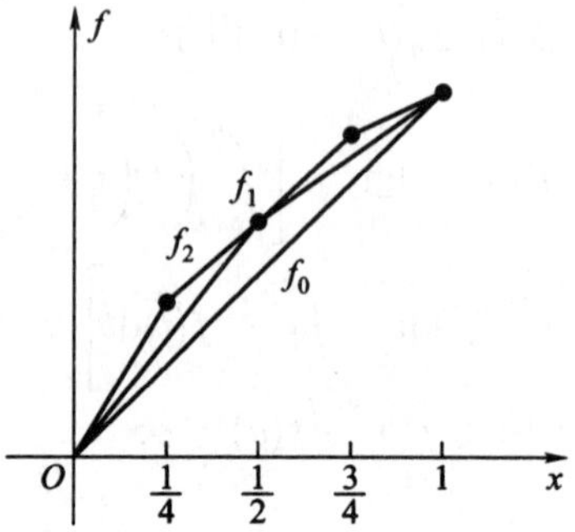

图 3.11　$f'(x) \underset{m}{\doteq} 0$ 的严格增加函数的构造过程

从上述定义方式易知, 当 f_n 是单调增加函数时, f_{n+1} 也是单调增加函数. 由于 $\lambda > 0$, 从 (3.6.23) 得到

$$f_{n+1}\left(\frac{\alpha+\beta}{2}\right) > f_n\left(\frac{\alpha+\beta}{2}\right),$$

从而

$$f_{n+1}(x) > f_n(x), \quad x \in (\alpha, \beta).$$

由此得到 $f_0 \leqslant f_1 \leqslant \cdots$ 在 $[0,1]$ 上成立. 并且

$$0 \leqslant f_n(x) \leqslant 1, x \in [0,1],$$

所以 $\{f_n\}$ 处处收敛于一个单调增加函数 f.

今证 f 即为所要求的函数. 为此我们先计算 f 在某个第 n 级区间 (α_n, β_n)①$=\left(\frac{k}{2^n}, \frac{k+1}{2^n}\right)$ 上的值 $f(\beta_n) - f(\alpha_n)$: 由定义

$$f_{n+1}\left(\frac{\alpha_n+\beta_n}{2}\right) - f_{n+1}(\alpha_n) = \frac{1+\lambda}{2}(f_n(\beta_n) - f_n(\alpha_n)), \tag{3.6.24}$$

$$f_{n+1}(\beta_n) - f_{n+1}\left(\frac{\alpha_n+\beta_n}{2}\right) = \frac{1-\lambda}{2}(f_n(\beta_n) - f_n(\alpha_n)),$$

记 $(\alpha_{n+1}, \beta_{n+1})$ 是 $n+1$ 级区间

$$\left(\alpha_n, \frac{1}{2}(\alpha_n+\beta_n)\right), \left(\frac{1}{2}(\alpha_n+\beta_n), \beta_n\right)$$

中的某一个, 由 (3.6.24) 得到

$$f_{n+1}(\beta_{n+1}) - f_{n+1}(\alpha_{n+1}) = \frac{1\pm\lambda}{2}(f_n(\beta_n) - f_n(\alpha_n)). \tag{3.6.25}$$

① 显然, 严格说来应记为 (α_n^k, β_n^k), 这里省掉上标 k 是为了书写简单, 读者不要忘记这一点.

从定义知道当 $k \geqslant n$ 时, $f_k(\alpha_n) = f_n(\alpha_n), f_k(\beta_n) = f_n(\beta_n)$. 所以令 $k \to \infty$, 便得到 $f(\alpha_n) = f_n(\alpha_n), f(\beta_n) = f_n(\beta_n)$. 再从 (3.6.25) 就得到

$$f(\beta_{n+1}) - f(\alpha_{n+1}) = \frac{1 \pm \lambda}{2}(f(\beta_n) - f(\alpha_n)). \tag{3.6.26}$$

重复应用 (3.6.26) 就得到

$$f(\beta_{n+1}) - f(\alpha_{n+1}) = \prod_{\nu=1}^{n+1} \frac{1 + \lambda\varepsilon_\nu}{2} \quad (\varepsilon_\nu = \pm 1), \tag{3.6.27}$$

从 (3.6.27) 得到对任何 n 级区间 $(\alpha_n, \beta_n), f(\beta_n) - f(\alpha_n) > 0$, 所以 $f(x)$ 是 $[0,1]$ 上严格单调增加函数. 当 $n \to \infty$ 时, 由 (3.6.27) 得到

$$0 < f(\beta_n) - f(\alpha_n) < \left(\frac{1+\lambda}{2}\right)^n \to 0. \tag{3.6.28}$$

由于函数 f 是单调的, 由 (3.6.28) 易知 f 是 $[0,1]$ 上连续函数.

f 的导数 f' 几乎处处存在, 并且是有限的. 记 f' 存在并且有限的点为 E_0, 又记 $E = E_0 - \{\alpha_n\} - \{\beta_n\}$, 显然 $m(E) = 1$. 任取 $x \in E$, 对任何 n, 总有 (α_n, β_n), 使得 $\alpha_n < x < \beta_n$, 那么从 (3.6.27) 得到

$$\frac{f(\beta_n) - f(\alpha_n)}{\beta_n - \alpha_n} = \prod_{\nu=1}^{n}(1 + \varepsilon_\nu \lambda),$$

当 $n \to \infty$ 时, 由于无穷乘积 $\prod\limits_{\nu=1}^{\infty}(1 + \varepsilon_\nu\lambda)$ 总是发散的, 而上式左边有极限 $f'(x)$, 所以只有 $f'(x) = 0$. 证毕.

如果只要求 f 是连续、单调, 而并不要求严格单调, 例子就要简单一点, 可参见 [2] 第四章 §5.

定义 3.6.7 f 是 $[a,b]$ 上有限函数, 如果 $f' \underset{m}{\doteq} 0$ 并且 f 在 $[a,b]$ 上不恒为常数, 那么称 f 为 $[a,b]$ 上**奇异函数**.

例 3 便是一个连续, 单调增加, 并且任何一个区间 $(\alpha, \beta) \subset [a,b]$ 上都不为常数的奇异函数.

4. 有界变差函数 在研究不定积分时, 最常碰到的单调增加函数是

$$F(x) = \int_a^x f(t)\mathrm{d}t,$$

其中 f 是 $[a,b]$ 上非负的可积函数. 在 $[a,b]$ 上一般的可积函数 f 的不定积分总可以写成

$$F(x) = \int_a^x f(t)\mathrm{d}t = \int_a^x f^+(t)\mathrm{d}t - \int_a^x f^-(t)\mathrm{d}t,$$

即 $F(x)$ 是两个单调增加函数 $\int_a^x f^+(t)\mathrm{d}t, \int_a^x f^-(t)\mathrm{d}t$ 的差. 因此, 在这一段里我们先研究什么样的函数可以分解成两个单调增加函数的差, 即研究有界变差函数①, 而把什么样的函数才能写成一个可积函数的不定积分问题放在下一节去研究.

定义 3.6.8 设 $f(x)$ 是 $[a,b]$ 上的有限函数, 在 $[a,b]$ 上任取一组分点

$$a = x_0 < x_1 < \cdots < x_n = b,$$

作和式

$$V_f(x_0, \cdots, x_n) = \sum_{i=1}^{n} |f(x_i) - f(x_{i-1})|,$$

称它为 f 对分点组 $x_0, x_1, \cdots, x_n$ 的**变差**. 如果对一切可能的分点组, 变差所形成的数集 $\{V_f(x_0, \cdots, x_n)\}$ 有界, 即

$$\sup_{x_0, \cdots, x_n} V_f(x_0, \cdots, x_n) < \infty,$$

就称 f 是 $[a,b]$ 上的**有界变差函数**. 记

$$\bigvee_a^b(f) = \sup_{x_0, \cdots, x_n} V_f(x_0, \cdots, x_n).$$

称 $\bigvee_a^b(f)$ 是 f 在 $[a,b]$ 上的**全变差**. 当 x 在 $[a,b]$ 上变化时, 称 f 在 $[a,x]$ 上的全变差 $\bigvee_a^x(f)$ 为 f 在 $[a,b]$ 上的**全变差函数**.

区间 $[a,b]$ 上有界变差函数全体所成的函数类记为 $V[a,b]$.

例 4 区间 $[a,b]$ 上的任何单调增加函数 f 必是有界变差的. 因为在 $[a,b]$ 上任取一组分点 $a = x_0 < x_1 < \cdots < x_n = b$ 时,

$$\begin{aligned} V_f(x_0, \cdots, x_n) &= \sum_{i=1}^{n} |f(x_i) - f(x_{i-1})| \\ &= \sum_{i=1}^{n} (f(x_i) - f(x_{i-1})) = f(b) - f(a), \end{aligned}$$

所以 f 是有界变差的, 而且 $\bigvee_a^b(f) = f(b) - f(a)$.

①在数学历史上是由研究曲线积分和曲线长度问题引入有界变差函数概念的.

例 5 设 f 在 $[a,b]$ 上满足 Lipschitz 条件, 即存在常数 M, 当 $x,x'\in[a,b]$ 时

$$|f(x)-f(x')|\leqslant M|x-x'|.$$

那么 f 必是有界变差函数. 这是因为

$$\begin{aligned}V_f(x_0,\cdots,x_n)&=\sum_{i=1}^{n}|f(x_i)-f(x_{i-1})|\\&\leqslant M\sum_{i=1}^{n}(x_i-x_{i-1})=M(b-a),\end{aligned}$$

所以 $\overset{b}{\underset{a}{\mathbf{V}}}(f)\leqslant M(b-a)$.

例 6 跳跃函数显然是有界变差函数.

例 7 连续函数不一定是有界变差函数, 例如

$$f(x)=\begin{cases}x\sin\dfrac{1}{x}, & 0<x\leqslant 1,\\ 0, & x=0,\end{cases}$$

是 $[0,1]$ 上的连续函数, 如果取分点

$$x_0=0,x_n=1,x_i=\frac{1}{((n-1)-i)\pi+\dfrac{\pi}{2}},\quad i=1,2,\cdots,n-1,$$

那么

$$\begin{aligned}V_f(x_0,x_1,\cdots,x_n)&=\sum_i\left|x_i\sin\frac{1}{x_i}-x_{i-1}\sin\frac{1}{x_{i-1}}\right|\\&>\sum_{k=1}^{n-2}\left(\frac{1}{k\pi+\dfrac{\pi}{2}}+\frac{1}{(k-1)\pi+\dfrac{\pi}{2}}\right)>\frac{2}{\pi}\sum_{1}^{n-2}\frac{1}{k}.\end{aligned}$$

但是 $\lim\limits_{n\to\infty}\sum\limits_{k=1}^{n}\dfrac{1}{k}=\infty$. 所以 $\sup V_f(x_0,\cdots,x_n)=\infty$. 就是说 f 不是有界变差的.

定理 3.6.10 有界变差函数具有下面一些性质:

1° 当 $f\in V[a,b]$ 时, f 必是有界函数.

2° $f\in V[a,b],g\in V[a,b]$, α、β 是两个常数, 那么

$$\alpha f+\beta g\in V[a,b],$$

而且 $\bigvee\limits_a^b(\alpha f+\beta g)\leqslant|\alpha|\bigvee\limits_a^b(f)+|\beta|\bigvee\limits_a^b(g)$.

3° $f\in V[a,b],g\in V[a,b]$, 那么 $fg\in V[a,b]$.

4° $f\in V[a,b]$, 而且 $\bigvee\limits_a^b(f)=0$ 时, f 必是常数.

5° 设 $[c,d]\subset[a,b],f\in V[a,b]$, 那么当把 f 限制在 $[c,d]$ 上时, $f\in V[c,d]$.

6° $f\in V[a,b]$, 那么对任何 $c,a<c<b$, 成立着

$$\bigvee_a^b(f)=\bigvee_a^c(f)+\bigvee_c^b(f). \tag{3.6.29}$$

7° 如果 $g_n\in V[a,b](n=1,2,3,\cdots)$, $\left\{\bigvee\limits_a^b(g_n)\right\}$ 是有界的, 而且 $\{g_n(x)\}$ 处处收敛于 $g(x)$, 那么 $g\in V[a,b]$, 并且

$$\bigvee_a^b(g)\leqslant\sup_n\bigvee_a^b(g_n). \tag{3.6.30}$$

证 我们只证 2°, 6°, 7°, 其余留给读者.

2° 任取 $[a,b]$ 上一组分点 $a=x_0<x_1<\cdots<x_n=b$. 由于

$$\begin{aligned}&V_{\alpha f+\beta g}(x_0,\cdots,x_n)\\&=\sum_{i=1}^n|\alpha f(x_i)+\beta g(x_i)-\alpha f(x_{i-1})-\beta g(x_{i-1})|\\&\leqslant|\alpha|V_f(x_0,\cdots,x_n)+|\beta|V_g(x_0,\cdots,x_n)\\&\leqslant|\alpha|\bigvee_a^b(f)+|\beta|\bigvee_a^b(g),\end{aligned}$$

所以 $\alpha f+\beta g$ 是有界变差函数, 而且

$$\bigvee_a^b(\alpha f+\beta g)\leqslant|\alpha|\bigvee_a^b(f)+|\beta|\bigvee_a^b(g).$$

6° 根据 5°, $f\in V[a,c], f\in V[c,b]$. 对任意给定的 $\varepsilon>0$, 在 $[a,c],[c,b]$ 上分别取分点组 $a=x_0<x_1<\cdots<x_n=c$, $c=x_0'<x_1'<\cdots<x_m'=b$, 使得

$$V_f(x_0,\cdots,x_n)>\bigvee_a^c(f)-\varepsilon,$$

$$V_f(x_0',\cdots,x_m')>\bigvee_c^b(f)-\varepsilon.$$

将分点组 $\{x_i\}$ 和 $\{x_i'\}$ 合并起来构成 $[a,b]$ 上一个分点组, 显然

$$\begin{aligned}\mathop{\mathbf{V}}_a^b(f) &\geqslant V_f(x_0,\cdots,x_n,x_1',\cdots,x_m') = V_f(x_0,\cdots,x_n)\\ &\quad +V_f(x_0',\cdots,x_m')\\ &> \mathop{\mathbf{V}}_a^c(f)+\mathop{\mathbf{V}}_c^b(f)-2\varepsilon,\end{aligned}$$

令 $\varepsilon\to 0$ 便得到

$$\mathop{\mathbf{V}}_a^b(f)\geqslant \mathop{\mathbf{V}}_a^c(f)+\mathop{\mathbf{V}}_c^b(f).$$

再证 $\mathop{\mathbf{V}}_a^b(f)\leqslant \mathop{\mathbf{V}}_a^c(f)+\mathop{\mathbf{V}}_c^b(f)$: 对任给 $\varepsilon>0$, 存在 $[a,b]$ 上的一个分点组 $x_0,\cdots,x_n$, 使得

$$V_f(x_0,\cdots,x_n)>\mathop{\mathbf{V}}_a^b(f)-\varepsilon.$$

设 $x_{k-1}<c\leqslant x_k$, 作分点组 $x_0,\cdots,x_{k-1},c,x_k,\cdots,x_n$. 那么将 $x_0,\cdots,x_{k-1},c$ 和 $c,x_k,\cdots,x_n$ 分别作为 $[a,c],[c,b]$ 的一个分点组, 显然

$$\begin{aligned}\mathop{\mathbf{V}}_a^b(f)-\varepsilon &< V_f(x_0,\cdots,x_n)\leqslant V_f(x_0,\cdots,x_{k-1},c,x_k,\cdots,x_n)\\ &= V_f(x_0,\cdots,x_{k-1},c)+V_f(c,x_k,\cdots,x_n)\\ &\leqslant \mathop{\mathbf{V}}_a^c(f)+\mathop{\mathbf{V}}_c^b(f),\end{aligned}$$

令 $\varepsilon\to 0$, 就得到 $\mathop{\mathbf{V}}_a^b(f)\leqslant \mathop{\mathbf{V}}_a^c(f)+\mathop{\mathbf{V}}_c^b(f)$. 所以 (3.6.29) 成立.

7° 设 $M=\sup\limits_n \mathop{\mathbf{V}}_a^b(g_n)<\infty$. 对 $[a,b]$ 上任意给定的一组分点 $a=x_0<x_1<\cdots<x_n=b$, 当分点取定后, 由于

$$\begin{aligned}V_g(x_0,\cdots,x_n) &= \sum_{i=1}^n |g(x_i)-g(x_{i-1})|\\ &= \sum_{i=1}^n \lim_{m\to\infty} |g_m(x_i)-g_m(x_{i-1})|\\ &= \lim_{m\to\infty}\sum_{i=1}^n |g_m(x_i)-g_m(x_{i-1})|\leqslant M,\end{aligned}$$

性质 7° 中条件 $\sup\limits_n \mathop{\mathbf{V}}_a^b(g_n)<\infty$ 不能去掉.

例 8 令

$$f_n=\begin{cases}x\sin\dfrac{1}{x}, & \dfrac{1}{n}\leqslant x\leqslant 1,\\ \dfrac{1}{n}\sin n, & 0\leqslant x<\dfrac{1}{n},\end{cases}\quad n=1,2,3,\cdots.$$

显然, 对每个 n, f_n 在 $\left[0,\dfrac{1}{n}\right],\left[\dfrac{1}{n},1\right]$ 上满足 Lipshitz 条件, 所以 f_n 是有界变差的. 而

$$\lim_{n\to\infty}f_n=f=\begin{cases}x\sin\dfrac{1}{x}, & 0<x\leqslant 1,\\ 0, & x=0.\end{cases}$$

但 f 在 $[0,1]$ 上不是有界变差的.

定理 3.6.11 (Jordan (若尔当) 分解定理) 设 f 是 $[a,b]$ 上的有界变差函数, 那么 f 必能分解成两个单调增加函数的差, 即

$$f=\varphi-\psi,$$

φ,ψ 都是单调增加函数.

证 作函数

$$\varphi(x)=\frac{1}{2}\left\{\bigvee_a^x(f)+f(x)\right\},\psi(x)=\frac{1}{2}\left\{\bigvee_a^x(f)-f(x)\right\},$$

由定理 3.6.10 的 6°, 当 $x'>x$ 时,

$$\begin{aligned}|f(x)-f(x')|=V_f(x,x')&\leqslant\bigvee_x^{x'}(f)\\&=\bigvee_a^{x'}(f)-\bigvee_a^x(f),\end{aligned}\tag{3.6.31}$$

所以 $\bigvee_a^x(f)+f(x)\leqslant\bigvee_a^{x'}(f)+f(x')$, 这就是说 $\varphi(x)$ 是单调增加函数. 同样可证 $\psi(x)$ 也是单调增加函数. 由等式

$$f(x)=\frac{1}{2}\left\{\bigvee_a^x(f)+f(x)\right\}-\frac{1}{2}\left\{\bigvee_a^x(f)-f(x)\right\},$$

立即得到本定理. 证毕

系 有界变差函数的不连续点都是第一类的; 不连续点全体最多是一可列集; 有界变差函数是 Riemann 可积的; 有界变差函数几乎处处有有限导数, 而且导函数是 Lebesgue 可积的.

显然, 有界变差函数分解为两个单调增加函数的差时, 这种分解不是唯一的. 例如把 φ, ψ 同加一个相同的常数或同加一个相同的单调增加函数时, 仍然是它的一个分解.

如果我们引入函数

$$p(x)=\frac{1}{2}\left\{\overset{x}{\underset{a}{\mathbf{V}}}(f)+f(x)-f(a)\right\}, \tag{3.6.32}$$

$$n(x)=\frac{1}{2}\left\{\overset{x}{\underset{a}{\mathbf{V}}}(f)-f(x)+f(a)\right\}, \tag{3.6.33}$$

分别称 $p(x),n(x)$ 为 $f(x)$ 的**正变差函数**和**负变差函数**. 这时

$$\overset{x}{\underset{a}{\mathbf{V}}}(f)=p(x)+n(x), \tag{3.6.34}$$

$$f(x)-f(a)=p(x)-n(x), \tag{3.6.35}$$

称 (3.6.34)、(3.6.35) 为 $f(x)$ 的**正规分解**.

关于 $\overset{x}{\underset{a}{\mathbf{V}}}(f)$ 的连续性与 $f(x)$ 的连续性, 有如下定理.

定理 3.6.12 设 f 是 $[a,b]$ 上有界变差函数, 那么 f 与 $\overset{x}{\underset{a}{\mathbf{V}}}(f)$ 有相同的右 (左) 方连续的点.

证 当 $x<x'$ 时, 由不等式 (3.6.31) 知道, 全变差函数的右 (左) 方连续的点必是 f 的右 (左) 方连续的点.

反过来, 如果 ξ 是 f 的右方连续的点, $a\leqslant\xi<b$. 那么对任何 $\varepsilon>0$, 存在 $0<\delta<b-\xi$, 使得当 $x\in(\xi,\xi+\delta)$ 时,

$$|f(x)-f(\xi)|<\frac{\varepsilon}{2}.$$

在 $[\xi,\xi+\delta]$ 上取一分点组 $\xi=x_0<x_1<\cdots<x_n=\xi+\delta$, 使得

$$\sum_{i=1}^{n}|f(x_i)-f(x_{i-1})|=V_f(x_0,\cdots,x_n)>\overset{\xi+\delta}{\underset{\xi}{\mathbf{V}}}(f)-\frac{\varepsilon}{2},$$

由于

$$\sum_{i=2}^{n}|f(x_i)-f(x_{i-1})|\leqslant\overset{\xi+\delta}{\underset{x_1}{\mathbf{V}}}(f),$$

以及
$$\mathop{\mathbf{V}}_{\xi}^{\xi+\delta}(f)=\mathop{\mathbf{V}}_{\xi}^{x_1}(f)+\mathop{\mathbf{V}}_{x_1}^{\xi+\delta}(f),$$
就得到

$$\begin{aligned}\mathop{\mathbf{V}}_{\xi}^{x_1}(f)=\mathop{\mathbf{V}}_{\xi}^{\xi+\delta}(f)-\mathop{\mathbf{V}}_{x_1}^{\xi+\delta}(f)&<\sum_{i=1}^{n}|f(x_i)-f(x_{i-1})|\\&+\frac{\varepsilon}{2}-\sum_{i=2}^{n}|f(x_i)-f(x_{i-1})|\\&=\frac{\varepsilon}{2}+|f(x_1)-f(\xi)|<\varepsilon.\end{aligned}$$

所以当 $x\in(\xi,x_1)$ 时,

$$\left|\mathop{\mathbf{V}}_{a}^{\xi}(f)-\mathop{\mathbf{V}}_{a}^{x}(f)\right|=\mathop{\mathbf{V}}_{\xi}^{x}(f)<\varepsilon,$$

即 ξ 是 $\mathop{\mathbf{V}}_{a}^{x}(f)$ 的右连续的点. 同样可证左连续的情况. 证毕

系 1° $\mathop{\mathbf{V}}_{a}^{x}(f)$ 和 f 有相同的连续点;

2° x_0 是 f 的连续点的充要条件是 x_0 同时是 p,n 两个函数的连续点.

证 1° 可直接由定理 3.6.12 推出.

2° 当 x_0 是 f 的连续点时, 由 1° 及 (3.6.32)、(3.6.33) 可推出 x_0 是 p,n 的连续点. 反过来, 当 x_0 是 p,n 的连续点时, 由 (3.6.35) 就可推出 x_0 是 f 的连续点. 证毕

定理 3.6.13 设 f 是 $[a,b]$ 上的有界变差函数, 那么唯一地存在在 (a,b) 上右连续的有界变差函数 g, 使得 (i) 在 (a,b) 中 $f(x)$ 的连续点上 $g(x)=f(x)$; (ii)$g(a)=f(a),g(b)=f(b)$, (iii)

$$\mathop{\mathbf{V}}_{a}^{b}(g)\leqslant\mathop{\mathbf{V}}_{a}^{b}(f).$$

证 事实上, 对 $x\in(a,b)$, 取 $g(x)=f(x+0)$ 就可以了.

如果 $x_0\in(a,b)$ 是 $f(x)$ 的一个连续点, 由于 $f(x_0+0)=f(x_0)$, 所以就有 $g(x_0)=f(x_0+0)=f(x_0)$, 即 $f(x)=g(x)$ 在 (a,b) 中 $f(x)$ 的连续点上成立.

再证 $g(x)$ 在 (a,b) 上右连续: 任取 $x_0\in(a,b)$, 对任何 $\varepsilon>0$, 必存在 $\delta>0$, 当 $x\in(x_0,x_0+\delta)$ 时, 成立着

$$f(x_0+0)-\varepsilon<f(x)<f(x_0+0)+\varepsilon,\tag{3.6.36}$$

对 $(x_0, x_0+\delta)$ 中每个点 x, 只要取 $x_n \in (x, x_0+\delta)$, 并且 $x_n \to x$, 从上式立即得到 $f(x_0+0)-\varepsilon \leqslant f(x+0) \leqslant f(x_0+0)+\varepsilon$. 即当 $x \in (x_0, x_0+\delta)$ 时,

$$|g(x_0)-g(x)|<\varepsilon, \tag{3.6.37}$$

这就是说 $g(x)$ 在 x_0 点是右连续的. x_0 是任取的, 所以 $g(x)$ 在 (a,b) 上右连续.

最后证明: $\overset{b}{\underset{a}{\mathbf{V}}}(g) \leqslant \overset{b}{\underset{a}{\mathbf{V}}}(f)$.

事实上, 在 $[a,b]$ 上任取一分点组

$$a=x_0<x_1<\cdots<x_n=b,$$

再取 $y_i: x_i<y_i<x_{i+1} (i=1,2,\cdots,n-1)$, 由于

$$V_f(x_0,y_1,\cdots,y_{n-1},x_n) \leqslant \overset{b}{\underset{a}{\mathbf{V}}}(f),$$

再令 $y_i \to x_i (i=1,2,\cdots,n-1)$, 从上式和 $g(x_i)=\lim f(y_i)$ 就得到 $V_g(x_0,x_1,\cdots,x_n) \leqslant \overset{b}{\underset{a}{\mathbf{V}}}(f)$, 因此 $\overset{b}{\underset{a}{\mathbf{V}}}(g) \leqslant \overset{b}{\underset{a}{\mathbf{V}}}(f)$. 证毕

显然满足定理 3.6.13 中条件的 g 是由 f 唯一确定的.

类似于单调增加函数可以分解为连续的单调增加函数同跳跃函数的和, 对有界变差函数也有如下分解的定理.

定理 3.6.14 设 f 是 $[a,b]$ 上的有界变差函数, $\{x_n\}$ 是它的不连续点全体, 那么, 1°

$$\sum_k \{|f(x_k+0)-f(x_k)|+|f(x_k)-f(x_k-0)|\} \leqslant \overset{b}{\underset{a}{\mathbf{V}}}(f). \tag{3.6.38}$$

2° 作跳跃函数

$$\begin{aligned}\varphi(x)=&\sum_k \{f(x_k+0)-f(x_k)\}\theta(x-x_k)\\&+\sum_k \{f(x_k)-f(x_k-0)\}\theta_1(x-x_k),\end{aligned}$$

那么 $g=f-\varphi$ 是连续的有界变差函数.

换句话说, 任何一个有界变差函数总可以表示成一个连续的有界变差函数与一个跳跃函数的和.

证 先证 (3.6.38) 式: 记 $F(x)=\overset{x}{\underset{a}{\mathbf{V}}}(f)$, 作分解

$$f(x)=p(x)-n(x)+f(a),$$

由 (3.6.34), (3.6.35) 式, 我们有

$$
\begin{aligned}
&|f(x_k+0)-f(x_k)|=|p(x_k+0)-n(x_k+0)-p(x_k)+n(x_k)|\\
\leqslant\ & p(x_k+0)-p(x_k)+n(x_k+0)-n(x_k)=F(x_k+0)-F(x_k),
\end{aligned}
$$

同样可以得到 $$|f(x_k)-f(x_k-0)|\leqslant F(x_k)-F(x_k-0).$$
对 $F(x)$ 应用定理 3.6.1 的 3° 就知道 (3.6.38) 成立.

对于函数 $g=f-\varphi$ 的连续性的证明和定理 3.6.4 (关于单调函数情况) 的证明类似. 请读者自己证明.

现在介绍有界变差函数列的一个重要性质 —— **Helly (赫利) 选取原理**. 为此, 先介绍一个引理.

引理 2 设 E 是任意一个可列集, $\{f_\alpha|\alpha\in\Lambda\}$ 是 E 上一族均匀有界的函数, Λ 是无限指标集 (容许不可列). 那么一定可以从 $\{f_\alpha\}$ 中选出一列 $\{f_{\alpha_\nu}|\nu=1,2,3,\cdots\}$, 其中 $\{\alpha_\nu\}$ 是 Λ 中一列不同指标, 而 $\{f_{\alpha_\nu}\}$ 在 E 上收敛.

证 因为 E 是可列集, 将它排成序列

$$x_1,x_2,\cdots,x_n,\cdots,$$

由于 $\{f_\alpha\}$ 均匀有界, 即存在 M, 使得

$$|f_\alpha(x)|<M, x\in E, \alpha\in\Lambda.$$

根据 Weierstrass 定理, 可从数集 $\{f_\alpha(x_1)\}$ 中选出一收敛数列:

$$f_{\alpha_{11}}(x_1), f_{\alpha_{12}}(x_1),\cdots,f_{\alpha_{1n}}(x_1),\cdots,$$

其中 $\{\alpha_{1n}\}$ 是 Λ 中一列不同的指标. 再考察 $\{f_{\alpha_{1n}}(x)|n=1,2,3,\cdots\}$ 由于均匀有界性, 又可从指标列 $\{\alpha_{1n}\}$ 中选出指标 $\{\alpha_{2n}\}$ 使得

$$f_{\alpha_{21}}(x_2), f_{\alpha_{22}}(x_2),\cdots,f_{\alpha_{2n}}(x_2),\cdots$$

是收敛的. 再考察 $\{f_{\alpha_{2n}}(x)\}$, 如此手续一直进行下去, 我们得到如下函数列:

$$
\begin{aligned}
&f_{\alpha_{11}}(x), f_{\alpha_{12}}(x),\cdots,f_{\alpha_{1n}}(x),\cdots,\\
&f_{\alpha_{21}}(x), f_{\alpha_{22}}(x),\cdots,f_{\alpha_{2n}}(x),\cdots,\\
&\cdots\cdots\cdots\cdots\\
&f_{\alpha_{n1}}(x), f_{\alpha_{n2}}(x),\cdots,f_{\alpha_{nn}}(x),\cdots,\\
&\cdots\cdots\cdots\cdots
\end{aligned}
$$

其中每个序列都是前一个序列的子序列. 由选取规则易知第 n 个函数列一定在 $x_1, \cdots, x_n$ 上收敛. 从上面一列序列中选出对角线序列 $\{f_{\alpha_{nn}}(x)\}$, 它将在所有 E 中的点都收敛. 事实上, 对任何 $x_l \in E$, 除掉前 $l-1$ 项后, 所得的序列是第 l 个序列 $\{f_{\alpha_{ln}}\}$ 的子序列, 因此 $\{f_{\alpha_{nn}}(x_l)\}$ 收敛. 并且指标 $\{\alpha_{nn}\}$ 显然是互不相同的.

证毕

定理 3.6.15 (Helly) 设 $\{f_\alpha | \alpha \in \Lambda\}$ 是 $[a,b]$ 上一族 (无限个) 有界变差函数, 又设它们本身和它们的全变差都是均匀有界的, 那么一定可以从 $\{f_\alpha | \alpha \in \Lambda\}$ 中抽出指标互不相同的序列, 这个序列在 $[a,b]$ 上处处收敛于一个有界变差函数.

证 先设 f_α 都是单调增加函数. 设 E 是 $[a,b]$ 上有理点全体, 它是可列集. 根据引理 2, 必有 Λ 中一个指标互不相同的序列 $\{\alpha_n\}$, 使得 $\{f_{\alpha_n}(x)\}$ 在 E 上收敛. 记它在 E 上的极限是 $f(x)$.

由于每个 f_{α_n} 是单调增加的, 显然 f 也在 E 上是单调增加的. 对 $[a,b]$ 上不属于 E 的点 x, 补充定义:

$$f(x) = \sup_{\xi \in E, \xi < x} f(\xi).$$

容易知道, 这样定义出来的 $[a,b]$ 上函数仍是 $[a,b]$ 上单调增加的. 它的不连续点全体记为 F, 它最多是可列集. 下面来证明 $\{f_{\alpha_n}\}$ 在点 $x \in [a,b] - F$ (即 $f(x)$ 的连续点) 上收敛于 $f(x)$.

事实上, 设 $x_0 \in [a,b] - F$, 对任何 $\varepsilon > 0$, 存在有理数 $p, q \in E$, 使得 $p < x_0 < q$, 而且

$$0 \leqslant f(x_0) - f(p) < \frac{\varepsilon}{2}, 0 \leqslant f(q) - f(x_0) < \frac{\varepsilon}{2}. \tag{3.6.39}$$

利用 $\{f_{\alpha_n}\}$ 在 p, q 点的收敛性, 必存在 N, 使得 $n \geqslant N$ 时,

$$|f_{\alpha_n}(p) - f(p)| < \frac{\varepsilon}{2}, |f_{\alpha_n}(q) - f(q)| < \frac{\varepsilon}{2}, \tag{3.6.40}$$

由 (3.6.39)、(3.6.40) 立即得到, 当 $n \geqslant N$ 时,

$$|f(x_0) - f_{\alpha_n}(p)| < \varepsilon, |f(x_0) - f_{\alpha_n}(q)| < \varepsilon. \tag{3.6.41}$$

因为每个函数 f_{α_n} 是单调增加的, 所以

$$f(x_0) - f_{\alpha_n}(q) \leqslant f(x_0) - f_{\alpha_n}(x_0) \leqslant f(x_0) - f_{\alpha_n}(p).$$

从 (3.6.41) 就得到

$$|f(x_0) - f_{\alpha_n}(x_0)| < \varepsilon,$$

即 $\{f_{\alpha_n}(x_0)\}$ 收敛于 $f(x_0)$.

既然 $\{f_{\alpha_n}\}$ 在 $f(x)$ 的连续点上都收敛于 $f(x)$. 因此不收敛于 $f(x)$ 的点最多只是可列集了, 记它为 S, 这时对函数列 $\{f_{\alpha_n}\}$ 与集 S 再应用引理 2 的结论, 又可从 $\{f_{\alpha_n}\}$ 中选出子序列, 使它在 S 上收敛, 当然它在 S 上收敛的值可以不是 $f(x)$ 的值. 但它是在整个 $[a,b]$ 上收敛的序列. 因此在一切 $\{f_\alpha\}$ 是单调增加的情形时定理已得证.

当 $\{f_\alpha|\alpha\in\Lambda\}$ 是一族有界变差函数时, 由于 $\left\{\overset{b}{\underset{a}{\mathrm{V}}}(f_\alpha),\alpha\in\Lambda\right\}$ 是有界的, 根据正规分解, 作 $p_\alpha(x)=\dfrac{1}{2}\left(\overset{x}{\underset{a}{\mathrm{V}}}(f_\alpha)+f_\alpha(x)-f_\alpha(a)\right)$,

$$n_\alpha(x)=\frac{1}{2}\left(\overset{x}{\underset{a}{\mathrm{V}}}(f_\alpha)-f_\alpha(x)+f_\alpha(a)\right),q_\alpha(x)=p_\alpha(x)+f_\alpha(a).$$

那么 $\{q_\alpha(x)\},\{n_\alpha(x)\}$ 是两个均匀有界的单调增加函数族, 而且 $f_\alpha(x)=q_\alpha(x)-n_\alpha(x)$. 由已证明的结果, 可以从 $\{q_\alpha(x)\}$ 中选出序列 $\{q_{\alpha_k}(x)\}$ 在 $[a,b]$ 上收敛于一个单调增加函数 $q(x)$. 再从相应的子序列 $\{n_{\alpha_k}(x)\}$ 又选出子序列 $\{n_{\alpha'_k}(x)\}$, 在 $[a,b]$ 上收敛于单调增加函数 $n(x)$. 因而序列 $\{f_{\alpha'_k}(x)\}$ 在 $[a,b]$ 上收敛于 $f(x)=q(x)-n(x)$. 显然 $f(x)$ 是 $[a,b]$ 上的有界变差函数. 证毕

例 9 Helly 选取原理中设 $\left\{\overset{b}{\underset{a}{\mathrm{V}}}(f_\alpha),\alpha\in\Lambda\right\}$ 有界这个条件是不能去掉的. 例 8 中的例子便可说明这一点.

对于有界变差函数概念, 还可以推广到无限区间上去, 并且具有相应的许多性质, 包括 Helly 选取原理也可推广到无界区间上去. 这里不重复了.

Helly 选取原理在概率论中是很有用的. 它的对角线方法是很有用的一种方法, 结论也被推广了.

习 题 3.6

1. $[a,b]$ 上任何两个单调函数, 如果在一稠密集上相等, 那么它们有相同的连续点, 并且在不连续点的跳跃度一致.

2. 单调函数全体的势是 $\aleph$.

3. 设 f 是 $[a,b]$ 上单调函数, 当把它的不连续点的值修改成右连续 (或左连续) 时所得的函数记为 $\overline{f}$. 证明 $f,\overline{f}$ 具有相同的可微分点.

4. 设 E 是直线上 Lebesgue 测度为零的集, 试作一直线上单调增加函数 $f(x)$, 使得当 $x\in E$ 时, $f'(x)=\infty$.

5. 设 f 是 $[a,b]$ 上的连续函数, 如果存在 M, 使得在每个点 x,f 总有一个右方导出数 Df, 适合

$$|Df|<M,$$

那么 f 满足 Lipschitz 条件.

6. 设

$$\varphi(x)=\begin{cases}1+x\sin\dfrac{1}{x}, & x\neq 0,\\ 1, & x=0,\end{cases}$$

由 φ 作函数 f: 当 $x\geqslant 0$ 时 $f(x)=\sqrt{x}\varphi(x)$; 当 $x<0$ 时, $f(x)=-\sqrt{-x}\varphi(x)$. 问 $f(x)$ 在 $x=0$ 点导数是否存在?

7. 设函数 $f(x)$ 在 $[a,b]$ 上 (关于 m) 几乎处处有有限导数. 证明对任何 $\delta>0$, 必存在可测集 $E_\delta\subset[a,b], m([a,b]-E_\delta)<\delta$, 使得对任何 $\varepsilon>0$, 存在 $\eta>0$, 对一切 $x\in E_\delta, x'\in[a,b]$, 当 $|x-x'|<\eta$ 时, 成立着

$$\left|\frac{f(x)-f(x')}{x-x'}-f'(x)\right|<\varepsilon.$$

8. 设 α 是一实数, 函数

$$f(x)=\begin{cases}x^\alpha\sin\dfrac{1}{x}, & 0<x\leqslant 1,\\ 0, & x=0,\end{cases}$$

在 α 取什么值时, f 是 $[0,1]$ 上的有界变差函数?

9. 设 f 是 $[a,b]$ 上的有限函数, 在 $[a,b]$ 上取一分点组 $a=x_0<x_1<x_2<\cdots<x_n=b$, 记

$$V_f^2(x_0,\cdots,x_n)=\sum_{i=1}^{n-1}\left|\frac{f(x_i)-f(x_{i-1})}{x_i-x_{i-1}}-\frac{f(x_{i+1})-f(x_i)}{x_{i+1}-x_i}\right|.$$

如果对一切分点组, 数集 $\{V_f^2(x_0,\cdots,x_n)\}$ 有上界. 证明这种函数必定满足 Lipschitz 条件. 更进一步证明, 在每点 x, $D^+f(x)=D_+f(x)$, $D^-f(x)=D_-f(x)$. 如记 $D^+f(x)=f'_+(x), D^-f(x)=f'_-(x)$. 证明 f'_+, f'_- 是有界变差函数.

10. 当区间 $[a,b]$ 上的函数满足 $|f(x')-f(x'')|\leqslant k|x'-x''|^\alpha, (\alpha>0, k$ 是常数) 时, 称 $f(x)$ 满足 α 次 Hölder 条件, 证明: 当 $\alpha>1$ 时, $f(x)$ 恒为常数. 并作一个不满足任何次 Hölder 条件的有界变差函数, 又设 $\alpha<1$ 为已知, 作一函数满足 α 次 Hölder 条件, 但不是有界变差的.

11. 设 f 是 $[a,b]$ 上的有界变差函数, 那么 (关于 m) 几乎处处成立着

$$\frac{\mathrm{d}}{\mathrm{d}x}\overset{x}{\underset{a}{\mathbf{V}}}(f)=|f'(x)|.$$

12. 设 f 是 $[a,b]$ 上有界变差函数. 对任何分点组 $a=x_0<x_1<\cdots<x_n=b$, 记 $P_f(x_0,\cdots,x_n)=\sum'(f(x_i)-f(x_{i-1}))$, $\sum'$ 表示满足 $f(x_i)-f(x_{i-1})\geqslant 0$ 的 i 求和. 称 $P_f(x_0,\cdots,x_n)$ 为正变差, 而称 $\overset{b}{\underset{a}{\mathbf{P}}}(f)=\sup\{P_f(x_0,\cdots,x_n)\}$ 为正全变差. 证明 (i) 对任何 $c(a<c<b)$, $\overset{b}{\underset{a}{\mathbf{P}}}(f)=\overset{c}{\underset{a}{\mathbf{P}}}(f)+\overset{b}{\underset{c}{\mathbf{P}}}(f)$; (ii) $\overset{x}{\underset{a}{\mathbf{P}}}(f)=p(x)$, 这里 $p(x)$ 是 $f(x)$ 的正变差函数. 对负变差函数也有类似结果.

13. 证明: 函数 f 在 $[a,b]$ 上满足 Lipschitz 条件的充要条件是对任何 $\varepsilon>0$, 必存在 $\delta>0$, 使得任何有限个区间 $(a_\nu,b_\nu)(\nu=1,2,\cdots,n)$, 只要 $\displaystyle\sum_{\nu=1}^{n}(b_\nu-a_\nu)<\delta$ 时, 总有 $\displaystyle\sum_{\nu=1}^{n}|f(b_\nu)-f(a_\nu)|<\varepsilon$.

14. 设 f 是 $[a,b]$ 上单调函数. 那么 f 必将 $[a,b]$ 上 Borel 集映照成 $(-\infty,+\infty)$ 上的 Borel 集; 又如果 $f'(x)$ 处处存在, 并且是有限函数, 那么 f 必将 $[a,b]$ 上 Lebesgue 测度为零的集映照成 $(-\infty,+\infty)$ 上 Lebesgue 测度为零的集.

15. 设 f 是 $[a,b]$ 上有界变差函数, 并且连续. 证明: 对任何 $\varepsilon>0$, 必存在 $\delta>0$, 当分点组 $a=x_0<x_1<\cdots<x_n=b$ 的 $\max\limits_i(x_i-x_{i-1})<\delta$ 时, 总有

$$V_f(x_0,\cdots,x_n)>\mathop{\mathbf{V}}_a^b(f)-\varepsilon.$$

16. 设 f 是 $[a,b]$ 上有限函数. 证明 f 在 $[a,b]$ 上的连续点全体是 Borel 集.

17. 设 $f(x)$ 在 (a,b) 上处处存在有限导数. 证明: f' 不能在 (a,b) 上有第一类不连续点.

18. 作一个在 (a,b) 上连续的函数 f, 要求它在 (a,b) 上处处具有有限的导数, 并且 f' 在 (a,b) 上不连续点全体具有正的 Lebesgue 测度.

19. 求出跳跃函数的全变差.

20. 设 $E\subset[a,b](a,b$ 可以是无限大), 并且是 Lebesgue 可测集. 证明 (关于 m) 几乎所有 E 中的点是 E 的全密点 (见 §2.4 习题 6).

§3.7 不定积分与全连续函数

在这一节讨论 Newton–Leibniz 公式

$$\int_a^x f(t)\mathrm{d}t=F(x)-F(a). \tag{3.7.1}$$

成立的条件问题. 这是微积分学中一个基本问题. 在 Riemann 积分情况下, 通常的结论是 (i) 如果 f 是 $[a,b]$ 上连续函数, 那么不定积分 $(R)\int_a^x f(t)\mathrm{d}t$ 便是 f 的一个原函数; (ii) 如果 F 是连续函数 f 的一个原函数, 那么 (3.7.1) 成立. 这就是说, "积分" 与 "求导" 是互为逆运算. 可是 f 连续的假设, 在许多场合显得要求太高, 甚至成为进一步研究的障碍. 由于这个公式无论在实际应用或理论研究中都很重要. 公式 (3.7.1) 究竟在怎样较弱条件下成立的问题就曾是人们研究的一个课题. 下面用 Lebesgue 积分和点集分析方法来研究这个问题. 这个问题在一般测度空间上的推广将在下一节 (§3.8) 中讨论.

1. 不定积分的求导 和 Riemann 积分一样, 如果 f 是 $[a,b]$ 上 Lebesgue 可积函数, 那么称 $\int_a^x f(t)\mathrm{d}t(x$ 在 $[a,b]$ 上变化) 是 f 的不定积分. 现在先考察不定积分的求导问题.

定理 3.7.1 设 f 是 $[a,b]$ 上 Lebesgue 可积函数, 那么

$$\frac{\mathrm{d}}{\mathrm{d}x}\int_a^x f(t)\mathrm{d}t\underset{m}{\doteq}f(x). \tag{3.7.2}$$

证 首先注意, 对任何 $g \in \boldsymbol{L}[a,b]$①, 导数 $\dfrac{\mathrm{d}}{\mathrm{d}x}\displaystyle\int_a^x g(t)\mathrm{d}t$ 几乎处处存在, 而且是有限的, 同时有

$$\int_a^b \left|\frac{\mathrm{d}}{\mathrm{d}x}\int_a^x g(t)\mathrm{d}t\right| \mathrm{d}x \leqslant \int_a^b |g(x)|\mathrm{d}x. \tag{3.7.3}$$

事实上, 因为 $g = g^+ - g^-$, $\displaystyle\int_a^x g^+(t)\mathrm{d}t$, $\displaystyle\int_a^x g^-(t)\mathrm{d}t$ 是两个单调增加函数, 所以

$$\frac{\mathrm{d}}{\mathrm{d}x}\int_a^x g(t)\mathrm{d}t \underset{m}{\doteq} \frac{\mathrm{d}}{\mathrm{d}x}\int_a^x g^+(t)\mathrm{d}t - \frac{\mathrm{d}}{\mathrm{d}x}\int_a^x g^-(t)\mathrm{d}t,$$

而且是有限的. 根据定理 3.6.9 知道, 这三个导函数不仅可积, 并且

$$\begin{aligned}\int_a^b \left|\frac{\mathrm{d}}{\mathrm{d}x}\int_a^x g(t)\mathrm{d}t\right| \mathrm{d}x &\leqslant \int_a^b \left(\frac{\mathrm{d}}{\mathrm{d}x}\int_a^x g^+(t)\mathrm{d}t\right)\mathrm{d}x + \int_a^b \left(\frac{\mathrm{d}}{\mathrm{d}x}\int_a^x g^-(t)\mathrm{d}t\right)\mathrm{d}x \\ &\leqslant \int_a^b g^+(x)\mathrm{d}x + \int_a^b g^-(x)\mathrm{d}x.\end{aligned}$$

这就是说 (3.7.3) 成立.

现在利用 (3.7.3) 来证 (3.7.2): 对任何 $\varepsilon > 0$, 由定理 3.3.10 的系, 存在连续函数 φ, 使得

$$\int_a^b |f-\varphi|\mathrm{d}x < \varepsilon.$$

对连续函数 φ, 显然 $\dfrac{\mathrm{d}}{\mathrm{d}x}\displaystyle\int_a^x \varphi(t)\mathrm{d}t = \varphi(x)$. 因此

$$\begin{aligned}&\int_a^b \left|\frac{\mathrm{d}}{\mathrm{d}x}\int_a^x f(t)\mathrm{d}t - f(x)\right| \mathrm{d}x \\ \leqslant &\int_a^b \left|\frac{\mathrm{d}}{\mathrm{d}x}\int_a^x (f(t)-\varphi(t))\mathrm{d}t + \varphi(x) - f(x)\right| \mathrm{d}x \\ \leqslant &\int_a^b \left|\frac{\mathrm{d}}{\mathrm{d}x}\int_a^x (f(t)-\varphi(t))\mathrm{d}t\right| \mathrm{d}x + \int_a^b |f(x)-\varphi(x)|\mathrm{d}x,\end{aligned}$$

对函数 $(f-\varphi)$ 应用 (3.7.3) 就得到

$$\int_a^b \left|\frac{\mathrm{d}}{\mathrm{d}x}\int_a^x f(t)\mathrm{d}t - f(x)\right| \mathrm{d}x \leqslant 2\int_a^b |f(x)-\varphi(x)|\mathrm{d}x < 2\varepsilon,$$

令 $\varepsilon \to 0$, 便知道 (3.7.2) 成立. 证毕

在讨论怎样的函数 $F(x)$ 能写成 (3.7.1) 之前, 先简要说明在怎样的点 x_0, 能使等式 (3.7.2) 式成立.

① $\boldsymbol{L}[a,b]$ 表示 $[a,b]$ 上 Lebesgue 可积函数全体所成的类.

定义 3.7.1 设 f 是 $[a,b]$ 上 Lebesgue 可积函数, $x_0\in(a,b)$, 对任何 $h_1\geqslant 0, h_2\geqslant 0, h=h_1+h_2\neq 0$, 如果

$$\lim_{h_1+h_2\to 0}\frac{1}{h_1+h_2}\int_{x_0-h_1}^{x_0+h_2}|f(x)-f(x_0)|\mathrm{d}x=0,$$

称 x_0 是 f 的 Lebesgue **点**.

Lebesgue 点是经典分析中有用的一个概念.

定理 3.7.2 设 f 在 $[a,b]$ 上是 Lebesgue 可积的. x_0 是 f 的 Lebesgue 点, 那么

$$\frac{\mathrm{d}}{\mathrm{d}x}\int_a^x f(t)\mathrm{d}t\bigg|_{x=x_0}=f(x_0).$$

证 显然,

$$\begin{aligned}&\left|\frac{1}{h_1+h_2}\int_{x_0-h_1}^{x_0+h_2}f(t)\mathrm{d}t-f(x_0)\right|\\ =&\frac{1}{h_1+h_2}\left|\int_{x_0-h_1}^{x_0+h_2}(f(t)-f(x_0))\mathrm{d}t\right|\\ \leqslant&\frac{1}{h_1+h_2}\int_{x_0-h_1}^{x_0+h_2}|f(t)-f(x_0)|\mathrm{d}t\to 0\quad(h_1+h_2\to 0),\end{aligned}$$

根据定理 3.6.6, 立即从上式得到定理的结论. 证毕

但是, 使 (3.7.2) 式成立的点未必是 Lebesgue 点.

例 1 任取一收敛的正项级数 $\sum\limits_{n=1}^{\infty}a_n$, 满足 $a_n\Big/\sum\limits_{n+1}^{\infty}a_k\to 0(n\to\infty)$. 记 $a=\sum\limits_{n=1}^{\infty}a_n$, 作 $[0,a]$ 上函数如下, 将 $[0,a]$ 先分裂成可列个左开右闭区间 $(x_{n+1}, x_n]$($n=1,2,3,\cdots$) 之和, $x_1=a$, 而 $x_n-x_{n+1}=a_n$, 规定

$$f(x)=\begin{cases}1, & x\in\left(x_{n+1},\dfrac{x_n+x_{n+1}}{2}\right],\\ -1, & x\in\left(\dfrac{x_n+x_{n+1}}{2},x_n\right],\\ 0, & x=0.\end{cases}\qquad n=1,2,3,\cdots$$

然后将 f 按偶函数方式延拓成 $[-a,a]$ 上的函数. 下面证明 $x=0$ 点能使 (3.7.2) 成立:

事实上, 设 $h \in (x_{n+1}, x_n]$, 记 $h - x_{n+1} = \eta$, 显然 $\eta \leqslant a_n$, 因此

$$\left|\frac{1}{h}\int_0^h f(t)\mathrm{d}t\right| = \left|\frac{1}{\eta + \sum\limits_{n+1}^{\infty} a_k}\int_{x_{n+1}}^h f(t)\mathrm{d}t\right|$$
$$< \frac{\eta}{\eta + \sum\limits_{n+1}^{\infty} a_k} \to 0(h \to 0),$$

即函数 $\int_{-a}^x f(t)\mathrm{d}t$ 在 $x = 0$ 点右方导数存在, 并且是零.

同样可证在 $x = 0$ 点左方导数存在, 也是零, 即 (3.7.2) 成立.

可是当 $h_1 \geqslant 0, h_2 \geqslant 0$, 而 $h = h_1 + h_2 \neq 0$ 时, 恒有

$$\frac{1}{h}\int_{-h_1}^{h_2} |f(t) - 0|\mathrm{d}t = 1,$$

即 $x = 0$ 并不是 $f(x)$ 的 Lebesgue 点.

可见 x_0 是 Lebesgue 点比要求 x_0 满足 (3.7.2) 要强. 但我们可用定理 3.7.1 获得比定理 3.7.1 更强的结果:

定理 3.7.3 设 $f(x)$ 是 $[a, b]$ 上 Lebesgue 可积函数, 那么 $[a, b]$ 上几乎所有 (按 Lebesgue 测度) 的点是 Lebesgue 点.

证 设 r 是有理数, 显然 $|f(x) - r|$ 是 $[a, b]$ 上 Lebesgue 可积函数. 记 $[a, b]$ 中使下式成立的 x 全体为 E_r,

$$\frac{\mathrm{d}}{\mathrm{d}x}\int_a^x |f(t) - r|\mathrm{d}t = |f(x) - r|.$$

由定理 3.7.1, $m(E_r) = b - a$. 当 r 遍取一切有理数, 记 $E = \bigcap\limits_r E_r$, 显然 $m([a, b] - E) = m\left(\bigcup\limits_r([a, b] - E_r)\right) \leqslant \sum\limits_r m([a, b] - E_r) = 0$.

现在证明 E 中点都是 Lebesgue 点: 设 $x_0 \in E$, 对任何 $\varepsilon > 0$, 取有理数 r_0, 使得 $|f(x_0) - r_0| < \frac{\varepsilon}{2}$. 因此对任何 $h_1 \geqslant 0, h_2 \geqslant 0, h = h_1 + h_2 > 0$,

$$\frac{1}{h}\int_{x_0-h_1}^{x_0+h_2} |f(x) - f(x_0)|\mathrm{d}x$$
$$\leqslant \frac{1}{h}\int_{x_0-h_1}^{x_0+h_2} |f(x) - r_0|\mathrm{d}x + |f(x_0) - r_0|,$$

在上式中令 $h \to 0$, 就得到

$$\overline{\lim_{h\to 0}} \frac{1}{h}\int_{x_0-h_1}^{x_0+h_2} |f(x)-f(x_0)|\mathrm{d}x \leqslant |f(x_0)-r_0| + \frac{\varepsilon}{2} < \varepsilon,$$

再令 $\varepsilon \to 0$, 就得到

$$\overline{\lim_{h\to 0}} \frac{1}{h}\int_{x_0-h_1}^{x_0+h_2} |f(x)-f(x_0)|\mathrm{d}x = 0.$$

证毕

2. 全连续函数　下面讨论怎样的函数 $F(x)$ 能写成一个可积函数 $f(t)$ 的不定积分. 如果 $F(x)$ 能写成

$$F(x) = \int_a^x f(t)\mathrm{d}t + C. \tag{3.7.4}$$

显然, $F(x)$ 必是 $[a,b]$ 上连续有界变差函数. 但利用定理 3.7.2, 3.7.3, 易知 §3.6 例 3 中的连续的有界变差函数就不能写成上面形式. 积分有更强的连续性, 即全连续性. 由积分的全连续性, 对任何 $\varepsilon > 0$, 必有 $\delta > 0$, 使得 $[a,b]$ 中任何有限个 (或可列个) 互不相交的区间 $(a_\nu, b_\nu)(\nu = 1,2,\cdots,n)$, 当 $m\left(\bigcup_\nu (a_\nu, b_\nu)\right) = \sum_\nu (b_\nu - a_\nu) < \delta$ 时,

$$\begin{aligned}\sum_\nu |F(b_\nu) - F(a_\nu)| &= \sum_\nu \left|\int_{a_\nu}^{b_\nu} f(t)\mathrm{d}t\right| \leqslant \sum_\nu \int_{a_\nu}^{b_\nu} |f(t)|\mathrm{d}t \\ &= \int_{\bigcup\limits_\nu (a_\nu, b_\nu)} |f(t)|\mathrm{d}t < \varepsilon.\end{aligned}$$

由此可见, 能够成为某个可积函数的不定积分的函数 $F(x)$, 它要求函数具有比普通连续性更强的连续性, 将这种连续性抽象出来, 引入如下定义:

定义 3.7.2　设 F 是 $[a,b]$ 上的有限函数, 如果对任何 $\varepsilon > 0$, 存在 $\delta > 0$, 使得当 $\{(a_\nu, b_\nu)\}$ 是 $[a,b]$ 上任意有限个互不相交的开区间, 其总长度 $\sum_\nu (b_\nu - a_\nu) < \delta$ 时, 不等式

$$\sum_\nu |F(b_\nu) - F(a_\nu)| < \varepsilon \tag{3.7.5}$$

成立. 那么称 F 是在 $[a,b]$ 上的**全连续函数**, 或称做**绝对连续函数**.

当然, 我们的目标是证明全连续函数 $F(x)$ 就能写成 (3.7.4) 的形式. 下面先考察全连续函数具有什么性质.

例 2 设 f 在 $[a,b]$ 上满足 Lipschitz 条件, 那么 f 是全连续函数.

证 由假设, 存在正数 M, 当 x、$x' \in [a,b]$ 时,

$$|f(x) - f(x')| \leqslant M|x - x'|,$$

对任何 $\varepsilon > 0$, 取 $\delta = \dfrac{\varepsilon}{M}$. 这时对任意个区间 (不管它们是否两两不相交) $\{(a_\nu, b_\nu)\}$, 只要 $\sum\limits_\nu (b_\nu - a_\nu) < \delta$, 总有

$$\sum_\nu |f(b_\nu) - f(a_\nu)| \leqslant \sum_\nu M(b_\nu - a_\nu) < \varepsilon.$$

证毕

注意, 正如 §3.6 习题 13 所指出, 如果 (3.7.5) 中允许 (a_ν, b_ν) 可以重复, 这等价于函数 F 是满足 Lipschitz 条件. 一个无界函数, 如果是 Lebesgue 可积的, 那么, 它的不定积分必是全连续函数, 一般说来, 它的不定积分并不满足 Lipschitz 条件. 所以全连续函数的定义中 $\{(a_\nu, b_\nu) | \nu = 1, 2, \cdots, n\}$ 是互不相交不能修改成可相交. 但可以把互不相交的有限个可以修改成可列个 (读者自己证明).

全连续函数有下面的简单性质.

定理 3.7.4 (i) $[a,b]$ 上的全连续函数必是连续的;

(ii) 两个全连续函数的线性组合、乘积仍是全连续函数;

(iii) $[a,b]$ 上全连续函数必是有界变差函数.

证 (i)、(ii) 是明显的 (读者自己证明).

(iii) 取 $\varepsilon = 1$, 按定义, 存在 $\delta > 0$, 对任意有限个互不相交的开区间 $\{(a_\nu, b_\nu)\}$, 只要 $\sum\limits_\nu (b_\nu - a_\nu) < \delta$ 时, $\sum\limits_\nu |F(b_\nu) - F(a_\nu)| < 1$. 取自然数 M, 使得 $\dfrac{b-a}{M} < \delta$. 将区间 $[a,b]M$ 等分, 得到分点组

$$a = x_0 < x_1 < \cdots < x_M = b,$$

对 $[x_{i-1}, x_i]$ 上任何一组分点

$$x_{i-1} = z_0 < z_1 < \cdots < z_k = x_i,$$

由于 $\sum\limits_k (z_k - z_{k-1}) = x_i - x_{i-1} < \delta$, 所以

$$V_F(z_0, \cdots, z_k) \leqslant 1,$$

因此 $\overset{x_i}{\underset{x_{i-1}}{\mathbf{V}}}(F) \leqslant 1$. 从而 $\overset{b}{\underset{a}{\mathbf{V}}}(F) = \sum\limits_{i=1}^M \overset{x_i}{\underset{x_{i-1}}{\mathbf{V}}}(F) \leqslant M$. 所以 $F(x)$ 是有界变差的.

证毕

系 全连续函数 (关于 Lebesgue 测度) 几乎处处有有限导数, 而且导函数是可积的.

下面是全连续函数的一个重要性质.

定理 3.7.5 设 F 是 $[a,b]$ 上的全连续函数, 而且 $F'=0$ (关于 Lebesgue 测度) 几乎处处成立, 那么 $F=$ 常数.

证 先证 $F(b)=F(a)$: 对任何 $\varepsilon>0$, 由 $F(x)$ 的全连续性, 存在 $\delta>0$, 当 $\{(a_\nu,b_\nu)\}$ 是有限个总长度小于 δ 的互不相交的开区间时,

$$\sum_{\nu}|F(b_\nu)-F(a_\nu)|<\varepsilon, \tag{3.7.6}$$

记 $E_0=\{x|F'(x)=0,x\in(a,b)\}$, 由假设 $m([a,b]-E_0)=0$. 所以由定理 2.4.5, 对上面的 δ, 存在开集 $O,O\supset[a,b]-E_0$, 而且 $m(O)<\delta$. 设 $\{(a_\nu,b_\nu)\}$ 为 O 的构成区间集.

另一方面, 当 $y_0\in[a,b]-O\subset E_0$ 时, $F'(y_0)=0$. 所以存在正数 $h(y_0,\varepsilon)$, 使得 $y\in(y_0-h,y_0+h)$ 时,

$$\left|\frac{F(y)-F(y_0)}{y-y_0}\right|<\varepsilon. \tag{3.7.7}$$

这时开集族 $\{(a_\nu,b_\nu)|\nu=1,2,3,\cdots\}\bigcup\{(y_0-h,y_0+h)|y_0\in[a,b]-O\}$ 覆盖了 $[a,b]$. 根据 Borel 覆盖定理, 可从中选出有限个来覆盖 $[a,b]$, 设它们是

$$(a_1,b_1),\cdots,(a_m,b_m),(y_1-h_1,y_1+h_1),\cdots,(y_l-h_l,y_l+h_l)$$

显然, 可以在集 $\{a_i,b_i,y_j,i=1,2,\cdots,m,j=1,2,\cdots,l\}$ 中再加入适当分点, 使其全体构成 $[a,b]$ 上一个分点组.

$$a=x_0<x_1<\cdots<x_n=b,$$

并且使得: 任何 (x_{k-1},x_k), 或是 (i) 包含在某个 (a_i,b_i) 中, 或是 (ii) $x_{k-1}=y_j$, 而且 $(x_{k-1},x_k)\subset(y_j,y_j+h_j)$, 或是 (iii)$x_k=y_j$, 而且 $(x_{k-1},x_k)\subset(y_j-h_j,y_j)$. 由此得到

$$\begin{aligned}|F(b)-F(a)|&\leqslant\sum_{k=1}^{n}|F(x_k)-F(x_{k-1})|\\&=\sum{}'|F(x_k)-F(x_{k-1})|\\&\quad+\sum{}''|F(x_k)-F(x_{k-1})|,\end{aligned}$$

其中 $\sum'$ 表示对 (i) 形式的 (x_{k-1},x_k) 求和, $\sum''$ 表示对 (ii), (iii) 形式的 (x_{k-1},x_k) 求和. 根据 (3.7.6), $\sum'|F(x_k)-F(x_{k-1})|<\varepsilon$. 根据 (3.7.7)

$$\sum{}''|F(x_k)-F(x_{k-1})|<\varepsilon\sum{}''(x_k-x_{k-1})\leqslant\varepsilon(b-a).$$

所以

$$|F(b)-F(a)|<\varepsilon[(b-a)+1],$$

由于 ε 是任意的, 令 $\varepsilon\to 0$, 便得到 $F(b)=F(a)$. 显然, 对任何 $x\in[a,b]$, 用 $[a,x]$ 代替 $[a,b]$ 来讨论, 便得到

$$F(x)=F(a), \text{即 } F(x)=\text{常数}.$$

证毕

3. Newton–Leibniz 公式 利用上述定理立即得到下列定理

定理 3.7.6 Newton–Leibniz 公式

$$F(x)-F(a)=\int_a^x F'(t)\mathrm{d}t$$

成立的充要条件是 $F(x)$ 是全连续函数.

证 必要性已在引入全连续性定义时讨论过. 今证充分性: 因为 $F(x)$ 是全连续的, 由定理 3.7.4 的系知道 $F'(x)$ 是 Lebesgue 可积的. 作函数

$$\varPhi(x)=\int_a^x F'(t)\mathrm{d}t,$$

显然 $\varPhi(x)$ 是全连续函数. 令 $\varPsi(x)=F(x)-\varPhi(x)$, 它是两个全连续函数的差, 也是全连续. 根据定理 3.7.1, $\varPsi'(x)\underset{m}{\doteq}F'(x)-F'(x)=0$, 再由定理 3.7.5, $\varPsi(x)\equiv$ 常数. 所以 $\varPsi(x)\equiv\varPsi(a)=F(a)$. 证毕

通过上面的讨论, 清楚地看出: 利用 Lebesgue 积分这一工具, 把过去数学分析中原函数、不定积分、Newton–Leibniz 公式之间相互关系的讨论深入了一大步.

4. Lebesgue 分解 经前面讨论立即可以得到有界变差函数的 Lebesgue 分解.

定理 3.7.7 (Lebesgue 分解定理) 设 g 是 $[a,b]$ 上有界变差函数, 那么必可分解成

$$g=g_s+g_c+\varphi, \tag{3.7.8}$$

其中 φ 是 $[a,b]$ 上跳跃函数, g_c 是 $[a,b]$ 上全连续函数, g_s 是奇异的有界变差函数 (当然, g_s、g_c、φ 三个函数可以有某些不出现在分解 (3.7.8) 中). 除去相差一个常数外, 三个函数 g_s、g_c、φ 均由 g 唯一确定.

证 根据定理 3.6.14, 取 φ 是由 g 产生的跳跃函数 (显然 $\varphi(a)=0$), 因此 $g-\varphi$ 便是连续的有界变差函数, 取

$$g_c(x)=\int_a^x(g'(t)-\varphi'(t))\mathrm{d}t+g(a),$$

显然 g_c 是 $[a,b]$ 上全连续函数, 且 $g_c(a)=g(a)$. 由定理 3.6.8 的系, $\varphi'(t)\underset{m}{\doteq}0$, 因而 $g_c(x)=\int_a^x g'(t)\mathrm{d}t+g(a)$. 显然 $g_s(x)=g(x)-g_c(x)-\varphi(x)$ 是连续函数, 如果它不恒等于 0, 根据定理 3.7.1, $g_s'(x)\doteq g'(x)-g_c'(x)-\varphi'(x)\underset{m}{\doteq}0$, 因而 g_s 就是奇异的有界变差函数, 即有分解 (3.7.8).

再证分解的唯一性: 因为 φ 是由 g 的跳跃点、跳跃度所唯一确定的. 如果有另一个分解: $g=\overline{g}_s+\overline{g}_c+\varphi$. 那么 $\overline{g}_s-g_s=g_c-\overline{g}_c$. 因此全连续函数 $g_c-\overline{g}_c$ 的导函数

$$(g_c-\overline{g}_c)'\underset{m}{\doteq}\overline{g}_s'-g_s'\underset{m}{\doteq}0,$$

由定理 3.7.5, $g_c(x)=\overline{g}_c(x)+$ 常数. 从而 $g_s(x)=\overline{g}_s(x)+$ 常数. 证毕

习 题 3.7

1. 证明: 函数 F 是 $[a,b]$ 上全连续的充要条件是对任何 $\varepsilon>0$, 存在 $\delta>0$, 对任何一族互不相交的开区间 $\{(a_\nu,b_\nu)\}$, 只要 $\sum\limits_\nu(b_\nu-a_\nu)<\delta$ 时, 总有

$$\sum_\nu|F(b_\nu)-F(a_\nu)|<\varepsilon.$$

2. 设 F 是 $[a,b]$ 上全连续函数, G 是 $[c,d]$ 上全连续函数, 而且 $\mathscr{R}(F)\subset[c,d]$. 证明 $G(F(x))$ 是 $[a,b]$ 上全连续函数.

3. 设 F 是 $[a,b]$ 上单调增加的函数, 对任何集 $E\subset[a,b]$, 记 $F(E)=\{F(x)|x\in E\}$. 证明 F 是 $[a,b]$ 上全连续函数的充要条件是如果 $E\in\boldsymbol{B}$ (Borel 集类), $m(E)=0$ 必有 $m(F(E))=0$.

4. 证明 $[a,b]$ 上导数处处存在且有限的单调函数 F 必是全连续的.

5. 证明 F 在 $[a,b]$ 上是满足 Lipschtiz 条件的函数的充要条件: F 是 $[a,b]$ 上有界 Lebesgue 可测函数的不定积分.

6. 设 f 是 $[a,b]$ 上满足下面条件的函数: 对任何 $a\leqslant x_1<x_2<x_3\leqslant b$,

$$\frac{f(x_2)-f(x_1)}{x_2-x_1}\leqslant\frac{f(x_3)-f(x_2)}{x_3-x_2},$$

称这种函数为凸 (向下) 函数 (注意, 它的等价定义是: 对任何 x、$y\in[a,b], f\left(\frac{x+y}{2}\right)\leqslant\frac{1}{2}(f(x)+f(y))$). 证明凸 (向下) 函数 f 必是 (a,b) 上连续函数. 如果 f 又在 a,b 两点连续, 那么 f 是 $[a,b]$ 上全连续函数, 按 §3.6 习题 9 的记号, 证明 f_+' 在 $[a,b)$ 上处处存在, 并且是单调增加函数.

7. 设 f 是 $[a,b]$ 上凸函数, $(X,\boldsymbol{S},\mu)$ 是测度空间, $E\in\boldsymbol{S}$, p 是 E 上非负可积函数. 又设 φ 是 E 上可测函数, 并且对任何 $x\in E,\varphi(x)\in[a,b]$, 证明 (Jensen 不等式)

$$f\left(\frac{\int_E\varphi(x)p(x)\mathrm{d}\mu(x)}{\int_E p(x)\mathrm{d}\mu(x)}\right)\leqslant\frac{\int_E f(\varphi(x))p(x)\mathrm{d}\mu(x)}{\int_E p(x)\mathrm{d}\mu(x)}.$$

8. 设 f 是 $[a,b]$ 上全连续函数, 证明 f 的 $\bigvee_a^x(f)$、$p(x)$、$n(x)$ 都是全连续函数.

9. 设 f 是 $[a,b]$ 上全连续函数, 证明

$$\int_a^b |f'(t)|\mathrm{d}t = \bigvee_a^b(f).$$

(此题不要用 §3.6 习题 11 来证明).

§3.8 广义测度和积分

1. 引言 设 $f(x)$ 是 $[a,b]$ 上单调增加的右连续函数, 从数学分析来看, 它是 $[a,b]$ 上点的函数. 如果从测度论来看, 给出这样的点的函数, 实质上就是给出了 $[a,b]$ 上 Borel 集上的一个集的函数, 并且是测度. 如果 $f(x)$ 是 $[a,b]$ 上右连续有界变差函数, 从点函数观念看, 它有 Jordan 分解: $f(x)=p(x)-n(x)+f(a)$. 从集函数观念来看这一点, 点函数 $f(x)$ 其实是两个集函数 $p(x)+f(a)$ 与 $n(x)$ 之差. 因此, $f(x)$ 实质上也应该是一个集函数, 并且是两个测度 (分别由 $p(x)+f(a)$、$n(x)$ 产生) 之差. 当 $f(x)$ 是 $[a、b]$ 上有界变差函数, $h(x)$ 是 $[a,b]$ 上有界函数时, 可仿照定义 Riemann 积分的方法, 并将 Riemann 积分定义的和式中的 $\Delta x_i = x_{i+1}-x_i$ 换为 $\Delta_i f = f(x_{i+1})-f(x_i)$, 就引入起过重要作用的所谓 Riemann–Stieltjes 积分

$$\int_a^b h(x)\mathrm{d}f(x).$$

如果 Riemann 积分被推广成 Lebesgue 积分, 很自然, Riemann–Stieltjes 积分就应被推广成 h 关于能够表示成两个测度之差的那种 "测度" 的积分.

另外, §3.7 中证明了 $[a,b]$ 上全连续函数 $F(x)$ 所成的函数类就是 Lebesgue 可积函数 $h(x)$ 的不定积分

$$F(x)=\int_a^x h(t)\mathrm{d}t + C.$$

全体所成的类. 从测度论来看上述结果, 就是一个可以表示成两个测度之差的那种 "测度" F, 在某种限制下 (例如这里限制是全连续), 一定能表示成一个可积函数的不定积分. 由于

$$\int_a^x h(t)\mathrm{d}t = \int_a^x h^+(t)\mathrm{d}t - \int_a^x h^-(t)\mathrm{d}t,$$

因此, 又可以说是能表示成由两个非负可积函数 (通过不定积分) 所产生的测度之差的形式.

在本节中, 我们将把上述点函数中很重要的事实以及还有一些重要公式 (如分部积分等) 推广到一般测度的情况.

2. 广义测度

定义 3.8.1 设 $(X,\boldsymbol{R})$ 是可测空间, μ_1、μ_2 是 $(X,\boldsymbol{R})$ 上的两个测度, 其中至少有一个是有限测度①, $(X,\boldsymbol{R})$ 上集函数

$$\mu(E)=\mu_1(E)-\mu_2(E),\quad E\in\boldsymbol{R}, \tag{3.8.1}$$

称为 $(X,\boldsymbol{R})$ 上的**广义测度**.

今后总假定 μ_2 是有限的, 即 $\mu(E)$ 最多只能取 $+\infty$.

例 1 设 $(X,\boldsymbol{R},\mu)$ 是全 σ-有限测度空间, $f(x)$ 是 X 上可积函数, 集函数

$$\nu(E)=\int_E f\mathrm{d}\mu,\quad E\in\boldsymbol{R}, \tag{3.8.2}$$

便是 $(X,\boldsymbol{R})$ 上广义测度. 事实上, 只要取

$$\mu_1(E)=\int_E f^+\mathrm{d}\mu、\quad \mu_2(E)=\int_E f^-\mathrm{d}\mu,\quad E\in\boldsymbol{R}.$$

即可.

如果 f^+ 仅是有限的可测函数, 那么, 这时例 1 中广义测度 ν 就可能在某些可测集上取值 ∞.

例 2 取 $X=[a,b]$, 记 $\boldsymbol{B}([a,b])$ 为 $[a,b]$ 中所有 Borel 集全体所成的 σ-代数, 取 $\boldsymbol{R}$ 是 $[a,b]$ 中集族 $\{[a,\alpha]|\alpha\in[a,b]\}$ 张成的环, 设 $g(x)$ 是区间 $[a,b]$ 上的单调增加函数, 作 $\boldsymbol{R}$ 上的集函数如下:

$$\begin{aligned}&g((\alpha,\beta])=g(\beta+0)-g(\alpha+0),\quad a\leqslant\alpha\leqslant\beta\leqslant b,\\&g([\alpha,\beta])=g(\beta+0)-g(a),\quad a\leqslant\beta\leqslant b,\end{aligned} \tag{3.8.3}$$

当 $\beta=b$ 时, 其中 $g(b+0)$ 表示 $g(b)$. 易知, 由 (3.8.3) 可以定义出 $\boldsymbol{R}$ 上一个测度. 用 §2.3 的方法可唯一地把 g 扩张成可测空间 $([a,b],\boldsymbol{B}([a,b]))$ 上的测度, 仍然把它记为 g, 称它是由单调函数 $g(x)$ 导出的测度. 对于不满足右连续的单调函数 g, 它导出的测度总是理解成按 (3.8.3) 方式产生的. 容易看出, 如果 c 是常数, 单调函数 $g(x)+c$ 与 $g(x)$ 导出的测度相同. 此外, 如果 $h(x)$ 是 $[a,b]$ 上的另一个单调函数, 它和 $g(x)$ 有如下关系: $g(a)=h(a),g(b)=h(b)$, 而且对 (a,b) 中一切 x, 有 $g(x+0)=h(x+0)$. 那么由 (3.8.3) 知道, $g(x)$ 和 $h(x)$ 导出的测度也是相同的. 因此, 对 $[a,b]$ 上任一单调函数 $g(x)$, 可以作一个函数 $h(x):h(a)=0,h(b)=g(b)-g(a)$, 当 $x\in(a,b)$ 时, $h(x)=g(x+0)-g(a)$. 那么,

① 目的是保证 (3.8.1) 式有意义. 本书中总假定 μ_2 是有限的测度.

这时对一切 $x\in(a,b)$. 函数 $h(x)$ 是右方连续的, $h(x)=h(x+0)=g(x+0)-g(a)$, 而且 $h(x)$ 导出的测度就是 $g(x)$ 导出的测度.

现在设 $g(x)$ 是 $[a,b]$ 上的有界变差函数, 根据 §3.6 的正规分解定理, 我们有

$$g(x)=p(x)-n(x)+g(a),$$

其中 $p(x)$、$n(x)$ 是 $g(x)$ 的正、负变差函数. 记 $\overset{x}{\underset{a}{\mathrm{V}}}(g)$ 为 $v(x)$, 那么 $v(x)=p(x)+n(x)$. 按例 2 所述的方式, 由 $p(x),n(x),v(x)$ 可分别导出 $([a,b],\boldsymbol{B}([a,b]))$ 上三个全有限测度, 分别记为 p,n,v. 今作 $([a,b],\boldsymbol{B}([a,b]))$ 上广义测度 g 如下:

$$g(E)=p(E)-n(E),\quad E\in\boldsymbol{B}([a,b]),\tag{3.8.4}$$

由 (3.8.4) 和测度 p,n 的定义 $p((\alpha,\beta])=p(\beta+0)-p(\alpha+0),n((\alpha,\beta])=n(\beta+0)-n(\alpha+0))$ 可以看出

$$\begin{aligned}&g((\alpha,\beta])=g(\beta+0)-g(\alpha+0),\quad a\leqslant\alpha\leqslant\beta\leqslant b,\\&g([\alpha,\beta])=g(\beta+0)-g(a),\quad a\leqslant\beta\leqslant b,\end{aligned}\tag{3.8.5}$$

其中 $g(b+0)=g(b)$. 而且广义测度 g 是 $([a,b],\boldsymbol{B}([a,b]))$ 上满足 (3.8.5) 的唯一测度. 有时我们称 p,n 为 g 的正变差、负变差测度. 这时 $v=p+n$ 称为 g 的全变差测度. 显然 g 是全变差有限的测度.

用 $V_0[a,b]$ 表示 $[a,b]$ 上满足条件

(i) $h(a)=0$;

(ii) $h(x)=h(x+0),\quad x\in(a,b)$

的有界变差函数 h (由 (ii), h 必在 (a,b) 上右连续) 的全体. 对于 $[a,b]$ 上任何有界变差函数 $g(x)$, 我们作

$$h(x)=\begin{cases}0, & x=a,\\ g(b)-g(a), & x=b,\\ g(x+0)-g(a), & a<x<b,\end{cases}$$

那么 $h\in V_0[a,b]$, 而且如前面例 2 所示, h、g 所产生的广义测度是一样的. 因此, 今后研究有界变差函数导出的广义测度时, 不妨只要考察 $V_0[a,b]$ 中函数导出的广义测度. 因为这个事实在下册泛函分析中要用, 所以在这里交待一下.

下面是广义测度的简单性质.

引理 1 设 μ 是 $(X,\boldsymbol{R})$ 上广义测度, 那么

(i) $\mu(\varnothing)=0$;

(ii) (**可列可加**) 对任何 $\{E_n\} \subset \boldsymbol{R}, E_n \bigcap E_m = \varnothing (n \neq m)$, 那么

$$\mu\left(\bigcup_{n=1}^{\infty} E_n\right) = \sum_{n=1}^{\infty} \mu(E_n);$$

(iii) $\pm\infty$ 中只有一个可能被取作为 μ 的值①.

证　从 μ 是测度 μ_1、μ_2 之差, 以及 μ_1、μ_2 中至少有一个是有限的, 立即得到 (i), (ii)、(iii).

一般测度论书中 (例如 [3]), 称可测空间 $(X, \boldsymbol{R})$ 上满足引理 1 中 (i)、(ii)、(iii) 条件的集函数 μ 为**带符号的测度**. 显然, 广义测度是带符号的测度. 反之, 我们要证明带符号的测度就是广义测度. 为此我们引入

定义 3.8.2　设 μ 是定义在可测空间 $(X, \boldsymbol{R})$ 的 $\boldsymbol{R}$ 上的集函数, $A \subset X$. 如果对一切可测集 $E \in \boldsymbol{R}, E \bigcap A$ 必可测, 而且 $\mu(E \bigcap A) \geqslant 0$ (或 $\mu(E \bigcap A) \leqslant 0$), 那么称 A 是 μ 的**正集** (或**负集**).

定理 3.8.1 (Hahn 分解定理)　设 μ 是定义在可测空间 $(X, \boldsymbol{R})$ 的 $\boldsymbol{R}$ 上的集函数, 满足 $\mu(\varnothing) = 0$, 可列可加, 永不取 $-\infty$ 值. 这时必存在 μ 的正、负集 A、B, 使得 $A \bigcap B = \varnothing, A \bigcup B = X$.

证　第一步, 找出 μ 的 “最大” 的可测负集. 令

$$\alpha = \inf\{\mu(C) | C \text{ 是可测的负集}\},$$

取可测负集序列 $\{C_n\}$, 使得 $\mu(C_n) \to \alpha$. 因为可测负集的和、差、可列和仍是可测负集, 因此, 集

$$B = \bigcup_{n=1}^{\infty}\left(C_n - \bigcup_{j=1}^{n-1} C_j\right)$$

是可测负集, 而且易知 $\mu(B) = \alpha$②.

第二步, 证明 $A = X - B$ 是 μ 的正集. 对任何 $E \in \boldsymbol{R}$, 因为 $E \bigcap A = E - E \bigcap B$, 所以 $E \bigcap A$ 是可测集. 显然, 关键是要证明 $\mu(E \bigcap A) \geqslant 0$. 假如不对, 必有 A 的可测子集 E_0, 使得 $\mu(E_0) < 0$. 显然, E_0 不可能再是可测负集了 (否则 $\mu(B \bigcup E_0) = \mu(B) + \mu(E_0) < \alpha$, 这与 α 的定义相矛盾), 因此, 必有 E_0 的可测子集 $\widetilde{E}_1, \mu(\widetilde{E}_1) > 0$. 对 $\widetilde{E}_1$, 必有自然数 k, 使得 $\mu(\widetilde{E}_1) \geqslant \dfrac{1}{k}$. 记一切适合这个条件的 k 中最小数为 k_1, 对于 k_1, 必有 E_0 的可测子集 E_1, 使得 $\mu(E_1) \geqslant \dfrac{1}{k_1}$. 显然从 E_0 中挖去 E_1 后的 $(E_0 - E_1)$ 满足 $\mu(E_0 - E_1) = \mu(E_0) - \mu(E_1) \leqslant$

①本书中总假定 $-\infty$ 永不能作为 μ 的值.

②因为假定 $\mu(E) \neq -\infty (E \in \boldsymbol{R})$, 由此顺便得到 $\alpha > -\infty$.

$\mu(E_0) - \frac{1}{k_1} < 0$. 继续用 $E_0 - E_1$ 代替原来的 E_0 地位, 重复上面讨论就有可测集 $E_2 \subset E_0 - E_1, \mu(E_2) \geqslant \frac{1}{k_2}(k_2 \geqslant k_1)$, $\mu(E_0 - E_1 - E_2) \leqslant \mu(E_0 - E_1) - \frac{1}{k_2}$, 如此继续下去, 得到

$$E_n \subset E_0, \quad E_n \bigcap E_m = \varnothing (n \neq m), \quad m, n = 1, 2, 3, \cdots$$
$$k_1 \leqslant k_2 \leqslant \cdots \leqslant k_n \leqslant \cdots, \mu(E_n) \geqslant \frac{1}{k_n}, \quad n = 1, 2, 3, \cdots$$

显然 $\lim\limits_{n\to\infty} \frac{1}{k_n} = 0$, 否则将有 $\mu\left(\bigcup\limits_{n=1}^{\infty} E_n\right) = \sum\limits_{n=1}^{\infty} \mu(E_n) \geqslant \sum\limits_{n=1}^{\infty} \frac{1}{k_n} = \infty$. 但 $E_0 = \bigcup\limits_{n=1}^{\infty} E_n \bigcup \left(E_0 - \bigcup\limits_{n=1}^{\infty} E_n\right)$, 根据 μ 的有限可加性 (可列可加的特殊情况), $\mu(E_0) = \mu\left(\bigcup\limits_{n=1}^{\infty} E_n\right) + \mu\left(E_0 - \bigcup\limits_{n=1}^{\infty} E_n\right)$ 以及 $\mu(E_0) < 0$, 将得 $\mu\left(E_0 - \bigcup\limits_{n=1}^{\infty} E_n\right) = -\infty$, 显然这与假设不取 $-\infty$ 矛盾.

既然 $\lim\limits_{n\to\infty} \frac{1}{k_n} = 0$. 这表明可测集 $F = E_0 - \bigcup\limits_{n=1}^{\infty} E_n$ 只能是负集. 但由于 $\mu(F) = \mu(E_0) - \sum\limits_{n=1}^{\infty} \mu(E_n) < \mu(E_0) < 0$, 与 E_0 不是负集的理由完全一样, F 也不可能是负集. 这就发生矛盾. 因而 A 是正集. 证毕

例如例 1 中的情况, 由可积函数 f 定义出的 $\nu(E)$ 就可以看成带符号的测度, 对于 ν, 集 $A = X(f \geqslant 0)$、$B = X(f < 0)$ 就分别是 ν 的正、负集. 当然, 取集 $A_1 = X(f > 0)$、$B_1 = X(f \leqslant 0)$, 它们分别也是 ν 的正、负集. 所以一般说来 Hahn 分解并不唯一. 但有如下结果.

系 如果 μ 满足定理 3.8.1 的条件, (A_1, B_1)、(A_2, B_2) 分别是 μ 的两个 Hahn 分解, 那么, 必对任何可测集 E

$$\mu(E \bigcap A_1) = \mu(E \bigcap A_2), \mu(E \bigcap B_1) = \mu(E \bigcap B_2).$$

证 因为

$$E \bigcap (A_1 - A_2) \subset E \bigcap A_1, \quad E \bigcap (A_1 - A_2) \subset E \bigcap B_2,$$

A_1、B_2 分别是正、负集, 所以 $\mu(E \bigcap (A_1 - A_2)) = 0$. 交换 A_1、A_2 位置, 就又有 $\mu(E \bigcap (A_2 - A_1)) = 0$. 因此

$$\mu(E \bigcap A_1) = \mu(E \bigcap A_1 \bigcap A_2) = \mu(E \bigcap A_2).$$

同样, $\mu(E \bigcap B_1) = \mu(E \bigcap B_2)$. 证毕

系表明, 从测度方面来看, Hahn 分解实质上是唯一的. 由此引入下面几个重要的测度 (容易验证它们是测度)

$$\mu^+(E) = \mu(E\bigcap A), \mu^-(E) = -\mu(E\bigcap B), \tag{3.8.6}$$

$$|\mu|(E) = \mu^+(E) + \mu^-(E), \tag{3.8.7}$$

$$(E \in \boldsymbol{R})$$

分别称 μ^+、μ^-、$|\mu|$ 为 μ 的**正变差测度、负变差测度、全变差测度**. 并且显然有

$$\mu(E) = \mu^+(E) - \mu^-(E), \tag{3.8.8}$$

$$|\mu|(E) \geqslant |\mu(E)|. \tag{3.8.9}$$

这样, 我们得到类似有界变差函数的 Jordan 分解的定理.

定理 3.8.2 (Jordan 分解定理) 设 μ 是定义在可测空间 $(X, \boldsymbol{R})$ 的 $\boldsymbol{R}$ 上的集函数. 满足 $\mu(\varnothing) = 0$, μ 是可列可加的, 并且 μ 永不取到 $-\infty$. 那么必有 $\mu(E) = \mu^+(E) - \mu^-(E) \quad (E \in \boldsymbol{R})$, 并且存在正数 α, 使得一切 $E \in \boldsymbol{R}, \mu^-(E) \leqslant \alpha$.

读者自己证明这个定理.

Jordan 分解定理说明, 带符号的测度就是广义测度, 和有界变差函数的分解一样, 有如下系.

系 设 $\mu = \mu_1 - \mu_2$ 是 $(X, \boldsymbol{R})$ 上广义测度, 那么对一切 $E \in \boldsymbol{R}$,

$$\mu_1(E) \geqslant \mu^+(E), \mu_2(E) \geqslant \mu^-(E), (\mu_1 + \mu_2)(E) \geqslant |\mu|(E). \tag{3.8.10}$$

证 由 (3.8.6), 对任何 $E \in \boldsymbol{R}, \mu^+(E) = \mu(E\bigcap A) = \mu_1(E\bigcap A) - \mu_2(E\bigcap A) \leqslant \mu_1(E\bigcap A) \leqslant \mu_1(E)$. 同样, $\mu_2(E) \geqslant \mu^-(E)$. 由此易知 $(\mu_1 + \mu_2)(E) \geqslant |\mu|(E)$. 证毕

系表明, 广义测度的 Jordan 分解是一切分解 $\mu = \mu_1 - \mu_2$ 中达到某种意义下的极值的分解. 今后都采用这种分解.

对于广义测度, 我们同样可以引入如下一些概念.

定义 3.8.3 设 μ 是可测空间 $(X, \boldsymbol{R})$ 上广义测度, 如果对任何 $E \in \boldsymbol{R}$, $\mu(E) < \infty$[①], 称 μ 为**有限的**; 如果 $X \in \boldsymbol{R}$, 有限的广义测度称为**全有限的**; 如果对每个 $E \in \boldsymbol{R}$, 总存在 $\{E_n\} \subset \boldsymbol{R}, \mu(E_n) < \infty, E \subset \bigcup_{n=1}^{\infty} E_n$, 称 μ 为 **$\boldsymbol{\sigma}$-有限的**; 如果 $X \in \boldsymbol{R}$, σ-有限的广义测度称为**全 $\boldsymbol{\sigma}$-有限的**.

①我们书中规定, $\mu(E)$ 不取 $-\infty$ 值, 所以, $\mu(E) < \infty$ 就是 $-\infty < \mu(E) < +\infty$.

从 Jordan 分解, 读者很容易证明下面性质

(i) μ 是有限的充要条件是 $|\mu|$ 为有限的;

μ 是全有限的充要条件是 $|\mu|$ 为全有限的.

(ii) μ 是 σ-有限的充要条件是 $|\mu|$ 是 σ-有限的;

μ 是全 σ-有限的充要条件是 $|\mu|$ 是全 σ-有限的.

3. 关于广义测度的积分 和普通测度一样, 类似地引入函数关于广义测度的积分.

定义 3.8.4 设 $(X, \boldsymbol{R}, \mu)$ 是广义测度空间, f 是 E 上可测函数. 如果 f 在 E 上关于 $|\mu| = \mu^+ + \mu^-$ 是可积的 (等价于 f 在 E 上同时关于 μ^+、μ^- 可积), 那么称 f 在 E 上**关于μ可积分**, 称

$$\int_E f\mathrm{d}\mu^+ - \int_E f\mathrm{d}\mu^-$$

是 f 在 E 上**关于μ的积分**, 记为 $\int_E f\mathrm{d}\mu$.

特别, 如果 $(X, \boldsymbol{R}, \mu)$ 是 $(E^1, \boldsymbol{B}, g)$ 或 $(E^1, \boldsymbol{L}^g, g)$, 这里 g 是 E^1 上有界变差函数 (即可分解成 E^1 上两个单调函数之差的函数), 上述积分就仍称为 Lebesgue-Stieltjes 积分.

和普通函数一样, 当 f 是复值函数时, 我们只要分别考察 $\mathrm{Re}\, f$、$\mathrm{Im}\, f$ 的积分就可以了.

关于广义测度的积分, 有完全类似于普通测度积分的性质.

定理 3.8.3 设 $(X, \boldsymbol{R}, \mu)$ 是广义测度空间, 那么有如下性质:

1° 任何 $\mu(E) < \infty$ 的集 E 上的有界可测函数关于 μ 总是可积的.

2° 设 f、h 关于 μ 在 E 上可积, α、β 是任何两个常数, 那么 $\alpha f + \beta h$ 关于 μ 也是在 E 上可积的, 而且

$$\int_E (\alpha f + \beta h)\mathrm{d}\mu = \alpha \int_E f\mathrm{d}\mu + \beta \int_E h\mathrm{d}\mu.$$

3° 如果 f、h 在 E 上关于 $|\mu|$ 几乎处处相等, 并且 f 可积, 那么

$$\int_E f\mathrm{d}\mu = \int_E h\mathrm{d}\mu.$$

4° 对任何 E 上可积的函数 f, 总有

$$\left|\int_E f\mathrm{d}\mu\right| \leqslant \int_E |f|\mathrm{d}|\mu|,$$

特别地, 当 g 是 $[a,b]$ 上有界变差函数时,

$$\left|\int f\mathrm{d}g\right| \leqslant \int |f||\mathrm{d}g|^{①}.$$

5° 如果 f 在 E 上可积, 那么对任何 $\varepsilon>0$, 一定存在 $\delta>0$, 当 $e\subset E$, $|\mu|(e)<\delta$ 时,

$$\left|\int_e f\mathrm{d}\mu\right| < \varepsilon.$$

6° 如果 $\{E_n\}$ 是一列互不相交的可测集, 那么 f 在 $\bigcup\limits_{n=1}^{\infty} E_n$ 上关于 μ 可积的充要条件是

(i) f 在 $E_i(i=1,2,3,\cdots)$ 上关于 μ 可积;

(ii) $\sum\limits_{i=1}^{\infty}\int_{E_i}|f|\mathrm{d}|\mu|<\infty$.

当 f 在 $\bigcup\limits_{n=1}^{\infty} E_n$ 上可积时, 成立着

$$\sum_i \int_{E_i} f\mathrm{d}\mu = \int_{\bigcup\limits_i E_i} f\mathrm{d}\mu.$$

特别地, 当 $g\in V_0[a,b]$ 时, 对任何 $c\in(a,b)$,

$$\int\limits_{[a,b]} f\mathrm{d}g = \int\limits_{[a,c]} f\mathrm{d}g + \int\limits_{(c,b]} f\mathrm{d}g = \int\limits_{[a,c)} f\mathrm{d}g + \int\limits_{[c,b]} f\mathrm{d}g.$$

7° **(控制收敛定理)** 设 $\{f_n\}$ 是 E 上可积的函数列, 如果 f_n 关于 $|\mu|$ 几乎处处收敛于 f, 而且存在可积的函数 F, 使得

$$|f_n| < F(n=1,2,3,\cdots)$$

关于 $|\mu|$ 几乎处处成立. 那么

$$\lim_{n\to\infty}\int f_n\mathrm{d}\mu = \int \lim_{n\to\infty} f_n\mathrm{d}\mu.$$

因为这些性质均属明显, 我们不去证明了. 读者必须注意的是, 凡是以前普通测度的积分中所说的 “零集”、“几乎处处” 之类的条件, 现在都要改成关

① “$|\mathrm{d}g|$” 是分析数学中一般通常用的记号, 表示 g 的全变差 $\overset{x}{\underset{a}{\mathbf{V}}}(g)$ 所导出的测度的微分, 即 “$\mathrm{d}\overset{x}{\underset{a}{\mathbf{V}}}(g)$”

于 $|\mu|$ 的 "零集"、"几乎处处". 这是因为对广义测度 μ 来说, 它的零集可以很 "大", 例如一个非零的广义测度, 全空间 X 却可以是它的零集. 具体例子如 $X=[0,2\pi], g(x)=\sin x$. 由 $g(x)$ 导出 $[0,2\pi]$ 上所有 Borel 集上的广义测度 g, 这时 $g([0,2\pi])=g(2\pi)-g(0)=0$. 其次, 凡是关于普通测度的积分理论中要通过不等式的估计才能得到的性质 (例如一切极限性质等); 那里的条件都得改为关于测度 $|\mu|$ 的条件. 这种条件的更改是由于广义测度 μ 是可以取正、负值所造成的. 读者如能实地地去推导一些性质就不难正确地把握了.

当 μ_1、μ_2 是 $(X,\boldsymbol{R})$ 上两个普通测度, μ_2 是有限的, 如果 f 在 E 上关于 $\mu=\mu_1-\mu_2$ 可积, 一般地说, f 并不一定关于 μ_1、μ_2 是可积的 (请读者举一个例子), 但有如下结果.

引理 2　如果 $\mu=\mu_1-\mu_2$ 是 $(X,\boldsymbol{R})$ 上广义测度, f 在 E 上关于 μ_1、μ_2 都可积, 那么 f 在 E 上必关于 μ 可积. 当可积时, 有

$$\int_E f\mathrm{d}\mu=\int_E f\mathrm{d}\mu_1-\int_E f\mathrm{d}\mu_2. \tag{3.8.11}$$

证　从 (3.8.10), 即从 $\mu^+\leqslant\mu_1$、$\mu^-\leqslant\mu_2$, 立即知道 f 关于 μ^+、μ^- 在 E 上可积 (参见 §3.3 习题 12). 又由于 $\mu_1-\mu_2=\mu^+-\mu^-$, 即 $\mu_1+\mu^-=\mu_2+\mu^+$, 因此

$$\begin{aligned}\int_E f\mathrm{d}\mu_1+\int_E f\mathrm{d}\mu^-&=\int_E f\mathrm{d}(\mu_1+\mu^-)=\int_E f\mathrm{d}(\mu_2+\mu^+)\\&=\int_E f\mathrm{d}\mu_2+\int_E f\mathrm{d}\mu^+.\end{aligned} \tag{3.8.12}$$

上面第一、三两个等式是利用 §3.3 习题 12 得到的. 由 (3.8.12) 立即得到 (3.8.11).

证毕

下面是关于测度的线性.

定理 3.8.4 (线性)　设 μ、ν 是 $(X,\boldsymbol{R})$ 上的两个广义测度. 如果 f 在 E 上关于 μ、ν 可积, 那么, 对任何常数 α、β,

$$\int_E f\mathrm{d}(\alpha\mu+\beta\nu)=\alpha\int_E f\mathrm{d}\mu+\beta\int_E f\mathrm{d}\nu. \tag{3.8.13}$$

证　我们仅考察 $\alpha\geqslant 0,\beta\leqslant 0$ 的情况 (其他情况由读者补证). 这时

$$\alpha\mu+\beta\nu=(\alpha\mu^+-\beta\nu^-)-(\alpha\mu^--\beta\nu^+),$$

因为 f 关于 μ^+、μ^-、ν^+、ν^- 可积, 因此 f 关于测度 $\alpha\mu^+-\beta\nu^-$、$\alpha\mu^--\beta\nu^+$ 在 E 上可积. 由引理 2, f 关于 $\alpha\mu+\beta\nu$ 在 E 上可积, 并且

$$\int_E f\mathrm{d}(\alpha\mu+\beta\nu)=\int_E f\mathrm{d}(\alpha\mu^+-\beta\nu^-)-\int_E f\mathrm{d}(\alpha\mu^--\beta\nu^+).$$

因为 $\alpha\mu^+ - \beta\nu^- = \alpha\mu^+ + (-\beta)\nu^-, \alpha\mu^- - \beta\nu^+ = \alpha\mu^- + (-\beta)\nu^+$ 易知

$$\int_E f\mathrm{d}(\alpha\mu^+ - \beta\nu^-) = \alpha\int_E f\mathrm{d}\mu^+ + (-\beta)\int_E f\mathrm{d}\nu^-,$$

$$\int_E f\mathrm{d}(\alpha\mu^- - \beta\nu^+) = \alpha\int_E f\mathrm{d}\mu^- + (-\beta)\int_E f\mathrm{d}\nu^+.$$

由此立即可以得到 (3.8.13). 证毕

4. R – N 导数 对于广义测度, 除了有类似有界变差函数的 Jordan 分解, 也有类似于全连续函数的 Newton-Leibniz 公式的结果, 通常称为 Radon-Nikodym (拉东 – 尼古丁) 定理, 还有类似的有界变差函数的 Lebesgue 分解定理, 为此, 先推广全连续概念. 当然要把直线中启发引入全连续函数概念时的不定积分这种点函数 $F(x)$ (见 (3.7.4)) 换成:

$$\nu(E) = \int_E f\mathrm{d}\mu, \quad E \in \boldsymbol{R},$$

$\nu(E)$ 是 $(X, \boldsymbol{R})$ 上的集函数, 是广义测度. 由积分全连续性的启发, 我们可以引入一个测度关于另一个广义测度全连续的概念.

定义 3.8.5 设 ν、μ 是可测空间 $(X, \boldsymbol{R})$ 上两个广义测度. 如果对任何 $\varepsilon > 0$, 必存在 $\delta > 0$, 使得对任何 $E \in \boldsymbol{R}$, 只要 $|\mu|(E) < \delta$ 时, 就有 $|\nu(E)| < \varepsilon$, 那么称 ν 关于 μ 是**强全连续**.

上述全连续概念完全是仿照 §3.7 直线上的情况. 读者容易证明: ν 关于 μ 强全连续的充要条件是 $|\nu|$ 关于 μ 为强全连续, 或者充要条件是 ν^+、ν^- 同时关于 μ 为强全连续的.

但在一般测度论中, 常用的是比强全连续要求弱一点的下面的全连续概念.

定义 3.8.6 设 ν、μ 是可测空间 $(X, \boldsymbol{R})$ 上两个广义测度. 如果从 $|\mu|(E) = 0$ 必可推出 $|\nu(E)| = 0$, 那么, 称 ν 关于 μ 为**全连续**, 记为 $\nu \ll \mu$.

从定义先得到今后有用的下面事实.

引理 3 下面三件事是等价的:

(i) $\nu \ll \mu$;

(ii) $\nu^+ \ll \mu, \nu^- \ll \mu$;

(iii) $|\nu| \ll \mu$.

证 (i)⇒(ii) 记 A、B 为 ν 的正、负集, $A \bigcup B = X, A \bigcap B = \varnothing$. 设 $E \in \boldsymbol{R}, |\mu|(E) = 0$, 因而 $|\mu|(E \bigcap A) = |\mu|(E \bigcap B) = 0$. 根据 (i) 成立, 必然 $|\nu(E \bigcap A)| = 0, |\nu(E \bigcap B)| = 0$, 即 $\nu^+(E) = \nu(E \bigcap A) = 0, \nu^-(E) = -\nu(E \bigcap B) = 0$. 从而 (ii) 成立.

(ii)⇒(iii)⇒(i) 都是显然的. 证毕

利用引理 3 就得到下面有关强全连续和全连续关系的命题.

引理 4 (i) ν 关于 μ 强全连续时, ν 必关于 μ 全连续; (ii) 如果 ν 是有限的, 那么, ν 关于 μ 强全连续等价于 ν 关于 μ 全连续.

证 (i) 由强全连续假设, 对任何 $\varepsilon > 0$, 存在 $\delta > 0$, 只要 $|\mu|(E) < \delta$ 时, $|\nu|(E) < \varepsilon$. 特别地, 当 E 是 $|\mu|$ 零集时, 对任何 $\delta, |\mu|(E) < \delta$ 成立, 所以 $|\nu(E)| < \varepsilon$. 再令 $\varepsilon \to 0$, 便得到 $|\nu(E)| = 0$, 即 $\nu \ll \mu$.

(ii) 由 (i) 知道, 只要证明在 ν 是有限的条件下, 由全连续能推出强全连续. 假如不对, 即 ν 关于 μ 不强全连续, 自然 $|\nu|$ 关于 μ 不强全连续. 因而存在 $\varepsilon_0 > 0$, 对任取 $\delta = \dfrac{1}{2^n}(n = 1, 2, 3, \cdots)$, 相应地有 $E_n \in \boldsymbol{R}, |\mu|(E_n) < \dfrac{1}{2^n}$, 但 $|\nu|(E_n) > \varepsilon_0$. 从而 $|\nu|\left(\bigcup\limits_{k=n}^{\infty} E_k\right) > \varepsilon_0(n = 1, 2, 3, \cdots)$. 但 $\left\{\bigcup\limits_{k=n}^{\infty} E_k\right\}$ 是单调下降序列, 并且 $|\mu|\left(\bigcup\limits_{k=n}^{\infty} E_k\right) \leqslant \dfrac{1}{2^{n-1}} < \infty$, 记 $F = \lim\limits_{n\to\infty} \bigcup\limits_{k=n}^{\infty} E_k$ 所以 $|\mu|(F) = 0$. 另一方面, 又假设 ν 是有限的, 因而 $|\nu|\left(\bigcup\limits_{k=n}^{\infty} E_k\right) < \infty$, 从而

$$|\nu|(F) = \lim_{n\to\infty} |\nu|\left(\bigcup_{k=n}^{\infty} E_k\right) \geqslant \varepsilon_0.$$

这就是说 $|\nu|$ 关于 μ 不全连续. 但根据引理 3, $\nu \ll \mu$ 等价于 $|\nu| \ll \mu$, 所以这不可能, 因而 ν 关于 μ 为强全连续. 证毕

因为在一般情况下, σ-有限测度总是化成可列个测度有限集上去考虑. 因而, 上述全连续概念在一般测度论中已足够应用了,

注意, 即使在全 σ-有限测度情况, 两种全连续性并不等价.

例 3 $(E^1, \boldsymbol{B})$ 是直线上 Borel 可测空间, 取 $\mu = m$, ν 取为 $g(x) = x^3$ 所导出的 Lebesgue-Stieltjes 测度. 由于

$$\nu((a, b]) = g(b) - g(a) = g'(\theta)(b - a) - \theta^2\mu((a, b]), a < \theta < b,$$

易知 ν 关于 μ 不是强全连续的 (因为 θ^2 值可以任意地大).

但 ν 关于 μ 却是全连续的. 事实上, 如果 $E \in \boldsymbol{B}, \mu(E) = 0$. 如记 $E_n = E\bigcap(n, n+1](n = 0, \pm1, \pm2, \cdots)$, 那么 $E = \bigcup\limits_{-\infty}^{+\infty} E_n, \mu(E_n) = 0$. 把 μ、ν 都限制在

$((n, n+1], \boldsymbol{B} \bigcap (n, n+1])$ 上, 对任何 $F \in \boldsymbol{B} \bigcap (n, n+1]$, 易知

$$\nu(F) = g(F) = \int_F g'(t)\mathrm{d}t = \int_F t^2 \mathrm{d}t.$$

函数 t^2 在 $(n, n+1]$ 上是 Lebesgue 可积的, 特别取 $F = E_n$ 时, 便有 $\nu(E_n) = 0$. 再由 ν 的可列可加性, 得到 $\nu\left(\bigcup\limits_{-\infty}^{+\infty} E_n\right) = 0$. 证毕

如果我们采用 "积分" 可以取无限大值 (参见 §3.4 第三小节的说明), 容易知道, 对任何 $E \in \boldsymbol{B}$, 上例中 $\nu(E)$ 可表示成下面形式 (参见 §3.4 习题 12)

$$\nu(E) = \int_E t^2 \mathrm{d}\mu (\mathrm{d}\mu = \mathrm{d}t).$$

函数 $g(x) = x^3$ 的导函数 $g'(x) = 3x^2$, 正是集函数 ν 关于 μ 的 "密度" 函数.

对于一般测度空间, 如 §3.4 习题 12 所指出. 如果 $(X, \boldsymbol{R}, \mu)$ 是全 σ-有限测度空间, f 是 X 上非负可测函数, 那么, 由 f 定义的集函数

$$\nu(E) = \int_E f \mathrm{d}\mu, \quad E \in \boldsymbol{R}. \tag{3.8.14}$$

是 $(X, \boldsymbol{R})$ 上的全 σ-有限测度, 并且从 $\mu(E) = 0$ 必可推出 $\nu(E) = 0$.

下面我们要证明两个全 σ-有限的广义测度, 如果 $\nu \ll \mu$, 那么 ν 必表示成 (3.8.14) 形式 (当然函数 f 不一定是非负的了). 通常称它为 Radon–Nikodym 定理, 简称为 R–N 定理, 而称 f 为 ν 关于 μ 的 Radon–Nikodym **导数** (R–N **导数**), 记为 $\dfrac{\mathrm{d}\nu}{\mathrm{d}\mu}$.

定理 3.8.5 (Radon–Nikodym) 设 ν, μ 是 $(X, \boldsymbol{R})$ 上两个全 σ-有限的广义测度, 如果 $\nu \ll \mu$, 那么必存在 $(X, \boldsymbol{R})$ 上有限可测函数 f, 使得

$$\nu(E) = \int_E f \mathrm{d}\mu, \quad E \in \boldsymbol{R}, \tag{3.8.15}$$

并且这里的 f 是由 ν 唯一确定的 (除去一个 $|\mu|$-零集上的值有差别之外).

证 第一步, 先证唯一性. 如果又有 X 上可测函数 h, 使得

$$\nu(E) = \int_E h \mathrm{d}\mu, \quad E \in \boldsymbol{R}, \tag{3.8.16}$$

这时, 令 A^+、A^- 分别为 μ 的 Hahn 分解的正、负集, $A^+ \bigcap A^- = \varnothing$, $A^+ \bigcup A^- = X$. 由于

$$\begin{aligned} 0 &= \nu(X(h>f)\textstyle\bigcap A^\pm) - \nu(X(h>f)\bigcap A^\pm) \\ &= \displaystyle\int\limits_{X(h>f)\bigcap A^\pm} h\mathrm{d}\mu - \int\limits_{X(h>f)\bigcap A^\pm} f\mathrm{d}\mu = \int\limits_{X(h>f)\bigcap A^\pm} (h-f)\mathrm{d}\mu, \end{aligned}$$

由于被积函数是定号的, 从上式立即得到 $|\mu|(X(h > f)) = 0$, 同样可证 $|\mu|(X(f > h)) = 0$, 即 $f \underset{|\mu|}{\doteq} h$.

第二步, 在 μ, ν 都是全有限测度情况下, 证明存在 f, 使得 (3.8.15) 成立:

(I) 先解决如何从集函数条件 $\nu \ll \mu$ 来找出点函数 f? 较自然的想法是从 “下方” 逼近所要求的 f: 记 $\mathscr{L}$ 是 $(X, \boldsymbol{R})$ 上满足

$$\int_E h \mathrm{d}\mu \leqslant \nu(E), \quad E \in \boldsymbol{R}, \tag{3.8.17}$$

的非负可测函数 h 的全体. 显然, $\mathscr{L} \neq \varnothing$ (至少 $h = 0$ 属于 $\mathscr{L}$). 可以设想, 要求的 f 应是 $h \in \mathscr{L}$ 的 “上确界” 函数. 显然不能简单地取 $f = \sup\limits_{h \in \mathscr{L}} h$($f$ 的函数值可能处处无限大, 另外 f 的可测性没法保证).

为了找 f, 令 $\alpha = \sup\limits_{h \in \mathscr{L}} \left\{ \int_X h \mathrm{d}\mu \right\} \leqslant \nu(X) < \infty$. 任取一列 $h_n \in \mathscr{L}$, 使得

$$\lim_{n \to \infty} \int_X h_n \mathrm{d}\mu = \alpha, \tag{3.8.18}$$

记 $f_0 = \sup\limits_n \{h_n\} = \lim\limits_{n \to \infty} \max(h_1, \cdots, h_n)$. 为了证明 f_0 实质上就是所要求的 f, 先证 $f_0 \in \mathscr{L}$: 事实上, 对每个 n, 必存在 n 个互不相交的集 $E_1, \cdots, E_n, X = \bigcup\limits_{i=1}^n E_i$, 使得 $x \in E_i$ 时, 可测函数 $f_n(x) = \max(h_1(x), \cdots, h_n(x))$ 就是 $h_i(x)$. 由 (3.8.17), 对任何 $E \in \boldsymbol{R}$,

$$\begin{aligned} \int_E f_n \mathrm{d}\mu &= \int_{\bigcup\limits_{i=1}^n (E \bigcap E_i)} f_n \mathrm{d}\mu = \sum_{i=1}^n \int_{E \bigcap E_i} h_i \mathrm{d}\mu \\ &\leqslant \sum_{i=1}^n \nu(E \bigcap E_i) = \nu(E), \end{aligned} \tag{3.8.19}$$

即 $f_n \in \mathscr{L}$. 但 $f_1 \leqslant f_2 \leqslant \cdots \leqslant f_n \leqslant \cdots$, 由 Levi 引理知道 $f_0 = \lim\limits_{n \to \infty} f_n$ 是 $(X, \boldsymbol{R}, \mu)$ 上可积函数. 由 (3.8.18)、(3.8.19) 还可以得到

$$\int_X f_0 \mathrm{d}\mu = \alpha, \quad \int_E f_0 \mathrm{d}\mu \leqslant \nu(E), \quad E \in \boldsymbol{R}. \tag{3.8.20}$$

因为 $f_0 = \infty$ 的点最多是 μ-零集, 所以不妨设 f_0 本身就是有限函数 (否则改变某个 μ-零集上函数值就可以了).

(II) 证明 f_0 就是所要求的 “上确界函数” f: 如令

$$\nu_0(E) = \nu(E) - \int_E f_0 \mathrm{d}\mu, \quad E \in \boldsymbol{R}.$$

显然, 就是要证明对一切 $E\in\boldsymbol{R},\nu_0(E)=0$. 如果不对, 那么必有某个 $E_0\in\boldsymbol{R},\nu_0(E_0)\neq 0$. 注意, 由 (3.8.20) 知道, ν_0 是 $(X,\boldsymbol{R})$ 上测度. 根据 $\nu_0(E_0)>0$, 必有自然数 n, 使得 $\left(\nu_0-\dfrac{1}{n}\mu\right)(E_0)>0$. 根据 Hahn 分解定理, 必有 (不妨取为可测的) 集 A, $\left(\nu_0-\dfrac{1}{n}\mu\right)(A)>0$, 而且对一切 A 的可测子集 A_1, $\left(\nu_0-\dfrac{1}{n}\mu\right)(A_1)\geqslant 0$①. 我们说这不可能, 因为由 $\nu\ll\mu$ 以及 $\left(\nu_0-\dfrac{1}{n}\mu\right)(A)>0$, 必有 $\mu(A)>0$ (否则由 $\mu(A)=0$, 推出 $\nu(A)=0$, 更有 $\nu_0(A)=0$, 从而 $\left(\nu_0-\dfrac{1}{n}\mu\right)(A)=0$). 作函数

$$f_1=f_0+\frac{1}{n}\chi_A,$$

此处 χ_A 是集 A 的特征函数. 显然, 对任何 $E\in\boldsymbol{R}$,

$$\begin{aligned}\int_E f_1\mathrm{d}\mu&=\int_{E\bigcap A}\left(f_0+\frac{1}{n}\chi_A\right)\mathrm{d}\mu+\int_{E-A}f_0\mathrm{d}\mu\\&\leqslant(\nu-\nu_0)(E\bigcap A)+\frac{1}{n}\mu(E\bigcap A)+\nu(E-A)\\&\leqslant\nu(E\bigcap A)+\nu(E-A)=\nu(E),\end{aligned}$$

即 $f_1\in\mathscr{L}$. 可是

$$\int_X f_1\mathrm{d}\mu=\int_X f_0\mathrm{d}\mu+\frac{1}{n}\int_X\chi_A\mathrm{d}\mu=\alpha+\frac{1}{n}\mu(A)>\alpha,$$

这与 α 是 $\mathscr{L}$ 类中积分的上确界相矛盾. 所以 $\nu_0=0$, 因此 $f_0=\dfrac{\mathrm{d}\nu}{\mathrm{d}\mu}$.

第三步, 证明当 ν、μ 是两个全 σ-有限的测度时, 存在 f 使得 (3.8.15) 成立:

由于 ν、μ 的全 σ-有限性, 存在两个互不相交的序列 $\{E_n\}$、$\{F_m\}$, 使得 $\bigcup\limits_{n=1}^{\infty}E_n=X=\bigcup\limits_{m=1}^{\infty}F_m,\nu(E_n)<\infty,\mu(F_n)<\infty(n=1,2,3,\cdots)$. 显然 $\{E_n\bigcap F_m\}$ 互不相交 (对一切 n,m), 并且对 ν、μ 都是有限的序列. 把 ν、μ 都限制在 $(E_n\bigcap F_m,\boldsymbol{R}\bigcap(E_n\bigcap F_m))$ 上, 都是全有限的测度, 并且仍满足 $\nu\ll\mu$. 因而存在 $f_{n,m}$, 使得

$$\nu(E)=\int_E f_{n,m}\mathrm{d}\mu,\quad E\in\boldsymbol{R}\bigcap(E_n\bigcap F_m).$$

在 X 上定义 f: 当 $x\in E_n\bigcap F_m(n,m=1,2,3,\cdots)$ 时, $f(x)=f_{n,m}(x)$. 易知这个 f 便适合要求, 即 (3.8.15) 成立.

第四步, 证明当 ν、μ 是两个全 σ-有限的广义测度时, 存在 f 使得 (3.8.15) 成立:

①这个事实相当于所要找的函数 f 与 f_0 的差 $f-f_0$ 在 A 中大于等于 $\dfrac{1}{n}$.

由于 $\nu \ll \mu$, 所以 $\nu \ll |\mu|$, 从而 $\nu^+ \ll |\mu|, \nu^- \ll |\mu|$. 由第三步, 存在 f^+、f^-, 使得

$$\nu^+(E) = \int_E f^+ \mathrm{d}|\mu|, \quad \nu^-(E) = \int_E f^- \mathrm{d}|\mu|, \quad E \in \boldsymbol{R},$$

记 $f_0 = f^+ - f^-$, 因而

$$\nu(E) = \int_E f_0 \mathrm{d}|\mu|, \quad E \in \boldsymbol{R}.$$

用 $A^\pm$ 表示 μ 的 Hahn 分解中的正、负集, 令 $f = f_0(\chi_A^+ - \chi_A^-)$, 显然

$$\begin{aligned}\nu(E) &= \int_E f_0 \mathrm{d}|\mu| = \int_{E\bigcap A^+} f_0 \mathrm{d}|\mu| + \int_{E\bigcap A^-} f_0 \mathrm{d}|\mu| \\ &= \int_{E\bigcap A^+} f_0 \mathrm{d}\mu - \int_{E\bigcap A^+} f_0 \mathrm{d}\mu = \int_E f \mathrm{d}\mu.\end{aligned}$$

证毕

现在利用 R–N 定理将微积分中的下面公式

$$\int_a^b f \mathrm{d}u = \int_a^b f u' \mathrm{d}x,$$

推广到一般测度的情况.

定理 3.8.6 设 ν, μ 是 $(X, \boldsymbol{R})$ 上两个全 σ-有限广义测度, $E \subset X$, 且 $\nu \ll \mu$. 又设 f 是 E 上关于 $(X, \boldsymbol{R})$ 可测的函数. 那么 f 在 E 上关于 ν 可积的充要条件是 $f\dfrac{\mathrm{d}\nu}{\mathrm{d}\mu}$ 在 E 上关于 μ 可积. 当可积时, 下式成立:

$$\int_E f \mathrm{d}\nu = \int_E f \frac{\mathrm{d}\nu}{\mathrm{d}\mu} \mathrm{d}\mu. \tag{3.8.21}$$

证 我们只证 ν、μ 都是测度的情况.

第一步, 证明当 f 是 E 的可测子集 A 的特征函数 χ_A 时必要性成立: $f = \chi_A$ 关于 ν 可积就是 (3.8.21) 的左边积分存在, 而且 $\displaystyle\int_E f \mathrm{d}\nu = \nu(E\bigcap A) < \infty$, 而 (3.8.21) 的右边

$$\int_E \chi_A \frac{\mathrm{d}\nu}{\mathrm{d}\mu} \mathrm{d}\mu = \int_{E\bigcap A} \frac{\mathrm{d}\nu}{\mathrm{d}\mu} \mathrm{d}\mu = \nu(E\bigcap A),$$

即 (3.8.21) 右边积分不仅存在, 而且确实与该等式左边相等.

第二步, 证明当 f 是 E 上的非负可测函数时必要性成立: 作

$$f_n = \sum_0^{2^{n+1}} \frac{i}{2^n} \chi_E \left(\frac{i}{2^n} \leqslant f < \frac{i+1}{2^n} \right), \quad n = 1, 2, 3, \cdots$$

显然 $\{f_n\}$ 是单调增加序列, 并且 $\lim\limits_{n\to\infty} f_n = f$ (处处收敛). 由 f 在 I 上关于 ν 的可积性, 易知 f_n 都是关于 ν 可积的, 并且

$$\lim_{n\to\infty}\int_E f_n\mathrm{d}\nu = \int_E f\mathrm{d}\nu. \tag{3.8.22}$$

根据第一步, 易知 (3.8.21) 对 f_n 成立, 即

$$\int_E f_n\mathrm{d}\nu = \int_E f_n\frac{\mathrm{d}\nu}{\mathrm{d}\mu}\mathrm{d}\mu, \quad n=1,2,3,\cdots \tag{3.8.23}$$

但 $\left\{f_n\dfrac{\mathrm{d}\nu}{\mathrm{d}\mu}\right\}$ 也是单调增加序列, 并且 $\lim\limits_{n\to\infty} f_n\dfrac{\mathrm{d}\nu}{\mathrm{d}\mu} = f\dfrac{\mathrm{d}\nu}{\mathrm{d}\mu}$ (处处收敛) 从 (3.8.22) 便知 (3.8.23) 右边积分有上界. 由 Levi 引理,

$$\int_E f\mathrm{d}\nu = \lim_{n\to\infty}\int_E f_n\mathrm{d}\nu = \lim_{n\to\infty}\int_E f_n\frac{\mathrm{d}\nu}{\mathrm{d}\mu}\mathrm{d}\mu = \int_E f\frac{\mathrm{d}\nu}{\mathrm{d}\mu}\mathrm{d}\mu.$$

第三步, 对一般的关于 ν 可积函数 f, 分解 $f=f^+-f^-$, $f^\pm$ 都关于 ν 可积, 分别对 f^+、f^- 用第二步结论, 并注意到 $f^\pm\dfrac{\mathrm{d}\nu}{\mathrm{d}\mu} = \left(f\dfrac{\mathrm{d}\nu}{\mathrm{d}\mu}\right)^\pm$, 立即得到

$$\begin{aligned}\int_E f\mathrm{d}\nu &= \int_E f^+\mathrm{d}\nu - \int_E f^-\mathrm{d}\nu = \int_E f^+\frac{\mathrm{d}\nu}{\mathrm{d}\mu}\mathrm{d}\mu - \int_E f^-\frac{\mathrm{d}\nu}{\mathrm{d}\mu}\mathrm{d}\mu.\\ &= \int_E f\frac{\mathrm{d}\nu}{\mathrm{d}\mu}\mathrm{d}\mu.\end{aligned}$$

上面证明了必要性, 以及等式 (3.8.21) 成立, 下面证明充分性.

第四步, 将第一、二、三步中的每步证明过程反过来就可证明: 如果 $f\dfrac{\mathrm{d}\nu}{\mathrm{d}\mu}$ 关于 μ 可积, 必可推出 f 关于 ν 也可积 (自然 (3.8.21) 也成立).

对 ν、μ 都是测度时, 定理 3.8.6 已被证明. 至于一般情况的证明将留给读者作为练习.

现在给出定理 3.8.6 在直线上的具体形式, 它是通常分析数学中常用的.

系 1　设 $g\in V_0[a,b]$, h 是 $[a,b]$ 上关于 g 可积的函数. 作函数

$$u(x) = \begin{cases} 0, & x=a,\\ \displaystyle\int_a^x h\mathrm{d}g, & x\in(a,b],\end{cases} \tag{3.8.24}$$

那么 (i) $u(x)\in V_0[a,b]$; (ii) $[a,b]$ 上 Borel 可测函数 f 关于测度 u (由 $u(x)$ 产生的) 可积的充要条件是 fh 关于 g 可积. (iii) 当 f 关于 u 可积时, 下式成立

$$\int_a^b f\mathrm{d}u = \int_a^b fh\mathrm{d}g. \tag{3.8.25}$$

本系 1 是定理 3.8.6 的直接推论, 不予证明. 但必须注意: 当 $g(t)$ 在 $t=a$ 点连续时, (3.8.24) 中定义的 $u(x)$ 就是

$$\overline{u}(x)=\int_a^x h\mathrm{d}g, x\in[a,b].$$

当 $g(t)$ 在 $t=a$ 点不连续时, 只有 (3.8.24) 定义的 $u(x)$ 才属于 $V_0[a,b]$, 更重要的是它产生的测度才与测度

$$u(E)=\int_E h\mathrm{d}g,\quad E\in \boldsymbol{B}\bigcap[a,b], \tag{3.8.26}$$

相符合 (由 (3.8.26) 定义的测度才是适合定理 3.8.6 的测度, 由 $\overline{u}(x)$ 产生的测度 $\overline{u}$ 在单点集 $\{a\}$ 上有 $\overline{u}(\{a\})=0$, 而

$$u(\{a\})=\int_{[a,a]} h\mathrm{d}g=h(a)[g(a+0)-g(a)],$$

一般地说 $u(\{a\})\neq 0$. 在考察 Lebesgue-Stieltjes 积分时, 这种地方应特别当心.

当然, 对于无限区间也有类似于系 1 的结果.

下面的系是更为特殊的, 但也是很重要的.

系 2 设 $u(x)$ 是 $[a,b]$ 上的全连续函数, f 是 $[a,b]$ 上 Borel 可测函数, 那么, f 关于测度 u (由 $u(x)$ 产生的) 可积的充要条件是 fu'($u'(x)$ 是 $u(x)$ 的导函数) 是 Lebesgue 可积的. 当可积时, 有

$$\int_a^b f\mathrm{d}u=\int_a^b fu'\mathrm{d}x. \tag{3.8.27}$$

只要在系 1 中取 $h=u', g=m$ 立即就得到系 2.

下面是**分部积分公式**

系 3 设 f、g 是 $[a,b]$ 上两个全连续函数, 那么

$$f(b)g(b)-f(a)g(a)=\int_a^b f\mathrm{d}g+\int_a^b g\mathrm{d}f. \tag{3.8.28}$$

证 因为 fg 也是全连续函数, 由 Newton–Leibniz 公式以及 (3.8.27) 就得到

$$\begin{aligned}f(b)g(b)-f(a)g(a)&=\int_a^b (fg)'\mathrm{d}x=\int_a^b fg'\mathrm{d}x+\int_a^b f'g\mathrm{d}x\\&=\int_a^b f\mathrm{d}g+\int_a^b g\mathrm{d}f.\end{aligned}$$

5. Lebesgue 分解 现在将有界变差函数的 Lebesgue 分解推广到一般测度的情况. 先引入测度相互奇异的概念:

定义 3.8.7 设 ν、μ 是可测空间 $(X,\boldsymbol{R})$ 上两个广义测度, 如果存在集 A, 使得对一切 $E\in\boldsymbol{R}$, 有 $E\bigcap A\in\boldsymbol{R}, |\nu|(E\bigcap A)=0, |\mu|(E-A)=0$, 那么, 称 ν、μ 是 (相互) **奇异的**, 记为 $\nu\perp\mu$.

显然, ν、μ 是奇异的, 意味着 X 被分割成两部分 A、$X-A$, 所有 $\boldsymbol{R}$ 中的元素 E 相应地必分割成两个可测的部分 $E\bigcap A$、$E-A$, 而所有 A 中可测子集都是 $|\nu|$-零集, $X-A$ 中可测集都是 $|\mu|$-零集. 当 $\boldsymbol{R}$ 是 σ-代数时, 取 $E=X$, 由此可知, 此时 A 本身必是可测集.

引理 5 设 ν_1、ν_2、μ 都是可测空间 $(X,\boldsymbol{R})$ 上广义测度, $\boldsymbol{R}$ 是 σ-代数, 而且 $\nu_i\perp\mu(i=1,2)$, 那么 $(\nu_1\pm\nu_2)\perp\mu$.

证 因为 $\nu_i\perp\mu(i=1,2)$, 所以存在 $A_i, |\mu|(A_i)=0, |\nu_i|(X-A_i)=0$. 显然, $|\nu_1\pm\nu_2|(X-(A_1\bigcup A_2))\leqslant(|\nu_1|+|\nu_2|)(X-(A_1\bigcup A_2))=0$, 而 $|\mu|(A_1\bigcup A_2)=0$, 所以 $(\nu_1\pm\nu_2)\perp\mu$. 证毕

例 4 设 φ 是 $(-\infty,+\infty)$ 上的跳跃函数, 由它产生 (即由右连续函数 $g(x)=\varphi(x+0)$ 产生) 的广义测度 φ 的测度实际上集中在函数 φ 的不连续点全体 $A=\{x_n|n=1,2,\cdots,p,p\leqslant\infty\}$ 这个集上, 即 $\varphi((-\infty,+\infty)-A)=0$. 然而 $m(A)=0$(m 是 Lebesgue 测度), 所以 $\varphi\perp m$.

例 5 设 $(X,\boldsymbol{R},\mu)$ 是测度空间, $\boldsymbol{R}$ 是 σ-代数, f_1、f_2 是 X 上非负有限可测函数. 作两个测度 ν_1、ν_2: 对任何 $E\in\boldsymbol{R}$,

$$\nu_i(E)=\int_E f_i\mathrm{d}\mu,\quad i=1,2,\tag{3.8.29}$$

如果 $f_1f_2\underset{\mu}{\doteq}0$, 那么取 $A=X(f_1=0)$, 便知对任何 $E\in\boldsymbol{R}$,

$$\nu_1(E\bigcap A)=0,\quad \nu_2(E-A)=0,$$

即 $\nu_1\perp\nu_2$. 反之, 由 (3.8.29) 产生的两个测度 $\nu_i(i=1,2)$, 如果 $\nu_1\perp\nu_2$, 显然必有 $f_1f_2\underset{\mu}{\doteq}0$.

例 6 设 $s(x)$ 是 $[a,b]$ 上单调增加的奇异函数, 由它导出 $[a,b]$ 上 Borel 集类上测度 s 必与测度 m 是奇异的.

证 记 $E=\{x|s'(x)=0\}-\{a,b\}$. 注意 E 未必是 Borel 集. 由于 $m([a,b]-E)=0$, 因而存在 Borel 集 $G_\delta=\bigcap\limits_{n=1}^{\infty}O_n\supset[a,b]-E$, 其中 O_n 都是开集, $O_n\subset$

$[a,b]$, 而且 $m(G_\delta)=0$. 今取 $A=G_\delta$, 要证明 $s\perp m$, 仅需指出 $S([a,b]-G_\delta)=0$ 即可. 由于 $[a,b]-G_\delta=\bigcup\limits_{n=1}^{\infty}F_n$, 其中 $F_n=[a,b]-O_n$ 是闭集. 根据测度的次可列可加性, 只要证明 $s(F_n)=0(n=1,2,3,\cdots)$ 即可. 下面证明这一点:

固定自然数 n, 因为 $F_n\subset E$, 所以对任何给定的 $\varepsilon>0$, 对每个 $x_0\in F_n$, 总有 $\delta_0(x_0,\varepsilon)$, 使当 $|x'-x_0|<\delta_0(x_0,\varepsilon)$ 时,

$$\left|\frac{s(x')-s(x_0)}{x'-x_0}\right|<\varepsilon. \tag{3.8.30}$$

因而一切 $\{(x_0-\delta_0(x_0,\varepsilon),x_0+\delta_0(x_0,\varepsilon))|x_0\in F_n\}$ 覆盖 F_n. 利用 Borel 覆盖定理, 可选出有限个区间 $(x_1-\delta_1,x_1+\delta_1),\cdots,(x_k-\delta_k,x_k+\delta_k)$, 使得 $\bigcup\limits_{i=1}^{k}(x_i-\delta_i,x_i+\delta_i)\supset F_n$, 不妨设 $\{(x_i-\delta_i,x_i+\delta_i)\}$ 互不相交, 利用 (3.8.30) 立即得到

$$s(F_n)\leqslant\sum_{i=1}^{k}s((x_i-\delta_i,x_i+\delta_i))\leqslant\varepsilon(b-a),$$

再令 $\varepsilon\to 0$, 就得到 $s(F_n)=0$. 证毕

定理 3.8.7 (Lebesgue 分解定理) 设 ν、μ 是可测空间 $(X,\boldsymbol{R})$ 上两个全 σ-有限的广义测度, 那么必存在唯一的全 σ-有限的广义测度 ν_s 和 ν_c, 使得 $\nu=\nu_s+\nu_c$, 而 $\nu_c\ll\mu,\nu_s\perp\mu$.

证 第一步, 先对 ν、μ 都是测度的情况证明定理中的分解成立: 由于 $\nu\ll\nu+\mu,\mu\ll\nu+\mu$, 所以存在 f_ν、f_μ, 使得

$$\nu(E)=\int_E f_\nu\mathrm{d}(\nu+\mu),\mu(E)=\int_E f_\mu\mathrm{d}(\nu+\mu),E\in\boldsymbol{R},$$

记 $A=X(f_\mu>0),X-A=X(f_\mu=0)$. 作 $(X,\boldsymbol{R})$ 上两个全 σ-有限测度 ν_s、ν_c:

$$\nu_s(E)=\int_E f_\nu\chi_{X-A}\mathrm{d}(\nu+\mu),\nu_c(E)=\int_E f_\nu\chi_A\mathrm{d}(\nu+\mu),\quad E\in\boldsymbol{R},$$

显然, $\nu=\nu_s+\nu_c$. 其次, 对任何 $E\in\boldsymbol{R}$,

$$\mu(E-A)=\int_{E-A}f_\mu\mathrm{d}(\mu+\nu)=0,$$

$$\nu_s(E\bigcap A)=\int_{E\bigcap A}f_\nu\chi_{X-A}\mathrm{d}(\nu+\mu)=0,$$

即 $\nu_s\perp\mu$. 再证 $\nu_c\ll\mu$: 设 $E\in\boldsymbol{R}$, 并且 $\mu(E)=0$. 因此 $\mu(E\bigcap A)=0$, 注意到 f_μ 在 A 上是正的, 从

$$0=\mu(E\bigcap A)=\int_{E\bigcap A}f_\mu\mathrm{d}(\nu+\mu)$$

就可推出 $(\nu+\mu)(E)=0$, 从而

$$\nu_c(E)=\int_E f_\nu\chi_A \mathrm{d}(\nu+\mu)=\int_{E\bigcap A} f_\nu \mathrm{d}(\nu+\mu)=0,$$

即 $\nu_c \ll \mu$.

第二步, 证明当 ν、μ 都是广义测度时定理中的分解成立: 由第一步, 测度 ν^+、ν^- 对 $|\mu|$ 而言必分别存在分解

$$\nu^{\pm}=\nu_s^{\pm}-\nu_c^{\pm}, \nu_s^{\pm}\perp|\mu|, \nu_c^{\pm}\ll|\mu|,$$

所以 (i)$\nu_c^+-\nu_c^-\ll|\mu|$, 即 $\nu_c^+-\nu_c^-\ll\mu$; (ii) 由引理 5, 得到 $(\nu_s^+-\nu_s^-)\perp|\mu|$, 即 $(\nu_s^+-\nu_s^-)\perp\mu$. 从而只要取 $\nu_c=\nu_c^+-\nu_c^-$, $\nu_s=\nu_s^+-\nu_s^-$ 就适合定理中的分解的要求.

第三步, 证明唯一性: 如又有一组分解 $\nu=\nu_s'+\nu_c'$, 那么

$$\nu_c-\nu_c'=\nu_s'-\nu_s.$$

因为 $\nu_c-\nu_c'\ll|\mu|$, 所以对任何 $E\in\boldsymbol{R}$, 如果 $|\mu|(E)=0$ 必有 $|\nu_c-\nu_c'|(E)=0$. 另一方面, 又有 $(\nu_c-\nu_c')=(\nu_s'-\nu_s)\perp|\mu|$, 所以存在 $|\mu|$-零集 A, 使得

$$|\nu_c-\nu_c'|(X-A)=|\nu_s'-\nu_s|(X-A)=0,$$

从而对任何 $E\in\boldsymbol{R}$, $|\nu_c-\nu_c'|(E)=|\nu_c-\nu_c'|(E\bigcap A)+|\nu_c-\nu_c'|(E-A)=0$, 即 $\nu_c=\nu_c', \nu_s=\nu_s'$. 证毕

6. 测度唯一性 下面的两个定理主要是为了泛函分析的需要而写的.

定理 3.8.8 设 $g\in V_0[a,b]$, 而且对 $[a,b]$ 上任何正值连续函数 $x(t)$, 始终有 $\displaystyle\int_a^b x(t)\mathrm{d}g(t)\geqslant 0$, 那 $g(t)$ 必是 $[a,b]$ 上单调增加函数.

证 在 $[a,b]$ 上作一列函数 $\{x_n(t)\}$ 如下:

$$x_n(t)=\begin{cases}1+\dfrac{1}{n}, & t\in[\alpha,\beta],\\ 1-n\dfrac{t-\beta}{b-\beta}+\dfrac{1}{n}, & t\in\left(\beta,\beta+\dfrac{b-\beta}{n}\right],\\ \dfrac{1}{n}, & t\in\left(\beta+\dfrac{b-\beta}{n},b\right]\quad(n=1,2,3,\cdots),\end{cases}$$

显然 $|x_n(t)|\leqslant 2$. $x_n(t)\geqslant\dfrac{1}{n}$. 并且 $\lim\limits_{n\to\infty}x_n(t)=\chi_{[a,\beta]}(t)$ (如图 3.12). 取 $F\equiv 2$ 作为控制函数, 由广义测度控制收敛定理 (定理 3.8.3 的 7°) 就得到

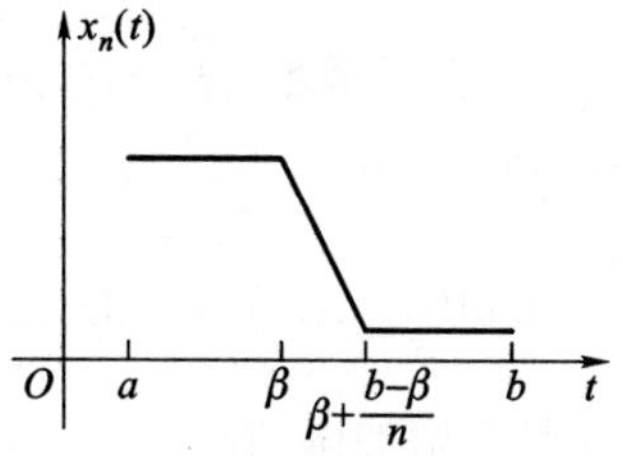

图 3.12

$$g(\beta)-g(a)=\int_a^b \chi_{[a,\beta]}\mathrm{d}g=\lim_{n\to\infty}\int_a^b x_n\mathrm{d}g\geqslant 0,$$

类似地, 对任何 $a<\alpha<\beta\leqslant b$, 作

$$y_n(t)=\begin{cases}1+\dfrac{1}{n}, & t\in\left[\alpha+\dfrac{\beta-\alpha}{n},\beta\right],\\ \dfrac{1}{n}, & t\in[a,\alpha)\bigcup\left(\beta+\dfrac{b-\beta}{n},b\right],\\ n\dfrac{t-\alpha}{\beta-\alpha}+\dfrac{1}{n}, & t\in\left[\alpha,\alpha+\dfrac{\beta-\alpha}{n}\right),\\ 1-n\dfrac{t-\beta}{b-\beta}+\dfrac{1}{n}, & t\in\left(\beta,\beta+\dfrac{b-\beta}{n}\right],(n=1,2,3,\cdots)\end{cases}$$

利用控制收敛定理 (定理 3.8.3 的 7°) 得到

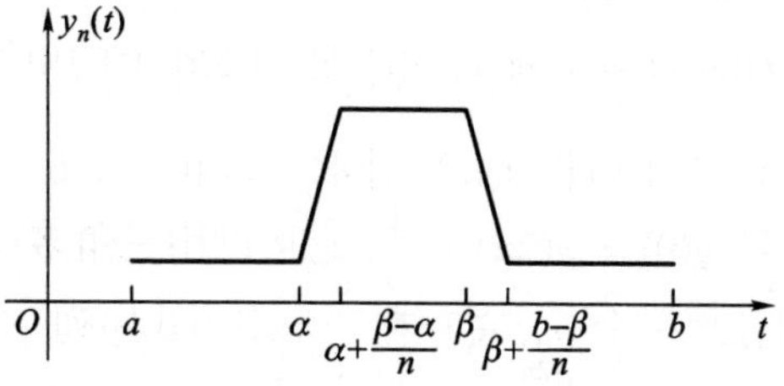

图 3.13

$$g(\beta)-g(\alpha)=\int_a^b \chi_{(\alpha,\beta]}\mathrm{d}g=\lim_{n\to\infty}\int_a^b y_n\mathrm{d}g\geqslant 0,$$

由此得到对一切 $a\leqslant\alpha<\beta\leqslant b$, 都有 $g(\beta)-g(\alpha)\geqslant 0$, 即 g 是单调增加函数.

证毕

系 设 $g\in V_0[a,b]$, 而且对 $[a,b]$ 上任何连续函数 $x(t)$, 始终有 $\int_a^b x(t)\mathrm{d}g(t)=0$, 那么 $g\equiv 0$.

证 根据假设, 对一切正值连续函数, $\int_a^b x(t)\mathrm{d}g(t) \geqslant 0$. 由定理 3.8.6 立即得到 g 是 $[a,b]$ 上单调增加函数. 又由于

$$\int_a^b x(t)\mathrm{d}(-g) = \int_a^b (-x(t))\mathrm{d}g,$$

所以 $(-g)$ 也应该是 $[a,b]$ 上单调增加函数. $g,(-g)$ 既都是单调增加函数, 所以只有 $g(t) \equiv$ 常数. 但是 $g(a)=0$, 所以 $g(t)\equiv 0$. 证毕

我们注意, 这里条件 $g \in V_0[a,b]$ 是不能去掉的, 例如, 任取 $a<c<b$ 作函数

$$g(t) = \begin{cases} 1, & t=c, \\ 0, & t\neq c, \end{cases}$$

那么对一切连续函数 $x(t)$, 都有

$$\int_a^b x(t)\mathrm{d}g(t) = 0,$$

但是 $g \not\equiv 0$.

对于周期函数我们也有类似的结果, 为了以后的需要我们也把有关结果写于下面.

记 $V_{2\pi}$ 为 $V_0[0,2\pi]$ 中在点 $x=0$ 也保持右连续的函数全体. 对任何 $g\in V_{2\pi}$, 它导出的 $[0,2\pi]$ 上广义测度 g 显然具有如下性质: 对任何 $0<\beta\leqslant 2\pi, g([0,\beta]) = g((0,\beta])$, 或者说由单独一点 $x=0$, 组成的 "闭区间" $[0,0]$ 的测度 $g([0,0])=0$.

定理 3.8.8′ 设 $g \in V_{2\pi}$, 如果对任何以 2π 为周期的正值的三角多项式 $T(t)$, 始终有 $\int_2^{2\pi} T(t)\mathrm{d}g(t)\geqslant 0$, 那么 $g(t)$ 是 $[0,2\pi]$ 上的单调增加函数.

证 利用定理 3.8.8 中所作 $\{y_n\}$, 并取 $a=0, b=2\pi$. 显然 y_n 都是 $[0,2\pi]$ 上连续正值函数, 并且 $y(0)=y(2\pi)=\dfrac{1}{n}$, 它可以用三角多项式在 $[0,2\pi]$ 上均匀逼近 (参看 [2]), 即对任何一个 y_n, 总存在三角多项式序列 $\{T_m^{(n)}\}$, 当 $m\to\infty$ 时, $T_m^{(n)}(t)$ 均匀收敛于 y_n. 由于 $\int_0^{2\pi} T_m^{(n)}(t)\mathrm{d}g(t)\geqslant 0$, 利用广义测度控制收敛定理, 就得到

$$\int_0^{2\pi} y_n(t)\mathrm{d}g(t) = \lim_{m\to\infty}\int_0^{2\pi} T_m^{(n)}(t)\mathrm{d}g(t) \geqslant 0,$$

和定理 3.8.8 一样, 再令 $n\to\infty$, 就得到

$$g(\beta)-g(\alpha) = \int_0^{2\pi}\chi_{(\alpha,\beta]}\mathrm{d}g = \lim_{n\to\infty}\int_0^{2\pi} y_n\mathrm{d}g \geqslant 0.$$

由此得到 $0<\alpha<\beta<2\pi, g(\beta)-g(\alpha)\geqslant 0$. 再根据 $g(0)=g(0+0)$, 所以对 $0\leqslant\alpha<\beta<2\pi, g(\beta)-g(\alpha)\geqslant 0$ 也成立, 即 g 是 $[0,2\pi)$ 上的单调增加函数. 类似可证 $g(2\pi)\geqslant g(x)(x\in[0,2\pi))$. 证毕

同样可得类似于定理 3.8.8 的系, 由于以后我们不用它, 所以不写了.

7. 测度与积分后记 作为一般集上的测度与积分理论, 本书中所介绍的, 是目前流行的最一般的形式了. 这些结果在四十年前就有了. 后来, 又在某些方面有了推广, 例如, 向量值测度 (即非数值的测度). 在定义域方面, 现在已经是一般集了, 一般不能再推广, 所以, 对定义域, 往往是再加入一些结构, 例如, 考察希尔伯特空间, 巴拿赫空间, 或更一般的是线性拓扑空间、拓扑空间上的测度 (数值测度). 近二十多年来, 由于各方面需要, 特别是理论物理方面的需要, 在这方面有较多的讨论. 此外, 作为抽象测度的理论, 较有代表性的, 是出现了在具有某种拓扑结构集上, 而取值是具有某种类似于群结构 (但不是群) 的 "测度" 和 "积分" 理论.

另外, 引入 Lebesgue 或 Lebesgue–Stieltjes 积分或更一般的积分的方法, 也可以是多种多样的, 本书是由测度论建立积分论. 但也有先建立积分论, 后建立测度论, 这条路线, 在直线的情况, 首先是由 Daniell 提出的 (见 [2]). 这里似乎可以说: 有测度便有积分, 有积分便有测度, 即测度和积分是等价的. 但也必须指出, 确实有这样的场合, 例如非交换积分, 到目前为止, 还只有 "积分理论", 没有 "测度理论".

习 题 3.8

1. 设 μ 是可测空间 $(X,\boldsymbol{R})$ 上广义测度, 证明 μ^+,μ^-、$|\mu|$ 都是 $(X,\boldsymbol{R})$ 上测度, 举例说明 $|\mu(E)|(E\in\boldsymbol{R})$ 不是 $(X,\boldsymbol{R})$ 上测度.

2. 设 μ 是可测空间 $(X,\boldsymbol{R})$ 上广义测度, E 是可测集, $\{E_n\}$ 是 E 的可测剖分 (即 $E_n\in\boldsymbol{R}, n=1,2,\cdots,p, E_n\cap E_m=\varnothing(n\neq m), \bigcup\limits_{n=1}^{p}E_n=E$). 证明

$$|\mu|(E)=\sup_{\{E_n\}}\sum_{n=1}^{p}|\mu(E_n)|,\mu^+(E)=\sup_{\{E_n\}}\sum_{n=1}^{p}\max(\mu(E_n),0),$$
$$\mu^-(E)=\sup_{\{E_n\}}\sum_{n=1}^{p}\max(-\mu(E),0).$$

3. 设 μ_1、μ_2 是可测空间 $(X,\boldsymbol{R})$ 上两个测度, μ_2 是有限的. 试举例说明, 存在 f, 它关于 $\mu=\mu_1-\mu_2$ 在 E 上可积, 但 f 关于 μ_1、μ_2 在 E 上并不可积.

4. 证明, ν 关于 μ 是强全连续的充要条件是 $|\nu|$ 关于 μ 强全连续, 或者充要条件是 ν^+、ν^- 同时关于 μ 强全连续.

5. 举出一个在 $(-\infty,+\infty)$ 上的 Lebesgue-Stieltjes 测度 g, 它关于 m 是强全连续 (当然是把 g、m 都视为 Borel 集类 $\boldsymbol{B}$ 上的测度), 但不存在 (关于 m 的) 可积函数 f, 使得下式成立:

$$g(E)=\int_E f\mathrm{d}m,\quad E\in\boldsymbol{R}.$$

6. 设 $\{\mu_n\}$ 是可测空间 $(X, \boldsymbol{R})$ 上一列有限的广义测度.

(i) 如果 $\{\mu_n\}$ 是全有限的测度序列, 证明, 必存在 $(X, \boldsymbol{R})$ 上全有限测度 μ, 使得 $\mu_n \ll \mu (n=1,2,3,\cdots)$.

(ii) 证明必存在 $(X, \boldsymbol{R})$ 上有限测度 μ, 使得 $\mu_n \ll \mu (n=1,2,3,\cdots)$.

7. 设 ν、μ 是可测空间 $(X, \boldsymbol{R})$ 上全 σ-有限的广义测度, A_ν、B_ν; A_μ、B_μ 分别是 ν、μ 的 Hahn 分解中的正、负集.

(i) 求出 $\dfrac{\mathrm{d}\nu}{\mathrm{d}|\nu|}$ 的表达式;

(ii) 假设 $\nu \ll \mu$, 并已知 $\dfrac{\mathrm{d}\nu}{\mathrm{d}\mu}$. 求出 $\dfrac{\mathrm{d}\nu^+}{\mathrm{d}\mu}, \dfrac{\mathrm{d}\nu^-}{\mathrm{d}\mu}, \dfrac{\mathrm{d}|\nu|}{\mathrm{d}\mu}, \dfrac{\mathrm{d}\nu^+}{\mathrm{d}|\mu|}, \dfrac{\mathrm{d}\nu^-}{\mathrm{d}|\mu|}, \dfrac{\mathrm{d}\nu}{\mathrm{d}|\mu|}, \dfrac{\mathrm{d}|\nu|}{\mathrm{d}|\mu|}$.

8. 证明定理 3.8.6 在 ν、μ 为广义测度情况下成立.

9. 设 $g(x) \in V_0[a,b]$. 证明: 如果对一切多项式 $p(x)$, 都有

$$\int_a^b p\mathrm{d}g = 0,$$

那么 $g(x)=0$.

10. 设 τ、ν、μ 是可测空间 $(X, \boldsymbol{R})$ 上三个全 σ-有限的广义测度, $\tau \ll \mu, \nu \ll \tau$. 证明 $\nu \ll \mu$, 并且

$$\frac{\mathrm{d}\nu}{\mathrm{d}\mu} \underset{|\mu|}{\doteq} \frac{\mathrm{d}\nu}{\mathrm{d}\tau}\frac{\mathrm{d}\tau}{\mathrm{d}\mu}.$$

11. 设 ν、μ 是可测空间 $(X, \boldsymbol{R})$ 上全 σ-有限的测度, 那么

(i) $\nu \perp \mu$ 的充要条件是 $\dfrac{\mathrm{d}\nu}{\mathrm{d}(\nu+\mu)}\dfrac{\mathrm{d}\mu}{\mathrm{d}(\nu+\mu)} \underset{\nu+\mu}{\doteq} 0$;

(ii) $\nu \sim \mu$ (称为 ν **等价**于 μ, 即 $\nu \ll \mu, \mu \ll \nu$ 同时成立) 的充要条件是 $\dfrac{\mathrm{d}\nu}{\mathrm{d}(\nu+\mu)} \underset{\nu+\mu}{\dot{>}} 0$, $\dfrac{\mathrm{d}\mu}{\mathrm{d}(\nu+\mu)} \underset{\nu+\mu}{\dot{>}} 0$ 同时成立;

(iii) τ 是 $(X, \boldsymbol{R})$ 上另一个全 σ-有限的测度, 并且 $\nu \ll \tau$、$\mu \ll \tau$. 试给出 $\nu \perp \mu, \nu \sim \mu$ 用 $\dfrac{\mathrm{d}\nu}{\mathrm{d}\tau}$、$\dfrac{\mathrm{d}\mu}{\mathrm{d}\tau}$ 来表示的充要条件的形式.

12. (i) 设 μ 是可测空间 $(X, \boldsymbol{R})$ 上全 σ-有限的测度. 证明必存在 $(X, \boldsymbol{R})$ 上全有限的测度 ν, 使得 $\nu \sim \mu$;

(ii) 设 $\{\mu_n\}$ 是可测空间 $(X, \boldsymbol{R})$ 上全 σ-有限的广义测度的序列. 证明必存在 $(X, \boldsymbol{R})$ 上全有限测度 μ, 使得 $\mu_n \ll \mu (n=1,2,3,\cdots)$.

13. 举例说明: 如果 μ 是可测空间 $(X, \boldsymbol{R})$ 上 σ-有限的测度 (注意 $\boldsymbol{R}$ 未必是代数), 未必存在 $(X, \boldsymbol{R})$ 上有限测度 ν, 使得 $\nu \sim \mu$.

14. 将定理 3.8.6 的系 2 中 f 的 Borel 可测性假设换为 Lebesgue 可测性的假设, 并假设测度 u 是经过外测度扩张后得到的. 证明系 2 仍成立.

参考文献

[1] 陈建功. 实函数论. 北京: 科学出版社, 1978.

[2] 夏道行等. 实变数函数论与泛函分析概要. 上海: 上海科技出版社, 1963.

[3] Halmos P.R. Measure Theory. New York: D. Van Nostrand, 1950. (有中译本, 测度论, 科学出版社, 1965.)

[4] Hardy, G. H. A Course of Pure Mathematics. Cambridge: The University Press, 1925.

[5] Hausdorff, F. Mengenlehre. Berlin and Leipzig: W. de Gruyter, 1935. (有中译本, 集论, 科学出版社, 1960.)

[6] Riesz, F., Sz-Nagy, B. Leçons d'analyse fonctionnelle. Budapest: Akademiai Kiadó, 1953. (有第一卷中译本, 泛函分析讲义. 科学出版社, 1963.)

[7] Zaanen, A. C. An Introduction to the Theory of Integration. Amsterdam: North-Holland, 1958.

[8] Натансон, Й.П. Теория Функций Вещественной Переменной. Изд. 2-ое, Гос. Москва 1957. (第一版有中译本. 实变函数论, 高等教育出版社, 1956.)

习题答案

习题 1.1

1. 证明: (i) $A\bigcap(B\bigcup C)=(A\bigcap B)\bigcup(A\bigcap C)$;

(ii) $A\bigcup(B\bigcap C)=(A\bigcup B)\bigcap(A\bigcup C)$.

证 (i) 若 $x\in A\bigcap(B\bigcup C)$. 则 $x\in A$ 且 $x\in B$ 或 $x\in C$. 所以, $x\in A\bigcap B$ 与 $x\in A\bigcap C$ 至少有一个成立. $x\in(A\bigcap B)\bigcup(A\bigcap C)$. 故 $A\bigcap(B\bigcup C)\subset(A\bigcap B)\bigcup(A\bigcap C)$.

反之, 若 $x\in(A\bigcap B)\bigcup(A\bigcap C)$, 则 $x\in A\bigcap B$ 或 $x\in A\bigcap C$. 所以, $x\in A$ 且 $x\in B$ 与 $x\in C$ 至少有一个成立, 故 $x\in A\bigcap(B\bigcup C)$. 这样, 就得到

$$A\bigcap(B\bigcup C)=(A\bigcap B)\bigcup(A\bigcap C).$$

(ii) 若 $x\in A\bigcup(B\bigcap C)$, 则或 $x\in A$. 或 $x\in B\bigcap C$, 即 $x\in B,x\in C$ 从而 $x\in A\bigcup B,x\in A\bigcup C$. 所以 $x\in(A\bigcup B)\bigcap(A\bigcup C)$. 即 $A\bigcup(B\bigcap C)\subset(A\bigcup B)\bigcap(A\bigcup C)$.

反之, 若 $x\in(A\bigcup B)\bigcap(A\bigcup C)$, 则 $x\in A\bigcup B$ 且 $x\in A\bigcup C$. 从而或 $x\in A$ 或者 $x\in B$ 且 $x\in C$, 即或 $x\in A$, 或 $x\in B\bigcap C$ 从而 $x\in A\bigcup(B\bigcap C)$. 由此,

$$A\bigcup(B\bigcap C)=(A\bigcup B)\bigcap(A\bigcup C).$$

3. (i) 等式 $(A-B)\bigcup C=A-(B-C)$ 成立的充要条件是什么?

(ii) 证明: $(A\bigcup B)-C=(A-C)\bigcup(B-C)$,

$A-(B\bigcup C)=(A-B)\bigcap(A-C)$.

解 (i) $(A-B)\bigcup C$ 表示 $\{x|x\in A且x\notin B,或x\in C\}$.
又 $A-(B-C)$ 表示 $\{x|x\in A$ 且 $x\in B$ 及 $x\notin C$ 至少有一个不成立$\}$, 因此, $A-(B-C)$ 就是 $\{x|x\in A$ 且 $x\notin B$, 或 $x\in C\}$, 即为 $(A-B)\bigcup(A\bigcap C)$.
所以 $(A-B)\bigcup C=A-(B-C)$ 的充分必要条件是 $C=A\bigcap C$, 即 $C\subset A$.

(ii) 若 $x\in(A\bigcup B)-C$, 则 $x\in A$ 或 $x\in B$, 并且 $x\notin C$. 即 $x\in A-C$ 或者 $x\in B-C$. 从而 $x\in(A-C)\bigcup(B-C)$. 即 $(A\bigcup B)-C\subset(A-C)\bigcup(B-C)$.

反之, 若 $x\in(A-C)\bigcup(B-C)$. 则 $x\in A-C$ 或 $x\in B-C$. 即 $x\notin C$, 且 $x\in A$ 及 $x\in B$ 至少有一个成立. 所以 $x\in(A\bigcup B)-C$, 由此,

$$(A\bigcup B)-C=(A-C)\bigcup(B-C).$$

另一方面, 若 $x\in A-(B\bigcup C)$. 则 $x\in A,x\notin B,x\notin C$, 所以 $x\in A-B,x\in A-C$, 即 $x\in(A-B)\bigcap(A-C)$. 可见 $A-(B\bigcup C)\subset(A-B)\bigcap(A-C)$.

反之, 若 $x\in(A-B)\bigcap(A-C)$. 则 $x\in A-B,x\in A-C$. 故 $x\in A,x\notin B,x\notin C$. 从而 $x\notin B\bigcup C$, 即得 $x\in A-(B\bigcup C)$, 结合上面的包含关系,

$$(A\bigcup B)-C=(A-C)\bigcup(B-C).$$

5. 设 $\{A_n\}$ 是一列集.

(i) 作 $B_1=A_1,B_n=A_n-\left(\bigcup\limits_{\nu=1}^{n-1}A_\nu\right)(n>1)$, 证明 $\{B_\nu\}$ 是一列互不相交的集, 且

$$\bigcup_{\nu=1}^{n}A_\nu=\bigcup_{\nu=1}^{n}B_\nu(n=1,2,3,\cdots).$$

(ii) 如果 $\{A_n\}$ 是单调减少的集列, 那么

$$A=(A_1-A_2)\bigcup(A_2-A_3)\bigcup\cdots\bigcup(A_n-A_{n+1})\bigcup\cdots\bigcup\left(\bigcap_{\nu=1}^{\infty}A_\nu\right),$$

并且其中各项互不相交.

证 (i) 当 $m>n$ 时, 由于 $B_n\subset A_n.B_m=A_m-\left(\bigcup\limits_{\nu=1}^{m-1}A_\nu\right)$, 所以 $B_m\bigcap A_n=\varnothing$. 因此 $B_m\bigcap B_n=\varnothing$.

等式 $\bigcup\limits_{\nu=1}^{n}A_\nu-\bigcup\limits_{\nu=1}^{n}B_\nu$ 可用归纳法证明, $n-1$ 时显然.

如果 $\bigcup\limits_{\nu=1}^{n}A_\nu=\bigcup\limits_{\nu=1}^{n}B_\nu$. 则 $\bigcup\limits_{\nu=1}^{n+1}A_\nu=\bigcup\limits_{\nu=1}^{n}B_\nu\bigcup A_{n+1}$. 而 $\bigcup\limits_{\nu=1}^{n+1}B_\nu=\bigcup\limits_{\nu=1}^{n}B_\nu\bigcup B_{n+1}$ $=\bigcup\limits_{\nu=1}^{n}B_\nu\bigcup(A_{n+1}-\bigcup\limits_{\nu=1}^{n}A_\nu)=\bigcup\limits_{\nu=1}^{n}B_\nu\bigcup A_{n+1}$. 所以 $\bigcup\limits_{\nu=1}^{n}A_\nu=\bigcup\limits_{\nu=1}^{n}B_\nu$, 对 $n=1,2,\cdots$ 成立.

(ii) 若 $\{A_n\}$ 是单调减少的集列, 即 $A_1 \supset A_2 \supset A_3 \supset \cdots \supset A_n \supset A_{n+1} \supset \cdots$ 于是. 当 $x \in A_1$ 时, 或者 $x \in A_n$ 对 $n = 1, 2, \cdots$ 都成立. 或者有一个 n_0 使 $x \in A_{n_0}$ 但 $x \notin A_{n_0+1}$. 所以 $x \in (A_1 - A_2) \bigcup (A_2 - A_3) \bigcup \cdots \bigcup \left(\bigcap_{\nu=1}^{\infty} A_\nu\right)$. 而集 $(A_1 - A_2) \bigcup (A_2 - A_3) \bigcup \cdots \bigcup \left(\bigcup_{\nu=1}^{\infty} A_\nu\right)$ 显然是 A_1 的子集. 因此 $A_1 = (A_1 - A_2) \bigcup (A_2 - A_3) \bigcup \cdots \bigcup \left(\bigcap_{\nu=1}^{\infty} A_\nu\right)$. 当 $m > n$ 时, $(A_m - A_{m+1})$ 与 $(A_n - A_{n+1})$ 显然不交, 而 $\bigcap_{\nu=1}^{\infty} A_\nu$ 显然与每个 $A_n - A_{n+1}$ 不交.

7. 设 $\{f_n(x)\}$ 是区间 $[a, b]$ 上的实函数列.

$$f_1(x) \leqslant f_2(x) \leqslant \cdots \leqslant f_n(x) \leqslant \cdots,$$

又设 $\{f_n(x)\}$ 具有极限函数 $f(x)$. 证明对任何实数 c. 证明

$$E(f(x) > c) = \bigcup_{n=1}^{\infty} E(f_n(x) > c).$$

证 设 $x \in E(f(x) > c)$. 即 $f(x) > c$. 由于 $f(x) = \lim_{n\to\infty} f_n(x)$. 所以有 n_0 使 $f_{n_0}(x) > c$. 即 $x \in E(f_{n_0}(x) > c)$. 所以 $E(f(x) > c) \subset \bigcup_{n=1}^{\infty} E(f_n(x) > c)$.

反之, 如果 $x \in \bigcup_{n=1}^{\infty} E(f_n(x) > c)$. 即有 n_0 使 $x \in E(f_{n_0}(x) > c)$. 即 $f_{n_0}(x) > c$. 由于 $f_1(x) \leqslant f_2(x) \leqslant \cdots$, 所以 $\lim_{n\to\infty} f_n(x) > c$. 即 $f(x) > c, x \in E(f(x) > c)$.

由此, $E(f(x) > c) = \bigcup_{n=1}^{\infty} E(f_n(x) > c)$.

9. 设 $f(x)$ 是 E 上的一个函数, c 是任何实数, 证明

(i) $E(f > c) \bigcup E(f \leqslant c) = E, E(f \geqslant c) = E(f > c) \bigcup E(f = c)$;

(ii) $E(f > c) \bigcap E(f = c) = \varnothing$;

(iii) 当 $c < d$ 时 $E(f > c) \bigcap E(f \leqslant d) = E(c < f \leqslant d)$;

(iv) 当 $c \geqslant 0$ 时 $E(f^2 > c) = E(f > \sqrt{c}) \bigcup E(f < -\sqrt{c})$;

(v) 当 $f \geqslant g$ 时 $E(f > c) \supset E(g > c)$.

证 设 $f(x)$ 是 E 上的函数, c 是实数, 本题中都与函数的取值有关, 几乎都是显然的. 简证如下:

(i) 等价于对 $x \in E, f(x) > c$ 与 $f(x) \leqslant c$ 总有一个成立.

(ii) 等价于对 $x \in E, f(x) > c$ 与 $f(x) = c$ 不会都成立.

(iii) 等价于对 $x \in E, f(x) > c$ 且 $f(x) \leqslant d$, 即 $c < f(x) \leqslant d$.

(iv) 等价于对 $x \in E, f^2(x) > c$ 时, 或 $f(x) > \sqrt{c}$, 或 $f(x) < -\sqrt{c}$.

(v) 等价于当 $f \geqslant g$ 时, 若 $g(x) > c$, 则 $f(x) > c$.

11. 设 f 是定义在集 E 上的实函数, c 是任何实数, 证明:

(i) $E(c \leqslant f(x)) = \bigcup\limits_{n=1}^{\infty} E(c \leqslant f(x) < c+n)$;

(ii) $E = \bigcup\limits_{n=1}^{\infty} E(-n \leqslant f(x)) = \bigcup\limits_{n=1}^{\infty} E(f(x) < n)$;

(iii) $E(f < c) = \bigcup\limits_{n=1}^{\infty} E\left(f \leqslant c - \dfrac{1}{n}\right)$.

证 (i) 设 $x \in E$ 使 $c \leqslant f(x)$. 则有 $n \in \mathbf{N}$ 使 $c \leqslant f(x) < c+n$. 即 $E(c \leqslant f(x)) \subset \bigcup\limits_{n=1}^{\infty} E(c \leqslant f(x) < c+n)$. 反之, 如果 $x \in \bigcup\limits_{n=1}^{\infty} E(c \leqslant f(x) < c+n)$, 即有 n 使 $c \leqslant f(x) < c+n$. 当然 $x \in E(c \leqslant f(x))$. 故成立等式.

(ii) 对任何 $x \in E, f(x)$ 是实数, 故有 n 使 $-n \leqslant f(x)$ 及 $f(x) < n$. 由此 $E \subset \bigcup\limits_{n=1}^{\infty} E(-n \leqslant f(x)), E \subset \bigcup\limits_{n=1}^{\infty} E(f(x) < n)$, 反过来包含式显然.

(iii) 设 $x \in E$ 使 $f(x) < c$, 则有 n 使 $f(x) \leqslant c - \dfrac{1}{n}$. 所以

$E(f < c) \subset \bigcup\limits_{n=1}^{\infty} E(f \leqslant c - \dfrac{1}{n})$. 反过来的包含关系显然.

13. 证明 “和通关系式”

$$S - \bigcap_{\alpha \in \mathbf{N}} A_\alpha = \bigcup_{\alpha \in \mathbf{N}} (S - A_\alpha).$$

证 若 $x \in S - \bigcap\limits_{\alpha \in \mathbf{N}} A_\alpha$, 则 $x \in S, x \notin \bigcap\limits_{\alpha \in \mathbf{N}} A_\alpha$ 即有 $\alpha \in \mathbf{N}$ 使 $x \notin A_\alpha$. 从而 $x \in S - A_\alpha, x \in \bigcup\limits_{\alpha \in \mathbf{N}} (S - A_\alpha)$, 由此 $S - \bigcap\limits_{\alpha \in \mathbf{N}} A_\alpha \subset \bigcup\limits_{\alpha \in \mathbf{N}} (S - A_\alpha)$.

反过来, 若 $x \in \bigcup\limits_{\alpha \in \mathbf{N}} (S - A_\alpha)$, 则有 $\alpha \in \mathbf{N}$ 使 $x \in S - A_\alpha$, 即 $x \in S$ 且 $x \notin A_\alpha$. 从而 $x \notin \bigcap\limits_{\alpha \in \mathbf{N}} A_\alpha . x \in S - \bigcap\limits_{\alpha \in \mathbf{N}} A_\alpha$. 即 $\bigcup\limits_{\alpha \in \mathbf{N}} (S - A_\alpha) \subset S - \bigcap\limits_{\alpha \in \mathbf{N}} A_\alpha$. 故等式成立.

习题 1.2

1. 证明代数数全体是可列集.

证 由于 n 次整系数多项式全体是可列集. 而整系数多项式全体是 $\{n$ 次多项式全体$\}(n = 1, 2, 3, \cdots)$ 的和集, 所以整系数多项式全体是可列集. 整系数多项式全体可排成一列: $P_1(x), P_2(x), \cdots$. 每个整系数多项式只有有限个根. 因

此, 代数数全体是一列有限集的和集. 又代数数全体是无限集, 所以代数数全体是可列集.

3. 证明 g 进制有限小数全体是可列集, 循环小数全体也是可列集.

证 g 进制的一位有限小数, 二位有限小数, 三位有限小数 $\cdots$ 都是有限集. 所以 g 进制有限小数全体至多是可列集, 但它是无限集, 所以是可列集. 同样, g 进制的一位循环小数, 二位循环小数 $\cdots$ 都是有限集, 可知 g 进制的循环小数全体是可列集.

5. 设 A 是平面上以有理点 (即坐标都是有理数的点) 为中心, 有理数为半径的圆全体, 证明 A 是可列集.

证 有理数全体是可列集, 有理数的有序三数组也是可列集. A 中的元可看成三个有理数的有序数组 (x,y,r)(其中)(x,y) 表示圆的中心, r 表示圆的半径 $(r>0)$. 所以 A 是可列集.

7. 设 $\{x_n\}$ 为一序列其中的元素彼此不同, 则它的子序列全体组成势为 $\aleph$的集. 如果 $\{x_n\}$ 中只有有限项彼此不同, 那么子序列全体的势又如何?

证 $\{x_n\}$ 的子序列全体可与正整数的严格上升的数列全体对等. 而 $\{n_1,n_2,n_3,\cdots\}(n_1<n_2<n_3<\cdots)\mapsto\{n_1,n_2-n_1,n_3-n_2,\cdots\}$ 是它与正整数数列全体是一一对应. 因此势为 $\aleph$.

只要 $\{x_n\}$ 中有两个元 $x,y(x\neq y)$ 都出现无限次, 这时, 以 x,y 为项的无穷序列都是 $\{x_n\}$ 的子序列, 这时势仍为 $\aleph$.

9. 设集 B 与 C 的和集的势为 $\aleph$, 证明 B 及 C 中必有一个集的势为 $\aleph$. 如果 $\bigcup\limits_{n=1}^{\infty}A_n$ 的势为 $\aleph$, 证明必有一个 A_n 的势也是 $\aleph$.

证 设 $\overline{\overline{B\bigcup C}}=\aleph$. 可设 $B\bigcap C=\varnothing$. 设 φ 是 $B\bigcup C$ 到实数数对的一一对应. 如果 $\varphi(B)$ 包含了某条直线 $x=x_0$ 则 $\bar{\bar{B}}\geqslant\aleph$. (从而 $\bar{\bar{B}}=\aleph$), 而如果 $\varphi(B)$ 不包含任何直线 $x=x_0$. 则 $\varphi(C)$ 的第一分量是 C 到实数集全体的到上的映射. 故 $\bar{\bar{C}}=\aleph$.

如果 $\bigcup\limits_{n=1}^{\infty}A_n$ 的势为 $\aleph$, 可设 A_n 互不相交. 令 φ 是 $\bigcup\limits_{n=1}^{\infty}A_n$ 到实数列全体的一一对应, 记 $\varphi(A_n)$ 的第 n 个分量全体为 $B_n(n=1,2,3,\cdots)$ 如果某个 B_n 是实数全体. 则 $\bar{\bar{A}}_n\geqslant\aleph$. 但如果每个 B_n 不是实数全体. 设 $x_n\notin B_n$. 则 φ 的值域中没有 $(x_1,x_2,x_3,\cdots)$ 与 φ 是 $\bigcup\limits_{n=1}^{\infty}A_n$ 到实数列全体的一一对应相矛盾!

习题 1.4

1. 证明任意点集的内点全体成一开集.

证 设 A 为任一点集, x_0 是 A 的内点, 于是有 $\varepsilon>0$ 使 $(x_0-\varepsilon,x_0+\varepsilon)\subset A$. 可见 $(x_0-\varepsilon,x_0+\varepsilon)$ 中任何点都是 A 的内点. 因此 A 的内点全体是开集.

3. 设 $f(x)$ 是区间 $[a,b]$ 上的实连续函数, c 是常数. 证明点集 $\{x|x\in[a,b],f(x)\geqslant c\}$ 是闭集, 点集 $\{x|x\in(a,b),f(x)<c\}$ 是开集.

证 任取 $\{x|x\in[a,b],f(x)\geqslant c\}$ 中的点列 x_n 且 $x_n\to x_0$. 由 f 的连续性. $f(x_0)\geqslant c$. 所以 $x_0\in\{x|x\in[a,b],f(x)\geqslant c\}$. 所以 $\{x|x\in[a,b],f(x)\geqslant c\}$ 是个闭集. 另一方面, 设 $x_0\in(a,b),f(x_0)<c$. 由 f 的连续性, 有 $\varepsilon>0$ 使 $(x_0-\varepsilon,x_0+\varepsilon)\subset(a,b)$ 且对任何 $x\in(x_0-\varepsilon,x_0+\varepsilon),f(x)<c$, 因此 $(x_0-\varepsilon,x_0+\varepsilon)\subset\{x|x\in(a,b),f(x)<c\}$, 所以它是开集.

5. 记 $A'=A^{(1)},(A^{(1)})'=A^{(2)},\cdots,(A^{(n)})'=A^{(n+1)},\cdots$ 试作一集 A, 使 $A^{(n)}(n=1,2,3,\cdots)$ 彼此相异.

解 先作一列集 $\{A_m\}(m=0,1,2,\cdots)$ 如下:

$$A_0=\{0\},A_1=\left\{\frac{1}{n}\middle|n=2,3,\cdots\right\}.$$

然后, 令 $A_2=\left\{\frac{1}{n}+\frac{1}{k}\left(\frac{1}{n-1}-\frac{1}{n}\right)\middle|n,k=2,3,4,\cdots\right\}$.

容易看到 $A_2'=A_0\bigcup A_1$, 实际上, A_2 是个孤立点集.

若 A_m 是已作出的孤立点集. 作 A_{m+1} 如下:

对于每个 $x\in A_m$, 取 y 是 A_m 中比 x 大的最小数 (当 x 是 A_m 中最大数时, 令 $y=1$). $A_{m+1}=\bigcup\limits_{x\in A_m}\left\{x+\frac{1}{k}(y-x)\middle|k=2,3,\cdots\right\}$, 取 $A=\bigcup\limits_{m=0}^{\infty}(A_m+m)$ 其中 $A+a$ 表示 $\{x+a|x\in A\}$, A 满足题中要求.

7. 证明每个闭集必是可列个开集的通集, 每个开集可以表示成可列个闭集的和集.

证 设 F 是闭集. 可设 F 非空. 令 $O_n=\left\{x|d(x,F)<\frac{1}{n}\right\}$. 其中 $d(x,F)$ 表示 $\inf\{|x-y||y\in F\}$ 易见 $\bigcap\limits_{n=1}^{\infty}O_n\supset F$. 而当 $y\in\bigcap\limits_{n=1}^{\infty}O_n$ 时, $y\in O_n$, 从而有 $x_n\in F$ 使 $|x_n-y|<\frac{1}{n}(n=1,2,3,\cdots)$. 所以 $x_n\to y$ 由 F 是闭集, $y\in F$. 于是 $F=\bigcap\limits_{n=1}^{\infty}O_n$. 这样作出的每个 O_n 当然是开集.

另一方面, 如果 O 是开集, 可设 O 的构成区间为 $(a_1,b_1),(a_2,b_2),\cdots$. 对于有限的构成区间 (a_i,b_i), 令 $F_{n,i}=\left[a_i+\frac{1}{n},b_i-\frac{1}{n}\right]$ (当 (a_i,b_i) 是无限区间 $(a_i,+\infty)$ 时, $F_{n,i}=\left[a_i+\frac{1}{n},a_i+n\right]$, 当 (a_i,b_i) 是无限区间 $(-\infty,b_i)$ 时, $F_{n,i}=$

$\left[-n, b_i - \dfrac{1}{n}\right]$, 当 $(a_i, b_i) = (-\infty, +\infty)$ 时, $F_{n,i} = [-n, n]$) 并令 $F_n = \bigcup\limits_{i=1}^{n} F_{n,i}$. 这时, F_n 是闭集 $\bigcup\limits_{n=1}^{\infty} F_n = O$.

9. 证明直线上开集全体所成的集的势为 $\aleph$.

证 考虑实数例 $(a_1, b_1, a_2, b_2, a_3, b_3, \cdots)$ 全体, 它的势为 $\aleph$. 令 $\varphi(a_1, b_1, a_2, b_2, \cdots) = \bigcup\limits_{n=1}^{\infty}(a_n, b_n)$(当 $a_n \geqslant b_n$ 时, (a_n, b_n) 理解为空集 $\varnothing$). 显然 φ 是实数列全体到开集全体的满射. 所以开集全体的势 $\leqslant \aleph$. 又开区间 (a, b) $(a < b)$ 全体的势为 $\aleph$, 故开集全体的势 $\geqslant \aleph$. 从而开集全体的势等于 $\aleph$.

11. 定义. A, B 是直线上两个点集, $A \subset B$. 如果 $A' \bigcap B \subset A$, 称 A 是相对于 B 的闭集. 如果对任何 $x \in A$, 总有 x 的环境 (α, β), 使得 $(\alpha, \beta) \bigcap B \subset A$, 称 A 是相对于 B 的开集.

证明: A 是相对于 B 的闭集 (开集) 的充要条件是存在直线上的闭集 F(开集 G), 使得 $A = B \bigcap F(A = B \bigcap G)$.

证 充分性. 设 $A = B \bigcap F$, 其中 F 是闭集. 则$A \subset F, A' \subset F' \subset F$. 所以 $(A' \bigcap B) \subset (F \bigcap B) = A$. 另外, 设 $A = B \bigcap G$, 其中 G 是开集. 于是对任何 $x \in A$, 有 x 的环境 (α, β) 使 $(\alpha, \beta) \subset G$. 从而 $(\alpha, \beta) \bigcap B \subset G \bigcap B = A$.

必要性. 若 $A' \bigcap B \subset A$, 则 $(A \bigcup A') \bigcap B \subset A$. 由 $A \subset B, A \subset (A \bigcup A') \bigcap B$ 即 $A = \bar{A} \bigcap B.\bar{A}$ 是闭集. 另外, 设 A 是相对于 B 的开集, 对任何 $x \in A$. 有 x 的环境 (α, β) 使 $(\alpha, \beta) \bigcap B \subset A$, 取 G 是这样的 (α, β) 的和集, 则 $G \bigcap B = A$ 且 G 是开集.

13. 证明 $x \in \bar{A}$ 的充要条件是存在 A 中一个序列 $\{x_n\}$ 使 $x_n \to x$.

证 设 $x \in \bar{A}$. 如果 $x \in A$, 取 $x_n = x(n = 1, 2, 3, \cdots)$ 即可, 如果 $x \in A'$, 则对任何 $n = 1, 2, 3, \cdots$, 有 A 中 $x_n \in \left(x - \dfrac{1}{n}, x + \dfrac{1}{n}\right)$, 这时 $x_n \to x$. 反之. 如果有 A 中序列 $\{x_n\}$ 使 $x_n \to x$, 或者 $x \in A$, 或者 $x_n \neq x(n = 1, 2, 3, \cdots)$, 于是 x 是 A 的极限点, 即 $x \in A'$, 所以 $x \in \bar{A}$.

15. 定义. 设 A 是直线上点集, x 是直线上的一点. 如果对 x 的任何环境中总含有 A 中不可列无限的点, 那么称 x 是 A 的凝聚点.

证明: 对任何不可列无限集 A, 总有凝聚点, 而且在 A 中必有一个点是 A 的凝聚点.

(ii) 如果 x 是 A 的凝聚点, 那么 x 是 A 的凝聚点的极限点.

(iii) 直线上闭集 F 的势除了有限, 可列外必为 $\aleph$.

证 设 A 是不可列无限集, 则总有一个整数 n 使得

$$A \bigcap (n, n+1)$$

是不可列无限集, 这个区间记为 (a_1,b_1). 把 (a_1,b_1) 分成 $\left(a_1,\dfrac{a_1+b_1}{2}\right)$ 及 $\left(\dfrac{a_1+b_1}{2},b_1\right)$, 其中总有一个, 记为 (a_2,b_2) 使 $A\bigcap(a_2,b_2)$ 是不可列无限集. 继续这样, 可得到一列 (a_n,b_n) 使 $A\bigcap(a_n,b_n)$ 是不可列无限集且 $(a_1,b_1)\supset(a_2,b_2)\supset\cdots$, $b_n-a_n\leqslant\dfrac{1}{2^{n-1}}$. 记 $\lim a_n$ 为 x_0. 易见 x_0 是 A 的凝聚点. 可见不可列无限集 A 必有凝聚点. 下证 A 有在 A 中的凝聚点. 用反证法, 如 A 中无 A 的凝聚点, 于是对任何 $x\in A$, 有 x 的环境 (α_x,β_x), $A\bigcap(\alpha_x,\beta_x)$ 是有限集或可列集. 可取 α_x,β_x 都是有理数. 于是 $A=\bigcup\limits_{x\in A}(A\bigcap(\alpha_x,\beta_x))$ 但以有理数为端点的区间只有可列个, 从而 A 至多是可列集, 与假设矛盾!

下证 (ii), 设 x 是 A 的凝聚点. 于是对任何 n, $\left(x-\dfrac{1}{n},x+\dfrac{1}{n}\right)\bigcap A$ 是不可列无限集. 于是, $\left(x+\dfrac{1}{m},x+\dfrac{1}{n}\right)\bigcap A(m=n+1,n+2,\cdots)$ 及 $\left(x-\dfrac{1}{n},x-\dfrac{1}{m}\right)\bigcap A(m=n+1,n+2,\cdots)$ 中总有一个是不可列无限集. 从而总有一个集中有凝聚点, 它当然是 A 的凝聚点. 这个凝聚点在 $\left(x-\dfrac{1}{n},x+\dfrac{1}{n}\right)$ 中但不等于 x. 所以 x 是 A 的凝聚点全体的极限点.

最后, 设 F 是直线上闭集. 设 F 是无限不可列集, 由 (ii)F 有两个不同的凝聚点 x_0,y_0. 作两个闭区间 δ_0,δ_1 使这两个区间的长度都 <1 且 >0, $\delta_0\bigcap\delta_1=\varnothing$, $x_0\in\delta_0$, $y_0\in\delta_1$. 且 $\delta_0\bigcap F$, $\delta_1\bigcap F$ 都是不可列无限集. 进而在 δ_0 中可作 δ_{00},δ_{01}, 长度都 $<\dfrac{1}{2}$,都 >0 及 δ_1 中的 δ_{10},δ_{11}, 等等. 这样, $\delta_{i_1}\bigcap\delta_{i_1j_1}\bigcap\delta_{i_1j_1k_1}\bigcap\cdots$ $(i_1,j_1,k_1,\cdots=0$ 或 $1)$ 都是单点集且互不相同. 故 $\bar{\bar{F}}\geqslant\aleph$.

17. 设 A 是直线上非空闭集, 证明: 如果 A 是疏朗完全点集, 那么 A 的任何两个余区间之间必至少夹有一个余区间.

证 设直线上非空闭集 A 是疏朗完全点集. 那么 A 的余区间不会相邻接的. 又由 A 是疏朗集, 对于 A 的任何两个余区间 $(\alpha_1,\beta_1),(\alpha_2,\beta_2)(\beta_1<\alpha_2)$, 在开区间 (β_1,α_2) 中有开区间 (α',β'), 其中没有 A 中的点, 从而 (α',β') 在 A 的一个余区间中, 这个余区间 $\subset(\beta_1,\alpha_2)$. 可见 A 的任何两个余区间之间夹有余区间.

19. 直线上孤立点集全体的势是多大?

解 设 A 是直线上的孤立点集, 可设 A 是无限集, 于是对任何 $x\in A$, 有 x 的环境 (α_x,β_x) 使 $A\bigcap(\alpha_x,\beta_x)=\{x\}$. 这里可取 α_x,β_x 都是有理数. 于是 $A=\bigcup\limits_{x\in A}(A\bigcap(\alpha_x,\beta_x))$. 因为 A 是一列单点集的和集, 所以 A 是可列集. 由此, 孤立点集是有限集或可列集.

对任何实数列 $a=(a_1,a_2,a_3,\cdots)$. 令 $\varphi(a)=\bigcup\limits_{n=1}^{\infty}\{a_n\}$, 易见 φ 是实数列全

体到非空孤立集全体的满射. 从而孤立点集全体的势 $\leqslant \aleph$, 而单点集全体势为 $\aleph$. 从而孤立点集全体的势为 $\aleph$.

21. 证明下面几件事是等价的.

(i) A 是疏朗集;

(ii) $\bar{A}$ 不包含任何一个非空环境;

(iii) $\bar{A}$ 是疏朗集;

(iv) $\bar{A}$ 的余集 $(\bar{A})^c$ 是稠密集;

(v) 任何非空环境 (α,β) 中必有非空环境 (α',β') 使得 (α',β') 中不含有 A 中的点.

证 由定义, A 在 B 中稠密 $\Leftrightarrow \bar{A}\supset B$. 由此,

A 是疏朗集 $\Leftrightarrow$ $\bar{A}$ 不包含任何非空环境, 即 (i)$\Leftrightarrow$(ii). 由于 $\overline{(\bar{A})}=\bar{A}$. 故 (ii)$\Leftrightarrow$(iii). 因为疏朗集的余集是稠密集, 故 (iii)$\Rightarrow$(iv) 若 $(\bar{A})^c$ 是稠密集, 则对任何非空环境 (α,β), $(\bar{A})^c$中有 (α,β) 中点 x_0 ,但由于 $(\overline{A})^c$ 是开集, 有 x_0 的环境 $(\alpha',\beta')\subset(\overline{A})^c$, 故 $(\alpha',\beta')\bigcap A=\varnothing$, 即 (iv)$\Rightarrow$(v). 最后, 如果任何非空环境 (α,β) 中有非空环境 (α',β') 使 (α',β') 中不含有 A 中点, 则 $(\alpha',\beta')\bigcap\bar{A}=\varnothing$, 从而 $\bar{A}$ 不会 $\supset(\alpha,\beta)$, 故 (ii) 成立, 即 (v)$\Rightarrow$(ii). 综上所述, 题中五件事等价.

23. 设 $<a,b>$ 或是闭区间 $[a,b]$ 或是开区间 (a,b), $f(x)$ 是 $<a,b>$ 上定义的有限实函数. 证明当 $f(x)$ 是 $<a,b>$ 上连续函数时, 对任何实数 c, 集 $\{x|x\in<a,b>,f(x)\geqslant c\}$ 是相对于 $<a,b>$ 的闭集, 对任何实数 c, $\{x|x\in<a,b>,f(x)>c\}$ 是相对于 $<a,b>$ 的开集.

证 设 f 是 $<a,b>$ 上连续函数. c 是实数. 记 $\{x|x\in<a,b>,f(x)\geqslant c\}$ 为 E_1. 这时, $E_1\subset<a,b>$. 若 x_0 是 E_1 的极限点, 则有 E_1 中一列互不相同的 $\{x_n\}$ 使 $x_n\to x_0$. 由于 $f(x_n)\geqslant c, f(x_n)\to f(x_0)$(如果 $x_0\in<a,b>$) 从而 $f(x_0)\geqslant c$. 即 $x_0\in E_1$. 所以 $E_1'\bigcap<a,b>\subset E_1$. 故 E_1 是相对于 $<a,b>$ 的闭集.

类似地, 记 $\{x|x\in<a,b>,f(x)>c\}$ 为 E_2, 则对于任何 $x_0\in E_2$, 由 $f(x_0)>c$, 故有 x_0 的环境 (α,β), 使当 $x\in(\alpha,\beta)\bigcap<a,b>$ 时, $f(x)>c$. 从而 $(\alpha,\beta)\bigcap<a,b>\subset E_2$. 即 E_2 是相对于 $<a,b>$ 的开集.

实际上, 如果 $<a,b>$ 为 $[a,b]$, 则 E_1 本身是闭集, 而当 $<a,b>=(a,b)$ 时, E_2 本身是开集.

25. $\{I_\lambda,\lambda\in\Lambda\}$ 是直线上一族开区间, 如果它们的通集非空, 那么它们的和集必是开区间.

证 设 $a\in\bigcap\limits_{\lambda\in\Lambda}I_\lambda$, 记 $\beta=\sup\{b|(a,b)\subset I_\lambda$ 对某个 $\lambda\in\Lambda\}$ (如果这样的 b 无上界, $\sup\{b|(a,b)\subset I_\lambda$ 对某个 $\lambda\in\Lambda\}$ 理解为 $+\infty$), 于是, 有 $(a,\beta)\subset\bigcup\limits_{\lambda\in\Lambda}I_\lambda$. 若 β 是实数, 则 $\beta\notin\bigcup\limits_{\lambda\in\Lambda}I_\lambda$. 同样, 记 $\alpha=\inf\{a_1|(a_1,a)\in I_\lambda$ 对某个 $\lambda\in\Lambda\}$. 这时,

如果 a_1 是实数, 则 $a_1 \notin \bigcup\limits_{\lambda\in\varLambda} I_\lambda$. 这样, 就有 $(a_1, b) = \bigcup\limits_{\lambda\in\varLambda} I_\lambda$.

27. 定义. 设 $\{B_\lambda, \lambda\in\varLambda\}$ 是一族集. 如果集 M 中任何一点 a, 必存在某个 $B_\lambda(\lambda\in\varLambda)$, 使得 a 是集 B_λ 的内点, 那么称 $\{B_\lambda, \lambda\in\varLambda\}$ 是 M 的覆盖.

(Lindelöf,Young 定理) 设 A 是直线上一个集, $\{B_\lambda, \lambda\in\varLambda\}$ 是 A 的一个覆盖, 证明: 必存在 $\{B_\lambda, \lambda\in\varLambda\}$ 中 (最多是) 可列个集 $\{B_{\lambda n}, n=1,2,3,\cdots\}$ 使得 $\{B_{\lambda n}\}$ 成为 A 的覆盖.

证 作 E' 的集类 $\boldsymbol{E}=\{(\alpha,\beta)|\alpha,\beta$ 是有理数, $\alpha<\beta$, 存在 $\lambda\in\varLambda$ 使 $(\alpha,\beta)\subset B_\lambda\}$. 由于 $\{B_\lambda, \lambda\in\varLambda\}$ 是 A 的覆盖, 对任何 $a\in A$, 有 $\lambda\in\varLambda$ 使 a 是 B_λ 的内点, 即有 a 的环境 $(\alpha,\beta), (\alpha,\beta)\subset B_\lambda$. 而 α,β 适当缩短后可使 α,β 都是有理数, 从而对任何 $a\in A$, 有 $(\alpha,\beta)\in\boldsymbol{E}$ 使 $a\in(\alpha,\beta)$. 于是

$$A\subset \bigcup_{(\alpha,\beta)\in\boldsymbol{E}} (\alpha,\beta)$$

因为有理数有序数对全体是可列的, $\boldsymbol{E}$ 至多是可列集. $\boldsymbol{E}$ 中元可排成 $(\alpha_1, \beta_1), (\alpha_2,\beta_2),\cdots$, 而对每个 $(\alpha_n,\beta_n)\quad(n=1,2,3,\cdots)$, 有 $\lambda_n\in\varLambda$ 使 $(\alpha_n,\beta_n)\subset B_{\lambda_n}(n=1,2,3,\cdots)$. 这样取得 $B_{\lambda_n}(n=1,2,3,\cdots)$ 仍是 A 的覆盖而所取出的集的个数至多只有一列.

习题 1.5

1. 证明定理 1.5.12 中 (ii)—(vi) 及 (i) 中的 (1.5.11) 式成立.

(i) 任何实数列 $\{x_n\}$ 的上, 下限必存在, 并且

$$\overline{\lim_{n\to\infty}}\, x_n = \lim_{n\to\infty}\lim_{m\to\infty}\max(x_n, x_{n+1},\cdots,x_{n+m});$$

(ii) $\{x_n\}$ 为收敛数列的充要条件是 $\overline{\lim\limits_{n\to\infty}}\, x_n = \underline{\lim\limits_{n\to\infty}}\, x_n$;

(iii) 设 $\{y_n\}$ 是收敛数列, 在下式右边有确定意义 (即不出现 $\infty+(-\infty)$ 或 $-\infty+\infty$ 这种不定形式) 时, 有

$$\overline{\lim_{n\to\infty}}\,(x_n+y_n) = \overline{\lim_{n\to\infty}}\, x_n + \lim_{n\to\infty} y_n,$$
$$\underline{\lim_{n\to\infty}}\,(x_n+y_n) = \underline{\lim_{n\to\infty}}\, x_n + \lim_{n\to\infty} y_n;$$

(iv) 在下式左边有确定意义 (即不出现 $\infty+(-\infty)$ 或 $-\infty+\infty$ 这种不定形式) 时, 有

$$\underline{\lim_{n\to\infty}}\, x_n + \underline{\lim_{n\to\infty}}\, y_n \leqslant \underline{\lim_{n\to\infty}}\,(x_n+y_n),$$
$$\overline{\lim_{n\to\infty}}\, x_n + \overline{\lim_{n\to\infty}}\, y_n \geqslant \overline{\lim_{n\to\infty}}\,(x_n+y_n);$$

(v) $\{x_n\}$、$\{y_n\}$ 是两个数列, 如果 $x_n \leqslant y_n (n=1,2,3,\cdots)$, 那么

$$\varliminf_{n\to\infty} x_n \leqslant \varliminf_{n\to\infty} y_n. \varlimsup_{n\to\infty} x_n \leqslant \varlimsup_{n\to\infty} y_n;$$

(vi) α 是正数, β 是负数, 那么

$$\varlimsup_{n\to\infty} \alpha x_n = \alpha \varlimsup_{n\to\infty} x_n, \varliminf_{n\to\infty} \alpha x_n = \alpha \varliminf_{n\to\infty} x_n,$$

$$\varlimsup_{n\to\infty} \beta x_n = \beta \varliminf_{n\to\infty} x_n, \varliminf_{n\to\infty} \beta x_n = \beta \varlimsup_{n\to\infty} x_n.$$

证 (i) 先证明右边的二重极限有意义. 对任何两个正整数 m,n, 记 $\max(x_n, x_{n+1},\cdots,x_{n+m})$ 为 $G_{n,m}$. 固定 n 时, $G_{n,m}$ 随 m 的增加而增加, 即 $G_{n,1} \leqslant G_{n,2} \leqslant G_{n,3} \leqslant \cdots$, 由此, $\lim\limits_{m\to\infty} G_{n,m}$ 存在 (可以是 $+\infty$). 记 $\lim\limits_{m\to\infty} G_{n,m}$ 为 G_n. 于是, $G_n = \sup\limits_{k\geqslant n} x_k$. 这样 $\{G_n\}$ 是单调下降的. 即 $G_1 \geqslant G_2 \geqslant \cdots$($\{G_n\}$ 中某些甚至全部是 $+\infty$ 都是可能的). 因而 $\lim\limits_{n\to\infty} G_n$ 有意义.(当 $\{G_n\}$ 全是 $+\infty$ 时, $\lim\limits_{n\to\infty} G_n = +\infty$. 否则, $\lim\limits_{n\to\infty} G_n$ 为有限数或 $-\infty$).

下面证明 $\{x_n\}$ 有子序列 $\to \lim\limits_{n\to\infty} G_n$, 且任何子序列有极限时, 极限值 $\leqslant \lim\limits_{n\to\infty} G_n$. 分下面情况讨论: 若 $\lim\limits_{n\to\infty} G_n = +\infty$ 即每个 $G_n = +\infty$. 这时, 对任何正整数 $N, \sup\limits_{k\geqslant n} x_k > N (n=1,2,3,\cdots)$. 即对任何 n, 有 $k \geqslant n$ 使 $x_k > N$, 由 n 的任意性, 有无穷多个 $k \geqslant n$, 使 $x_k > N$. 于是当 $N=1,2,3,\cdots$ 时有 $n_1,n_2,n_3,\cdots$ 使 $n_1 < n_2 < n_3 < \cdots$ 且 $x_{n_k} > k$. 这样, $\lim\limits_{k\to\infty} x_{n_k} = \infty$. 因而 $\varlimsup\limits_{n\to\infty} x_n = \infty$. 若 $\lim\limits_{n\to\infty} G_n = c$ 是个有限数. 于是对任何 $\varepsilon > 0$, 有 N, 当 $n \geqslant N$ 时, $G_n \in (c-\varepsilon, c+\varepsilon)$. 因此取 $\varepsilon = 1, \dfrac{1}{2}, \dfrac{1}{3}, \cdots$ 时, 有 $N_1, N_2, N_3, \cdots$, 当 $n \geqslant N_k$ 时, $G_n \in \left(c-\dfrac{1}{k}, c+\dfrac{1}{k}\right)$. 而可取 $N_1, N_2, \cdots$ 使 $N_1 < N_2 < N_3 < \cdots$, 这时,由于 $G_n = \sup\limits_{l\geqslant n} x_l$. $\sup\limits_{l\geqslant N_1} x_l \in (c-1, c+1)$ 有 $n_1 (\geqslant N_1)$ 使 $x_{n_1} \in (c-1,c+1)$. 而当 $n \geqslant N_2$ 时, $G_n \in \left(c-\dfrac{1}{2}, c+\dfrac{1}{2}\right)$ 取 $\widetilde{n} = \max(n_1+1, N_2)$. 则 $\sup\limits_{l\geqslant \widetilde{n}} x_l \in \left(c-\dfrac{1}{2}, c+\dfrac{1}{2}\right)$. 于是有 $n_2 > n_1$ 使 $x_{n_2} \in \left(c-\dfrac{1}{2}, c+\dfrac{1}{2}\right)$, 依次可取 $n_3, n_4, \cdots$ 使 $n_1 < n_2 < n_3 < \cdots$ 且 $x_{n_k} \in \left(c-\dfrac{1}{k}, c+\dfrac{1}{k}\right)$. 这样, 得到 $\{x_n\}$ 的子序列 $\{x_{n_k}\}, \lim\limits_{k\to x} x_{n_k} = c$. 另一方面, 如果 $\{x_n\}$ 的一个子序列 $\{x_{n_k}\}$ 有极限. 则这子序列中充分后面的项的 x 的标号 n_t 将 $\geqslant N_k$, 从而 $G_{n_t} \in \left(c-\dfrac{1}{k}, c+\dfrac{1}{k}\right), x_n < c+\dfrac{1}{k} (n \geqslant n_t$ 时), 因此 $\lim\limits_{t\to\infty} x_{n_t} \leqslant c+\dfrac{1}{k}$. 由 k 的任意性. $\lim\limits_{t\to\infty} x_{n_t} \leqslant c$. 因而 c 是 $\varlimsup\limits_{n\to\infty} x_n$. 最后, 如果 $\lim\limits_{n\to\infty} G_n = -\infty$, 则对任何正整数 k, 有 N, 当 $n \geqslant N$ 时, $G_n < -k$. 于是对

$k=1,2,3,\cdots$ 时, 依次有 $N_1,N_2,\cdots$, 当 $n\geqslant N_k$ 时. $G_n<-k$. 即 $\sup\limits_{l\geqslant n}x_l<-k$ 从而 $x_l<-k(l\geqslant n$ 时) 特别地, $x_l<-k$ 当 $l\geqslant N_k$ 时. 这说明 $\lim\limits_{n\to\infty}x_n=-\infty$.

(ii) 当 $\lim\limits_{n\to\infty}x_n$ 存在时, 任一子序列 $\{x_{n_k}\}$ 使 $\lim\limits_{k\to\infty}x_{n_k}=\lim\limits_{n\to\infty}x_n$ 因此, $\{x_n\}$ 的子序列的极限只能有一个 $\overline{\lim\limits_{n\to\infty}}x_n=\underline{\lim\limits_{n\to\infty}}x_n=\lim\limits_{n\to\infty}x_n$. 反之, 如果 $\overline{\lim\limits_{n\to\infty}}x_n=\underline{\lim\limits_{n\to\infty}}x_n$. 可取 $\{x_n\}$ 的子序列 x_{n_k} 使 $\lim\limits_{k\to\infty}x_{n_k}=\overline{\lim\limits_{n\to\infty}}x_n$. 如果 $\overline{\lim\limits_{n\to\infty}}x_n=-\infty$, 上面已证 $\lim\limits_{n\to\infty}x_n=-\infty$. 如果 $\overline{\lim\limits_{n\to\infty}}x_n=c(c$ 为有限数或 $+\infty)$. 下证 $\lim\limits_{n\to\infty}x_n=c$. 用反证法, 若不然, 则对某个 $\varepsilon>0$ (当 $c=+\infty$ 时, 对某个正整数 $N)\{x_n\}$ 中有无限多项 $\notin(c-\varepsilon,c+\varepsilon)$ (或 $\{x_n\}$ 中有无限多项 $<+N$) 从而有 $\{x_n\}$ 的一个子序列 $\{x_{n_k}\}$, 其中每一项都 $\leqslant c-\varepsilon$ (或都 $<+N$) (注意到 $\{x_n\}$ 中不会有无限项 $\geqslant c+\varepsilon$. 否则 $\{x_n\}$ 中有一个子序列, 每一项都 $\geqslant c+\varepsilon$. 从而这个子序列中有一个子序列, 它也是 $\{x_n\}$ 的子序列, 收敛于 $\geqslant c+\varepsilon$ 的数, 与 c 是 $\overline{\lim\limits_{n\to\infty}}x_n$ 矛盾) 于是, $\{x_{n_k}\}$ 中有一个收敛子序列, 它收敛于 $\leqslant c-\varepsilon$ 的数 (或收敛于 $\leqslant+N$ 的数), 从而 $\underline{\lim\limits_{n\to\infty}}x_n\leqslant c-\varepsilon$ (或 $\underline{\lim\limits_{n\to\infty}}x_n\leqslant N$.) 与 $\overline{\lim\limits_{n\to\infty}}x_n=\underline{\lim\limits_{n\to\infty}}x_n$ 矛盾!

(iii) 记 $\lim\limits_{n\to\infty}y_n$ 为 c, $\overline{\lim\limits_{n\to\infty}}x_n$ 为 d. 于是有 $\{x_n\}$ 的子序列 $\{x_{n_k}\}$ 使 $x_{n_k}\to d$, 这时 $x_{n_k}+y_{n_k}\to c+d$. 而对 $\{x_n+y_n\}$ 的任何收敛子序列 $\{x_{n_k}+y_{n_k}\}$. $\lim\limits_{k\to\infty}x_{n_k}\leqslant d$, $\lim\limits_{k\to\infty}(x_{n_k}+y_{n_k})\leqslant c+d$, 这说明 $\overline{\lim\limits_{n\to\infty}}(x_n+y_n)=c+d$, 即

$$\overline{\lim_{n\to\infty}}(x_n+y_n)=\overline{\lim_{n\to\infty}}x_n+\lim_{n\to\infty}y_n.$$

对下极限完全类似.

(iv) 仅对上极限来证. 记 $\overline{\lim\limits_{n\to\infty}}x_n$ 为 c. $\overline{\lim\limits_{n\to\infty}}y_n$ 为 d. 如果 c,d 中有一个是 ∞, 另一个不是 $-\infty$, 从而 $c+d=\infty$. 不等式 $\overline{\lim\limits_{n\to\infty}}x_n+\overline{\lim\limits_{n\to\infty}}y_n\geqslant\overline{\lim\limits_{n\to\infty}}(x_n+y_n)$ 当然成立. 如果 c,d 中有一个 (例如 c) 是 $-\infty$, 这时 $\lim\limits_{n\to\infty}x_n=-\infty$. 而 d 不是 ∞, 即 $\{y_n\}$ 是有上界的. 这时有 $x_n+y_n\to-\infty$, 从而 $\overline{\lim\limits_{n\to\infty}}(x_n+y_n)=-\infty$. 故设 c,d 都是有限数. 任取 $\{x_n+y_n\}$ 的收敛子序列 $\{x_{n_k}+y_{n_k}\}$. 于是又可取 $\{n_1,n_2,n_3,\cdots\}$ 的子列 $\{n_{k_i}\}(i=1,2,3,\cdots)$ 如 $\{x_{n_{k_i}}\},\{y_{n_{k_i}}\}$ 都收敛. 从而 $\lim\limits_{i\to\infty}x_{n_{k_i}}\leqslant c$, $\lim\limits_{i\to\infty}y_{n_{k_i}}\leqslant d$. 从而 $\lim\limits_{k\to\infty}(x_{n_k}+y_{n_k})=\lim\limits_{i\to\infty}(x_{n_{k_i}}+y_{n_{k_i}})=\lim\limits_{i\to\infty}x_{n_{k_i}}+\lim\limits_{i\to\infty}y_{n_{k_i}}\leqslant c+d$, 由于 $\{x_n+y_n\}$ 的任何收敛子序列的极限 $\leqslant c+d$, 就有

$$\overline{\lim_{n\to\infty}}(x_n+y_n)\leqslant c+d=\overline{\lim_{n\to\infty}}x_n+\overline{\lim_{n\to\infty}}y_n.$$

(v) 仅就上极限来证. 记 $\overline{\lim\limits_{n\to\infty}}y_n$ 为 $d.d$ 是 ∞ 时已不必证. d 是 $-\infty$ 时. $\lim\limits_{n\to\infty}y_n=-\infty$. 由 $x_n\leqslant y_n$. $\lim\limits_{n\to\infty}x_n=-\infty$.

任取 $\{x_n\}$ 的收敛子序列 $\{x_{n_k}\}$. 再取 $\{y_{n_k}\}$ 的收敛子序列 $\{y_{n_{k_i}}\}$. 于是 $\lim\limits_{k\to\infty}x_{n_k}=\lim\limits_{i\to\infty}x_{n_{k_i}}\leqslant\lim\limits_{i\to\infty}y_{n_{k_i}}\leqslant d\left(=\overline{\lim\limits_{n\to\infty}}y_n\right)$.

由于 $\{x_n\}$ 的任一收敛子序列的极限 $\leqslant d$. 从而

$$\overline{\lim_{n\to\infty}}\, x_n \leqslant d = \overline{\lim_{n\to\infty}}\, y_n.$$

(vi) 仅就 α 是正数的情况来证. 记 $\overline{\lim\limits_{n\to\infty}}\, x_n$ 为 c, $\underline{\lim\limits_{n\to\infty}}\, x_n$ 为 d.$\{\alpha x_n\}$ 的子序列 $\{\alpha x_{n_k}\}$ 是收敛的 $\Longleftrightarrow$ $\{x_{n_k}\}$是收敛的, 且 $\lim\limits_{k\to\infty}(\alpha x_{n_k}) = \alpha \cdot \lim\limits_{k\to\infty} x_{n_k}$, 从而对 $\{\alpha x_n\}$ 的任何收敛子序列 $\{\alpha x_{n_k}\}$. 由于 $d \leqslant \lim\limits_{x\to\infty} x_{n_k} \leqslant c$. 所以

$$\alpha d \leqslant \lim_{k\to\infty} \alpha x_{n_k} \leqslant \alpha c,$$

因为 $\{\alpha x_n\}$ 的任一收敛子序列的极限在 $\alpha d, \alpha c$ 之间, 从而

$$\alpha d \leqslant \underline{\lim_{n\to\infty}}\, \alpha x_n \leqslant \overline{\lim_{n\to\infty}}\, \alpha x_n \leqslant \alpha c.$$

由于 $\{x_n\}$ 有子序列 $\{x_{n_k}\}$ 使 $\lim\limits_{k\to\infty} x_{n_k} = c$. 这时 $\lim\limits_{k\to\infty}(\alpha x_{n_k}) = \alpha c$. 所以

$$\overline{\lim_{n\to\infty}}\, \alpha x_n = \alpha c = \alpha\, \overline{\lim_{n\to\infty}}\, x_n.$$

同样对下极限有 $\underline{\lim\limits_{n\to\infty}}\, \alpha x_n = \alpha d = \alpha\, \underline{\lim\limits_{n\to\infty}}\, x_n$.

3. 设 $\{x_n\}$ 是实数列, 如果它的一切收敛子数列的极限都是有限的. 记这些极限值全体为 S. 证明 S 是闭集.

证 由于 $\{x_n\}$ 的任何子数列的极限是有限的 (即普通实数), 所以 $\{x_n\}$ 是有界的. 于是 S 是有界集.

首先, $x_0 \in S$ 时, 有 $\{x_n\}$ 的子数列 $\{x_{n_k}\}$ 使 $x_{n_k} \to x_0$. 于是, 对 x_0 的任何环境 (α,β), $\{x_n\}$ 中有无限多项在 (α,β) 中. 反之, 如果 x_0 的任何环境 (α,β) 中有 $\{x_n\}$ 中无限多项. 则在 (x_0-1, x_0+1) 中有一项 x_{n_1}. 而在 $\left(x_0-\dfrac{1}{2}, x_0+\dfrac{1}{2}\right)$ 中有一项 x_{n_2} 且 $n_2 > n_1$, 在 $\left(x_0-\dfrac{1}{3}, x_0+\dfrac{1}{3}\right)$ 中有一项 x_{n_3} 且 $n_3 > n_2$, 等等. 这样可得 $\{x_n\}$ 的子数列 $\{x_{n_k}\}, x_{n_k} \to x_0$. 如上所证, $x_0 \in \delta$ 的充分必要条件是: x_0 的任何环境中有 $\{x_n\}$ 中的无穷多项. 设 $y_0 \in S'$, 即 y_0 是 S 的极限点, 于是, y_0 的任何环境 (α,β) 中有 S 中数 y. 从而 (α,β) 是 y 的环境. 因而 (α,β) 中有 $\{x_n\}$ 中无限多项, 所以 $y_0 \in S$. 这就证明了 S 是闭集.

习题 2.1

1. $\boldsymbol{E}$ 是 X 的集类, 在下列情况下分别求出 $\boldsymbol{R}(\boldsymbol{E})$.

(i) $\boldsymbol{E} = \{E_1, E_2, \cdots, E_n\}$;

(ii) X 是数直线, $\boldsymbol{E}$ 是 X 中开区间全体;

(iii) X 是数直线, $\boldsymbol{E}$ 是形如 $(-x, a)$ 的区间全体.

解 仅讨论 (ii) 及 (iii).

(ii) 由开区间全体所张成的环是由下面形状的集所组成:

$A\bigcup B$ (其中 A 是有限个开区间的和集, B 是有限集. 而 A,B 中可以有一个或两个都是空集).

因为对任何数 c, 取数 a,b 使 $a<c<b,(a,b)-(a,c)-(c,b)=\{c\}$. 因而有限集都在 $\boldsymbol{R}(\boldsymbol{E})$ 中. 所以上述形式的集都在 $\boldsymbol{R}(\boldsymbol{E})$ 中. 只要证明上述形式的集全体是环. 显然两个这样的集的和集仍是这种集, 故只要讨论差集. 实际上, 两个开区间的差集 $(a,b)-(c,d)$ 根据 a,b,c,d 的大小可能是 $\varnothing,(a\geqslant c$ 且 $d\geqslant b$ 时$),(c\leqslant a$ 而 $d<b$ 时) 则为 $[d,b)=(d,b)\bigcup\{d\},(c>a,d\geqslant b$ 时) 为 $(a,c]=(a,c)\bigcup\{c\}$ 及 $(a<c<d<b$ 时$)(a,c]\bigcup[d,b]=((a,c)\bigcup(d,b))\bigcup\{c,d\}$. 而开区间减去单点集时仍是开区间或两个开区间的和集.

(iii) 用 $\boldsymbol{R}^0$ 表示有限个左闭右开区间的和集全体所成的集类. 由 $\boldsymbol{E}=\{(-\infty,a)|a$ 是实数$\}$所张成的环是形为 $A\bigcup B$ (其中 $A\in\boldsymbol{R}^0,B\in\boldsymbol{E}$) 的集所成. 由于 $(-\infty,a)-(-\infty,b)$ (当 $a>b$ 时) 为 $[b,a)$, 所以上述形式的集都在 $\boldsymbol{R}(\boldsymbol{E})$ 中. 又 $\boldsymbol{R}^0$ 是环, $\boldsymbol{E}$ 中两个集的和集仍在 $\boldsymbol{E}$ 中. 因此上述形式的两个集的和集仍是上述形式的集. 至于差集, $\boldsymbol{E}$ 中集减去 $[a,b)$ 或者仍在 $\boldsymbol{E}$ 中, 或者是 $\boldsymbol{E}$ 中集与一个左闭右开区间的和集. 而 $[a,b)$ 减去 $\boldsymbol{E}$ 中集必定是左闭右开区间. 所以上述形式的集全体是个环.

3. 证明直线上的开集, 闭集, 有理点全体, 无理点全体等均属于 $\boldsymbol{S}(\boldsymbol{R}_0)$.

证 因为 $\bigcup\limits_{n=1}^{\infty}(-n,n]$ 是全直线, 它在 $\boldsymbol{S}(\boldsymbol{R}_0)$ 中. 对任何实数 $a,b,(a<b)$ $\bigcup\limits_{n=1}^{\infty}\left(a,b-\dfrac{1}{n}\right]=(a,b)\in\boldsymbol{S}(\boldsymbol{R}_0)$, 所以 $\{b\}=(a,b]-(a,b)\in\boldsymbol{S}(\boldsymbol{R}_0)$. 可见开集, 闭集 (开集的余集), 单点集从而有理点全体 (是可列集), 无理点全体 (有理点全体的余集) 都在 $\boldsymbol{S}(\boldsymbol{R}_0)$ 中.

5. 定义. 设 $\{f_\lambda(x)|\lambda\in\varLambda\}$ 是定义在集 X 上的一族实有限函数. 对任何实数 c, 令 $E_{\lambda c}=\{x|c<f_\lambda(x)\}$. 由集类 $\boldsymbol{E}=\{E_{\lambda c}\}$ 张成的 X 上的 σ-代数称为由函数族 $\{f_\lambda(x)|\lambda\in\varLambda\}$ 产生的 (或决定的) σ-代数. 当 X 是数直线时,

(i) 求出由一个函数 $\mathrm{sgn}x$ 产生的 σ-代数;

(ii) 求出由一个函数 $E(x)$ (不超过 x 的最大整数, 也称为高斯函数) 产生的 σ-代数;

(iii) 求证由一个函数 $f(x)=x^3$ 产生的 σ-代数是 $\boldsymbol{S}(\boldsymbol{R}_0)$;

(iv) 记 $\boldsymbol{R}_0[a,b)$ 是 $[a,b)$ 中所有左闭右开区间全体所张成的环, $\{x\}$ 是 x 的正小数部分函数. 求出由 $\{x\}$ 产生的 σ-代数与 $\boldsymbol{R}_0[0,1)$ 的关系;

(v) $\{f_\lambda(x)\}\lambda \in \Lambda\}$ 是直线上周期为 2π 的连续函数全体. 求出由 $\{f_\lambda(x)|\lambda \in \Lambda\}$ 所产生的 σ-代数与 $\boldsymbol{R}_0(0, 2\pi]$ 的关系 ($\boldsymbol{R}_0(0, 2\pi]$ 是 $(0, 2\pi]$ 中左开右闭区间全体所张成的环).

解 (i) $\{x|c < \text{sgn}x\}$ 根据 c 的大小分别为 $(-\infty, \infty), [0, \infty), (0, \infty), \varnothing$. 因此, 它产生的 σ-代数由下面几个集所组成: $(-\infty, 0), (-\infty, 0], \{0\}, [0, \infty), (0, \infty), \varnothing$, $(-\infty, 0)\bigcup(0, +\infty), (-\infty, +\infty)$.

(ii) $\{x|c < E(x)\}$ 根据 c 的大小总是 $[n, \infty)$ (其中 n 是整数) 因此, 它张成的 σ-代数是由 $[n, n+1)$ (n 是整数) 张成的 σ-代数, 它由有限个或可列个 $[n, n+1)$ 形状的集的和集全体所组成 (包括了所有 $[m, n)$, 其中 m, n 是整数, $m \leqslant n$).

(iii) $\{c|c < x^3\}$ 就是 $(\sqrt[3]{c}, \infty)$, 因此它产生的 σ-代数就是由开区间 $\{(c, \infty)|c$ 是实数$\}$张成的 σ-代数, (c, ∞) 的余集是 $(-\infty, c]$, $(c, \infty)\bigcap(-\infty, d] = (c, d](c, d$ 是实数). 所以这个 σ-代数 $\supset \boldsymbol{R}_0$. 反之 $\boldsymbol{S}(\boldsymbol{R}_0)$ 中包含了集 $\bigcup\limits_{n=1}^{\infty}(c, c+n] = (c, \infty)$ (其中 c 是任何实数). 可见由 $f(x) = x^3$ 产生的 σ-代数就是 $\boldsymbol{S}(\boldsymbol{R}_0)$.

(iv) $\{x\}$ 是以 1 为周期的函数. 所以考虑集 $\{x|c < \{x\}\}$ 时, 只要考虑 $\{x|c < \{x\}\}\bigcap[0, 1)$ (这个集记为 A 时 $\{x|c < \{x\}\} = \bigcup\limits_{n\text{是整数}} (A+n)$.(这里 $A+n$ 表示 $\{x+n|x \in A\}$) 这时, $\{x|c < \{x\}\}$ 根据 c 的值可能是 $[0, 1), (c < 0$ 时), $(c, 1)(0 \leqslant c < 1$ 时) 及 $\varnothing(c \geqslant 1$ 时). 因此它张成的 σ-代数中包含所有形为 $[c, 1)$ 的区间 $(c \geqslant 0)$ $\left([c, 1) = \bigcap\limits_{n=1}^{\infty}\left(c - \dfrac{1}{n}, 1\right)\right)$, 从而也包含有所有形为 $[c, d)$ 的区间, 因此它张成的 σ-代数就是 $\boldsymbol{S}(\boldsymbol{R}_0[0, 1))$.

(v) 因为 f_λ 是以 2π 为周期的连续函数, $\{x|c < f_\lambda(x)\}$ 是开集. 同样只要考虑这样的集与 $(0, 2\pi]$ 的交集. 因此它张成的 σ-代数中包含了所有 $(0, 2\pi]$ 中的开区间. 实际上它张成的 σ-代数就是 $\boldsymbol{S}(\boldsymbol{R}_0(0, 2\pi])$.

7. 设 $\boldsymbol{R}$ 是 X 上的集类, 证明 $\boldsymbol{R}$ 是环的充要条件是下面 (i)(ii) 中的任何一个.

(i) $\boldsymbol{R}$ 对任意有限个互不相交集的和运算和减法运算封闭;

(ii) $\boldsymbol{R}$ 对运算 "$\triangle$", "$\bigcap$", "$-$" 封闭.

证 (i) 只要证明对和集运算封闭可改成对不相交集的和集运算封闭. 实际上, 对于 $\boldsymbol{R}$ 中 n 个集 $A_1, A_2, \cdots, A_n$. 由于 $A_1, A_2 - A_1, A_3 - (A_1\bigcup A_2), A_4 - (A_1\bigcup A_2\bigcup A_3), \cdots, A_n - (A_1\bigcup A_2\bigcup\cdots\bigcup A_{n-1})$ 都在 $\boldsymbol{R}$ 中, 而它们的和集就是 $A_1\bigcup A_2\bigcup\cdots\bigcup A_n$, 且这些集互不相交.

(ii) 由于对于 $\boldsymbol{R}$ 中两个 A_1 及 A_2,

$$A_1\bigcup A_2 = (A_1\triangle A_2)\triangle(A_1\bigcap A_2),$$

即知对于 $\triangle, \bigcap$, 一封闭的集类是环.

9. 设 X 是一集, $\boldsymbol{R}$ 是 X 的某些子集所成的环, A 是 X 的一个子集. 证明 $\boldsymbol{S}(\boldsymbol{R})\bigcap A=\boldsymbol{S}(\boldsymbol{R}\bigcap A)$ 当 R 是代数或 $A\in\boldsymbol{R}$ 时, $\boldsymbol{S}(\boldsymbol{R})\bigcap A$ 是 A 上的 σ-代数.

证 设 $\boldsymbol{R}$ 是 X 的环, $A\subset X$. 则 $\boldsymbol{R}\bigcap A$ 是环. 而当 $\boldsymbol{S}$ 是 X 的 σ-环时, $\boldsymbol{S}\bigcap A$ 是 σ-环. 由于 $\boldsymbol{S}(\boldsymbol{R})\supset\boldsymbol{R},\boldsymbol{S}(\boldsymbol{R})\bigcap A\supset\boldsymbol{R}\bigcap A$. 且 $\boldsymbol{S}(\boldsymbol{R})\bigcap A$ 是 σ-环, $\boldsymbol{S}(\boldsymbol{R}\bigcap A)$ 是包含 $\boldsymbol{R}\bigcap A$ 的最小 σ-环, 所以 $\boldsymbol{S}(\boldsymbol{R})\bigcap A\supset\boldsymbol{S}(\boldsymbol{R}\bigcap A)$.

为证明相反的包含关系. 记

$$\boldsymbol{M}=\{B|B\subset X,B\bigcap A\in\boldsymbol{S}(\boldsymbol{R}\bigcap A)\},$$

由 $\boldsymbol{M}$ 的定义, 易见 $\boldsymbol{R}\subset\boldsymbol{M}$.

下证 $\boldsymbol{M}$ 是个单调类. 设 $\{B_n\}$ 是 $\boldsymbol{M}$ 中一列集且 $B_1\subset B_2\subset B_3\subset\cdots$ (或 $B_1\supset B_2\supset B_3\supset\cdots$). 即 $B_n\bigcap A\in\boldsymbol{S}(\boldsymbol{R}\bigcap A)\quad(n=1,2,3,\cdots)$. 由于 $\boldsymbol{S}(\boldsymbol{R}\bigcap A)$ 是个 σ-环, $\bigcup\limits_{n=1}^{\infty}(B_n\bigcap A)$ 及 $\bigcap\limits_{n=1}^{\infty}(B_n\bigcap A)$ 都 $\in\boldsymbol{S}(\boldsymbol{R}\bigcap A)$. 即 $\left(\bigcup\limits_{n=1}^{\infty}B_n\right)\bigcap A\in\boldsymbol{S}(\boldsymbol{R}\bigcap A)$, $\left(\bigcap\limits_{n=1}^{\infty}B_n\right)\bigcap A\in\boldsymbol{S}(\boldsymbol{R}\bigcap A)$. 所以 $\bigcup\limits_{n=1}^{\infty}B_n,\bigcap\limits_{n=1}^{\infty}B_n$ 都 $\in\boldsymbol{M}$. 这就说明 $\boldsymbol{M}$ 是单调类.

由此 $\boldsymbol{M}\supset\boldsymbol{M}(\boldsymbol{R})=\boldsymbol{S}(\boldsymbol{R})$ 从而 $\boldsymbol{S}(\boldsymbol{R})\bigcap A\subset\boldsymbol{M}\bigcap A\subset\boldsymbol{S}(\boldsymbol{R}\bigcap A)$. 即知

$$\boldsymbol{S}(\boldsymbol{R}\bigcap A)=\boldsymbol{S}(\boldsymbol{R})\bigcap A.$$

当 $\boldsymbol{R}$ 是代数或 $A\in\boldsymbol{R}$ 时. $A\in\boldsymbol{R}\bigcap A$ 故 $A\in\boldsymbol{S}(\boldsymbol{R})\bigcap A$. 所以 $\boldsymbol{S}(\boldsymbol{R})\bigcap A$ 是个 σ-代数.

11. 设 $\boldsymbol{R}$ 是实数直线 E^1 中的一个环. 对每个 $E\in\boldsymbol{R}$, 作 $R^2=\{(x,y)|x,y\in E^1\}$ 中形如 $\widetilde{E}=\{(x,y)|x\in E\}$ 的集. 当 E 在 $\boldsymbol{R}$ 中变化时, 这种 $\widetilde{E}$ 全体记为 $\widetilde{\boldsymbol{R}}$. 求出 $\boldsymbol{S}(\widetilde{\boldsymbol{R}})$ 与 $\boldsymbol{S}(\boldsymbol{R})$ 的关系.

解 使用乘积集的记号. 当 A,B 是两个集时, $A\times B$ 表示

$$\{(x,y)|x\in A,y\in B\}.$$

于是, $\widetilde{E}=E\times E^1.\widetilde{\boldsymbol{R}}=\{\widetilde{E}|E\in\boldsymbol{R}\}=\{E\times E^1|E\in\boldsymbol{R}\}=\boldsymbol{R}\times E^1$, 这时

$$\boldsymbol{S}(\widetilde{\boldsymbol{R}})=\boldsymbol{S}(\boldsymbol{R})\times E^1.$$

如果对于任何 E^1 的子集 $E,\widetilde{E}$ 表示 $\{(x,y)|x\in E\}$(而不限于 $E\in\boldsymbol{R}$) 上述等式即为 $\boldsymbol{S}(\widetilde{\boldsymbol{R}})=\widetilde{\boldsymbol{S}(\boldsymbol{R})}$. 证明与题 9 类似 (把 $\bigcap A$ 改成 $\times E^1$). 上述等式也可写成 $\boldsymbol{S}(\boldsymbol{R}\times E^1)=\boldsymbol{S}(\boldsymbol{R})\times E^1$.

习题 2.2

1. 设 $g(x)$ 是直线上一个单调增加函数, 而且 $g(x)=g(x+0)$ 当 $(\alpha,\beta]\in \boldsymbol{P}$ 时, 定义 $g((\alpha,\beta])=g(\beta)-g(\alpha)$. 证明这个集函数可以唯一地延拓成 $\boldsymbol{R}_0$ 上的测度.

证 $\boldsymbol{R}_0$ 中每个集是有限个互不相交的左开右闭区间的和集, $E=\bigcup\limits_{i=1}^{n}(\alpha_i,\beta_i]$. 对这样的 E, 令 $\mu(E)=\sum\limits_{i=1}^{n}g(\beta_i)-g(\alpha_i)$.

这样作出的集函数 μ 的意义是确定的. 先证明若 $\boldsymbol{P}$ 中的 E 是有限个互不相交的 $\boldsymbol{P}$ 中 E_i 的和集. $E=(\alpha,\beta], E_i=(\alpha_i,\beta_i](i=1,2,\cdots,n)$, 可设 $\alpha_1<\alpha_2<\cdots<\alpha_n$. 这时 $\beta_1=\alpha_2,\beta_2=\alpha_3,\cdots,\beta_{n-1}=\alpha_n,\alpha=\alpha_1,\beta=\beta_n$, 当然 $\mu(E)=\sum\limits_{i=1}^{n}\mu(E_i)$.

因此, 当 $\boldsymbol{R}_0$ 中的 $E=\bigcup\limits_{i=1}^{m}E_i=\bigcup\limits_{j=1}^{n}F_j$ 时 (其中 E_i 是 $\boldsymbol{P}$ 中 m 个互不相交的元, F_j 是 $\boldsymbol{P}$ 中 n 个互不相交的元. 记 $G_{ij}=E_i\bigcap F_j(i=1,2,\cdots,m,j=1,2,\cdots,n)$, 这时, $\sum\limits_{i=1}^{m}\mu(E_i)=\sum\limits_{i=1}^{m}\sum\limits_{j=1}^{n}\mu(G_{ij})=\sum\limits_{j=1}^{n}\sum\limits_{i=1}^{m}\mu(G_{ij})=\sum\limits_{j=1}^{n}\mu(F_j)$.

接着, 与 m 这个测度的证明类似, 可以证明 μ 有有限可加性, 有限次可加性, 单调性等, 并进而证明 μ 有可列可加性.

3. 设 $\boldsymbol{P}$ 是平面上左下开右上闭的矩形 $(a,b]\times(c,d]=\{(x,y)|a<x\leqslant b,c<y\leqslant d\}$ 全体, 作 $\boldsymbol{P}$ 上的集函数 m 如下:

$$m((a,b]\times(c,d])=(b-a)(d-c),$$

证明 m 必可唯一地延拓成 $\boldsymbol{R}(\boldsymbol{P})$ 上的测度.

证明与直线上 m 的证明完全类似, 故略去.

5. 举例说明定理 2.2.1 中 (viii) 的条件 $\mu\left(\bigcup\limits_{n=k}^{\infty}E_n\right)<\infty$, (ix) 的条件 $\mu\left(\bigcup\limits_{n=k}^{\infty}E_n\right)<\infty$, (x) 的条件 $\sum\limits_{n=k}^{\infty}\mu(E_n)<\infty$ 都不能去掉.

解 设 X 为任意集. $\boldsymbol{R}$ 是 X 的子集全体 μ 为如下集函数: $\mu(\varnothing)=0,\mu(E)=\infty$ (当 E 不是空集时), 当 X 是实数直线时, 令 $E_n=\left(-\dfrac{1}{n},\dfrac{1}{n}\right)$ 时. $\lim\limits_{n\to\infty}E_n=\varnothing$. 这时, (viii), (ix), (x) 都不成立.

7. 设 μ 是环 $\boldsymbol{R}$ 上的测度, 如果对一切 $E\in\boldsymbol{R},\mu(E)\leqslant 1$. 证明 μ 的原子全体至多是可列集 (这里原子是指 $\boldsymbol{R}$ 中的一种单点集 $\{x\}$, 但满足 $\mu(\{x\})>0$).

证 记 E_n 为 $\boldsymbol{R}$ 中这样的原子全体: $\mu(\{x\})>\dfrac{1}{n}(n=1,2,3,\cdots)$. 易见每个 E_n 都是有限集. 而 $\bigcup\limits_{n=1}^{\infty}E_n$ 就是全体原子. 故原子全体至多是可列集.

9. 设 $\boldsymbol{R_n}(n=1,2,3,\cdots)$ 是集 X 上的一列环, 并且 $\boldsymbol{R}_1\subset\boldsymbol{R}_2\subset\boldsymbol{R}_3\subset\cdots\subset\boldsymbol{R}_n\subset\cdots$, 又设 μ_n 是 $\boldsymbol{R}_n$ 上的测度, 并且对任何 $E\in\boldsymbol{R}_n$, 当 $m\geqslant n$ 时, $\mu_m(E)=\mu_n(E)$. (通常称 $\{\mu_n\}$ 在 $\{\boldsymbol{R}_n\}$ 上是符合的. 证明 $\boldsymbol{R}=\bigcup\limits_{n=1}^{\infty}\boldsymbol{R}_n$ 是 X 上的环. (ii) 定义 $\boldsymbol{R}$ 上函数 μ: 对每个 $E\in\boldsymbol{R}$, 必存在某个 $n,E\in\boldsymbol{R}_n$. 规定 $\mu(E)=\mu_n(E)$, 证明 μ 是 $\boldsymbol{R}$ 上非负、空集上取值为 0 的有限可加集函数 (但 μ 未必是 $\boldsymbol{R}$ 上的测度).

证 本题中符合的条件是保证 μ 的定义是确定的. μ 的非负性及在空集上取值为 0 是由 μ_n 的这一性质可推出. 又若 $E_1,E_2,\cdots,E_l$ 是 $\boldsymbol{R}$ 中有限个互不相交的集, 每个 E_i 在某个 $\boldsymbol{R}_{n_i}$ 中, 如 $E_1\in\boldsymbol{R}_{n_1},E_2\in\boldsymbol{R}_{n_2},\cdots,E_l\in\boldsymbol{R}_{n_l}$. 取 $n=\max(n_1,n_2,\cdots,n_l)$. 则这些集都在 $\boldsymbol{R}_n$ 中, 而 $\mu(E_i)=\mu_n(E_i)$, 由 μ_n 的有限可加性即得 μ 的有限可加性.

习题 2.3

1. 设 X 是可列无限集, $X=\{x_1,x_2,\cdots,x_n,\cdots\}\boldsymbol{R}$ 是 X 中有限子集所成的环. 对任何 $E\in\boldsymbol{R},\mu_1(E)$ 是 E 中点的个数. $\mu_2(E)=a\mu_1(E)$ (a 是正的常数) 证明 μ_1^*,μ_2^* 都是 $\boldsymbol{H}(\boldsymbol{R})$ 上测度.

证 由 μ_1^* 的定义, $\mu_1^*(E)=E$ 中点的个数 (当 E 是有限集时,) $\mu_1^*(E)=\infty$ (当 E 是无限集时). $\mu_2^*=a\mu_1^*$. 由此, μ_1^*,μ_2^* 都是 $\boldsymbol{H}(\boldsymbol{R})$ 上的测度.

3. 设 $\boldsymbol{R}$ 是 X 的某些子集所成的 σ-环, μ 是 $\boldsymbol{R}$ 上的测度. 作 $\boldsymbol{H}(\boldsymbol{R})$ 上的集函数 μ_* 如下: 当 $E\in\boldsymbol{H}(\boldsymbol{R})$ 时,

$$\mu_*(E)=\sup\{\mu(F)|E\supset F\in\boldsymbol{R}\}.$$

称 μ_* 为 (由测度 μ 引出的) 内测度, 试讨论内测度的各种性质.

证 与外测度 μ^* 类似的性质有: $\mu_*(\varnothing)=0$, 对任何 $E\in\boldsymbol{H}(\boldsymbol{R}),\mu_*(E)\geqslant 0$ (非负性). 如果 $E_1,E_2\in\boldsymbol{H}(\boldsymbol{R}),E_1\subset E_2$, 则 $\mu_*(E_1)\leqslant\mu_*(E_2)$ (单调性). 对于 $E\in\boldsymbol{R},\mu_*(E)=\mu(E)$. 内测度还有如下性质: 当 $E_1,E_2\in\boldsymbol{H}(\boldsymbol{R})$. $E_1\bigcap E_2=\varnothing$ 时, $\mu_*(E_1\bigcup E_2)\geqslant\mu_*(E_1)+\mu_*(E_2)$. 实际上, 由于 $\boldsymbol{R}$ 是 σ-环, μ_* 定义中的 sup 是可达的, 当 $E_1,E_2\in\boldsymbol{H}(\boldsymbol{R})$ 且 $E_1\bigcap E_2=\varnothing$ 时, 分别有 $\boldsymbol{R}$ 中元 F_1 及 F_2, 满足 $\mu_*(E_1)=\mu(F_1),\mu_*(E_2)=\mu(F_2)$, 且 $F_1\subset E_1,F_2\subset E_2$. 这时, $F_1\bigcup F_2\in\boldsymbol{R}$, 于是

$$\mu_*(E_1\bigcup E_2)\geqslant\mu(F_1\bigcup F_2)=\mu(F_1)+\mu(F_2)=\mu_*(E_1)+\mu_*(E_2).$$

对于 $\boldsymbol{H}(\boldsymbol{R})$ 中一列互不相交的 $\{E_n\}$. 同样有

$$\mu_*\left(\bigcup_{n=1}^{\infty} E_n\right) \geqslant \sum_{n=1}^{\infty} \mu_*(E_n).$$

5. 设 X 是一个集, $\boldsymbol{R}$ 是 X 的某些子集所成的 σ-代数. μ 是 $\boldsymbol{R}$ 上的有限测度. μ^* 是 μ 引出的外测度, μ_* 是 μ 引出的内测度. 证明: 当 $E \in \boldsymbol{H}(\boldsymbol{R})$ 时, $E \in \boldsymbol{R}^*$ 的充要条件是 $\mu^*(E) = \mu_*(E)$.

证 由 μ^* 的定义, 对 $E \in \boldsymbol{H}(\boldsymbol{R}), \mu^*(E) = \inf\left\{\sum_{n=1}^{\infty} \mu(E_n)\middle| E_n \in \boldsymbol{R}, \bigcup_{n=1}^{\infty} E_n \supset E\right\}$ 因为 $\boldsymbol{R}$ 是 σ-环, $\bigcup_{n=1}^{\infty} E_n \in \boldsymbol{R}, \mu\left(\bigcup_{n=1}^{\infty} E_n\right) \leqslant \sum_{n=1}^{\infty}\mu(E_n)$. 所以 $\mu^*(E) = \inf\{\mu(F), F \in \boldsymbol{R}, F \supset E\}$, 而由 μ_* 的定义, $\mu_*(E) = \sup\{\mu(F) | F \in \boldsymbol{R}, F \subset E\}$. 于是对任何 $\varepsilon > 0$ 有 $F_\varepsilon \in R, F_\varepsilon \supset E$ 且 $\mu(F_\varepsilon) < \mu^*(E) + \varepsilon$. 特别取 $\varepsilon = \frac{1}{n}(n = 1, 2, 3, \cdots)$ 时, 有 $F_{\frac{1}{n}} \in \boldsymbol{R}, F_{\frac{1}{n}} \supset E$ 且 $\mu\left(F_{\frac{1}{n}}\right) < \mu^*(E) + \frac{1}{n}$. 记 $F = \bigcap_{n=1}^{\infty} F_{\frac{1}{n}}$ 时, $F \in \boldsymbol{R}, F \supset E$ 且 $\mu(F) = \mu^*(E)$. 类似地对 $\varepsilon = \frac{1}{n}, (n = 1, 2, 3, \cdots)$ 又有 $F_{\frac{1}{n}}$ (这里用同一记号, 但与上面不同) 使 $F_{\frac{1}{n}} \in \boldsymbol{R}, F_{\frac{1}{n}} \subset E, \mu\left(F_{\frac{1}{n}}\right) > \mu_*(E) - \frac{1}{n}$, 这时, 记 $F = \bigcup_{n=1}^{\infty} F_{\frac{1}{n}}$ 时, $F \in \boldsymbol{R}, F \subset E$ 且 $\mu(F) = \mu_*(E)$. 即对 $E \in \boldsymbol{H}(\boldsymbol{R})$ 有 $F_1, F_2 \in \boldsymbol{R}, F_1 \subset E \subset F_2$ 使 $\mu(F_1) = \mu_*(E), \mu(F_2) = \mu^*(E)$.

下面回到本题的证明, 若 $E \in \boldsymbol{H}(\boldsymbol{R})$ 使 $\mu_*(E) = \mu^*(E)$. 则有 $\boldsymbol{R}$ 中 F_1, F_2, $F_1 \subset E \subset F_2$ 使 $\mu(F_1) = \mu(F_2)$, 从而 $\mu(F_2 - F_1) = 0$, 从而 $E = F_2 - (F_2 - E), F_2 - E \subset F_2 - F_1, F_2 - E$ 是 μ^*-零集, 所以 $E \in \boldsymbol{R}^*$.

反过来证明必要性. 设 $E \in \boldsymbol{R}^*$. 则有 $F_2 \in \boldsymbol{S}(\boldsymbol{R})(= \boldsymbol{R}), F_2 \supset E$ 且 $\mu^*(E) = \mu(F_2).(= \mu^*(F_2))$ 由于 μ^* 是 $\boldsymbol{R}^*$ 上测度, $\mu^*(F_2 - E) = 0$. 又有 $F_1 \in \boldsymbol{S}(\boldsymbol{R})(= \boldsymbol{R})F_1 \subset E$ 使 $\mu^*(E - F_1) = 0$, 即 $\mu^*(E) = \mu^*(F_1) = \mu(F_1)$, 可见 $\mu_*(E) \geqslant \mu(F_1) = \mu^*(E) = \mu(F_2)$ 但显然有 $\mu^*(E) \geqslant \mu_*(E)$. 因此 $\mu^*(E) = \mu_*(E)$.

这里, μ^* 的定义与环上测度 μ 引出的外测度相同. 但可以用更简单的方式定义. 而对于环 $\boldsymbol{R}$ 上测度 μ, 并没有 μ_* 的定义.

7. 举例说明环 $\boldsymbol{R}$ 上的测度 μ 按 Caratheodory 条件所得的扩张 $\boldsymbol{R}^*, \mu^*$ 并不一定是 $\boldsymbol{R}, \mu$ 的最大扩张.

例 X 是任一集, $\boldsymbol{R} = \{X, \varnothing\}.\mu$ 为如下测度: $\mu(X) = \infty, \mu(\varnothing) = 0$. 这时 $\boldsymbol{R}^* = \boldsymbol{R}, \mu^* = \mu$. 但环 $\boldsymbol{R}_1 =$ “X 的子集全体”. μ_1 为如下测度: $\mu_1(\varnothing) = 0, \mu_1(E) = \infty$ (当 E 是 X 的非空子集时).

9. (i) 证明定理 2.3.7 中 $\boldsymbol{R}^*$ 中 E 可以表示成 $E=(F-N_1)\bigcup N_2(F\in \boldsymbol{S}(\boldsymbol{R}),N_1,N_2\in \boldsymbol{N})$ 或者 $E=F\triangle N(F\in \boldsymbol{S}(\boldsymbol{R}),N\in \boldsymbol{N})$.

(ii) 去掉 μ 是 $\boldsymbol{R}$ 上 σ-有限的假设, 证明定理 2.3.4—2.3.6 对 $\boldsymbol{R}^*$ 中 σ-有限集 E 成立.

证 (i) 由于 $\boldsymbol{R}^*$ 中集 E 表示成 $F-N(F\in \boldsymbol{S}(\boldsymbol{R}),N\in \boldsymbol{N})$ 取 $N_1=N$ 及 $N_2=\varnothing$ 即可. 又可设 $N\subset F$ (否则用 $N\bigcap F$ 代替 N), 则 $F-N=F\triangle N$.

(ii) 仅证定理 2.3.4. 设 $E\in \boldsymbol{R}^*$ 且 $\mu^*(E)<\infty$. 这时, 对任何 $\varepsilon>0$. 有一列 $\boldsymbol{R}$ 中 $\{E_n\}$, 使 $\bigcup\limits_{n=1}^{\infty}E_n\supset E$ 且 $\sum\limits_{n=1}^{\infty}\mu(E_n)<\mu^*(E)+\varepsilon$. 这时 $\bigcup\limits_{n=1}^{\infty}E_n\in \boldsymbol{S}(\boldsymbol{R})$, 它 $\supset E$ 且 $\mu^*\left(\bigcup\limits_{n=1}^{\infty}E_n\right)\leqslant\sum\limits_{n=1}^{\infty}\mu^*(E_n)=\sum\limits_{n=1}^{\infty}\mu(E_n)<\mu^*(E)+\varepsilon$. 记 $\bigcup\limits_{n=1}^{\infty}E_n$ 为 F. 于是对任何 $\varepsilon>0$, 有 F (与 ε 有关) $\in \boldsymbol{S}(\boldsymbol{R})$, 使 $F\supset E$ 且 $\mu^*(F)<\mu^*(E)+\varepsilon$. 取 $\varepsilon=1,\dfrac{1}{2},\dfrac{1}{3},\cdots$ 时, 所得的 F 记为 F_n. 并记 $F=\bigcap\limits_{n=1}^{\infty}F_n$. 则 $F\in \boldsymbol{S}(\boldsymbol{R}),F\supset E$ 且 $\mu^*(F)=\mu^*(E)$. 从而 $F-E$ 是 μ^*-零集. 对于集 $F-E$ 再用上面结果, 有 $F_1\in \boldsymbol{S}(\boldsymbol{R}),F_1\supset F-E$ 且 $F_1-(F-E)$ 是 μ^*-零集. 于是, $E=F-(F-E)=(F-F_1)\bigcup((F_1-(F-E))\bigcap E)$, 其中 $F-F_1\in \boldsymbol{S}(\boldsymbol{R}),(F_1-(F-E))\bigcap E$ 是 μ^*-零集 $F_1-(F-E)$ 的子集, 是 μ^*-零集. 所以 E 可以表示成 $\boldsymbol{S}(\boldsymbol{R})$ 中集减去一个 μ^*-零集 $(E=F-(F-E))$. 也可以表示成 $\boldsymbol{S}(\boldsymbol{R})$ 中集与一个 μ^*-零集之和 $(E=(F-F_1)\bigcup((F_1-(F-E))\bigcap E))$.

若 $E\in \boldsymbol{R}^*$ 的 μ^* 测度是 σ-有限的. 则有一列 $\{F_n\}\in \boldsymbol{R}^*$ 使 $\bigcup\limits_{n=1}^{\infty}F_n=E,\mu^*(F_n)<\infty$. 而对每个 F_n 有 $\boldsymbol{S}(\boldsymbol{R})$ 中 A_n 及 $B_n,A_n\subset F_n\subset B_n,F_n-A_n,B_n-F_n$ 都是 μ^*-零集. 这样, $\bigcup\limits_{n=1}^{\infty}A_n\subset E\subset\bigcup\limits_{n=1}^{\infty}B_n$. 且 $\bigcup\limits_{n=1}^{\infty}B_n-E,E-\bigcup\limits_{n=1}^{\infty}A_n$ 都是 μ^*-零集.

13. 设 $\boldsymbol{R}$ 是 X 的某些子集所成的环, μ_1,μ_2 是两个 $\boldsymbol{S}(\boldsymbol{R})$ 上的 σ-有限测度, 并且对一切 $E\in \boldsymbol{R},\mu_1(E)=\mu_2(E)$, 举例说明在 $\boldsymbol{S}(\boldsymbol{R})$ 上可以 $\mu_1\neq\mu_2$ (即存在 $E\in \boldsymbol{S}(\boldsymbol{R})$ 使 $\mu_1(E)\neq\mu_2(E)$).

例 μ_1,μ_2 在 $\boldsymbol{R}$ 上的限制记为 μ. 例子说明, 环 $\boldsymbol{R}$ 上的测度 μ 延拓到 $\boldsymbol{S}(\boldsymbol{R})$ 上未必是唯一的, 甚至可以延拓成 $\boldsymbol{S}(\boldsymbol{R})$ 上两个不同的 σ-有限测度. 可见 $\boldsymbol{R}$ 上的测度 μ 必定不是 σ-有限的. 现举例如下: $\boldsymbol{R}_0$ 表示有限个左开右闭区间的和集全体. Q 表示有理数全体. $\boldsymbol{R}$ 为 $\boldsymbol{R}_0\bigcap Q,\boldsymbol{S}(\boldsymbol{R})=\boldsymbol{S}(\boldsymbol{R}_0)\bigcap Q,\boldsymbol{S}(\boldsymbol{R}_0)$ 是 Borel 全体. 单元集都是 Borel 集, $\boldsymbol{S}(\boldsymbol{R})$ 是 Q 的子集全体.

μ_1 为 $\boldsymbol{S}(\boldsymbol{R})$ 上如下测度: $\mu_1(\varnothing)=0,\mu_1(E)=E$ 中元素个数 (当 E 为有限集时), $\mu_1(E)=\infty$ (当 E 为无限集时). $\mu_2=2\mu_1$. 这时, $\mu_1\neq\mu_2$. 而限制在 $\boldsymbol{R}$ 上

时, μ 是如下测度: $\mu(\varnothing)=0,\mu(E)=\infty$ (当 E 非空时). 实际上, $\boldsymbol{R}$ 中非空集必是无限集.

习题 2.4

1. 证明 [0,1] 上 Cantor 集的 Lebesgue 测度是零.

证 由于 Cantor 集是 [0,1] 中去掉一个长度为 $\frac{1}{3}$ 的区间 $\left(\frac{1}{3},\frac{2}{3}\right)$, 两个长度为 $\frac{1}{9}$ 的区间 $\left(\frac{1}{9},\frac{2}{9}\right),\left(\frac{7}{9},\frac{8}{9}\right)$ 及四个长度为 $\frac{1}{27}$ 的区间等. 由于 $\frac{1}{3}+2\cdot\frac{1}{9}+4\cdot\frac{1}{27}+\cdots=\frac{1}{3}\times\frac{1}{1-\frac{2}{3}}=1$. 所以 Cantor 集的 Lebesgue 测度为零.

3. (i) 视 $f(x)=x^2$ 为 $(-\infty,+\infty)\to(-\infty,+\infty)$ 的映照, 证明 $f(x)$ 把直线上 Lebesgue 可测集 (测度是零的集) 映射成为 Lebesgue 可测集 (测度是零的集).

(ii) 视 $f(x)=x^2$ 为 $(-\infty,+\infty)\to(-\infty,+\infty)$ 的映照, 证明对于 $f(x)$,(i) 中的结论也成立.

证 仅就 $f(x)=x^3$ 来证. 由于 f 是双射, f 把开区间 (α,β) 映射成开区间 (α^3,β^3). 因而把开集映射成开集. 另外, 对于在 $(-n,n)\quad(n=1,2,3,\cdots)$ 中的开区间 (α,β), f 映射成 (α^3,β^3) 使

$$(\beta^3-\alpha^3)=(\beta-\alpha)\cdot(\beta^2+\alpha\beta+\alpha^2)\leqslant 3n^2(\beta-\alpha).$$

所以把 $(-n,n)$ 中的 Lebesgue 测度为 c 的开集映射成 Lebesgue 测度 $<3n^2\cdot c$ 的开集. 从而把 $(-n,n)$ 中 Lebesgue 零集映射成 Lebesgue 零集. 这样, f 把 Lebesgue 零集映射成 Lebesgue 零集. 因为 Lebesgue 可测集是开集减去一个 Lebesgue 零集, 所以 f 把 Lebesgue 可测集映射成 Lebesgue 可测集.
(对于 $f(x)=x^2$, 要分成 $(-\infty,0),(0,+\infty)$ 中的集分别做).

5. 设 E 是直线上 Lebesgue 可测集, $x_0\in E$. 又设 (a,b) 是包含 x_0 的任一开区间, 如果下列极限存在

$$d=\lim_{(a,b)\to x_0}\frac{m((a,b)\bigcap E)}{b-a}$$

称 d 是点 x_0 的密度. 如果 $d=1$, 称 x_0 是 E 的全密点.

(i) 点 a 是否是 $E=[a,b]$ 的有密度的点.

(ii) 作一个集 E, 使它在给定点 x_0 具有密度, 并且密度等于事先给定的 $c(0<c<1)$.

解 (i) a 不是 $[a,b]$ 的具有密度的点. 当取 (α,β) 为 $\left(a-\frac{1}{n},a+\frac{1}{n}\right)$ 时极限 $d=\frac{1}{2}$. 而取 (α,β) 为 $\left(a-\frac{1}{n},a+\frac{2}{n}\right)$ 时极限 $d\neq\frac{1}{2}$.

(ii) 不妨设 $x_0=0$, 仿照 Cantor 集. 在 (0,1) 中取以 $\frac{1}{2}$ 为中点, 长度为 c_1 的区间 $\left(0<c_1<\frac{1}{3}\right)$. 在剩下的两个区间中, 取中间的长为 c_1^2 的区间等, 取出的这一列开区间记为 E_1, 关于 0 对称的集为 E_2. 令 $E=E_1\bigcup E_2.E_1$ 的 Lebesgue 测度为 $c_1+2c_1^2+4c_1^3+8c_1^4+\cdots=\frac{c_1}{1-2c_1}$. 对任何 $c(0<c<1)$, 可取 c_1 使 $\frac{c_1}{1-2c_1}=c$. 这样作出的集的 Lebesgue 测度为 c. 对于 [0,1] 的开区间 (α,β). 用这样方法 (即 (α,β) 中点为中点的开区间长为 $\frac{1}{c}(\beta-\alpha)$, 两边小区间中取长为 $\frac{1}{c^2}(\beta-\alpha)$ 的小区间等. 对 $\Delta=(\alpha,\beta)$ 作出的集记为 A_Δ. $m(A_\Delta)=c\cdot m(\Delta)$. 然后对 Cantor 集 (不是挖去开区间后的集, 是指 $\left(\frac{1}{3},\frac{2}{3}\right)\bigcup\left(\frac{1}{9},\frac{2}{9}\right)\bigcup\left(\frac{7}{9},\frac{8}{9}\right)\bigcup\left(\frac{1}{27},\frac{2}{27}\right)\bigcup\cdots$ 的每个构成区间 Δ_i. 令 $A=\bigcup\limits_i A_{\Delta_i}$ 在 (–1,0) 中对称作出的集再加入. 即合要求.

7. 设 E 是直线上 Lebesgue 可测集, 并且 $m(E)\neq 0$, 证明对任何 $c(0<c<1)$, 必存在 (a,b) 使得

$$\frac{m(E\bigcap(a,b))}{b-a}>c.$$

此外, 证明上述结论对 Lebesgue-Stieltjes 测度也有类似结果 (将 $m(E\bigcap(a,b))$ 换成 $g(E\bigcap(a,b)),b-a$ 换成 $g(b)-g(a)$).

证 仅就 Lebesgue 测度来证. 设 E 是 Lebesgue 可测集. $m(E)>0$. 对任何 $\varepsilon>0$, 有开集 G 使 $G\supset E$ 且 $m(G)<m(E)(1+\varepsilon).G$ 的构成区间为 $(a_i,b_i)\quad(i=1,2,3\cdots)$. 记 $E_i=(a_i,b_i)\bigcap E$. 于是

$$\sum_{i=1}^{\infty}(b_i-a_i)<\sum_{i=1}^{\infty}m(E_i)(1+\varepsilon),$$

因而有一个 i 使 $b_i-a_i<m(E_i)(1+\varepsilon)$, 即 $\frac{m(E_i)}{b_i-a_i}>\frac{1}{1+\varepsilon}$. 取 (a,b) 为 (a_i,b_i) 即可 (由于 ε 是任意正数, 可比任何小于 1 的 c 大).

9. 举例说明引理 2 中的开集 O 不能换成闭集.

解 例如直线上有理点全体. 若 F 是包含它的闭集. 则 F^c 是它的余集 (即无理点全体) 的开子集. 从而 $F^c=\varnothing$. 即 F 为全直线. 而有理点全体的外测度 m^* 为零.

11. 令 $\boldsymbol{O}$ 是直线上开集全体, $\boldsymbol{F}$ 是直线上有界闭集全体. 作 $\boldsymbol{O}\bigcup\boldsymbol{F}$ 上的集函数 μ 如下: 当 $\{(a_\nu,b_\nu)\}$ 是互不相交的开区间时, $\mu\left(\bigcup\limits_\nu(a_\nu,b_\nu)\right)=\sum\limits_\nu(b_\nu-a_\nu)$. 当 $F\in\boldsymbol{F}$ 时, 如果 $F\subset(a,b)$, 那么规定 $\mu(F)=(b-a)-\mu((a,b)-F)$. 对直线上一切有界集 E, 定义

$$\mu^*(E)=\inf\{\mu(0)|E\subset O,O\in\boldsymbol{O}\},\mu_*(E)=\sup\{\mu(F)|F\subset E,F\in\boldsymbol{F}\}.$$

当 $\mu^*(E)=\mu_*(E)$ 时称 E 是可测集, 令 $\boldsymbol{L}'$ 是可测集全体. 证明 $\boldsymbol{L}'$ 是 $\boldsymbol{L}$ 中有界集全体, 而且在 $\boldsymbol{L}'$ 上 $\mu^*=\mu_*=m$.

证 易见 μ^* 即为 m^*. 设 E 是 $\boldsymbol{L}$ 中有界集即有界的 Lebesgue 可测集. $E\subset(a,b)$. 于是记 $E_1=(a,b)-E$, 得 $m(E_1)=b-a-m(E)$.

当 F 是 E 的闭子集时, $(a,b)-F$ 是包含 E_1 的开集, 所以

$$m(F)=(b-a)-m((a,b)-F)=b-a-\mu((a,b)-F),$$

因而 $\mu(F)=m(F)$. 这样, 根据定义,

$$\begin{aligned}\mu_*(E)&=\sup\{\mu(F)|F\subset E,F\in\boldsymbol{F}\}=\sup\{m(F)|F\subset E,F\in\boldsymbol{F}\}\\&=(b-a)-\inf\{m(O)|O\text{ 是包含 }E_1\text{ 的开集}\}\\&=(b-a)-m^*(E_1)=(b-a)m(E_1)=m(E)=\mu^*(E).\end{aligned}$$

即 $E\in\boldsymbol{L}'$.

反过来, 若 E 是有界集, $E\subset(a,b)$, 且 $\mu^*(E)=\mu_*(E)$. 要证 E 是 Lebesgue 可测集. 这时可作包含 E 的开集 O (可设 $O\subset(a,b)$) 及 E 的闭子集 F, 使得 $\mu(O)-\mu(F)<\varepsilon$ (其中 ε 是任意预先给定的正数). 而 $O-F$ 是个开集, 当取 $\varepsilon=\dfrac{1}{n}(n=1,2,3,\cdots)$. 就有一列包含 E 的开集 $\{O_n\}$ 及一列 E 的闭子集 $\{F_n\},O_n\supset E\supset F_n.\mu(O_n)-\mu(F_n)<\dfrac{1}{n}$. 从而 $\bigcap\limits_{n=1}^\infty O_n\supset E\supset\bigcup\limits_{n=1}^\infty F_n$. $\bigcap\limits_{n=1}^\infty O_n$ 是 Lebesgue 可测集, 而 $\bigcap\limits_{n=1}^\infty O_n-E\subset O_n-F_n(n=1,2,3,\cdots)$, 所以 $\bigcap\limits_{n=1}^\infty O_n-E$ 是个 Lebesgue 零集. $E\subset\bigcap\limits_{n=1}^\infty O_n-\left(\bigcap\limits_{n=1}^\infty O_n-E\right)$ 是 Lebesgue 可测集.

13. 证明 Lebesgue 可测集经反射变换 $x\mapsto-x$ 仍是 Lebesgue 可测集, 而且 Lebesgue 测度不变.

证 记 $f(x)=-x$. 对于开区间 $(\alpha,\beta),f((\alpha,\beta))=(-\beta,-\alpha)$ 从而开集 O 使 $f(O)$ 为开集, 且 $m(O)=m(f(O))$. 如果 E 是 Lebesgue 可测集中的零集, 则有一列开集 $\{O_n\},O_n>E,m(O_n)\to0$. 这时 $f(O_n)\supset f(E)$ 且 $m(f(O_n))\to0$,

可见 $f(E)$ 是 Lebesgue 零集. 对于任何一个 Lebesgue 可测集 E, 有一列包含 E 的开集 $\{O_n\}, O_1 \supset O_2 \supset O_3 \supset \cdots$, 使 $\bigcap_{n=1}^{\infty} O_n - E$ 是 Lebesgue 零集. 从而 $\{f(O_n)\}$ 是一列包含 $f(E)$ 的开集. 且 $\bigcap_{n=1}^{\infty} f(O_n) - f(E)$ 是 Lebesgue 零集. 由于 $f(E) = \bigcap_{n=1}^{\infty} f(O_n) - \left(\bigcap_{n=1}^{\infty} f(O_n) - f(E)\right)$.$f(E)$ 是 Lebesgue 可测集而且 $m(f(E)) = \lim_{n\to\infty} m(f(O_n)) = \lim_{n\to\infty} m(O_n) = m(E)$.

15. 设 g 是 Borel 集类 $\boldsymbol{B}$ 上的 Lebesuge-Stieltjes 测度, 而且对任何实数 a, 总有

$$g(\tau_a E) = g(E) \qquad (E \in \boldsymbol{B}),$$

证明必存在非负数 c, 使得对一切 $E \in \boldsymbol{B}, g(E) = cm(E)$.

证 设 Lebesgue-Stieltjes 测度 g 由单调上升右连续函数 g 所产生. 不妨设 $g(0) = 0$ 及 $g(1) = 1$ (即 $g((0,1]) = 1$). 这时, 要证这测度就是 m. 由于 $g((0,1]) = 1$. 对 $n = 2,3,\cdots, g\left(\left(0,\frac{1}{n}\right]\right) = \frac{1}{n}$. (由 g 的平移不变性. $g\left(\left(0,\frac{1}{n}\right]\right) = g\left(\left(\frac{1}{n},\frac{2}{n}\right]\right) = g\left(\left(\frac{2}{n},\frac{3}{n}\right]\right) = \cdots = g\left(\left(\frac{n-1}{n},1\right]\right)$ 可知 $g\left(\left(0,\frac{1}{n}\right]\right) = \frac{1}{n}$). 从而对正整数 $n,k, g\left(\left(0,\frac{k}{n}\right]\right) = \frac{k}{n}$. 所以 $g(t) = t(t \in [0,1]$ 时), 因此, $g((0,t]) = t$ (当 $t \in [0,1]$ 时). 再由 $g((0,n]) = g((0,1]) + g((1,2]) + \cdots + g((n-1,n]) = ng((0,1]) = n$ 及 $g((0,n+t]) = g((0,n]) + g((n,n+t]) = g((0,n]) + g((0,t]) = n+t$ (n 是正整数 $t \in [0,1]$), 从而 $g((0,t]) = t$ 对 $t \geqslant 0$ 成立. 这样, 当 $\alpha < \beta$ 时,

$$g((\alpha,\beta]) = g((0,\beta-\alpha]) = \beta - \alpha.$$

这样, 对 $\boldsymbol{R}_0$ 中集合 $E, g(E) = m(E)$. 从而对任何 $E \in \boldsymbol{B}$ 都成立

$$g(E) = m(E).$$

习题 3.1

1. 设 $(X,\boldsymbol{R})$ 是可测空间, $E \subset X, f$ 是 E 上可测函数. 证明: 对任何实数 $a, E(f=a)$ 是可测集.

证 $E(f=a) = \bigcap_{n=1}^{\infty}\left(E\left(f \geqslant a - \frac{1}{n}\right) \cap E\left(f \leqslant a + \frac{1}{n}\right)\right)$, 所以 $E(f=a)$ 是可测集.

3. 设 $(X,\boldsymbol{R})$ 是可测空间, $E \subset X$. 证明 f 是 E 上可测函数的充要条件是对一切有理数 $r, E(f \geqslant r)$ 是可测集.

证 只要证充分性. 对任何实数 c, 可取一列有理数 $\{r_n\}$ 使 $r_1 < r_2 < r_3 < \cdots$ 且 $r_n \to c$. 于是 $E(c \leqslant f) = \bigcap\limits_{n=1}^{\infty} E(r_n \leqslant f)$ 是可测集.

5. 设 $(X, \boldsymbol{R})$ 是可测空间, $E \subset X$, f 是 E 上可测函数, 证明下列命题成立.

(i) 对直线上任何开集 $O, f^{-1}(O)$ 是可测集.

(ii) 对直线上任何闭集 $F, f^{-1}(F)$ 是可测集.

(iii) 对直线上任何 G_δ 型集或 F_σ 型集 $M, f^{-1}(M)$ 是可测集.

(iv) 对直线上任何 Borel 集 $M, f^{-1}(M)$ 是可测集.

证 (i) 对开区间 (α, β).$f^{-1}((\alpha, \beta)) = E(\alpha < f) \bigcap E(f < \beta)$ 是可测集, 因而 $f^{-1}(O)$ 是一列可测集的和集, 也是可测集.

(ii) 闭集 F 是开集 O 的余集, $f^{-1}(F) = (f^{-1}(O))^c$ 是可测集.

(iii) G_δ 型集是一列开集的交集, F_σ 是一列闭集的和集. 因此 $f^{-1}(M)$ 当 M 是 G_δ 型集时是 $\bigcap\limits_{n=1}^{\infty} f^{-1}(O_n)$ 型式的集, 其中 O_n 是开集. 从而是可测集, 对 F_σ 型集也类似.

(iv) 考虑集类 $\{M | f^{-1}(M)$ 是可测集$\}$. $\boldsymbol{R}_0$ 中元都在这集类中. 且它是个 σ-环. 所以它包含了 $\boldsymbol{S}(\boldsymbol{R}_0)$. $\boldsymbol{S}(\boldsymbol{R}_0)$ 就是 Borel 可测集全体. 所以对 Borel 集 $M, f^{-1}(M)$ 是可测集.

7. 设 $(X, \boldsymbol{R})$ 是可测空间, $E \subset X, \{f_n\}$ 是 E 上一列有限的可测函数, 并且 $\{f_n\}$ 在 E 上处处收敛 (允许极限值是 $\pm\infty$). 证明 $E(f = \infty), E(f = -\infty)$ 都是可测集, 并且对任何实数 c, $E(f \geqslant c)$ 也是可测集.

证 由于 $E(f = \infty) = \bigcap\limits_{m=1}^{\infty} E(f \geqslant m)$, 而 $f(x) \geqslant m$ 即 $\lim\limits_{n\to\infty} f_n(x) \geqslant m$. 也就是对任何正整数 k, 有 N, 当 $n \geqslant N$ 时. $f_n(x) > m - \dfrac{1}{k}$. 因此 $E(f \geqslant m) = \bigcap\limits_{k=1}^{\infty} \bigcup\limits_{N=1}^{\infty} \bigcap\limits_{n=N}^{\infty} E\left(f_n > m - \dfrac{1}{k}\right)$. 所以 $E(f = \infty)$ 是可测集, 又 $E(f = -\infty) = E(-f = \infty), -f = \lim\limits_{n\to\infty}(-f_n)$. 从而是可测集. $E(f \geqslant c)$ 是可测集的原因是: 上面的 $E(f \geqslant m)$ 中 m 可换成任何实数 c. 即 $E(f \geqslant c) = \bigcap\limits_{k=1}^{\infty} \bigcup\limits_{N=1}^{\infty} \bigcap\limits_{n=N}^{\infty} E\left(f_n > c - \dfrac{1}{k}\right)$.

9. 设 E 是直线上的点集, f 是 E 上的 Lebesgue 可测函数. h 是直线上 Lebesgue 可测函数. 问 $h(f)$ 是否必是 E 上 Lebesgue 可测函数.

答 本题的结论是否定的. 当 f 是 E 上的 Lebesgue 可测函数, h 是直线上 Borel 可测函数时, $h(f)$ 一定是 Lebesgue 可测的, 因为 $E(h(f) \geqslant c) = f^{-1}(h^{-1}[c, \infty))$ 而 $h^{-1}([c, \infty))$ 是 Borel 集 M, 由题 5 可知 $f^{-1}(M)$ 是 (Lebesgue)

可测集. 但当 M 是 Lebesgue 可测集时. $f^{-1}(M)$ 就可能不是 Lebesgue 可测集. 由于 Lebesgue 不可测集难以具体构造, 一般这种集是利用 Zermelo (策梅洛) 选取公理构造. 这里略去例子.

11. 设 $f(x)$ 是直线上 Lebesgue (或 Borel) 可测函数, a 是任一常数, 证明 $f(ax)$ 是直线上 Lebesgue (或 Borel) 可测函数.

证 只要对 $a \neq 0$ 的情况来证. ($a=0$ 时, $f(ax)$ 是常数函数). 对实数 c, 记 $E_c = E(f(x) \geqslant c)$. 于是, $E(f(ax) \geqslant c) = \{x|ax \in E_c\} = \frac{1}{a}E_c$ $\left(这里 \frac{1}{a}E_c 表示集 \left\{\frac{1}{a}x \middle| x \in E_c\right\}.\right)$ 因为有界 Lebesgue 零集 E 使 $\frac{1}{a}E$ 是 Lebesgue 零集, 所以 Lebesgue 零集 E 使 $\frac{1}{a}E$ 是 Lebesgue 零集. 而 G_δ 型集乘 $\frac{1}{a}$ 后仍是 G_δ 型集. 因而当 E_c 是 Lebesgue 可测集时, $\frac{1}{a}E_c$ 也 $\in E$.

13. (i) 当 $f(x)$ 是 $[a,b]$ 上的连续函数, 单调函数、阶梯函数时, f 必是 $[a,b]$ 上 Borel 可测函数.

(ii) 当 $f(x)$ 是 $(-\infty,+\infty)$ 上处处可微的函数时, 证明 $\frac{\mathrm{d}}{\mathrm{d}x}f(x)$ 必是 $(-\infty,+\infty)$ 上的 Borel 可测函数.

证 (i) 当 f 是连续函数时, $E(f \geqslant c)$ 是闭集. 当 f 是单调 (上升) 函数时, $E(f \geqslant c)$ 是区间 $[x_0,b]$, 或 $(x_0,b]$. 当 f 是阶梯函数时, $E(f \geqslant c)$ 是若干个区间的和集, 它们都是 Borel 可测集.

(ii) 令 $f_n(x) = \dfrac{f\left(x+\frac{1}{n}\right)-f(x)}{\frac{1}{n}} = n\left(f\left(x+\frac{1}{n}\right)-f(x)\right)$. 则 $\frac{\mathrm{d}}{\mathrm{d}x}f(x) = \lim\limits_{n\to\infty} f_n(x)$. 由于 $\{f_n\}$ 是一列 Borel 可测函数, 所以 $\frac{\mathrm{d}}{\mathrm{d}x}f(x)$ 是 Borel 可测函数.

习题 3.2

1. 设 $(X, \boldsymbol{R}, \mu)$ 是完全测度空间, $E \subset X, \{f_n\}, \{h_n\}$ 是 E 上两列可测函数, 并且 $f_n \Rightarrow f, h_n \Rightarrow h$ (f,h 是 E 上有限函数), 证明

(i) f 是 E 上可测函数

(ii) 对任何常数 $\alpha,\beta,\alpha f_n+\beta h_n \Rightarrow \alpha f+\beta h$

(以下再设 $\mu(E)<\infty$)

(iii) $f_n h_n \Rightarrow fh$

(iv) 当 $\{h_n\}$, h 在 E 上均几乎处处不为零时, $f_n/h_n \Rightarrow f/h$.

举例说明当 $\mu(E)=\infty$ 时, (iii), (iv) 不成立.

证 (i) 由于 $f_n \Rightarrow f$, 有 $\{f_n\}$ 的子序列 $\{f_{n_k}\}$ 使 $f_{n_k} \dot{\to} f$. 所以 f 是 E 上可测函数.

(ii) 由于 $E(|\alpha f_n+\beta h_n-\alpha f-\beta h|>\varepsilon) \subset E\left(|\alpha f_n-\alpha f|>\frac{\varepsilon}{2}\right) \bigcup E\left(|\beta h_n-\beta h|>\frac{\varepsilon}{2}\right) = E\left(|f_n-f|>\frac{\varepsilon}{2|\alpha|}\right) \bigcup E|h_n-h|>\frac{\varepsilon}{2|\beta|})$. (当 $\alpha=0$ 时第一个是 $\varnothing$).

由 $f_n \Rightarrow f.h_n \Rightarrow h.\mu\left(|f_n-f|>\frac{\varepsilon}{2|\alpha|}\right) \to 0, \mu\left(|h_n-h|>\frac{\varepsilon}{2|\beta|}\right) \to 0$, 从而

$$E(|\alpha f_n+\beta h_n-(\alpha f+\beta h)|>\varepsilon) \to 0 \qquad (\forall \varepsilon>0),$$

即 $\alpha f_n+\beta h_n \Rightarrow \alpha f+\beta h$.

(iii) 在 $\{f_n\}$ 中有子序列 $\{f_{n_k}\}$ 使 $f_{n_k} \dot{\to} f$. 在序列 $\{h_{n_k}\}$ 中又有子序列 $\{h_{n_{k_i}}\}$ 使 $h_{n_{k_i}} \dot{\to} h$. 这时, 子序列 $f_{n_{k_i}} \cdot h_{n_{k_i}} \dot{\to} fh$. 从而 $f_{n_{k_i}} h_{n_{k_i}} \Rightarrow fh$. 所以 $f_n h_n \Rightarrow fh$.

(iv) 与 (iii) 类似, 有子序列 $h_{n_k} \dot{\to} h$. 即 $1/h_{n_k} \dot{\to} 1/h$.
且 $f_{n_k} \dot{\to} f$. 所以 $f_{n_k}/h_{n_k} \dot{\to} f/h$. 于是 $f_{n_k}/h_{n_k} \Rightarrow f/h$. 所以 $f_n/h_n \Rightarrow f/h$.

下面举例说明在 $\mu(E)=\infty$ 的情况下,(iii)(iv) 并不成立.

例 考虑 Lebesgue 测度空间, $E=[1,\infty)$. f 为如下函数: 在 $[n,n+1)$ 上, $f(x)$ 取值为 n. 即 $f(x)=[x]$. (当 $x \geqslant 1$ 时). 又 $\{f_n\}$ 是如下函数列 $f_n(x)=f(x)+\frac{1}{n}$. 这时, $\{f_n\}$ 在 $[1, \infty)$ 上一致收敛于 f. 当然 $f_n \Rightarrow f$. 但 $f_n^2 \not\Rightarrow f^2$ (即 $h_n=f_n, h=f$ 时 $f_n h_n \not\Rightarrow fh$.) 实际上, $E(|f_n^2-f^2|>1) \supset [n, \infty)$, 而考虑 $\frac{1}{f_n}$ 及 $\frac{1}{f}\left\{\frac{1}{f_n}\right\}$ 仍一致收敛于 $\frac{1}{f}$. 把它们作为 h_n 及 h 就说明 (iv) 也不成立.

3. 设 f 是直线上 Lebesgue 可测集 $E(m(E)<\infty)$ 上的 Lebesgue 可测函数. 证明必存在 E 上一列阶梯函数 (在有限个有限区间上为非零常数, 其余地方为零的函数 $\{\varphi_n\}$ 使得下面两式子同时成立: $\varphi_n \underset{m}{\Rightarrow} f, \varphi_n \underset{m}{\dot{\to}} f$. 在 $m(E)=\infty$ 时, $\varphi_n \underset{m}{\dot{\to}} f$ 成立, 并举例说明 $\varphi_n \Rightarrow f$ 不成立.

证 由 Лузин 定理, 对任何 $\delta>0$, 有全直线上的连续函数 h, 使 $E(f \neq h)$ 的 Lebesgue 测度 $<\delta$.

由于 $m(E)<\infty$, 先取 n, 使 $m(E \bigcap((-\infty,-n) \bigcup(n,+\infty)))<\delta$, 再取全直线上连续函数 h, 使 $m(E(f \neq h))<\delta$ 且 h 在 $[-n,n]$ 之外取值为 0. 由 h 的一致连续性, 有全直线上阶梯函数 φ 使 $E(|\varphi-h|>\delta)$ 是空集.

这样, 对任何 $\delta>0$, 有全直线上阶梯函数 φ. 满足

$$mE(|f-\varphi|>\delta)<\delta.$$

当取 $\delta=\frac{1}{n}(n=1,2,3,\cdots)$ 时, 得到一列阶梯函数 $\{\varphi_n\}$. 满足 $\varphi_n\Rightarrow f$. 再取一个子列 $\{\varphi_{n_k}\}$, 可使 $\varphi_{n_k}\Rightarrow f$ 且 $\varphi_{n_k}\dot{\to} f$.

当 $E=(-\infty,+\infty)$ 时, 取 $f\equiv 1$. 这是个 Lebesgue 可测函数, 但阶梯函数在一个有限区间外只能为 0, 因此无法使 $\varphi_n\Rightarrow f$.

5. 证明 Лузин 定理在 $\mu(E)=\infty$ 情况成立.

证 仅对 $E=(-\infty,+\infty)$ 情况来证. 对任何 $\delta>0$ (可设 δ 较小). 考虑一列闭区间 $[\delta,1-\delta]$, $\left[1+\frac{\delta}{2},2-\frac{\delta}{2}\right]$, $\left[2+\frac{\delta}{4},3-\frac{\delta}{4}\right]$, $\cdots$ 及对称的一列闭区间, 于是在每个区间中有闭子集 $F_{1\delta},F_{2\delta},\cdots$ (还有 $F_{-1,\delta},F_{-2,\delta}$, 等等) 满足 $[\delta,1-\delta]-F_{1\delta}$, $\left[1+\frac{\delta}{2},2-\frac{\delta}{2}\right]-F_{2\delta},\cdots$ 的 Lebesgue 测度小于 $\delta,\frac{\delta}{2},\cdots$ 等等. f 在 $F_{1\delta},F_{2\delta},\cdots$ 上都连续, 从而 $\bigcup\limits_{n=-\infty}^{+\infty}F_{n,\delta}$ 上 f 是连续的. 而 $\bigcup\limits_{n=-\infty}^{+\infty}F_{n,\delta}$ 的余集的 Lebesgue 测度仍不超过 δ 的某一倍数.

7. 设 E 是 Lebesgue 可测集, $\{f_n\}$ 是 E 上 Lebesgue 可测函数序列. 并且 $f_n\underset{m}{\Rightarrow}f$ (有限函数) 又设 h 是直线上连续函数. 问是否有 $h(f_n)\underset{m}{\Rightarrow}h(f)$? 为什么?

又问 $f_n\left(\frac{1}{x}\right)\underset{m}{\Rightarrow}f\left(\frac{1}{x}\right)$ 吗? 为什么?

解 上面题 1 的例子说明当 $h(x)=x^2$ 时由 $f_n\Rightarrow f$ 不能得出 $h(f_n)\Rightarrow h(f)$.

至于 $f_n\left(\frac{1}{x}\right)\overset{?}{\Longrightarrow}f\left(\frac{1}{x}\right)$ 的问题, 由于 f 是 E 上 Lebesgue 可测函数至少应要求 $x\in E$ 时 $\frac{1}{x}\in E$. 例如 $E=(0,\infty),E=E^1$ 等. 但依旧不能使 $f_n\left(\frac{1}{x}\right)\Rightarrow f\left(\frac{1}{x}\right)$ 成立, 例如. $E=(0,\infty).f$ 是 E 上恒等于 1 的函数, 而 f_n 则是在 $\left(0,\frac{1}{n}\right)$ 上取值为 n, 在 $\left[\frac{1}{n},\infty\right)$ 取值为 1 的函数, 这时 $E(|f_n-f|>\varepsilon)\subset\left(0,\frac{1}{n}\right)$, 所以 $f_n\Rightarrow f$, 但 $f_n\left(\frac{1}{x}\right)\not\Rightarrow f\left(\frac{1}{x}\right)$.

9. 设 f 是 $(-\infty,+\infty)$ 上 Lebesgue 可测函数, 而且对一切 $t_1,t_2\in(-\infty,+\infty)$,

$$f(t_1+t_2)=f(t_1)+f(t_2),$$

证明必有常数 c 使得 $f(t)=ct$.

证 取 $t_1=t_2=0$ 时, $f(0)=f(0)+f(0)$, 所以 $f(0)=0$, 又对任何正整数 n 及任何 $t\in(-\infty,+\infty)$, 有

$$f(nt)=f(t)+f(t)+\cdots+f(t)=nf(t).$$
$$nf\left(\frac{1}{n}t\right)=f\left(n\cdot\frac{1}{n}t\right)=f(t),\quad f\left(\frac{1}{n}t\right)=\frac{1}{n}f(t),$$

并对任何 $t\in(-\infty,+\infty)$. $f(t)+f(-t)=f(0)=0$, $f(-t)=-f(t)$. 因此, 对任何有理数 r 及实数 t, 成立 $f(rt)=rf(t)$.

记 $E_n=E(-n<f(t)<n)=\{t\in(-\infty,+\infty)|-n<f(t)<n\}$, $\{E_n\}$ 是一列 Lebesgue 可测集, $E_1\subset E_2\subset E_3\subset\cdots$, $\bigcup\limits_{n=1}^{\infty}E_n=(-\infty,+\infty)$. 所以 $m(E_n)\to\infty$, 从而有 n_0 使 $m(E_{n_0})>0$, 再考虑 $E_{n_0}\bigcap(-k,k)(k=1,2,3,\cdots)$, 由于这是一列单调上升的 Lebesgue 可测集 $\bigcup\limits_{k=1}^{\infty}(E_{n_0}\bigcap(-k,k))=E_{n_0}$. 又有 k_0 使 $m(E_{n_0}\bigcap(-k_0,k_0))>0$. 这个集 $E_{n_0}\bigcap(-k_0,k_0)$ 记为 E. 于是, E 是有界的、正测度的 Lebesgue 可测集, 且 f 在 E 上的取值有界, $m(E)>0(m(E)$ 是有限数). 于是有开集 O 使得 $O\supset E$ (可取 $O\subset(-k_0,k_0)$) 且 $m(O)<1.1m(E)$.O 的构成区间为 $(a_1,b_1),(a_2,b_2),\cdots$ 从而 $\sum\limits_{\nu}(b_\nu-a_\nu)<1.1\left(\sum\limits_{\nu}m(E\bigcap(a_\nu,b_\nu))\right)$ 于是有一个 ν 使 $b_\nu-a_\nu<1.1m(E\bigcap(a_\nu,b_\nu))$. 这样我们得到一个 Lebesgue 可测集 $\widetilde{E}=E\bigcap(a_\nu,b_\nu)$, 它满足 $\widetilde{E}\subset(a_\nu,b_\nu),m(\widetilde{E})>\dfrac{1}{1.1}(b_\nu-a_\nu)>0.9(b_\nu-a_\nu)$ 且当 $t\in\widetilde{E}$ 时, $-n_0<f(t)<n_0$ (由于 $t\in\widetilde{E}\subset E\subset E_{n_0}$).

取 $\delta=0.1(b_\nu-a_\nu)$, 于是当数 $s\in(-\delta,\delta)$ 时, 集 $\tau_s\widetilde{E}(=\{s+t|t\in\widetilde{E}\})$ 即为把 $\widetilde{E}$ 平移 s 所得的集, $\tau_s\widetilde{E}\subset(a_\nu-\delta,b_\nu+\delta)$, 因此 $\tau_s\widetilde{E}\bigcap\widetilde{E}$ 不空. ($\widetilde{E},\tau_s\widetilde{E}$ 都在 $(a_\nu-\delta,b_\nu+\delta)$ 中, 如果不交, 那么 $m(\widetilde{E}\bigcup\tau_s\widetilde{E})=m(\widetilde{E})+m(\tau_s\widetilde{E})=2m(\widetilde{E})>1.8(b_\nu-a_\nu)$, 与 $m(\widetilde{E}\bigcup\tau_s\widetilde{E})\leqslant(b_\nu+\delta)-(a_\nu-\delta)=b_\nu-a_\nu+2\delta=1.2(b_\nu-a_\nu)$ 矛盾!) 实际上, 由于 $\widetilde{E},\tau_s\widetilde{E}$ 的测度都 $>0.9(b_\nu-a_\nu)$, 和集测度 $\leqslant 1.2(b_\nu-a_\nu)$, 从而交集的测度至少为 $0.6(b_\nu-a_\nu)$.

由于 $\widetilde{E}\bigcap\tau_s\widetilde{E}$ 不空, 若 $u\in\widetilde{E}\bigcap\tau_s\widetilde{E}$, 即 $u\in\widetilde{E}$ 且 $u-s\in\widetilde{E}$, 即 s 是 $\widetilde{E}$ 中两个数的差. 因此

$$\{u-v|u,v\in\widetilde{E}\}\supset(-\delta,\delta).$$

而对任何 $s\in(-\delta,\delta),f(s)=f(u)-f(u-s)$ 必在 $(-2n_0,2n_0)$ 中, 从而对任何正整数 n, 当 $s\in\left(-\dfrac{\delta}{n},\dfrac{\delta}{n}\right)$ 时, $ns\in(-\delta,\delta),|f(ns)|\leqslant 2n_0,|f(s)|\leqslant\dfrac{2n_0}{n}$.

这样, 对任何 $\varepsilon>0$, 先取一个 n 使 $\dfrac{2n_0}{n}<\varepsilon$. 再取 $\delta_1=\dfrac{\delta}{n}$, 当 $s\in(-\delta_1,\delta_1)$ 时, $f(s)\in(-\varepsilon,\varepsilon)$. 这就证明了 f 在 0 点的连续性. 而当实数列 $\{t_n\}$ 使 $t_n\to t_0$ 时. $f(t_n)\to f(t_0)$ (因 $f(t_n)-f(t_0)=f(t_n-t_0)\to f(0)=0$). 记 $f(1)$ 为 c 时, $f(r)=rf(1)=rc$ (r 为有理数). 由 f 的连续性对任何 $t\in(-\infty,+\infty)$, 取一列有理数 r_n 使 $r_n\to t,f(t)=\lim\limits_{n\to\infty}f(r_n)=ct$.

习题 3.3

1. 证明, 对 $[a,b]$ 上非负连续函数 f, 如果 $\int_a^b f(x)\mathrm{d}x = 0$, 那么 $f(x) \equiv 0$. 如果 Lebesgue 积分换成 Lebesgue-Stieltjes 积分, 结果如何?

证 如果 $\int_a^b f(x)\mathrm{d}x = 0$. 必定 $f(x) \equiv 0$, 用反证法, 如果在某个 $x_0 \in [a,b]$ 处, $f(x_0) > 0$. 则有 x_0 的一个环境 (α,β) 中, $f(x) > \dfrac{f(x_0)}{2}$. 于是 $\int_a^b f(x)\mathrm{d}x \geqslant \int_\alpha^\beta f(x)\mathrm{d}x \geqslant (\beta-\alpha)\cdot\dfrac{1}{2}f(x_0) > 0$. (如果 $x_0 = a$ 时 α 为 a, 如果 $x_0 = b$ 时, β 为 b). 与假设矛盾.

在 Lebesgue-Stieltjes 积分时, 由于可能 $g((\alpha,\beta]) = 0(\alpha < \beta)$. 结论未必成立.

3. 证明定理 3.3.13 中 $-\infty < a, b < +\infty$, 而 φ 换为 $[a,b]$ 上多项式 $p(x)$ 或三角多项式也是可以的. 但如果 $[a,b]$ 为 $(-\infty,+\infty)$ 时, 问阶梯函数类, 多项式函数类, 三角多项式函数类中哪一个类使定理 3.3.13 成立? 哪些类不能成立? 为什么?

证 仍就 Lebesgue 积分情况来证. 对 $[a,b]$ 上 Lebesgue 可积函数 f, 有 $[a,b]$ 上连续函数 φ 使 $\int_a^b |f-\varphi|\mathrm{d}x < \varepsilon$. 而对于 $[a,b]$ 上连续函数 φ, 又有多项式函数 $p(x)$, 使 $|\varphi(x) - p(x)| < \varepsilon(x \in [a,b]$. 其中 ε 是给定正数). 从而 $\int_a^b |f-p|\mathrm{d}x \leqslant \int_a^b |f-\varphi|\mathrm{d}x + \int_a^b |\varphi - p|\mathrm{d}x < \varepsilon + (b-a)\varepsilon$.

对于三角多项式来说, 由于三角多项式是 2π 为周期的函数, 所以要求 $b-a \leqslant 2\pi$. 另一方面, $[a,b]$ 上连续函数可以用阶梯函数一致逼近 (由 φ 的一致连续性). 因此对阶梯函数类同样成立. 但如果对 $(-\infty,+\infty)$ 来说, 阶梯函数类依旧使结论成立. (先取 n 使 $\int_{(-\infty,-n)\bigcup(n,+\infty)} |f|\mathrm{d}x < \varepsilon$. 再取阶梯函数 h 使 $\int_{-n}^n |f-h|\mathrm{d}x < \varepsilon$. (在 $(-n,n)$ 外 h 为 0) 于是 $\int_{-\infty}^{+\infty} |f-h|\mathrm{d}x < 2\varepsilon$. 对于多项式来说, 除了 $p(x) \equiv 0$ 之外, 多项式函数 $p(x)$ 不是 $(-\infty,+\infty)$ 上 Lebesgue 可积的. 而对于三角多项式来说, 除了恒为 0 的函数, 由于 $\int_0^\pi |\varphi|\mathrm{d}x > 0$, 所以 $\int_{-\infty}^{+\infty} |\varphi|\mathrm{d}x = \infty$. 也不是 Lebesgue 可积的. 因为定理 3.3.13 的结论更无从谈起了.

5. 如果

$$f(x) = \begin{cases} \dfrac{\sin\dfrac{1}{x}}{x^a}, & 0 < x < 1, \\ 0, & x = 0, \end{cases}$$

讨论 a 为何值时, f 是 $[0,1]$ 上 Lebesgue 可积函数或不可积.

如果

$$f(x)=\begin{cases}\dfrac{\sin\dfrac{1}{x}}{|x|^a}, |x|>0,\\ 0, \qquad x=0,\end{cases}$$

讨论 a 为何值时, f 是 $(-\infty,+\infty)$ 上 Lebesgue 可积或不可积.

解 在 $[0,1]$ 时, 由于 $\left|\dfrac{\sin\dfrac{1}{x}}{x^a}\right|\leqslant\dfrac{1}{x^a}$. 当 $a<1$ 时, 因为 $\dfrac{1}{x^a}$ 是 Lebesgue 可积的, 所以 $\dfrac{\sin\dfrac{1}{x}}{x^a}$ 是 Lebesgue 可积的. 当 $a=1$, 即函数 $f(x)=\dfrac{1}{x}\sin\dfrac{1}{x}$ 在 $[0,1]$ 上不是 Lebesgue 可积的. (在 $\left[\dfrac{1}{3\pi},\dfrac{1}{2\pi}\right],\left[\dfrac{1}{5\pi},\dfrac{1}{4\pi}\right],\left[\dfrac{1}{7\pi},\dfrac{1}{6\pi}\right],\cdots$ 上 $f(x)$ 是连续函数且是取值非负的. Lebesgue 积分的值等于 Riemann 积分的值

$$\int_{\frac{1}{3\pi}}^{\frac{1}{2\pi}}\frac{1}{x}\sin\frac{1}{x}\mathrm{d}x=\int_{2\pi}^{3\pi}\frac{\sin y}{y}\mathrm{d}y\quad\left(x=\frac{1}{y}\right).$$

这些积分的值并非绝对收敛的. 而当 $a>1$ 时. $\left|\dfrac{\sin\dfrac{1}{x}}{x}\right|\leqslant\left|\dfrac{\sin\dfrac{1}{x}}{x^a}\right|$, 所以当 $a\geqslant1$ 时, $f(x)$ 在 $[0,1]$ 上不是 Lebesgue 可积的.

而当在 $(-\infty,+\infty)$ 上的函数 $f(x)$. 由于 f 是奇函数, 只要讨论在 $(0,\infty)$ 上的可积性. 同样在 $a\geqslant1$ 时 f 是不可积的. 而在 $a<1$ 时 f 依然是不可积的与前面类似, 但 f 在 $(1,\infty)$ 上是不可积的.

7. 当 f 是 $(-\infty,+\infty)$ 上 Lebesgue 可积函数时. 证明

$$\lim_{h\to0}\int_a^b|f(x+h)-f(x)|\mathrm{d}x=0.$$

如果 f 是 $(E^1,\boldsymbol{L}^g,g)$ 上可积函数时, 上式是否成立? 为什么?

证 对任何 $\varepsilon>0$, 有 $(-\infty,+\infty)$ 上连续函数 φ (且在某区间外取值为 0) 使 $\displaystyle\int_{-\infty}^{+\infty}|f-\varphi|\mathrm{d}x<\varepsilon$. 从而 $\displaystyle\int_{-\infty}^{+\infty}|f(x+h)-\varphi(x+h)|\mathrm{d}x<\varepsilon$. 函数 φ 设在 $[a,b]$ 外为 0. 于是在 $[a-1,b+1]$ 外更为 0. 由 φ 的一致连续性, 对 $\varepsilon>0$, 有 $h>0$ (可设 $h<1$). 使 $|\varphi(x)-\varphi(x+h)|<\dfrac{\varepsilon}{b-a+2}$ $(\forall x)$. 这时.

$$\begin{aligned}&\int_{-\infty}^{+\infty}|f(x+h)-f(x)|\mathrm{d}x\\ \leqslant&\int_{-\infty}^{+\infty}|f(x+h)-\varphi(x+h)|\mathrm{d}x+\int_{-\infty}^{+\infty}|\varphi(x+h)-\varphi(x)|\mathrm{d}x+\\ &\int_{-\infty}^{+\infty}|\varphi(x)-\varphi(x+h)|\mathrm{d}x\end{aligned}$$

$< 3\varepsilon$ (式中 $\displaystyle\int_{-\infty}^{+\infty} |\varphi(x+h)-\varphi(x)|\mathrm{d}x = \int_{a-1}^{b+1} |\varphi(x+h)-\varphi(x)|\mathrm{d}x < \varepsilon$).

这就说明 $\displaystyle\lim_{h\to 0}\int_{-\infty}^{+\infty} |f(x+h)-f(x)|\mathrm{d}x = 0$ (积分在有限区间上时更加趋于零).

对 $(E^1, \boldsymbol{L}^g, g)$ 的情况请自行讨论.

9. 证明引理 2 中的数列 $\{M_n^{(i)}\}$ 换成一般的趋于无限大的数列时仍成立.

证 引理 2 是说, 设 $(x, \boldsymbol{R}, \mu)$ 是测度空间, $E\in\boldsymbol{R}$, 并且 E 是 σ-有限的, 并且 $f\geqslant 0$.$\{E_n^{(j)}\}(j=1,2)$ 是 E 的两个测度有限单调覆盖, $\{M_n^{(i)}\}$ $(i=1,2)$ 是两列趋向 $+\infty$ 的单调正数列, 如果 $\displaystyle\lim_{n\to\infty}\int_{E_n^{(1)}}[f]_{M_n^{(1)}}\mathrm{d}\mu<\infty$. 则 $\displaystyle\lim_{n\to\infty}\int_{E_n^{(2)}}[f]_{M_n^{(2)}}\mathrm{d}\mu = \lim_{n\to\infty}\int_{E_n^{(1)}}[f]_{M_n^{(1)}}\mathrm{d}\mu$. 现将 $\{M_n^{(i)}\}$ 的条件改为 $\to+\infty$ 的正数列.

证 设 $\{M_n^{(1)}\}\to+\infty$, 于是可取它的子数列 $\{M_{n_k}^{(1)}\}$ 是单调上升的. 从而 $\displaystyle\lim_{k\to\infty}\int_{E_{n_k}^{(1)}}[f]_{M_{n_k}^{(1)}}\mathrm{d}\mu = \lim_{n\to\infty}\int_{E_n^{(1)}}[f]_{M_n^{(1)}}\mathrm{d}\mu$. 如果 $\displaystyle\lim_{n\to\infty}\int_{E_n^{(2)}}[f]_{M_n^{(2)}}\mathrm{d}\mu$ 不存在. 可以取 $M_n^{(2)}$ 的两个单调上升的子序列, 相应的 $\displaystyle\int_{E_{n_k}^{(2)}}[f]_{M_{n_k}^{(2)}}\mathrm{d}\mu$ 有不同的极限. 与引理 2 矛盾!

11. 设 f 是 Lebesgue 可测函数 q 是大于 1 的某个数. 证明: 如果对于任何满足 $|h|^q$ Lebesgue 可积的可测函数 h, fh 是 Lebesgue 可积的, 那么 $|f|^p$ 必是 Lebesgue 可积的, 这里 p 是满足 $\dfrac{1}{p}+\dfrac{1}{g}=1$ 的正数.

本题最简单的做法是利用下册中的共鸣定理. 在直接做时是根据 f 来构造一个 h 使 h^p 可积. 由 fh 的可积说明 f^p 可积 (题中的 f 仅需对非负函数来做) 这里略去.

习题 3.4

1. 证明级数形的 Levi 引理: 设 $\{u_n\}$ 是 E 上非负的可积函数序列, 并且 $\displaystyle\sum_{n=1}^{\infty}\int_E u_n\mathrm{d}\mu<\infty$, 那么函数项级数 $\displaystyle\sum_{n=1}^{\infty}u_n$ 必几乎处处收敛于 E 上一个可积函数 f, 并且

$$\int_E f\mathrm{d}\mu = \sum_{n=1}^{\infty}\int_E u_n\mathrm{d}\mu.$$

证 记 $f_n=\displaystyle\sum_{k=1}^{n}u_k$. 于是 $f_1\leqslant f_2\leqslant f_3\leqslant\cdots,\{f_n\}$ 是 E 上可积函数列, 且 $\displaystyle\int_E f_n\mathrm{d}\mu = \sum_{k=1}^{n}\int_E u_k\mathrm{d}\mu \leqslant \sum_{n=1}^{\infty}\int_E u_n\mathrm{d}\mu<\infty$. 由 Levi 引理 $\{f_n\}$ 几乎处处收敛于

一个 E 上可积函数 f, 且 $\lim\limits_{n\to\infty}\int_E f_n\mathrm{d}\mu=\int_E f\mathrm{d}\mu$. 即

$$\sum_{k=1}^{\infty}\int_E u_k\mathrm{d}\mu=\int_E f\mathrm{d}\mu.$$

3. 设 $f(x)$ 是 $(-\infty,+\infty)$ 上满足 $f(0)=0$ 而关于 $(E^1,\boldsymbol{L}^g,g)$ 的可积函数, 试举出一个 g, 说明 $\sum\limits_{n=-\infty}^{\infty}f(n^2x)$ 未必在 $(-\infty,+\infty)$ 上几乎处处收敛于一个关于 $(E^1,\boldsymbol{L}^g,g)$ 可积的函数.

答 举例如下: g 为在每个正整数上 (单点集) 使 $g(\{n\})=\dfrac{1}{n^2}$ 的测度 (对不含正整数的集 $E, g(E)=0$). $\underset{(x\neq 0\text{ 时})}{f(x)=1}, f(0)=0, \int_{(-\infty,+\infty)}f\mathrm{d}g=\sum\limits_{n=1}^{\infty}\dfrac{1}{n^2}<\infty$. f 是可积的. 而这一列函数都是 f.

5. 设 $f(x)$ 在 $(0,\infty)$ 上 Lebesgue 可积, 并且均匀连续, 那么 $\lim\limits_{x\to\infty}f(x)=0$ 举例说明均匀连续的条件不可去掉.

证 用反证法. 如果 $\lim\limits_{x\to\infty}f(x)\neq 0$ (包括 $x\to\infty$ 时 $f(x)$ 无极限的情况) 则有一列 $\{x_n\}, x_n\to\infty$ 但 $|f(x_n)|>\varepsilon$ (ε 是某个正数). 可设 $\{x_n\}$ 单调上升且 $x_{n+1}-x_n\geqslant 1$. 由 f 的均匀连续性, 对上述的 ε, 有 $\delta>0$ $\left(\text{可设 }\delta<\dfrac{1}{2}\right)$ 当 x', x'' 满足 $|x'-x''|<\delta$ 时, $|f(x')-f(x'')|<\dfrac{\varepsilon}{2}$, 于是, 在 $(x_1-\delta,x_1+\delta),(x_2-\delta,x_2+\delta),\cdots$ 上. $|f(x)|>\dfrac{\varepsilon}{2}$. 由此

$$\int_{\bigcup\limits_{n=1}^{\infty}(x_n-\delta,x_n+\delta)}|f|\mathrm{d}x=\infty.$$

与 f 在 $(0,\infty)$ 上 Lebesgue 可积相矛盾.

当 f 仅有连续条件时, 未必由 f 的可积性能推出 $\lim\limits_{x\to\infty}f(x)=0$. 例如:$f$ 在整数 $\{0,1,2,\cdots\}$ 上取值为 0, 而在 $(n-1,n)(n=1,2,3,\cdots)$ 中图像为在中点处高为 1, 底边长为 $\dfrac{1}{n^2}$ 的等腰三角形 (如图), 这个函数在 $(0,\infty)$ 是 Lebesgue 可积的, 积分值为 $\dfrac{1}{2}\left(1+\dfrac{1}{4}+\dfrac{1}{9}+\dfrac{1}{16}+\cdots\right)$, 但 $\lim\limits_{x\to\infty}f(x)\neq 0$.

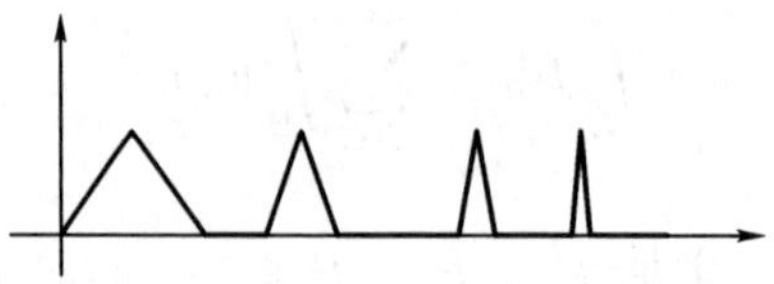

7. 证明 Riemann-Lebesgue 引理: 当 f 在 $(-\infty,+\infty)$ 上是 Lebesgue 可积函数时, $\lim\limits_{\alpha\to\pm\infty}\widetilde{f}(\alpha)=0$.

证 仅就 f 是实值函数来证. 要证 $\int_{-\infty}^{+\infty} f(x)\cos\alpha x\mathrm{d}x$ 及 $\int_{-\infty}^{+\infty} f(x)\sin\alpha x\mathrm{d}x$ 当 $\alpha\to\pm\infty$ 时极限为 0. 先设 $f=\chi_{[a,b]}([a,b]$ 上特征函数). 这时

$$\int_a^b \cos\alpha x\mathrm{d}x=\frac{1}{\alpha}(\sin\alpha b-\sin\alpha a)\to 0(\alpha\to\pm\infty\text{ 时}),$$

$$\int_a^b \sin\alpha x\mathrm{d}x=-\frac{1}{\alpha}(\cos\alpha b-\cos\alpha a)\to 0(\alpha\to\pm\infty\text{ 时}).$$

对于 $(-\infty,+\infty)$ 上 Lebesgue 可积函数 f, 对任何 $\varepsilon>0$. 可取阶梯函数 $\varphi(x)$ 使 $\int_{-\infty}^{+\infty}|f-\varphi|\mathrm{d}x<\varepsilon$. 从而 $\int_{-\infty}^{+\infty}|f(x)\cos\alpha x-\varphi(x)\cos\alpha x|\mathrm{d}x<\varepsilon$. 就有

$$\left|\int_{-\infty}^{+\infty} f(x)\cos\alpha x\mathrm{d}x\right|\leqslant\varepsilon+\left|\int_{-\infty}^{+\infty}\varphi(x)\cos\alpha x\mathrm{d}x\right|$$

由上所述对阶梯函数 φ. $\int_{-\infty}^{+\infty}\varphi(x)\cos\alpha x\mathrm{d}x\ \to\ 0(\alpha\ \to\ \pm\infty$ 时) 有限的, 并且 $f\geqslant 0$. $\{E_n^{(j)}\}(j=1,2,3,\cdots)$ 是 E 的两列测度有限单调覆盖, $\{M_n^{(i)}(i=1,2)$ 是两列趋向 $+\infty$ 的单调增加正数列. 如果

$$\lim_{n\to\infty}\int_{E_n^{(1)}}[f]_{M_n^{(1)}}\mathrm{d}\mu<\infty.$$

那么必然有 $\lim\limits_{n\to\infty}\int_{E_n^{(2)}}[f]_{M_n^{(2)}}\mathrm{d}\mu=\lim\limits_{n\to\infty}[f]_{M_n^{(1)}}\mathrm{d}\mu.$

实际上, 这个引理可以叙述成如下的形式: 设 $(X,\boldsymbol{R},\mu)$ 是测度空间, $E\in\boldsymbol{R}$ 并且 E 是 σ-有限的, 又设 f 是 E 上可测函数, 并且 $f\geqslant 0$. 如果对任何 E 的测度有限子集 $\widetilde{E}$ 及正数 M, $\sup\int_{\widetilde{E}}[f]_M\mathrm{d}\mu<\infty$. 则对于 E 的任何测度有限单调覆盖 $\{E_n\}$ 及任何单调上升趋于无穷大的数列 $\{M_n\}$.

$$\lim_{n\to\infty}\int_{E_n}[f]_{M_n}\mathrm{d}\mu=\sup\left\{\int_{\widetilde{E}}[f]_M\mathrm{d}\mu\middle|\widetilde{E}\text{ 是 }E\text{ 的测度有限子集, }M\text{ 是正数}\right\}.$$

这样, 可以给出如下的证明. 其中条件为: 设 $(X,\boldsymbol{R},\mu)$ 是测度空间, $E\in\boldsymbol{R}$ 且 E 是 σ-有限的, f 是 E 上可测函数且 $f\geqslant 0$. 设 $\{E_n\}$ 是 E 的测度有限单调覆盖, $\{M_n\}$ 是趋于 $+\infty$ 的正数列 $\lim\limits_{n\to\infty}\int_{E_n}[f]_{M_n}\mathrm{d}\mu<\infty$.

记 $\lim\limits_{n\to\infty}\int_{E_n}[f]_{M_n}\mathrm{d}\mu$ 为 c. 于是对任何正数 M, 有 n_0, 当 $n\geqslant n_0$ 时, $M_n\geqslant M$. 这时 $\int_{E_n}[f]_{M_n}\mathrm{d}\mu\geqslant\int_{E_n}[f]_M\mathrm{d}\mu$. 所以 $c\geqslant\int_{E_n}[f]_M\mathrm{d}\mu$ 由 M 的任意性, $c\geqslant\int_{E_n}[f]_{M+n}\mathrm{d}\mu$, 由引理 2. 对 E 的任何测度有限子集 $\widetilde{E},\{\widetilde{E}\bigcup E_n\}$ 是 E 的测度有限单调覆盖, $\int_{\widetilde{E}\bigcup E_n}[f]_{M+n}\mathrm{d}\mu$ 单调上升且有界, 故有极限, 极限

$\lim\limits_{n\to\infty}\int_{\widetilde{E}\bigcup E_n}[f]_{M+n}\mathrm{d}\mu=\lim\limits_{n\to\infty}\int_{E_n}[f]_{M+n}\mathrm{d}\mu\leqslant c$. 从而 $c=\sup\left\{\int_{\widetilde{E}}[f]_M\mathrm{d}\mu\right\}$ 又有 N, 当 $|\alpha|\geqslant N$ 时, $\left|\int_{-\infty}^{+\infty}\varphi(x)\cos\alpha x\mathrm{d}x\right|<\varepsilon$. 即得 $\left|\int_{-\infty}^{+\infty}f(x)\cos\alpha x\mathrm{d}x\right|<2\varepsilon$. 即 $\int_{-\infty}^{+\infty}f(x)\cos\alpha x\mathrm{d}x\to 0$ ($\alpha\to\pm\infty$ 时), 对 $\int_{-\infty}^{+\infty}f(x)\sin\alpha x\mathrm{d}x$ 同样可证.

9. 在假设 Fatou 引理已被证明的情况下, 证明由它可以推出控制收敛定理 1 和 1′.

证 仅证下面的控制收敛定理: 设 $\{f_n\}$ 是 E 上一列可积函数, 且 $|f_n|\leqslant F.F$ 是 E 上可积函数, 且 $f_n\to f$ (在 E 上几乎处处) 则 f 可积且 $\int_E f\mathrm{d}\mu=\lim\limits_{n\to\infty}\int_E f_n\mathrm{d}\mu$.

由于 $|f_n|\leqslant F$, 故 $f_n\geqslant -F$. 由 Fatou 引理, $\varliminf\limits_{n\to\infty}f_n$ 是 E 上可积函数且 $\int_E\varliminf\limits_{n\to\infty}f_n\mathrm{d}\mu\leqslant\varliminf\limits_{n\to\infty}\int_E f_n\mathrm{d}\mu$.

而对于 $\{-f_n\}.-f_n\geqslant -F$. 同样有 $\int_E\varliminf\limits_{n\to\infty}(-f_n)\mathrm{d}\mu\leqslant\varliminf\limits_{n\to\infty}\int_E(-f_n)\mathrm{d}\mu$. 但 $\varliminf\limits_{n\to\infty}(-f_n)\doteq-\varlimsup\limits_{n\to\infty}f_n$, $\varliminf\limits_{n\to\infty}\int_E(-f_n)\mathrm{d}\mu=-\varlimsup\limits_{n\to\infty}\int f_n\mathrm{d}\mu$, 即有 $\int_E\varlimsup\limits_{n\to\infty}f_n\mathrm{d}\mu\geqslant\varlimsup\limits_{n\to\infty}\int_E f_n\mathrm{d}\mu$. 由于 $f_n\dot{\to}f$, $\varlimsup\limits_{n\to\infty}f_n\doteq\varliminf\limits_{n\to\infty}f_n\doteq f$. $\varlimsup\limits_{n\to\infty}\int_E f_n\mathrm{d}\mu\leqslant\int_E f\mathrm{d}\mu\leqslant\varliminf\limits_{n\to\infty}\int_E f_n\mathrm{d}\mu$. 所以

$$\lim_{n\to\infty}\int_E f_n\mathrm{d}\mu=\int_E f\mathrm{d}\mu.$$

11. 在全有限的测度空间中, 举例说明 Levi 引理中第一个函数 f_1 的可积性这个条件是不能少的.

解 举例如下. 考虑 Lebesgue 测度, $E=(0,1]$, $f_1(x)=\dfrac{1}{x}$, $f_n(x)=\dfrac{1}{nx}$, $f(x)\equiv 0$. 这时 $f_n\to f$. $\int_{(0,1]}f_n\mathrm{d}m=\infty$. $\int_{(0,1]}f\mathrm{d}m=0$. $f_1\geqslant f_2\geqslant f_3\geqslant\cdots$,

$$\lim_{n\to\infty}\int_{(0,1]}f_n\mathrm{d}m\neq\int_{(0,1]}f\mathrm{d}m.$$

索　　引

(说明: 数 I, 1, 3 表示第一章, §1, 第 3 小节 (段), 其余类推)

一　　画

一一对应…… I, 2, 3

二　　画

二进制小数…… I, 2, 7
二重积分…… III, 5, 4
二重级数…… III, 5, 4
几乎处处…… III, 2, 1
　～收敛…… III, 2, 1
　～相等…… III, 2, 1

三　　画

小数…… I, 2, 7
　g 进制 ～…… I, 2, 7
　三进制 ～…… I, 2, 7
上界…… I, 3, 3
上导数…… III, 6, 3
　右方 ～, 左方 ～…… III, 6, 3
上限 (上极限)…… I, 5, 2
上限函数…… I, 5, 2
上确界…… I, 3, 1
上限集…… I, 1, 3
下界…… I, 3, 3
下限 (下极限)…… I, 5, 2
下限集…… I, 1, 3
下限函数…… I, 5, 2
下确界…… I, 3, 1
下导数…… III, 6, 3
　左方 ～, 右方 ～…… III, 6, 3
子集…… I, 1, 1
广义测度…… III, 8, 2

四　　画

计数…… I, 2, 6
元素…… I, 1, 1

无处稠密集……………………… I, 4, 6
无限集………………………… I, 2, 6
开集…………………………… I, 4, 2
  ～ 的构成区间……………… I, 4, 2
  ～ 的构造定理……………… I, 4, 2
开区间………………………… I, 4, 1
不可列集……………………… I, 2, 7
不可测集……………………… II, 4, 5
不相交的集…………………… I, 1, 2
不定积分……………………… III, 7, 1
区间…………………………… I, 4, 1
区间套定理…………………… I, 5, 2
内限点集……………………… II, 4, 3
分部积分公式………………… III, 8, 4
牛顿 – 莱布尼茨公式………… III, 7, 3
公理
  Zermelo～………………… I, 3, 4
引理
  Fatou～…………………… III, 4, 2
  F.Riesz～………………… III, 6, 3
  Levi～……………………… III, 4, 2
  Zorn～……………………… I, 3, 4
双射…………………………… I, 2, 3

五 画

半序集………………………… I, 3, 3
正变差函数…………………… III, 6, 4
正部…………………………… III, 3, 2
正规分解……………………… III, 6, 4
可加性………………… II, 0; II, 2, 1
可列集………………………… I, 2, 7
可列可加性…………… II, 0; II, 2, 1
可逆映照……………………… I, 2, 3
可测函数……………………… III, 1, 1
  Borel～ (Baire 函数)……… III, 1, 5
可测集………………………… III, 1, 1
  μ^*-～…………………… II, 4, 2
  Lebesgue～………………… II, 4, 2
  Lebesgue-Stieltjes～……… II, 4, 2
可测矩形……………………… III, 5, 1
可测空间……………………… III, 1, 1
  Lebesgue～………………… III, 1, 1
  Lebesgue-Stieltjes～……… III, 1, 1
可测映照……………………… III, 3, 4
代数…………………………… II, 1, 1
  σ-～………………… II, 1, 2
外限点集……………………… II, 4, 3
外测度………………………… II, 3, 1
包含…………………………… I, 1, 1
对称差………………………… I, 1, 2
对等的集……………………… I, 2, 4
对角线法……………………… III, 6, 4

六 画

次可列可加性………………… II, 2, 2
交集 (通集、交)……………… I, 1, 2
闭包 (包)……………………… I, 4, 4
闭集…………………………… I, 4, 4
有限可加性…………… II, 2, 1; II, 2, 4
有限集………………………… I, 2, 6
有限测度
  全 ～……………………… II, 3, 3
  σ-～………………… II, 3, 3
  全 σ-～……………… II, 3, 3
有界集………………………… I, 5, 2
有界收敛定理………………… III, 4, 1
有理数集……………………… I, 2, 7
有界变差函数………………… III, 6, 4
全变差………………………… III, 6, 4
全序集………………………… I, 3, 3

全连续函数…… III, 7, 2
负部…… III, 3, 2
自密集…… I, 4, 5
导出数…… III, 6, 3
右方~, 左方~…… III, 6, 3
导数…… III, 6, 3
导集…… I, 4, 4
收敛
~ 点列…… I, 4, 3
~ 集列…… I, 1, 3

七　画

完全测度…… II, 3, 2
~空间…… III, 2, 3
完全集…… I, 4, 5
Cantor~…… I, 4, 5
初等分解…… II, 2, 2
极大元…… I, 3, 4
极限…… I, 4, 4
~ 点…… I, 4, 4
~ 集…… I, 1, 3
余区间…… I, 4, 4
余集…… I, 1, 2
条件
Caratheodory~…… II, 3, 2
Lipschitz~…… III, 6, 4
Riemann 可积的充要 ~…… III, 4, 1
阿列夫 ℵ…… I, 2, 7
阿列夫零 $\aleph_0$…… I, 2, 7

八　画

空集…… I, 1, 1
实数…… I, 5, 1
~ 集…… I, 4, 1
~ 的上确界、下确界…… I, 4, 1
单调函数…… III, 6, 1
单调类…… II, 1, 3
单调集列…… I, 1, 3
单调数列…… I, 5, 2
定理
上确界存在 ~…… I, 5, 2
开集的构造 ~…… I, 4, 2
Cantor 区间套 ~…… I, 5, 2
Егоров ~…… III, 2, 2
Bernstein ~…… I, 2, 4
Fubini ~…… III, 5, 4; III, 6, 3
Hahn 分解 ~…… III, 8, 2
Heine-Borel ~…… I, 5, 2
Helly ~…… III, 6, 4
Jordan 分解 ~…… III, 6, 4; III, 8, 2
Lebesgue ~…… III, 4, 1
Lebesgue 分解 ~…… III, 6, 4; III, 8, 5
Лузин ~…… III, 2, 4
Radon-Nikodym ~…… III, 8, 4
变换
Fourier ~…… III, 4, 4
Fourier-Stieltjes ~…… III, 4, 4
势…… I, 2, 5
环…… II, 1, 1
σ-~…… II, 1, 2
环境 (邻域)…… I, 4, 2
ε-~…… I, 4, 2
欧几里得空间…… I, 2, 7
~ 中的 Lebesgue 测度…… II, 4, 6
和通关系…… I, 1, 2
和集…… I, 1, 2
孤立点…… I, 4, 3
函数
Dirichlet~…… II, 0,
Heaviside~…… III, 6, 2

跳跃 ~…… III, 6, 2
依测度收敛…… III, 2, 2
依测度基本序列…… III, 2, 2
单射…… I, 2, 3

九 画

测度…… II, 2, 1
Lebesgue~…… II, 2, 2; II, 4, 2
~~ 的平移不变性…… II, 4, 4
~~ 的反射不变性…… II, 4, 4
~ 空间…… III, 2, 1
Lebesgue-stieltjes~…… II, 2, 3; II, 4, 2
~ 的可列可加性…… II, 2, 1
~ 的全连续性…… III, 8, 4
~ 的强全连续性…… III, 8, 4
~ 的奇异…… III, 8, 5
~ 的等价…… III, 8, 5
环上的 ~…… II, 2, 1
映照 (映射、变换)…… I, 2, 1
~ 的定义域…… I, 2, 1
~ 的值域…… I, 2, 1
~ 的延拓…… I, 2, 2
~ 的限制…… I, 2, 2
逆 ~…… I, 2, 3
可逆 ~…… I, 2, 3
顺序关系…… I, 3, 3

十 画

通集 (通、交集)…… I, 1, 2
原像…… I, 2, 1
积分…… II, 0; III, 3, 1; III, 3, 2
~ 的有限可加性…… III, 3, 1
~ 的绝对可积性…… III, 3, 2
~ 的可列可加性…… III, 3, 2
~ 的线性…… III, 3, 2
~ 的单调性…… III, 3, 2
~ 的变数变换…… III, 3, 4; III, 8, 4
~ 的全连续性…… III, 3, 2
乘积测度…… III, 5, 3
乘积空间…… III, 5, 1
剖分…… I, 3, 1

十 一 画

商集…… I, 3, 2
基本有理数列…… I, 5, 1
控制收敛定理…… III, 4, 1

十 二 画

集…… I, 1, 1
~ 上的连续函数…… III, 2, 4
~ 序列…… I, 1, 3
~ 类 (族)…… II, 1, 1
~~ 张成的环…… II, 1, 1
~ 的特征函数…… I, 1, 5
~ 函数…… II, 2, 1
等价类…… I, 3, 1
等价关系…… I, 3, 1
疏朗集…… I, 4, 6

十 三 画

零集…… II, 3, 2
跳跃度…… III, 6, 1
左 ~, 右 ~…… III, 6, 1
稠密集…… I, 4, 6
满射…… I, 2, 1

十 四 画

截口…………………………… III, 5, 2

十 八 画

覆盖…………………………… I, 5, 2
测度有限的单调 ∼………… III, 3, 2

现代数学基础图书清单

（书号前缀为 978-7-04-0xxxxx-x）

序号	书号	书名	作者
1	21717-9	代数和编码（第三版）	万哲先 编著
2	22174-9	应用偏微分方程讲义	姜礼尚、孔德兴、陈志浩
3	23597-5	实分析（第二版）	程民德、邓东皋、龙瑞麟 编著
4	22617-1	高等概率论及其应用	胡迪鹤 著
5	24307-9	线性代数与矩阵论（第二版）	许以超 编著
6	24465-6	矩阵论	詹兴致
7	24461-8	可靠性统计	茆诗松、汤银才、王玲玲 编著
8	24750-3	泛函分析第二教程（第二版）	夏道行 等编著
9	25317-7	无限维空间上的测度和积分 —— 抽象调和分析（第二版）	夏道行 著
10	25772-4	奇异摄动问题中的渐近理论	倪明康、林武忠
11	27261-1	整体微分几何初步（第三版）	沈一兵 编著
12	26360-2	数论 I —— Fermat 的梦想和类域论	[日]加藤和也、黒川信重、斎藤毅 著
13	26361-9	数论 II —— 岩泽理论和自守形式	[日]黒川信重、栗原将人、斎藤毅 著
14	38040-8	微分方程与数学物理问题（中文校订版）	[瑞典]纳伊尔·伊布拉基莫夫 著
15	27486-8	有限群表示论（第二版）	曹锡华、时俭益
16	27431-8	实变函数论与泛函分析（上册，第二版修订本）	夏道行 等编著
17	27248-2	实变函数论与泛函分析（下册，第二版修订本）	夏道行 等编著
18	28707-3	现代极限理论及其在随机结构中的应用	苏淳、冯群强、刘杰 著
19	30448-0	偏微分方程	孔德兴
20	31069-6	几何与拓扑的概念导引	古志鸣 编著
21	31611-7	控制论中的矩阵计算	徐树方 著
22	31698-8	多项式代数	王东明 等编著
23	31966-8	矩阵计算六讲	徐树方、钱江 著
24	31958-3	变分学讲义	张恭庆 编著
25	32281-1	现代极小曲面讲义	[巴西]F. Xavier、潮小李 编著
26	32711-3	群表示论	丘维声 编著
27	34675-6	可靠性数学引论（修订版）	曹晋华、程侃 著
28	34311-3	复变函数专题选讲	余家荣、路见可 主编
29	35738-7	次正常算子解析理论	夏道行
30	34834-7	数论 —— 从同余的观点出发	蔡天新
31	36268-8	多复变函数论	萧荫堂、陈志华、钟家庆
32	36168-1	工程数学的新方法	蒋耀林

续表

序号	书号	书名	作者
33	34525-4	现代芬斯勒几何初步	沈一兵、沈忠民
34	36472-9	数论基础	潘承洞 著
35	36950-2	Toeplitz 系统预处理方法	金小庆 著
36	37037-9	索伯列夫空间	王明新
37	37252-6	伽罗瓦理论 —— 天才的激情	章璞 著
38	37266-3	李代数（第二版）	万哲先 编著
39	38651-6	实分析中的反例	汪林
40	38890-9	泛函分析中的反例	汪林
41	37378-3	拓扑线性空间与算子谱理论	刘培德
42	31845-6	旋量代数与李群、李代数	戴建生 著
43	33260-5	格论导引	方捷
44	39503-7	李群讲义	项武义、侯自新、孟道骥
45	39502-0	古典几何学	项武义、王申怀、潘养廉
46	40458-6	黎曼几何初步	伍鸿熙、沈纯理、虞言林
47	41057-0	高等线性代数学	黎景辉、白正简、周国晖
48	41305-2	实分析与泛函分析（续论）（上册）	匡继昌
49	41285-7	实分析与泛函分析（续论）（下册）	匡继昌
50	41223-9	微分动力系统	文兰
51	41350-2	阶的估计基础	潘承洞、于秀源
52	41513-1	非线性泛函分析（第三版）	郭大钧
53	41408-0	代数学（上）（第二版）	莫宗坚、蓝以中、赵春来
54	41420-2	代数学（下）（修订版）	莫宗坚、蓝以中、赵春来
55	41873-6	代数编码与密码	许以超、马松雅 编著
56	43913-7	数学分析中的问题和反例	汪林
57	44048-5	椭圆型偏微分方程	刘宪高